山东省水安全问题与适应对策
——理论与实践

夏军　李福林　王明森　李淼　著

中国水利水电出版社
www.waterpub.com.cn
·北京·

内 容 提 要

　　本书是山东省"泰山学者"建设工程专项研究成果,系统论述了变化环境下山东省水安全问题及适应对策的相关理论与实践。主要内容包括:山东省水安全问题及其在供水安全、防洪安全、水质安全和水生态安全方面的保障以及全球气候变化影响和人类活动影响下面临的新挑战;山东省水安全科技支撑方面新的研究与进展,主要有:气候变化对河流湖泊及地下水的影响、变化环境下水资源的脆弱性评价和应对气候变化水资源适应性管理,减少水灾害的中小河流洪水预报理论与实践,改善水环境的河流生态修复技术与应用,面向咸水淡水综合管理的水质水量耦合模拟与管理研究,基于水安全保障的水循环机理与水生态过程实验平台的基础研究与建设;提出了应对环境变化影响、保障水安全的若干对策战略。

　　本书可为水利工程开发、建设与管理所面对的水资源管理问题提供技术支撑与应用实例,也可为流域开发与资源规划综合管理提供参考。本书可供水资源、水环境、水灾害、水利工程、地理、资源、环境及有关专业科技工作者和管理人员使用和参考。

图书在版编目(CIP)数据

山东省水安全问题与适应对策：理论与实践 / 夏军
等著. -- 北京：中国水利水电出版社，2017.4
ISBN 978-7-5170-5302-6

Ⅰ. ①山… Ⅱ. ①夏… Ⅲ. ①水资源管理－安全管理
－研究－山东 Ⅳ. ①TV213.4

中国版本图书馆CIP数据核字(2017)第071567号

书　　名	**山东省水安全问题与适应对策——理论与实践** SHANDONG SHENG SHUIANQUAN WENTI YU SHIYING DUICE ——LILUN YU SHIJIAN
作　　者	夏军　李福林　王明森　李淼　著
出版发行	中国水利水电出版社 (北京市海淀区玉渊潭南路 1 号 D 座　100038) 网址：www.waterpub.com.cn E - mail：sales@waterpub.com.cn 电话：(010) 68367658 (营销中心)
经　　售	北京科水图书销售中心 (零售) 电话：(010) 88383994、63202643、68545874 全国各地新华书店和相关出版物销售网点
排　　版	中国水利水电出版社微机排版中心
印　　刷	北京瑞斯通印务发展有限公司
规　　格	210mm×285mm　16 开本　19 印张　562 千字
版　　次	2017 年 4 月第 1 版　2017 年 4 月第 1 次印刷
印　　数	0001—1000 册
定　　价	**78.00 元**

前 言

　　山东省是我国水资源严重短缺、水旱灾害频繁、水环境与水生态形势日趋严峻、水安全问题十分突出的地区之一，也是我国实施最严格水资源管理制度确定"三条红线"控制和水生态文明建设首批省份试点之一。水安全问题的科学基础、科技支撑应用研究，成为当前和未来保障山东省经济社会可持续发展、推进生态文明建设的重要课题与任务。

　　2010 年，在山东省"泰山学者"建设工程专项经费资助下，在"泰山学者"特聘教授岗位所在单位山东省水利科学研究院大力支持下，形成了以"泰山学者"为核心、由"产、学、研"组成的科研合作团队。在"泰山学者"建设工程专项经费支持下，进一步联合申请到针对山东省水安全问题的中欧国际合作重点项目、水利部公益性专项以及国家重大基础研究计划 973 项目等，针对制约山东省社会经济发展重要的水安全问题，开展了系统的研究和应用实践，取得了若干标志性的成果。2011 年获得了"国际水资源管理杰出贡献奖"，2014 年获得了"国际水文科学奖—Volker 奖章"。

　　本书是五年来"泰山学者"及其团队对山东省水安全问题研究成果的系统总结，主要内容：

　　（1）山东省水安全问题分析与评价，其中包括山东省供水安全、防洪安全、水质安全和水生态安全的保障问题，以及全球气候变化和人类活动对水安全的影响和面临的新水资源管理问题。

　　（2）气候变化对水安全的影响及适应对策，包括了气候变化对河流湖泊及地下水的影响、变化环境下水资源的脆弱性评价和应对气候变化的水资源适应性管理等内容。

　　（3）减少水灾害的中小河流洪水预警预报的理论与实践，其中包括洪水预报非线性时变增益新的理论与方法，中小河流洪水预警预报的应用与检验，无资料地区中小河流水文预警预报的研究与进展。

　　（4）改善水环境的河流生态修复技术与应用，其中包括河流修复研究进展，河流修复关键技术方法，山东省玉符河生态修复实例应用。

　　（5）面向咸水淡水综合管理的水质水量耦合模拟与管理研究，包括了流域地表水分布式 DTVGM 水文模型，变密度地下水流溶质运移模型，变密度地下水流溶质与分布式水文模型耦合，不同情景下未来海水入侵趋势预测以及不同情景下海水入侵风险灾害评价与管理。

　　在上述科研成果的基础上，进一步提出了基于水安全保障的水循环机理与水生态过程实验平台的基础建设研究方案，提出了应对环境变化影响、保障安全的若干战略对策。

　　由于变化环境下水安全保障问题的复杂性，目前仍处于探索和初步应用阶段。加上作者时间仓促，水平所限，虽几易其稿，但书中错误和不足在所难免，敬请读者不吝赐教。

本书得到山东省"泰山学者"建设工程专项经费资助，作者是"泰山学者"和来自"泰山学者"考核设岗单位山东省水利科学研究院的核心合作研究人员。该项工作和著作成果得到了山东省水利厅以及相关流域机构的大力支持。在该书撰写过程中，也参考和引用了山东省水资源综合规划总报告和山东省水资源公报等相关成果并标注了出处。本书的完成得到了科研团队及其研究人员李晓、刘继永、耿灵生、林琳、陈华伟、刘健、王超、万蕙、石卫、王龙凤、李凌程、张平等人在成果总结和撰稿上的帮助，作者在此一并致谢！

作者

2017 年 1 月 8 日

目 录

前言

第一章　山东省水安全问题与挑战 …………………………………………………………… 1
　　第一节　水安全的概念与内涵 ………………………………………………………………… 1
　　第二节　山东省自然地理与社会经济情况 …………………………………………………… 2
　　第三节　山东省供水安全 ……………………………………………………………………… 5
　　第四节　山东省防洪安全 ……………………………………………………………………… 15
　　第五节　山东省水质安全 ……………………………………………………………………… 23
　　第六节　山东省水生态安全 …………………………………………………………………… 35
　　第七节　山东省水安全保障面临的新挑战 …………………………………………………… 40

第二章　应对气候变化影响的水安全适应性管理 ……………………………………………… 59
　　第一节　气候变化对河流湖泊及地下水的影响 ……………………………………………… 59
　　第二节　变化环境下水资源脆弱性评价 ……………………………………………………… 61
　　第三节　应对气候变化的水资源适应性管理 ………………………………………………… 80

第三章　减少水灾害的中小河流洪水预警预报的理论与方法 ………………………………… 98
　　第一节　水文时变增益系统模型的理论与方法 ……………………………………………… 98
　　第二节　中小河流洪水预警预报的应用与检验 ……………………………………………… 104
　　第三节　无资料地区中小河流水文预警预报的研究与展望 ………………………………… 113

第四章　改善水环境的河流生态修复技术与应用 ……………………………………………… 118
　　第一节　河流修复研究进展 …………………………………………………………………… 118
　　第二节　河流修复关键技术方法 ……………………………………………………………… 120
　　第三节　玉符河生态修复案例应用 …………………………………………………………… 128

第五章　水质水量耦合模拟研究与面向咸淡水综合管理 ……………………………………… 183
　　第一节　国内外海水入侵研究与进展 ………………………………………………………… 183
　　第二节　流域地表水分布式水文模型（DTVGM）…………………………………………… 190
　　第三节　变密度地下水流溶质运移模型 ……………………………………………………… 197
　　第四节　变密度地下水流溶质与分布式水文模型耦合 ……………………………………… 210
　　第五节　不同情景下未来海水入侵趋势预测 ………………………………………………… 240
　　第六节　不同情景下海水入侵风险灾害评价与管理 ………………………………………… 251

第六章　变化环境下水循环机理与水生态过程实验平台建设 ………………………………… 258
　　第一节　山东省水利试验基础设施与建设的现状 …………………………………………… 258
　　第二节　山东省水循环实验基础研究面临的问题 …………………………………………… 260
　　第三节　水安全实验基础研究建设与规划 …………………………………………………… 261
　　第四节　山东省莱芜雪野水循环水安全试验基地的建设 …………………………………… 273

第七章　山东省水安全保障的对策与建议 ……………………………………………… 277

　第一节　加快完善水系网络化建设及实时监测系统 …………………………………… 277

　第二节　全面推进最严格水资源管理制度的实施 ……………………………………… 277

　第三节　大力加强水生态文明建设 ……………………………………………………… 278

　第四节　广泛开展节水型社会建设 ……………………………………………………… 278

　第五节　建立健全水安全保障法律法规体系 …………………………………………… 280

　第六节　加强应对气候变化水资源适应性管理 ………………………………………… 280

　第七节　加强科技创新的支撑 …………………………………………………………… 281

参考文献 ……………………………………………………………………………………… 283

第一章 山东省水安全问题与挑战

第一节 水安全的概念与内涵

我国正面临日趋严峻的水资源供需矛盾、水污染问题加重、水生态退化、水旱灾害频发、全球变化对水管理影响和制度创新等新老交织的多重水问题挑战与危机。水安全问题成为影响中国和区域经济可持续发展和人民安居乐业的关键性瓶颈制约，也因此越来越受到国家和地方管理与决策部门的高度重视。

水安全是国家和区域可持续发展的环境和条件，由多个因素构成。对经济社会发展和生态系统可持续性需求不同，水安全标准与满足程度也不同，所需的成本也不同。水安全具有空间地域性、全局性和可调控性，通过对水安全系统各因素的调控与治理，可改变水安全程度。所以水安全是一个动态的概念，随着技术和社会发展水平变化，水安全保障程度也会不同。

水安全的定义最早出现在 2000 年斯德哥尔摩水会议上，属于非传统安全范畴。通常指针对人类社会生存环境和经济发展过程中发生的与水有关的危害问题。

许多学者从不同角度给出了水安全的定义。从水安全问题成因方面出发，水安全问题可分为由自然原因或人类活动造成的，使得人类赖以生存的区域水系统发生对人类不利的影响和变化，如干旱、洪涝、水质污染等，进而引发了一系列的经济、社会和环境安全问题（洪阳，1995；韩宇平，2003；郭永龙，2004 等）。还有学者从水资源的供给、可持续利用等方面考虑，如果一个区域的水资源供给不能够满足其社会经济长远发展的合理要求，那么这个区域的水资源就不安全（贾绍凤等，2002）。水安全包括水灾害的可承受能力和水资源的可持续利用两方面，即一个国家或地区实际拥有的水资源能够保障该地区社会经济及生态环境可持续发展的能力（陈绍金，2004）。水安全还包含了水资源的量与质及人类对水资源的利用管理活动对人类社会的稳定与发展是无威胁的，自然界发生水灾害对人类某种程度的威胁但是可以将其后果控制在人们可以承受的范围之内（张翔、夏军等，2005）。

2000 年的"21 世纪水安全"海牙部长级会议宣言指出：水安全意味着确保淡水、海岸和相关的生态系统得到保护和改善，确保可持续发展和政治稳定得到加强，确保人人都能够以可承受的开支获得足够安全的淡水，确保免受与水有关的灾难的侵袭。

2001 年波恩国际淡水会议认为：水安全是以公平和持续的方式利用和保护世界淡水资源，是各国政府迈向更加安全、公平和繁荣的过程中遇到的重要挑战，把水安全与可持续发展以及社会公平联系起来。

2013 年联合国教科文组织（UNESCO）对于水安全的定义是：人类生存发展所需有量与质保障的水资源、能够维系流域可持续的人与生态环境健康、确保人民生命财产免受水灾害（洪水、滑坡和干旱）损失的能力。

武汉大学 2012 年 6 月 21 日正式批复成立"武汉大学水安全研究院"，主要研究方向包括水资源安全（变化环境下区域水资源演变规律、供水与饮用水安全、水资源优化配置与需水管理、重大水利工程与水资源可持续利用）、防洪安全与减灾（区域水旱灾害形成机理和调控、城市内涝灾害形成机理与应对措施、滑坡泥石流等灾害机理监控及防治、水旱灾害风险管理与水安全对策）、水环境安全（江河湖库水污染治理与管理、区域水环境调控技术研究、农业面源污染防治、突发性水污染防治及应急管理机制）、水生态安全（江河湖库水系生态功能关系研究、水利工程与河湖生态作用机理研究、水生态修复理论与技术研究、水生态保育战略研究）、水安全综合保障与水治理（水政策与涉水制度创新研究、变化环境下水资源适应性管理研究、跨界及国际河流水管理研究、区域水资源发展战略研究、区域水资源安全保障协同机制研究）。

图 1-1-1 水安全的内容

总的来说，水安全问题通常是指人类社会生存环境和经济发展过程中发生的水危害问题，包括水资源安全（供水安全）、防洪安全、水质安全、水生态安全、跨境河流及国家安全等。水安全的对立面是水短缺、水污染、水生态退化、水灾害、水管理的失衡、跨境河流水争端等水危机。水资源、水环境、社会经济发展、国家及地区间的联系对水的需求构成了水安全体系，它们相互联系、作用，形成了复杂和时变的水安全系统，如图 1-1-1 所示。

根据以上对水安全的定义，本书从供水安全、防洪安全、水质安全和水生态安全四个方面评估山东省的水安全。

第二节　山东省自然地理与社会经济情况

一、自然地理❶

（一）地理位置与行政区划

山东省位于中国东部沿海，地处黄河下游，分属于黄河、淮河、海河三大流域，地理坐标为东经 $114°36'\sim122°43'$，北纬 $34°25'\sim38°23'$。地理上分为半岛和内陆两部分，半岛突出于黄海、渤海之中，北靠渤海，隔渤海海峡与辽东半岛相对，东与日本、朝鲜半岛隔海相望；内陆部分北以卫运河、漳卫新河与河北省为界，西与河南省相邻，南与江苏、安徽两省接壤。境内面积 15.67 万 km^2，占全国总面积的 1.63%。

山东省行政区现辖 17 个地级市，分别是济南、青岛、淄博、枣庄、东营、烟台、潍坊、济宁、泰安、威海、日照、莱芜、临沂、德州、聊城、滨州、菏泽，下设 31 个县级市、49 个市辖区、60 个县、1978 个乡镇。

（二）地形地貌

山东省东临海洋，西接华北平原，泰沂山脉横亘中央，地形地貌复杂。在全省土地面积中，山地丘陵占 29%，平原占 55%，洼地、湖沼占 8%，其他占 8%。根据地形特征，可以分为泰沂山区、胶东半岛低山丘陵区和鲁西北、鲁西南平原区三大部分。

泰沂山区位于鲁中南地区，西起泰山，东至沂山，自西向东构成一断续的略成弧形的泰沂山脉，成为泰沂山脉南北山地、丘陵的脊背，地势最高，其中泰山岱顶海拔 1545m，鲁山顶峰海拔 1108m，沂山顶峰海拔 1031m，蒙山平卧于泰沂山脉之南，主峰龟蒙顶海拔 1150m。地势自山脊向南北两侧倾斜，中部多分布着海拔 800m 的中山，丘陵坡地一般高程在海拔 $200\sim500m$，并逐渐过渡到海拔 40m 以下的山前平原和黄泛平原，黄河三角洲地势最低，仅海拔 $2\sim3m$。各主要山脉之间分布着许多小型山间盆地和河谷平原。山丘区土壤以粗屑质褐土和棕壤土复合镶嵌分布，土层浅薄，水土流失严重，蓄水保肥力差；山间盆地和河谷平原主要为普通棕壤、潮棕壤复区及潮褐土、淋溶褐土复区，保水保肥能力较好，土层深厚，耕作性能良好，是当地农业生产的高产基地。

胶莱河谷以东为胶东半岛低山丘陵区，地形起伏多变，自西向东由大泽山、艾山、牙山、昆嵛山、伟德山等山脉构成一东西向的断续低山区。昆嵛山主峰海拔 922m，南部崂山顶海拔 1133m，其

---
❶ 《山东省水资源综合规划》，2007 年。

余各山高程在海拔 500～800m 之间；丘陵地势平坦，高程在海拔 200～300m 之间变化；平原区高程为海拔 50m 左右，较大的平原有大沽河、胶莱河等河谷平原以及滨海平原；还有莱阳、桃村等局部盆地。这一地带山丘区粗骨棕壤和普通棕壤呈复区分布，粗骨棕壤面积居多，土层较薄；河谷平原以普通砂浆黑土为主并有部分潮土，土壤肥沃；滨海平原，由于受海潮影响，出现部分盐碱土。

鲁西北和鲁西南地区主要为黄泛平原，从湖西到胶莱河谷，呈一大弧形环绕在泰沂山区的西北两侧，地势平坦，微地貌多变，地面高程由西南向东北逐渐降低，菏泽、曹县一带地面高程降至 50m 以下，到黄河三角洲地面高程不到 10m，靠近莱州湾一带的地面高程仅 3～4m。内陆以壤土和粉砂壤土为主，滨海以粉砂土为主，还有部分盐碱地。

山东省在大地构造上，属华北陆台和胶辽地盾。鲁中南山区和胶东低山丘陵区主要是构造地貌，而且以断裂地貌为主。自中生代起，因受燕山运动的影响，特别是第三纪喜马拉雅山运动的影响，产生大规模的抬升与凹陷，形成若干断块山和断块盆地等正负地形。鲁西北及鲁西南地区主要是黄河泛滥沉积形成的黄泛平原，微地貌复杂，主要由河滩高地、二坡地、浅平洼地等微地貌组成。根据地貌成因、形态特征及地面组成物质，全省大体可以分为中山、低山、丘陵、山间谷地、山前倾斜地、山前平原、湖沼平原、滨海低地、滩涂、河滩高地、决口扇形地、冲积平原、洼地、现代三角洲等十四种微地貌类型。

（三）气象水文

1. 气候

山东省位于北温带半湿润季风气候区，气候具有明显的过渡特征，四季界限分明，温差变化大，雨热同期，降雨季节性强。冬季，全省在蒙古高气压冷气团的控制下，多偏北风，寒冷干燥，少雨雪；夏季，亚热带太平洋暖气团势力增强，全省盛行东南、西南季风，冷暖气团在全省交绥机会较多，天气炎热，雨量集中；春季干燥多风，秋季天高气爽，春秋两季均干旱少雨。

胶东半岛，因受海洋气候影响，春寒延后，夏季气温较内陆气温低且湿润。全省平均气温为 11～14℃，由西南向东北递减。月气温以 1 月最低，一般为 -1～-4℃；最高气温内陆地区出现在 7 月，月平均气温 25～27℃，东部沿海出现在 8 月，月平均气温 24～26℃。气温的日温差内陆大于沿海，内陆为 10～12℃，沿海为 6～8℃。无霜期 200～220 天，年日照时数 2400～2800h，年平均日照百分率 55%～65%。

2. 降雨和径流

由于受地理纬度、距海远近、天气形势、地形地貌等因素的影响，山东省水文现象在时空分布上变化较大。

据 2007 年《山东省水资源综合规划》，山东省多年平均降水量为 679.5mm。降水量在地区的分布上是不均衡的，其分布趋势是由东南的 850mm 向西北递减到 550mm，由日照、胶南一带的 830mm 递减到莱州湾地区的 650mm。降水量年内、年际变化较大，由于受季风的影响，降水量的 70% 左右集中在 6—9 月，而 7—8 月就集中了 50% 左右。降水量的年际变化也比较明显，丰、枯交替出现。最丰的 1964 年达 1169.3mm，而最枯的 1981 年仅为 445.5mm，丰枯之比高达 2.62。

全省多年平均径流深为 126.5mm，天然径流量 198.3 亿 m^3。山东省河川径流量由降水补给，故其时空变化规律基本与降水一致。由于下垫面条件的影响，在地区分布的变化上比降水量的变化要大。汛期径流量占全年径流量的 75%～90%，年径流深的分布趋势是由东南沿海向西北内陆递减，等值线走向多呈西南—东北走向。胶东半岛及东部沿海多年平均径流深 250～260mm 左右，鲁东南山丘区为 270～280mm，而鲁北平原区仅有 45mm。山东省径流深 50mm 等值线自鲁西南的定陶向东北，经茌平、禹城、商河、博兴、广饶，从寿光北部入海。该等值线的西北部年径流深小于 50mm，属于少水带；蒙山、五莲山、枣庄东北部及崂山地区年径流深在 300mm 以上，属于多水带。其他地区年径流深为 50～300mm，属于过渡带。

3. 蒸发

全省多年平均陆地蒸发量为 450～600mm，湖西和鲁东南山前平原地区在 600mm 以上，胶莱河谷和鲁北平原区为 550mm，鲁中山区和崂山山区为 450～500mm。多年平均水面蒸发量为 1000～1400mm，自西北向东南递减，鲁北西部达 1400mm，胶南、日照等沿海一带为 1000mm 左右。蒸发量的年内变化也比较大，3—6 月占全年蒸发量的 50% 左右，蒸发量最大发生在 5 月。冬季蒸发量小，11 月至次年 2 月占年蒸发量的 15% 左右。

（四）河流湖泊

山东省河流均为季风区雨源型河流，分属黄河、淮河、海河流域及独流入海水系。由于山东半岛三面环海，雨水集中，有利于河系的发育，全省平均河网密度为 0.24km/km²。

境内主要河道除黄河横贯东西，大运河纵穿南北外，其他中小河流密布全省。较重要的有黄河、徒骇河、马颊河、沂河、沭河、大汶河、小清河、胶莱河、潍河、大沽河、五龙河、大沽夹河、泗河、万福河、洙赵新河等。干流长度大于 10km 的河流，共计 1552 条，可分为山溪性河流和平原坡水河流两大类。

山溪性河流主要分布在鲁中南山区和胶东半岛地区。在鲁中南山区以泰沂山脉为中心，形成了一个辐射状水系，向南流的有沂、沭河两大水系，经江苏省入海；向北流的主要有潍、弥、白浪河及小清河的主要支流绣江河、孝妇河、淄河等，均注入渤海莱州湾；向西流的主要河流为大汶河，经东平湖注入黄河，其他还有泗河、城漷河、白马河、十字河、薛城大沙河等均流入南四湖；向东流的主要河流有绣针河、巨峰河、付疃河、潮白河、吉利河、白马河等。

在胶东半岛地区，由大泽山、艾山、昆嵛山、伟德山等构成一个西南东北向的天然分水岭，形成了一个南北分流的不对称水系，北流入渤、黄海的有界河、黄水河、大沽夹河、沁水河、辛安河等；南流入黄海的有大沽河、五龙河、母猪河、乳山河等。在泰沂山区和胶东半岛低山丘陵区之间的南、北胶莱河分别流入胶州湾和莱州湾。

坡水性河流也分两部分，在鲁北平原区海河流域内，除漳卫新河穿过冀鲁边界外，主要有徒骇河、马颊河和德惠新河，徒骇河、马颊河均发源于河南省，由西南向东北汇集鲁北平原大部分地表径流，平行流入渤海湾。在湖西平原，主要有洙赵新河、万福河和东鱼河等自西向东流入南四湖。

山东省的湖泊主要有淮河流域内的南四湖、黄河流域内的东平湖和小清河流域内的白云湖、青沙湖、马踏湖等。南四湖是山东省境内的最大淡水湖泊，由南阳、独山、昭阳、微山四个相连的湖泊组成，湖面面积 1266km²。南四湖南北长 126km，东西宽 5～25km，南部微山湖、北部独山湖比较开阔，中部昭阳湖狭窄，称为湖腰。1960 年在南四湖湖腰处修建成二级坝枢纽工程，将南四湖分为上、下两级，上级湖湖面面积 602km²，下级湖湖面面积 664km²。南四湖承接山东、江苏、河南、安徽四省 31700km² 的来水。南四湖下级湖蓄水位 32.5m（废黄河高程）时，相应库容 7.78 亿 m³；上级湖蓄水位 34.2m 时，相应库容 9.24 亿 m³。

二、社会经济

山东省是我国的重要省份之一，总体经济实力和社会发展水平居全国前列。山东省具有优越的地理位置、良好的开发条件、丰富的生物和矿产资源、得天独厚的海岸资源、悠久的文化历史、秀丽的自然风光和丰富多彩的旅游资源，这些都为山东省的经济社会发展创造了十分有利的条件。

（一）经济

2005 年山东省国内生产总值 18468.3 亿元，居全国第二位，人均国内生产总值 19970 元，第一、第二、第三产业比例为 10.4∶57.5∶32.1。农林牧副渔业全年实现增加值 1927.6 亿元，粮食总产量 3917.4 万 t；全省工业生产快速发展，实现增加值 9562.9 亿元，火电装机容量 3500 万 kW。城镇居民人均可支配收入 10745 元，农民人均纯收入 3931 元，居全国前列，人民生活水平稳步提高。

山东省农林牧渔业全面发展，全年实现增加值 1268.6 亿元，粮食总产量 3837.7 万 t；全省工业生产稳步发展，实现增加值 3837.4 亿元，火电装机容量 1953.8 万 kW。全省总土地面积 15.67 万 km²，耕地面积 11534 万亩，占全国总耕地面积的 7.4%，其中农田有效灌溉面积 7237 万亩。

（二）人口、资源

根据 2013 年统计资料，山东省总人口 9579 万人，其中城镇人口 4161.6 万人，城市化水平为 45.0%。

山东省境内交通发达，京沪、京九铁路贯穿南北，胶济、新日铁路横亘东西，蓝烟、桃威铁路纵横半岛，高速公路通路里程 2005 年末达到 3163km，国家级、省级、乡间公路交错成网，海运、空运、陆运形成立体交通网络。山东半岛伸入渤海、黄海之间，面向太平洋，背靠欧亚大陆，是东西海陆纵深交通和南北陆路交通的重要枢纽。

山东省境内矿产资源丰富，种类繁多，已发现各类矿藏 128 种，主要矿产资源有石油、煤炭、黄金、石墨、菱镁矿、自然硫、石膏、铁、铝等，建立在这些具有优势的矿产资源基础上，山东省已成为全国重要的能源、黄金基地，以及石墨、菱镁矿、滑石等矿产品外贸出口生产基地。山东省海洋资源丰富，海岸线总长 3121km，约占全国海岸线总长的 1/6，居全国第三位，海岸地形多样，港湾众多，滩涂广袤，沿海岸线有天然港口、海湾 20 余处，滩涂面积 3223km²，为发展海洋渔业、盐业、水产养殖等提供了优越条件，为建设海上山东提供了可靠的保障。

第三节　山东省供水安全

山东省属于资源性缺水地区，2014 年全省平均降水量 518.8mm，比多年平均 679.5mm 偏少23.7%。2014 年全省水资源总量 148.44 亿 m³，其中地表水资源量 76.61 亿 m³，地下水资源与地表水资源不重复量为 71.83 亿 m³。当地降水形成的入海、出境水量为 46.50 亿 m³。由于社会经济发展和水资源需求的增加，山东省缺水问题越来越严峻。且山东省各流域分区、各地市缺水程度不均，年际和年内缺水量变化较大，连枯年缺水的现象严重。此外，山东省水资源现状开发利用已达到较高程度，开发利用潜力已不大。所以山东省的供水安全问题日益突出，水资源安全问题急需解决。

一、山东省社会经济发展与水资源需求

（一）山东省社会经济发展

1. 人口

山东省 2000 年总人口 9079 万人，占内地总人口的 7.06%，在全国省级行政区中排列第 2 位，人口密度 579 人/平方公里。山东省淮河流域及山东半岛、黄河流域、海河流域人口分别为 6817、773、1489 万人。

全省 2000 年城镇人口 3450 万人，占总人口的比例为 38.0%，比全国平均水平高出 5.8 个百分点；农村人口 5629 万人，占总人口的 62.0%。在全省 17 个地级市中，青岛市城镇化水平最高，为56.9%；菏泽市城镇化水平最低，为 20.8%。山东省淮河流域及山东半岛、黄河流域、海河流域城镇化水平分别为 40.1%、40.9%、26.8%。

全省 2005 年末总人口 9248 万人，其中城镇人口 4161.6 万人，城镇化水平为 45.0%。根据《山东省 2010 年第六次全国人口普查主要数据公报》全省 2010 年人口达 9979 万人。

2. 经济

山东省是我国的经济大省，改革开放以来，国民经济持续快速发展，综合经济实力不断增强，人民生活水平不断提高。

全省 2000 年共完成国内生产总值 8542.4 亿元，占全国的 9.6%，居全国第三位，人均国内生产总值 9409 元，第一、第二、第三产业比例为 14.8：49.7：35.5，比例日趋合理。农林牧副渔业全面发展，全年实现增加值 1268.6 亿元，粮食总产量 3837.7 万吨；全省工业生产稳步发展，实现增加值

3837.4 亿元，火电装机容量 1953.8 万 kW。城镇居民人均可支配收入 6490 元，农民人均纯收入 2659 元，居全国前列。

全省 2005 年共完成国内生产总值 18468.3 亿元，居全国第二位，人均国内生产总值 19970 元。农林牧副渔业全年实现增加值 1927.6 亿元，粮食总产量 3917.4 万吨；全省工业生产快速发展，实现增加值 9562.9 亿元，火电装机容量 3500 万 kW。城镇居民人均可支配收入 10745 元，农民人均纯收入 3931 元，人民生活水平稳步提高。2014 年全省实现国内生产总值 59426.6 亿元，产业结构调整优化，三次产业比例调整为 8.1∶48.4∶43.5，人均国内生产总值 60879 元。

3. 农业发展与土地利用

山东省 2000 年耕地面积为 11533.9 万亩（为 1996 年耕地详查值，山东省国土资源厅），占全省土地资源总面积的 49.1%。山东省按照国家制定的土地保护政策，已加大实施耕地保护和减少耕地占用的力度，保持耕地总量动态平衡，预计今后的耕地面积将在现有面积的基础上基本保持稳定。

山东省 2000 年总灌溉面积为 7860.6 万亩，耕地灌溉率为 68.2%，其中农田有效灌溉面积 7237.3 万亩，灌溉林果地 614.6 万亩，灌溉草场 8.7 万亩。在农田有效灌溉面积中，水田 309.8 万亩，水浇地 5648.5 万亩，菜田 1279.0 万亩。随着大、中灌区续建配套与节水改造工程的实施，中低产田改造和水利灌溉系统的完善，积极推进种植结构调整，提高复种指数和作物单产，实现粮食稳产高产和经济作物增收。预测灌溉面积在现状基础上略有增加，其中水田、水浇地面积基本保持不变，菜田、灌溉林果地面积略有增加。

山东省 2000 年淡水鱼塘面积 96.8 万亩，大牲畜 1079 万头，小牲畜 5259 万头，大、小牲畜合计 6338 万头。

根据山东省 2014 年第二次土地调查主要数据成果，从耕地总量看全省耕地 11502.2 万亩，其中 25.6 万亩耕地位于河道湖泊行洪泄洪区；31.43 亩位于盐碱、丘陵薄地区域。从人均耕地看，全省人均耕地 1.21 亩，低于全国人均耕地 1.52 亩，耕地保护任务依然严峻。

（二）山东省水资源需求

1. 用水情况分析

山东省 2000 年总用水量为 247.54 亿 m³，其中生活用水、工业用水、农业用水分别为 26.98 亿 m³、44.56 亿 m³、176.0 亿 m³，分别占总用水量的 10.9%、18.0%、71.1%。农业是主要的用水部门。全省 2005 年实际总用水量为 211.03 亿 m³，由于全省 2003—2005 年的连续丰水系列，2005 年比 2000 年全省总用水量有所减小。2000 年山东省各水资源分区及各市用水量见表 1-3-1。

在各流域分区中，淮河流域及山东半岛用水量最大，其次是海河流域、黄河流域，分别为 165.10 亿 m³、60.98 亿 m³、21.46 亿 m³，分别占全省总用水量的 66.7%、24.6%、8.7%。

表 1-3-1　　　　　　　　　　　2000 年山东省各分区用水量统计表

分　区		人均用水量/ (m³/p·a)	单位 GDP 用水量/ (m³/万元)	城镇生活 用水指标/ (L/p·d)	万元工业 增加值 用水指标/ (m³/万元)	农田灌溉 用水指标/ (m³/亩)	农村居民 用水指标/ (L/p·d)	牲畜用水指标/ (L/头·日)	
								大牲畜	小牲畜
淮河流域 及山东半岛	沂沭泗河区	248	441	100	192.8	274	46	33	17
	山东半岛沿海诸河区	241	174	109	81.8	242	46	36	17
	小计	244	248	106	107.0	258	46	35	17
黄河流域		280	261	137	160.6	291	51	39	13
海河流域		413	578	105	171.0	254	47	30	15

续表

分　区		人均用水量/(m³/p·a)	单位GDP用水量/(m³/万元)	城镇生活用水指标/(L/p·d)	万元工业增加值用水指标/(m³/万元)	农田灌溉用水指标/(m³/亩)	农村居民用水指标/(L/p·d)	牲畜用水指标/(L/头·日)	
								大牲畜	小牲畜
地级行政区	济南	295	184	140	99.2	329	50	41	15
	青岛	136	89	92	46.5	138	42	32	9
	淄博	326	213	143	96.3	371	61	29	14
	枣庄	232	333	98	233.6	240	59	40	24
	东营	887	344	182	145.5	493	51	40	21
	烟台	164	124	93	55.9	204	47	40	15
	潍坊	256	305	92	103.2	226	41	37	24
	济宁	344	462	104	197.8	298	56	40	20
	泰安	265	359	133	206.1	271	49	38	14
	威海	126	59	90	29.5	147	42	28	13
	日照	240	309	119	153.4	310	45	34	18
	莱芜	249	279	150	229.2	247	57	35	17
	临沂	201	362	100	161.5	340	42	33	17
地级行政区	德州	407	601	106	196.7	268	49	33	20
	聊城	294	569	95	206.0	164	40	20	8
	滨州	580	769	112	224.6	354	53	40	21
	菏泽	220	860	77	282.9	208	38	28	12
山东省		275	290	109	118.8	259	47	33	16

　　山东省各市用水组成中，农业用水比例均超过了总用水量的50%，其中滨州、菏泽市均超过了80%，达到82.5%和82.3%，莱芜市最低为50%；工业用水比例最高的莱芜、东营、枣庄市均超过了30%，分别占总用水量的35.0%、31.8%、30.3%，菏泽市最小，仅占7.6%；生活用水比例最高的是青岛市，为20.4%，最低的是东营和滨州，分别为5.3%、5.4%。各市用水组成情况见图1-3-1。

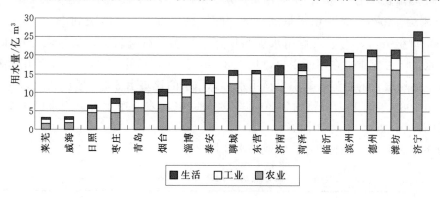

图1-3-1　2000年山东省各地级市用水组成图

　　按2000年实际用水量分析，全省人均用水量为275m³，万元GDP用水量为290m³，分别为全国平均水平的61.7%和50.0%。各流域分区中，海河流域人均用水量和万元GDP用水量最高，分别为413m³、578m³，其次是黄河流域，分别为280m³、261m³，淮河流域及山东半岛最低，分别为244m³、248m³。各地级市中，人均用水量最高的是东营市，为887m³，人均用水量较小的有威海、青岛、烟台市，分别为126m³、136m³、164m³；万元GDP用水量最高的是菏泽市，为860m³，万元GDP用水量较小的有威海和青岛，均低于100m³，仅分别为59m³、89m³。

2000年全省城镇居民生活人均生活日用水量为109L，低于全国平均水平。各流域分区中，黄河流域城镇生活日用水量最高，为137L，淮河流域及山东半岛和海河流域基本相同，分别为106L和105L。各地级市中，城镇生活日用水量在92～182L。全省农村居民生活用水量为47L，也低于全国平均水平。

工业用水指工矿企业在生产过程中取用的新水量，不包括企业内部的重复利用水量。2000年全省工业用水量44.56亿m³，占全省总用水量的18.0%，其中，火电用水3.70亿m³，一般工业用水40.86亿m³。各流域分区中，淮河流域及山东半岛、黄河流域、海河流域工业用水量分别为31.82亿m³、5.02亿m³、7.71亿m³，分别占全省工业总用水量的71.4%、11.3%、17.3%。各地级市中，东营和济宁工业用水量相对较大，分别为5.06亿m³和4.24亿m³，共占全省工业用水的20.9%。全省工业综合万元增加值用水量为118.8m³，低于全国平均水平。各地级市工业综合万元增加值用水量差别较大，工业较发达的济南、青岛、烟台、威海、淄博、潍坊市在29.5～103.2m³之间；工业综合万元增加值用水量较大的是菏泽、枣庄、莱芜、滨州市，在224.6～282.9m³之间。

2000年全省农田综合亩均灌溉用水量为259m³，低于全国平均水平。受降水量、土壤类型、种植结构、灌溉方式、工程状况、管理水平等因素的影响，各地的亩均灌溉用水量差别较大，各流域分区中，黄河流域最大，为291m³，淮河流域及山东半岛和海河流域基本相同，分别为258m³、254m³；各地级市中，亩均用水量较大的有东营、淄博、滨州市，均超过350m³，亩均用水量较小的有青岛、威海市，均低于150m³。

2014年山东省总用水量为214.52亿m³，其中农田灌溉用水占59.5%、林牧渔畜用水占8.9%、工业用水占13.3%、城镇公共用水占3.4%、居民生活用水占12.2%、生态环境用水占2.7%。

2. 用水量变化趋势

（1）用水总量及各部门用水量变化趋势分析。按1985—2000年用水量统计资料分析，全省总用水量基本呈增长趋势，从1985年的184.80亿m³增长到2000年的247.54亿m³，年均增长率为2.3%。1995—2000年全省总用水量基本稳定在250亿m³左右。

各部门用水量历年变化情况有所不同。生活用水量从1985年的15.25亿m³增长到2000年的26.98亿m³，年均增长率为0.8%；工业用水量从1985年的21.69亿m³增长到2000年的44.56亿m³，年均增长率为7.0%；农业用水量从1985年的147.86亿m³增长到2000年的176.01亿m³（1995年为190.93亿m³），由于农业用水受当年降水的多少影响较大，历年农业用水量变化较大。历年各部门用水量所占比重也在不断变化，从1985年到2000年的15年间，生活用水和工业用水占总用水的比重呈逐年增长的趋势，其中生活用水占总用水的比重由8.3%增加到10.9%，工业用水占总用水的比重由1985年的11.7%增加到2000年的18.0%；农业用水占总用水的比重逐年减少，由1985年的80.0%减少2000年的71.1%。

山东省历年生活用水、工业用水、农业用水及用水总量详见表1-3-2。

表1-3-2　　　　　　　　　　　　**山东省历年用水量统计表**　　　　　　　　　　　　单位：亿m³

年　份	生　活	工　业	农　业	用水总量
1985	15.25	21.69	147.90	184.8
1990	19.09	28.39	173.70	221.15
1995	24.27	37.60	190.90	252.79
2000	26.98	44.56	176.0	247.54

（2）弹性系数分析。结合GDP、农业增加值和工业增加值的增长速度，计算全省总用水弹性系数、农业用水弹性系数和工业用水弹性系数，成果见表1-3-3。

表1-3-3   山东省各用水弹性系数计算成果表

时段 项目	1985—1990年	1990—1995年	1995—2000年
总用水弹性系数	0.33	0.17	−0.03
农业用水弹性系数	1.02	0.23	−0.17
工业用水弹性系数	0.44	0.27	0.25

由表2-2-4可以看出，1985—1990年正值改革开放的初期，全省各行业蓬勃发展，用水量较大，但节水水平较低，所计算的各用水弹性系数在三个阶段中为最大；1990—1995年山东省各项事业快速发展，注重产业结构调整和加强节水力度，用水弹性系数一般在0.2左右，即GDP（或行业增加值）年均增长1%，总用水量（或行业用水量）年均增长0.2%左右；2000年山东省降水量为607.3mm，比常年减少10.2%，较1995年的691.1mm偏小12.1%，属枯水年份，水资源量的减少直接影响了当年各行业部门特别是农业部门的用水情况，使得1995—2000年的农业用水弹性系数和总用水弹性系数为负值。2014年全省用水总量下降到214.52，总用水弹性系数进一步为负值。

3. 用水效率

山东省不同水平年的各项用水指标见表1-3-4。

表1-3-4   山东省各项用水指标成果表

年份 用水指标		1985	1990	1995	2000
人均用水量/(m³/p·a)		240	263	291	275
单位GDP用水量/(m³/万元)		1342	954	529	290
城镇生活用水指标/(L/p·d)		70	75	88	109
工业综合万元增加值用水指标/(m³/万元)		439.1	337.5	188.6	118.8
农田灌溉用水指标/(m³/亩)		273	283	286	259
农村居民用水指标/(L/p·d)		41	43	43	47
牲畜用水指标 /(L/头·日)	大牲畜	31	32	32	33
	小牲畜	16	16	13	16

由表中可以看出，山东省人均用水量、城镇生活用水指标（包括居民及公共用水）、农村生活用水指标（包括居民及牲畜用水）呈逐年增长的趋势；单位GDP用水量、工业综合万元增加值用水指标等呈逐年降低的趋势；由于灌溉节水措施的不断实施，农田灌溉用水指标基本呈降低趋势；牲畜用水指标近20年来变化不大，其中大牲畜用水指标一般为35L/（头·日）左右，小牲畜用水指标一般为15L/（头·日）左右。

1985—2000年的15年间，山东省万元GDP用水量从1342m³下降到290m³，减少了78%，单方水GDP产出从7.5元提高到34.5元，用水效率提高较快。同期，工业用水效率提高较为明显，工业综合万元增加值用水量从439.1m³下降到118.8m³，下降了57%，单方水工业增加值由22.8元增长到84.2元。生活用水方面，随着生活水平的提高，城镇生活用水定额从1985年的70L提高到2000年的109L；农村居民生活用水定额增长较小，由1985年的41L增长到2000年的47L，城镇生活及农村生活用水定额均低于全国平均水平。到2014年，全省万元GDP取水量降低到65m³以下，万元工业增加值取水量降低到14m³以下，农业节水灌溉率提高到45%以上。

4. 用水消耗量

山东省是农业大省，加之农田灌溉耗水量大，总耗水量中农田灌溉耗水所占比重较大，使得综合耗水率较高。2000 年全省耗水量为 196.69 亿 m³，耗水率为 79.5%。

2000 年山东省各水资源分区用水消耗量及消耗率见表 1-3-5。

表 1-3-5 **2000 年山东省各水资源分区用水消耗量及消耗率表**

分区		耗水量/亿 m³						耗水率/%					
		工业	城镇生活	农村生活	农田灌溉	林牧渔	小计	工业	城镇生活	农村生活	农田灌溉	林牧渔	小计
淮河流域及山东半岛	沂沭泗河区	5.26	1.05	5.67	47.79	2.6	62.44	40.3	32.1	99.4	85.2	96.3	77.3
	山东半岛沿海诸河区	8.29	2.21	4.23	47.22	4.24	66.18	44.1	33.5	99	94	96.6	78.5
	小计	13.5	3.26	9.89	95.01	6.85	128.6	42.6	33.1	99.2	89.4	96.5	77.9
黄河流域		2.05	0.5	1.25	11.84	0.9	16.53	40.8	33.7	100	92.7	96.1	77
海河流域		3.14	0.46	2.95	41.76	3.23	51.53	40.8	32.2	100	91.8	95.4	84.5
全省		18.73	4.22	14.09	148.61	10.97	196.69	42.1	32.9	99.4	90.3	96.1	79.5

山东省通过近几年对大中型灌区的续建配套与节水改造，节水灌溉面积不断扩大，农田灌溉方式日趋先进，节水水平不断提高，灌溉尾水较少。加之山东省地下水水位较低，灌溉水对地下水补给较少，因此得到的农田灌溉耗水率较高。全省 2000 年农田灌溉耗水量 148.61 亿 m³，耗水率为 90.3%，林牧渔耗水量为 10.97 亿 m³，耗水率为 96.1%。

全省 2000 年工业耗水量为 18.73 亿 m³，耗水率为 42.1%，其中一般工业耗水量为 15.76 亿 m³，耗水率为 38.6%；火电耗水量为 3.01 亿 m³，耗水率 81.4%。

由于城镇生活用水相对集中，消耗的水量相对较少，供水管网和排水设施完善，大部分水量成为废污水排放掉，因此耗水率较低。2000 年全省城镇生活耗水量为 4.22 亿 m³，耗水率为 32.9%。而农村居民住宅分散，一般没有专用的排水设施，居民生活和牲畜用水量的绝大部分甚至全部被消耗掉，因此耗水率较高，全省 2000 年农村生活耗水量为 14.09 亿 m³，耗水率为 99.4%。

据 2014 年山东省水资源公报，2014 年全省总耗水量 138.96 亿 m³，综合耗水率为 64.8%，其中农田灌溉耗水量 14.00 亿 m³；工业耗水量 12.25 亿 m³；城镇公共耗水量为 3.60 亿 m³；居民生活耗水量 13.12 亿 m³；生态环境耗水量 4.16 亿 m³。自山东省实施严格水资源管理，2010 年后山东省用水消耗量在逐年减少。

二、山东省可利用水资源及供水能力

（一）山东省可利用水资源量

水资源可利用量是从资源的角度分析可能被消耗利用的水资源量。地表水资源可利用量是指在可预见的时期内，在统筹考虑河道内生态环境和其他用水的基础上，通过经济合理、技术可行的措施，可供河道外生活、生产、生态用水的一次性最大水量（不包括回归水的重复利用）。

地下水资源可利用量按浅层地下水资源可开采量考虑。地下水可开采量是指在可预见的时期内，通过经济合理、技术可行的措施，在不致引起生态环境恶化的条件下，允许从含水层中获取的最大水量。

水资源可利用总量是指在可预见的时期内，在统筹考虑生活、生产和生态环境用水要求的基础上，通过经济合理、技术可行的措施，在当地水资源总量中可资一次性利用的最大水量。

据 2007 年山东省水资源综合规划，山东省地表水资源可利用量为 105.7 亿 m³（预见期至 2030 年），其中淮河流域及山东半岛、黄河流域、海河流域分别为 91.5 亿 m³、7.8 亿 m³、6.4 亿 m³；全省地表水资源可利用率为 53.3%，其中三个流域分别为 54.8%、43.8%、47.1%。在满足河道内最小生态环境用水的前提下，全省地表水资源在可预见期内可利用率总体上已达到较高程度。

山东省多年平均地下水可开采量为 125.5 亿 m³/a，占总补给量的 71%；多年平均地下水可开采模数为 9.3 万 m³/km²·a。

山东省当地水资源可利用总量为 208.8 亿 m³，其中淮河流域及山东半岛、黄河流域、海河流域分别为 163.4 亿 m³、15.2 亿 m³、30.2 亿 m³；全省水资源可利用率为 68.9%，其中淮河、黄河、海河流域分别为 67.8%、60.5%、81.3%。

（二）供水设施状况

山东省供水基础设施主要包括地表水源工程、地下水源工程、其他水源工程等。

1. 地表水源工程

目前全省地表水供水工程中共有蓄水工程（包括大、中、小型水库及塘坝）47314 座，总库容 168.64 亿 m³，兴利库容 89.47 亿 m³，其中，淮河流域及山东半岛有蓄水工程 35659 座，总库容 149.85 亿 m³，兴利库容 78.08 亿 m³；黄河流域有蓄水工程 4875 座，总库容 17.14 亿 m³，兴利库容 10.06 亿 m³；海河流域有蓄水工程 6780 座，总库容 1.66 亿 m³，兴利库容 1.34 亿 m³。

按工程规模分，全省共有大型水库 32 座，总库容 83.66 亿 m³，兴利库容 39.64 亿 m³。其中，淮河流域及山东半岛有大型水库 29 座，总库容 79.43 亿 m³，兴利库容 37.77 亿 m³；黄河流域有大型水库 3 座，总库容 4.24 亿 m³，兴利库容 1.87 亿 m³。

全省共有中型水库 152 座，总库容 40.48 亿 m³，兴利库容 21.76 亿 m³；小型水库 5450 座，总库容 33.51 亿 m³，兴利库容 20.26 亿 m³；塘坝 41680 座，总库容 10.99 亿 m³，兴利库容 7.82 亿 m³。

全省共有大型提、引水工程 3 处，中型提、引水工程 21 处，小型提、引水工程 10715 处。

黄河水是山东省的主要客水资源，引黄工程已具有相当大的规模，引黄范围达 11 个市的 68 个县（市、区）。在黄河两岸建有引黄涵闸 63 座，设计引水能力 2423 m³/s，已建引黄蓄水平原水库 88 座，设计总库容 7.8 亿 m³。

2. 地下水源工程

全省共有地下水井 105.43 万眼，其中配套机电井为 91.51 万眼。其中，淮河流域及山东半岛共有地下水井 74.51 万眼，配套井数量为 63.92 万眼；黄河流域有地下水井 7.55 万眼，配套井数量为 6.95 万眼；海河流域有地下水井 23.37 万眼，配套井数量为 20.63 万眼。

3. 其他水源工程

其他水源工程主要包括污水处理回用、海水利用及集雨工程等。

全省 2000 年已建成城市（含县城）污水处理厂 36 座，设计污水处理能力为 203 万 t/d。其中淮河流域及山东半岛 32 座，处理能力为 193.5 万 t/d；黄河流域 2 座，处理能力为 5.5 万 t/d；海河流域 2 座，处理能力为 4 万 t/d。全省至 2005 年已建成城市（含县城）污水处理厂 87 座，污水处理能力达到 490 万 t/d。

全省 2000 年有海水直接利用工程 113 处，海水直接利用量 22.6 亿 m³；海水淡化 3 处，年利用量 30 万 m³。全省 2005 年海水直接利用量 17.1 亿 m³，海水淡化利用量 100 万 m³。

全省共有集雨工程 23803 处，年利用量 369 万 m³。其中淮河流域及山东半岛 22676 处，黄河流域 891 处，海河流域 236 处。山东省各流域供水设施情况见表 1-3-6。

（三）供水量

根据 2014 年山东省水资源公报，全省总供水量为 214.52 亿 m³。其中，地表水源供水量 121.26 亿 m³，地下水源供水量 85.99 亿 m³，其他水源供水量 7.28 亿 m³。全省海水直接利用量 55.72 亿 m³。黄河水仍为山东省沿黄各市的主要供水水源，年内跨流域调水供水总量 62.26 亿 m³，占地表水供水量的 51.3%，其中黄河水 62.06 亿 m³，南水北调 0.20 亿 m³。黄河水仍为山东省治黄河各市的主要供水资源。

表 1-3-6   山东省各流域供水设施情况表

流域分区	蓄水工程/座	总库容/亿m³	兴利库容/亿m³	地下水井/万眼	配套机电井/万眼	污水处理厂/座	设计污水处理能力/(万t/d)	集雨工程/处
淮河流域及山东半岛	35659	149.85	78.08	74.51	63.92	32	193.5	22676
黄河流域	4875	17.14	10.06	7.55	6.95	2	5.5	891
海河流域	6780	1.66	1.34	23.37	20.63	2	4	236
总计	47314	168.65	89.48	105.43	91.5	36	203	23803

水资源开发利用程度以当地地表水资源开发率、浅层地下水开采率和水资源开发利用率和水资源利用消耗率四个指标来衡量。山东省实际水资源开发利用程度指标见表 1-3-7。

表 1-3-7   山东省实际水资源开发利用程度指标表

流域分区			地表水			浅层地下水			水资源总量				
			供水量/亿m³	水资源量/亿m³	开发率/%	开采量/亿m³	水资源量/亿m³	开采率/%	总供水量/亿m³	用水消耗量/亿m³	水资源总量/亿m³	水资源开发利用率/%	水资源利用消耗率/%
沂沭泗河区		湖东、湖西区	16.78	22.22	75.5	26.63	35.29	75.5	43.41	34.58	57.51	87.0	69.3
		中运河区	3.04	10.67	28.5	2.52	6.08	41.4	5.56	4.14	16.75	39.0	29.1
		沂沭河区	8.53	45.16	18.9	7.70	17.42	44.2	16.23	10.79	62.58	31.3	20.8
		日赣区	1.59	6.69	23.8	1.11	2.37	46.8	2.70	2.02	9.06	34.7	25.9
		小计	29.93	84.74	35.3	37.96	61.16	62.1	67.90	51.52	145.9	54.8	41.6
山东半岛沿海诸河区	胶东诸河区	小清河区	4.53	11.46	39.5	16.50	18.22	90.6	21.03	11.11	29.68	85.7	45.3
		潍弥白浪区	5.87	15.12	38.8	7.82	11.05	70.8	13.69	11.65	26.17	64.0	54.4
		胶莱大沽区	3.10	10.42	29.8	6.24	8.33	74.8	9.34	8.24	18.75	59.6	52.5
		胶东半岛区	5.92	40.49	14.6	8.64	18.67	46.3	14.57	10.82	59.16	29.3	21.7
		独流入海区	1.26	4.63	27.2	0.82	2.62	31.2	2.08	1.53	7.25	37.1	27.4
		小计	16.15	70.67	22.9	23.52	40.67	57.8	39.67	32.24	111.33	42.9	34.9
	小计		20.68	82.13	25.2	40.02	58.89	68.0	60.70	43.36	141.01	51.9	37.1
淮河流域合计			50.61	166.87	30.3	77.99	120.05	65.0	128.60	94.88	685.15	53.4	39.4
黄河流域			6.91	17.86	38.7	13.17	13.86	95.0	20.09	11.18	25.09	80.1	44.6
海河流域			6.12	13.52	45.3	15.14	31.54	48.0	21.27	18.23	37.15	57.3	49.1
全省			63.65	198.26	32.1	106.30	165.46	64.2	169.96	124.29	363.72	56.1	41.0

三、山东省水资源供需问题及其主要矛盾

据山东省水资源规则的供需分析，山东省多年平均供水量 263.9 亿 m³，其中地表水供水 97.7 亿 m³，地下水供水 104.1 亿 m³，外流域调水（主要为引黄）59.8 亿 m³，非常规水源 2.3 亿 m³，各类水源占总供水量的比例分别为 37%、39%、23%、1%；全省多年平均需水量 302.8 亿 m³，其中生活用水 20.7 亿 m³，生产用水 281.5 亿 m³，生态用水（河道外城镇生态）0.6 亿 m³，各用户需水量占总需水量的比例分别为 6.8%、93.0%、0.2%；全省多年平均缺水量 38.9 亿 m³，缺水率 12.9%。山东省供水及用水情况如图 1-3-2 所示。

山东省亩均水资源占有量为 263m³，总体上属水资源严重危机地区，但就是这样十分有限的水资源，至今尚未完全合理有效的利用，主要表现为供水工程老化、失修严重，用水水平不高，水资源浪

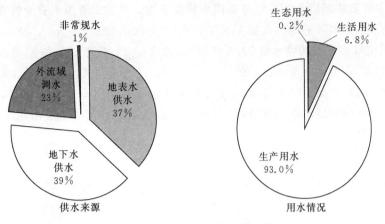

图 1 - 3 - 2 山东省供水及用水情况

费严重，有效利用程度低。

由于长期投入不足，山东省现有供水工程老化、失修严重，病险水库依然存在，包括建筑物破损，跑水、漏水现象普遍，供水保证程度低，影响了工程供水效益的发挥，也造成了水资源的浪费。根据有关资料分析，山东省水的有效利用率需要提高，特别是农业灌溉用水，灌溉工程老化失修，配套较差，灌水技术落后，不少地区还采用大水漫灌，输水渠道防渗效果较差或基本没有防渗措施。目前全省平均灌溉水利用系数仅在 0.50 左右，平均水分生产率 0.8kg/m³，水资源浪费较严重。工业生产工艺落后，高耗水、低产出的工矿企业仍大量存在。节水措施不力导致有的企业仍处于一次性直流水的状况。目前全省平均工业用水重复利用率在 60% 左右，万元工业增加值综合用水量 119m³，与发达国家相比还有相当大的差距。居民节水意识还需要加强，目前节水器具普及不够，跑、冒、滴、漏现象严重，全省城市平均管道漏失率在 20% 以上。水资源浪费严重，有效利用程度低，这进一步加剧了水的供需矛盾。

水资源的形成与利用是一个互联的系统，包括地表水和地下水，是一个统一的、有机联系的、不可分割的整体，二者相互转换、相互联系。因此，开发利用水资源，应充分考虑水资源的联合调度和优化配置，考虑整体的合理性。但是，长期以来，由于缺乏水资源的统一管理，城市、工业、农业用水，多从自身需要出发，对水资源提出需求，互不协调，造成了城乡之间、工农业之间、部门之间的用水矛盾。同时，由于缺水生态环境遭到不同程度破坏，使有限的水资源未能充分发挥其应有的效益。例如，黄河水的利用，上下游、左右岸应当相互协调，合理利用，以求各地经济的共同发展。但是在遇到干旱年份时却是上游引水过量，下游无水可引，致使下游地区工农业生产遭受重大损失。在同一灌区上，也存在上下游用水的矛盾问题。在沿黄两岸附近地区有大量水质优良的地下水，长期得不到合理的开发利用，而远离黄河且地下水资源贫乏的地区却引不到黄河水。部分地区、部分企业由于认为地表水的可靠性较差，而地下水是取之不尽的、高保证率的水源，而一味地超量开采利用地下水，造成地表水的大量流失，而地下水状况却不断恶化。这种粗放、无序的水资源管理，使有限的水资源不能得到合理利用。这些问题已经成为山东省实施严格水资源管理"三条红线"控制重点解决的问题。

四、山东省供水安全评估

山东省多年平均供水量 263.9 亿 m³，全省多年平均需水量 302.8 亿 m³，缺水量达 26.6 亿 m³，缺水率 12.9%。山东省是资源型缺水大省，由上述水资源需求、供水能力、供需分析❶，可以得出以下结论：

---

❶ 《山东省水资源综合规划总报告》，2000 年。

（一） 山东省各流域都缺水，各地市总缺水程度不均，引起水资源不安全性增大

淮河流域及山东半岛多年平均供水量 179.9 亿 m³，需水量 206.5 亿 m³，缺水量 26.6 亿 m³，缺水率 12.9%；黄河流域多年平均供水量 21.6 亿 m³，需水量 23.3 亿 m³，缺水量 1.7 亿 m³，缺水率 7.5%；海河流域多年平均供水量 62.4 亿 m³，需水量 73.0 亿 m³，缺水量 10.6 亿 m³，缺水率 14.5%。淮河流域及山东半岛、黄河流域、海河流域缺水量分别占全省总缺水量的 68.3%、4.5%、27.2%。各流域中海河流域缺水率相对最高，其次为黄河流域、淮河流域及山东半岛。山东省各流域水资源供需情况分析见图 1-3-3。

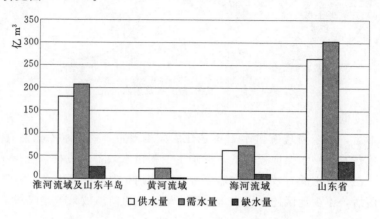

图 1-3-3 山东省各流域水资源供需情况分析

总缺水程度较高的水资源三级区按缺水率从大到小排列分别是胶莱大沽区、潍弥白浪区、湖西区、徒骇马颊河区、小清河区，缺水率分别为 28.7%、17.5%、15.7%、14.5%、14.2%；总缺水程度较低的水资源三级区，如日赣区、沂沭河区，缺水率分别为 6.6%、2.7%。总缺水程度较高的地级市按缺水率从大到小排列分别是青岛、聊城、东营、潍坊、济宁市，缺水率分别为 22.0%、19.3%、17.3%、17.0%、15.2%；缺水量分别为 4.0 亿 m³、4.7 亿 m³、2.3 亿 m³、4.4 亿 m³、4.6 亿 m³。总缺水程度较低的地级市，如枣庄市、临沂市，缺水率分别为 4.2%、3.2%。山东省部分水资源三级区及地级市缺水情况见表 1-3-8。

表 1-3-8 山东省部分水资源三级区及地级市缺水情况

水资源三级区	缺水率/%	地级市	缺水率/%
胶莱大沽区	28.7	青岛	22.0
潍弥白浪区	17.5	聊城	19.3
湖西区	15.7	东营	17.3
徒骇马颊河区	14.5	潍坊	17.0
小清河区	14.2	济宁	15.2
日赣区	6.6	枣庄	4.2
沂沭河区	2.7	临沂	3.2

由此可见，山东省缺水情况十分严重，尤其是经济发展较快、水资源条件较差的山东半岛地区和以农业生产为主（灌溉面积大）的地区（尤其是引黄地区），现在面临着严重缺水的局面。水资源供水安全面临重大挑战。

（二） 年际、年内缺水量变化较大，连枯年缺水更严重，损害农业发展和生态环境

山东省历年缺水状况与当年降水量有较大关系，降水量较大的年份一般缺水量较小，同时缺水状况与工程的多年调节性能也有较大关系。全省年际缺水程度变化较大，缺水率最大为 23.8%（1989年），年缺水量为 75.7 亿 m³。大于平均缺水率（13.3%）超过 3 年的连枯时段有 1958—1960 年、1966—1970 年、1981—1983 年、1987—1989 年，1997—2000 年除 1998 年缺水量较小外，其他年份缺水量较大。可以说，山东省现在已难以应付连枯 3～4 年水资源短缺的压力。

由山东省多年平均月平衡结果，年内不同月份缺水差别较大，缺水最严重的月份是 4 月和 5 月，这个时期也是工农业争水最严重的月份。农业用水得不到保证，进一步威胁到粮食安全。连枯年缺水，也会造成河道断流，从而造成生态环境的恶化。因此，如何保证缺水最严重的月份的需水，也是水资源开发利用中迫切需要解决的问题。

（三）缺水主要表现为农村生产缺水，城镇生活和生产实为隐性缺水

数据显示只有农村生产（农田灌溉、林牧渔、牲畜）缺水（多年平均 38.9 亿 m³），城镇生活和生产表现为不缺水。分析全省各地城镇生活和生产供水水源和用水现状，城镇生活和生产实为隐性缺水。城镇生活现状供水占用了农业灌溉水源，挤占了农业灌溉水量，如米山、门楼、雪野、岸堤、产芝、尹府、卧虎山等大型水库，以前均为农业灌溉水库，现在同时向城镇生活和生产供水，甚至主要或全部为城镇生活和生产供水。另外，在全省引黄水量指标中，原主要为引黄灌区灌溉用水指标，现转向城镇生活和生产供水，挤占农业灌溉水量利用黄河水作为生活和生产供水水源的城市有济南、德州、滨州、东营等。城镇生活和生产供水挤占的农业灌溉水量共有 15.7 亿 m³，其中水库供水量 4.8 亿 m³，引黄水量 10.9 亿 m³。城镇生活和生产供水挤占的农业灌溉水量 15.7 亿 m³ 可认为是其隐性缺水量。

（四）山东省水资源现状开发利用已达到较高程度，开发利用潜力已不大

山东省多年平均当地水资源综合开发利用率为 66.6%，其中地表水开发利用率为 49.3%，地下水利用率为 62.9%。全省多年平均当地水资源综合利用消耗率为 52.8%，其中地表水 38.8%，地下水 50.2%。当地水资源开发利用已达到较高程度，虽然由于地域分布的不均衡性，部分区域仍存在一定的开发利用潜力，但总体开发利用潜力已不大。反映出山东省总体上属于资源型缺水，目前水资源承载能力已接近上限，如果不开辟新水源和强化节水，遇枯水年份特别是连枯年份，必将极大地影响山东省经济社会的可持续发展和生态环境的改善。

综上所述，虽然水利工程措施众多，但由于山东省总体上属于资源型缺水，经济社会需水量快速增长，缺水程度时空分布不均，以及供水设施功能发挥不到位等原因，使得该地区供水安全问题日益突出，水资源安全问题已成为制约经济社会可持续发展的"瓶颈"因素。

第四节 山东省防洪安全

一、山东省的洪涝灾害及其特征

山东省地处我国北温带半湿润季风气候区，受季风影响明显，降水集中在每年 6～9 月，雨量分布极为不均，水旱灾害频繁。自新中国成立以来，全省各级政府领导带领广大人民群众坚持不懈地进行水利建设，目前已建成了 60 多万项水利工程设施，初步形成防治水旱灾害的工程体系，大大提高了抗御水旱灾害的能力。但洪涝灾害的威胁仍未从根本得到解除，严重制约着山东省国民经济发展、社会人民进步和生态文明建设（孙毅和赵静，2000）。

（一）洪涝灾害变化特征

1. 洪涝灾害频发，损失十分严重

根据历史文献记载，自 1264 年至新中国成立前，山东省共发生程度不同的洪灾 513 次，发生概率为 74.9%，平均每 1.33 年发生一次，其中重大和特大洪灾分别为 24 次和 9 次，平均每 20.8 年发生一次（杨罗，2000）。在新中国成立后的 50 多年中，山东省共发生轻重不同的洪灾近 50 次，几乎每年均有轻重不同的洪涝灾害，累计受灾人口多达 31287.6 万人，死亡人数共计 14658 人；全省洪涝灾害累计受灾面积达 4067.5 万 hm²，成灾面积达 3013.94 万 hm²，多年平均受灾和成灾农田面积分别达 81.35 万 hm² 和 60.64 万 hm²，分别占全省耕地面积的 11.9％和 8.9％；倒塌房屋累计 1139 万间，直接经济损失累计高达 554.2 亿元，占多年国民经济总产值的 6.48％（季新民和周玉香，2000）。

图 1-4-1　山东省新泰市 2007 年洪灾肆虐图

改革开放以来，国民经济迅猛发展，生产、生活基础设施、物质急剧增多，单位受灾面积的综合损失值逐渐增大洪涝灾害造成的损失十分严重。据调查，在同一个地区，20 世纪 50—80 年代初，山东洪灾成灾单位面积综合损失的年递增率为 3％左右；20 世纪 80 年代中期经济发展加快后，1985—1991 年平均年递增率为 6.6％，1991—1993 年年递增率增加到 10％，比 50—80 年代初的平均年递增率大了 3 倍多。此外，随着产业格局的变化，洪涝灾害也使经济损失发生了结构性的变化。水利的损失占总灾害损失的比重逐年下降，而工矿、交通、商业、服务业等第二、第三产业的损失已跃居首位，以农业生产为主的第一产业损失比例逐年减小。据统计，在 1991 年和 1993 年洪水中，工矿、商业、服务业等较密集的临沂市，第二、第三产业的损失约占洪涝总损失的 2/3，第一产业的损失比重不到 1/3。由此可见，随着时间的推移和产业结构的进一步调整，在洪灾损失中，第二、第三产业损失的比值还会增大，第一产业损失的比例还会减小，洪灾经济损失结构还会逐渐改变（季新民和周玉香，2000）。

2. 洪涝连年不断，旱涝交替，周期特征显著

山东省极易发生连年洪水灾害，表现出明显的连续性，如胶东市 1950—1956 年连续 7 年发生洪灾，鲁西南、鲁北地区 1962—1964 年持续 3 年遭受大规模洪水破坏。根据山东省水旱灾害资料统计结果显示，山东省连续 2 年发生洪涝灾害的概率为 21.2％～25.0％，连续 3 年发生概率为 9.1％～11.8％，连续 4 年发生概率为 3.5％～5.0％，连续 5 年及以上发生概率为 1.3％～2.7％。

根据全省 1916—2010 年多年降水量资料分析发现，水旱周期约为 60 年，其中 1916—1945 年和 1976—1997 年均为干旱期，1946—1975 年为洪涝期。在干旱期间，旱灾发生次数多，且旱情严重；同样在洪涝期间，洪灾频繁、损失惨重。自 1997 年以来，全省交替出现了洪涝期，全省洪灾多于旱

灾。不仅旱涝交替呈现明显的 30 年周期，轻重等级不同的洪涝灾害发生的周期同样具有显著的周期性。一般性洪水平均 3～5 年出现一次，较严重洪水平均 5～10 年发生一次，特大洪水平均 10～20 年发生一次（王轲道，2000）。

3. 大洪灾易突发，具有明显的季节规律

山东省地处我国沿海东部季风区，秋冬季盛行来自亚欧大陆的干冷偏北风，因此春、秋、冬季降雨量小，蒸发量大，容易形成旱灾。与之相反，夏季盛行来自海洋暖湿的偏南风，因此夏季高温多雨，雨热同期，降雨量占全年总量的 70％以上。这种夏季暴雨集中，除导致河道内洪水暴涨外，还造成农田内涝，同时形成河堤漫溢溃决，洪水叠加形成突发大洪水。同时，每 7—9 月台风盛行，不仅给滨海城市和地区直接造成风暴潮灾害，同时可能引发大暴雨，形成洪水，造成综合灾害（杨罗，2000）。此外，在全年长期干旱的前期下，频繁发生的中小尺度及局部地区灾害性天气，降雨量大且集中，极易形成突发性的洪水（王轲道，2000）。

4. 洪涝灾害具有显著的地域差异

山东省洪涝灾害在地域分布上表现差异性。这种地域差异性与山东省流域紧密关联。山东省水系根据所在流域，可分为淮河沂沭泗河流域、黄河流域、海河流域及山东半岛沿海诸河区，其中，沂沭泗河水系、山东半岛沿海诸河多位于山地丘陵，受这些山地丘陵地形的抬升作用，这些地区的降雨类型多为地形雨，降雨较多，洪水来势凶猛，峰高量大，同时山地河流长度短、水流速度急，洪水暴涨暴落；黄河流域横穿全省，从上游携带的泥沙淤积在山东省境内，形成"地上河"，历史上常年发生"三年两决口"，一般性洪水即可导致漫滩，致使黄河泛滥成灾（王德波等，2002）。山东省海河流域是我国沿海东部季风区降水最少的地区，该流域多为平原，地势平坦，河底比降小，水流速度缓慢，洪水涨落比较缓慢，上游地区涨洪一般在降雨发生后 2～4 天内，中下游地区一般发生在 5～10 天内，虽然因河道行洪排涝能低容易造成涝灾，但洪涝灾害程度小于其他山地丘陵地区（王晓莉等，2010）。

5. 防洪工程建设面临其他问题

由于历史上洪涝灾害频发造成损失惨重，目前山东省已基本建成防洪除涝、农田灌溉、城乡供水、水土保持等框架体系。据统计，全省已建设各类不同规模水库 5700 座，塘坝 31190 座，总库容接近 163 亿 m³，控制流域面积 6.37 万 km²，占总山东境内面积的 40.7％；初步治理大中型骨干防洪排涝河道 27 条，总长度 4389km，堤防 9000 多 km，共控制流域面积 11.4 km²，占全省总面积的 74％；沿海地区建成防潮堤 1245km，入海河口防潮闸坝 30 余座（季新民和周玉香，2000）。这些防洪工程增强了全省抗御洪涝灾害的能力。但是这些工程也面临河道淤积，非汛期导致下游水量减少，等其他问题的挑战。

（二）形成洪涝灾害的主要原因

1. 降雨量时空分布不均

山东省处于我国沿海东部季风区，降雨量少，且年际、年内分布不均。据 1916—1998 年全省降水量资料统计，山东省多年平均年降水量约为 650mm，最大年平均降水量出现在 1964 年，高达 1154mm，最小年平均降水量出现在 1927 年，总降雨量为 349mm，最丰年是最枯年的 3.3 倍，降雨量年际分配极不均匀。从年内分配来看，降雨量多集中在夏季汛期（6—9 月）的 3～5 次暴雨过程中，占全年总降雨量的 70％，见图 1-4-2。在空间分布上，山东淮河沂沭泗河流域及山东半岛沿海诸河区受山地丘陵地形的影响，降雨量大，多年平均降水量在 750～800mm 范围内，随着山东黄河流域、海河流域及山东半岛北部逐渐向北，降雨量逐渐递减，最小平均降水量仅在 500～550mm 范围内，见图 1-4-3。尤其在山东淮河流域的每次暴雨过程中，暴雨重心地区降雨量与外围地区雨量相差几倍到几十倍，见图 1-4-4。由此可见，年际、年内降水量时空分布不均，高度集中的夏季强降雨是造成了山东省洪涝灾害的主要原因（杨罗，2000）。

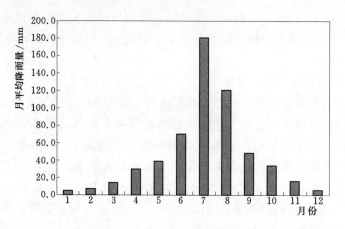

图 1-4-2 山东省降雨量年内分配图

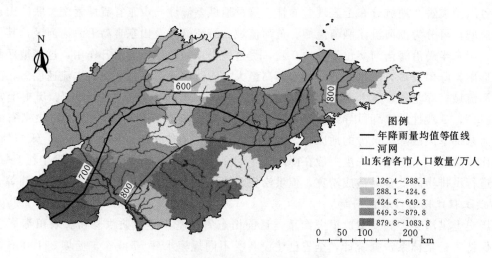

图 1-4-3 山东省降雨等值线图

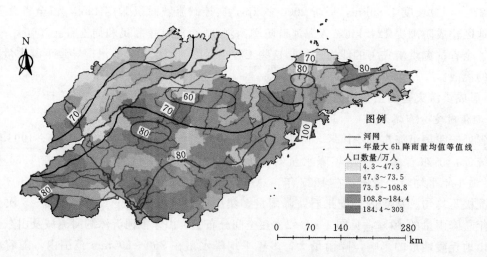

图 1-4-4 山东省最大 6h 降雨量等值线图

2. 年径流量大小差异悬殊

山东省多年平均年径流量 230 亿 m³，年变差系数约为 0.95，年最大径流量出现在 1964 年（与年最大降雨量同期），约为 690 亿 m³；年最小径流量出现在 1981 年（与年最小降雨量不同期），约 54

亿 m³，最大年为最小年的 13 倍。与降雨量年内分配类似，年径流量的 80％以上同样由集中在 6—9 月的 3～5 次短历时暴雨形成，因而呈现出暴涨暴落的突发特性，给人民的生命财产造成严重的威胁；而非汛期径流量比重小，甚至造成大部分河道断流，造成水资源严重短缺的局面。

3. 台风及海温异常现象影响显著

据统计，1949—1998 年期间山东省共遭受 45 次程度不同台风的影响，直接灾害来自沿海狂风巨浪及风暴潮，间接灾害导致临近内陆地区暴雨洪水突发。在厄尔尼诺现象发生的当年，山东省汛期降水量以偏少为主，易发生旱灾；受反厄尔尼诺现象影响，在该现象发生当年山东省全省汛期降水量偏多，第二年山东北部和半岛汛期降水量以偏多为主，易发生洪涝灾害。

4. 人为灾害和自然灾害的复合影响

山东省目前已基本建成的防洪除涝、农田灌溉、城乡供水、水土保持等框架体系，使全省洪涝灾害防治的能力得到大大提升。但早期防洪规划和设计洪水标准偏低，水利工程年久失修，同样存在大量的病险隐患。此外，这些水利工程的修建，增加了泥沙淤积量，一定程度上削弱了天然河道的行洪能力和湖泊的调蓄能力。当自然灾害（如长时期强降雨）和人为因素（如垮坝、破堤等）叠加时，洪涝灾害带来的风险越来越凸显。

二、中小河流突发洪水

山东省历史防洪工作多集中于大江大河的治理和病险水库的除险加固，目前这些工作已大体完成。但是，相比大江大河洪水灾害防治，中小河流防洪标准普遍偏低，中小河流突发洪水灾害损失日渐严重，给人民生命财产安全带来日益严重的威胁。据统计，全国总洪涝灾害损失的 70％～80％发生在中小河流，近 10 年中小河流突发洪水造成的人员伤亡中占全国总伤亡人数的 2/3 以上（柳林和安会静，2013）。山东省中小河流突发洪水早期重视不足，业已成为山东省防洪工程体系中的致命短板。山东省委省政府立下中小河流治理军令状，通过借鉴病险水库除险加固的工作经验，希望在未来数年时间内，全面完成规划内 210 条流域面积在 200km² 以下的中小河流治理任务。中小河流突发洪水已成为山东省防洪减灾体系的重要工作内容。

中小河流突发洪水主要分布在流域内山丘区，因此也常被称为"山洪"。山东省丘陵面积和山地面积分别约为 24130km² 和 17370km²，分别占全省面积的 24.6％和 11.05％，主要分布于山东西部、中南部及山东半岛部分地区。山东省中南部地区以泰沂山脉为主山脉，形成辐射状水系，主要包括：沂河、沭河向南流经江苏省，最后注入黄海，形成沂沭河，隶属淮河水系；潍河、弥河、白浪河等向北流汇入莱州湾，小清河向西北注入渤海；大汶河向西流汇入黄河，归属黄河水系；泗河、白马河、十字河等同样向南流入南四湖；潮河、绣针河、白马河、吉利河等向东南注入黄海。此外，在山东半岛由伟德山、昆嵛山、艾山、大泽山组成一个东北—西南向的分水岭，主要形成大沽夹河、五龙河、大沽河、胶莱河等水系，分别向南、北流入黄海、渤海（郭清华，2012）。

强降雨在山区及丘陵区产生大洪水，洪水可进一步诱发的泥石流、滑坡等灾害，造成大量人员伤亡，大面积土地、农田、林木被毁。山东省山洪灾害不仅具有突发性、季节性和频发性，更由于其来势猛、成灾快、历时短、破坏性强，具有难预报、难预测、难预防的特点。此外，山洪多发生在晚间，百姓防备不足，极易造成人员伤亡。一次山洪灾区范围小，但危害大，由于灾区多位于偏远山区，交通不便，大大增加了灾后恢复的难度。大部分中小河流缺乏水文监测资料，属于无资料地区或资料缺乏地区，给洪水防治工作带来极大的不便。山东省中小河流众多未经系统治理，防洪标准不足 10 年一遇，排涝标准不足 3 年一遇。部分河段缺乏管理，水土流失严重、河段阻水障碍多、河道垃圾堆积等现象普遍存在，导致河道淤积严重，排水能力不足；此外，河流堤身单薄，堤防险工段多，建筑物年久失修，一遇暴雨洪水，极易形成大面积洪涝灾害。尤其是近年来随着人类开发活动的增加，如采矿、种植经济林等各种人为影响加剧，山洪灾害及其诱发的各种其他灾害不断增加，使得灾害的范围、频次、危害程度呈现逐步扩大的趋势❶。

以烟台市为例，烟台市位于山东半岛中部地区，地形以低山丘陵区为主，占总面积的 76.3%。烟台属于暖温带大陆性季风气候，全市年平均降水量为 698.3mm，大部分集中在 6—9 月的 1～2 次强降雨中。此外，由于该市河网发达，河床比降大，洪水陡涨陡落，由暴雨导致的山洪灾害，以及由此诱发的山体滑坡、水库、塘坝溃决灾害和部分采矿区的渣（泥）石流灾害，严重威胁到该市人民生命财产和公共设施安全。受这些特殊的自然地理因素和特殊天气系统的影响，烟台市山洪灾害频发。据统计，自 1949 年以来，该市因山洪灾害导致 320 余人死亡，15.97 万间房屋倒塌，820 多座桥梁被毁，水库、塘坝 400 多座被冲，近 40 万 hm² 农田被淹没。尤其 1985 年第 9 号台风于 8 月 19 日影响烟台市，全市平均降雨量达 233 mm，有 50 多个乡镇降雨在 300 mm 以上，暴雨引发山洪灾害，造成近 30 人死亡，约 5.3 亿元经济损失（张晓毅和马丽，2012）。

三、滨海地区风暴潮

山东省濒临黄海、渤海，是我国对外开放的重要沿海省份之一，海岸线长 3082km。山东省具有丰富的自然资源，不仅是我国四大海盐产地其中之一，也是全国农、牧、水产的重要产区，更是我国黄河三角洲所在地。作为全国三大河流三角洲之一，山东省拥有着正在逐渐扩张的新增土地资源。此外，山东省还具有得天独厚的各种海洋空间，包括海岸线、滩涂、港湾、浅海、岛屿等，生物资源和旅游资源，目前已成为我国发达的沿海经济地区和繁荣的对外贸易口岸地带，是 21 世纪环渤海经济圈开发的重点和经济发展最有潜力的地区。然而，滨海地区恰恰也是各类自然灾害爆发频繁的地区，尤其是风暴潮灾害，发生次数多，危害程度大，涉及范围广，位于各种海洋灾害之首。

风暴潮是由台风、温带气旋、冷锋的强风作用和气压骤变等强烈的天气系统引起的海面异常升降现象。风暴潮是一种重力长波，周期约为几小时到几天之间，振幅一般数米。造成山东省滨海地区风暴潮的原因主要有热带气旋（包括台风、强热带风暴、热带风暴、热带低压）引起的风暴潮和温带气旋、寒潮引起的温带风暴潮，以及这两种原因叠加引起的风暴潮（刘敦训，2006）。

山东省遭受风暴潮灾害由来已久，关于风暴潮的最早记录可追溯至公元前。自公元前 48 年至 1949 年的近 2000 年中，黄渤海沿岸有文字记录的风暴潮灾害多达 96 次，其中重灾 33 次（季明川，1993）。新中国成立后 50 年来，山东滨海地区共发生 617 次风暴潮最大增水超过 1m，63 次风暴潮最大增水超过 2m，主要发生在威海市、烟台市、青岛市、日照市、东营市、滨州市和潍坊市等沿海 7 个城市（杨桂山，2000）。这些风暴潮以少量台风风暴潮和大量以温带风暴潮组成，前者多集中于汛期 7—9 月，后者多集中于 10 月至次年 4 月，因而与天文潮遭遇几率相对较大，已成为山东省滨海地区风暴潮灾害的主要原因（刘敦训，2006）。1980—2010 年山东省滨海的 7 个城市遭受风暴潮灾害统计情况见表 1-4-1，这 20 年内，平均每个城市发生 5.7 次风暴潮，平均每 3.5 年发生一次风暴潮，平均年伤亡人数达 405 人，总经济损失高达 1552.44 亿元。其中，1985 年第 9 号台风引起的风暴潮是新中国成立以来最严重的一次风暴潮灾害。这次风暴潮带来了大量海洋暖湿气团，发生了持续时间长、覆盖面积大的高强度集中暴雨。据统计，青岛、胶南、即墨、平度、莱西、烟台等山东半岛多个县市总雨量都在 300mm 左右，个别县市甚至超过 400mm，占山东半岛年多年平均降雨量的 40%～50%，造成了流域内大规模的洪灾。此外，这次风暴潮恰好遭遇天文大潮，导致海面水位持续急增。青岛市首当其冲，灾情最为严重，造成 29 人死亡，368 人重伤，经济损失高达 5 亿元之多；烟台市死亡 16 人，直接经济损失 5 亿；牟平县经济损失 1 亿元，蓬莱县经济损失 3600 万元，死亡 7 人（不包括被毁房屋、农田、公路、桥梁、大坝水库等等）（刘国安，1989）。

---

❶ 《山东省黄河、淮河流域综合规划报告》，2000 年。

表 1-4-1　　　　　　　　　1980—2010 年山东省滨海地区风暴潮灾害统计表

城市名称	风暴潮发生次数	年均伤亡人数/人	总损失/亿元
滨州	3	15	163.30
东营	3	23	102.88
潍坊	8	44	165.69
烟台	6	463	454.29
威海	10	118	279.17
青岛	4	523	308.18
日照	6	1650	78.93

四、城市内涝灾害

随着我国城市化进程的不断发展，截至 2010 年，我国城市化水平已达到了 47.5%。城市已经逐渐成为人类社会生活和经济活动的重要地区，引领着世界经济的发展走向。新中国成立半个世纪以来，特别是实行经济改革和对外开放政策后，山东的综合经济实力迅速增长，成为中国重要的沿海大省。自 1990 年以后的 20 年快速城市化发展中，山东省城市总数增长了 41%；截至 2000 年，山东省地级及以上的城市 17 个，比 1990 年增长 54%；县级及以上的城市 31 个，比

图 1-4-5　山东省烟台市 2007 年风暴潮

1990 年多出 34.7%。1990 年城市化水平仅为 27.3%，2000 年提高到 38%（王成超，2004），而截至 2007 年年底，青岛和济南城市化水平分别为 61.14% 和 56.12%，淄博、东营、烟台、威海、莱芜等 5 个城市的城市化水平均达到 40% 以上，见表 1-4-2，可见山东省城市发展已相当成熟（司莲花和潘月红，2009）。

表 1-4-2　　　　　　　　　　　2007 年山东省城市化水平统计表

城市名称	城市化水平/%	城市名称	城市化水平/%
济南	56.12	威海	47.06
青岛	61.14	日照	32.97
淄博	43.72	莱芜	40.20
枣庄	32.87	临沂	19.83
东营	42.99	德州	27.82
烟台	45.99	聊城	28.24
潍坊	38.39	滨州	25.19
济宁	26.58	菏泽	19.10
泰安	28.50		

城市在国民经济发展中发挥着举足轻重的作用。随着日益扩展的城市功能和逐渐复杂的规划建设，城市在成为经济社会发展的核心同时，目前已逐步展现出其脆弱的一面。作为人口、基础建设和社会财富高度聚集区，城市一旦发生洪涝灾害，带来的人员伤亡、设施设备损坏和社会经济损失也不

可估量。由于山东省早期快速城市化进程中的基础设施建设不完善、治理管理落后、公众意识淡薄等原因，历史违规建筑未得到妥善的整治，新时期的建设未得到充分的规划和论证，城市内涝问题成为目前山东省面临的棘手难题。

城市内涝是指由于强降水或连续性降水超过城市排水能力致使城市内产生积水灾害的现象。发生城市内涝灾害时，高度密集的城市交通、通信网络、水、电、暖、煤气管道等生命线工程系统功能丧失，导致社会经济活动受阻，少则几天，多则数月，这种城市内涝灾害带来的损失和影响已远远超出建筑物和基础设施破坏所引起的直接经济损失（胡盈惠，2011）。早期城市人口少，城市数量少，建设规模小。因此，过去城市占地面积小，建城选择范围广，一般都选址地势高环境好的地区，所以，以前多为滨海地区和地势较低的城市容易遭受城市内涝灾害。而现在城市飞速发展，城市人口高度集中，建设规模广大。因此，当前城市占地面积大，用地紧张，可选择用地正迅速缩减，部分不适合建设地区均用来开发并满足城市日益扩张的需求，这些不合理的建设地区为城市频繁遭受内涝灾害埋下伏笔。

由于暴雨集中、地势低洼和规划不合理等原因，山东省省会济南市频繁遭受城市内涝灾害的影响。最早记录可追溯至公元680年，此后的600年时间内，有文献记录济南市城市内涝多达12次。1949年新中国成立至今，济南市共遭遇6次规模较大的城市内涝，分别出现在1962年、1963年、1980年、1987年、2004年和2007年，见表1-4-3。例如，济南市2007年7月18日暴雨带来的城市内涝为我们敲响了城市防洪排涝的警钟（张明泉等，2009）。据记载（杜贞栋等，2013），2007年7月18日17—19时，短短的2小时时间内，济南市自北向南全城普降暴雨，其中，70%以上降雨发生在7月18日17—20时，暴雨中心笼罩在市区重心，最大3小时市区平均降雨为146mm，整场暴雨过程全市平均降雨量为82.3mm，最大降雨量高达182.7mm，位于济南市市政府，整个市区降雨量相对较多。济南市区位于小清河黄台水文站上游流域，市区面积164km^2，占黄台上游流域总面积的51%，全市所有水流均流入小清河，是黄台上游流域水源的主要来源。2007年，黄台水文站观测水位从7月18日17时30分开始上涨，短短的5小时内水位上涨到最大洪峰水位23.58m，超出警戒水位1.04m，平均上涨约0.8m/h，对应洪峰流量为202m^3/s，超出1987年8月26日特大暴雨洪灾时流量79m^3/s。与快速上涨的水位形成鲜明对比的是缓慢回落的水位，水位回落开始于18日22时22分，至19日7时15分回落至22.91m，平均回落速度为0.07m/h。短时期高强度降雨，造成济南市市区北部部分河道洪水水位超出河岸，最终导致马路上产生了湍急的水流。因为济南市地势南高北低，强降雨产生的洪水迅速从南部山区向北汇入市区，导致公路成为行洪的主要通道，许多交通道路上平均积水超过0.5m。据统计，此次济南市区内涝死亡37人，受伤171人，受淹住房5718户，受灾群众33.3万人，造成全市直接经济损失高达12.3亿元。

表1-4-3 山东省重点城市遭受城市内涝灾害统计表

城市名称	新中国成立以来发生内涝次数	发生年份
济南	6	1962、1963、1980、1987、2004、2007
聊城	5	1951、1953、1961、1964、1985

造成山东省城市内涝的主要原因来自两个方面：一是城区暴雨大量被转化为径流，二是径流排泄不畅。具体体现在城市大规模向周围环境扩张，大量透水地面被硬化成不透水地面，在同等降雨条件下，城区能将更多的降雨转化为径流。此外，城市生活、生产释放大量的热量，大量硬化的城市化建筑易吸收太阳热量，城区温度明显高于周边郊区，形成"热岛效应"，来自郊区的气团在热气作用下抬升，更容易产生降雨。在城区降雨能更多的转化为径流的同时，城区径流的排泄困难最终导致城市内涝的爆发。城市化硬化下垫面使径流汇流速度加快，给排涝设施带来极大的负担（王虹等，2009）；已建城市排水设施不完善，排水设施的建设与城市化进程不同步，远远落后于同等城市化水平下对防

图 1-4-6　山东省济南省泉城广场银座购物广场内涝图

洪排水设施的要求；此外，这些早期修建的排水设施防洪规划不足，标准过低，质量偏差，老化严重（栾居军，2010）；更甚者，在城市化进程中，大量违规违章建筑修建，人水争地现象严重，导致天然行洪的河道和调洪的湖泊被大规模填埋和占用，城区洪水一旦形成，便无排泄通道，造成内涝灾害，造成大量人员伤亡和经济损失。

五、防洪安全风险评估

由于山东省特殊的气候条件和地理位置，山东省几乎每年发生不同程度的水旱灾害，已成为限制山东省社会经济发展、人民进步和生态文明建设的关键因素。山东省防洪安全目前面临着降雨时空分布不均、受台风和海温影响严重、人类活动影响显著等因素的影响。

李楠等（李楠，2010）基于山东省县级区划及 2008 年统计年鉴资料，选取致灾因子危险性、孕灾环境敏感性、承灾体易损性及防灾减灾能力等 4 个指标，对山东省暴雨洪涝灾害风险进行建模评估，最后通过 GIS 展示平台制成山东省暴雨洪涝灾害风险区划图，为山东省暴雨洪水灾害防治工作提供理论依据和技术支撑。

综合四个暴雨洪水灾害评价指标，可将山东省暴雨洪涝风险划分为 5 个等级区划。山东南部山区及半岛东部沿海地区属于暴雨洪涝灾害风险最高的地区，表明此区域发生的暴雨洪涝灾害的可能性较大，这种暴雨洪涝灾害的风险由南向北逐渐减小，在中部山区达到最低后，风险逐渐增减。因此，山东省中部地区为暴雨洪涝灾害风险最低地区。这些暴雨洪涝灾害风险高的地区大致位于山东南部山区山洪易发区、沿海风暴潮频发区和城市易涝区，可见，山东省防洪安全的保障在于中小河流突发洪水、滨海风暴潮及城市内涝的预报和预测。

第五节　山东省水质安全

水是生命之源、生产之要、生态之基，对山东省经济社会可持续发展具有重要的意义。随着山东省城市化建设及经济社会的发展，大量未经处理的工业废水及生活污水的无序排放，水环境污染问题越来越突出，将直接或间接地通过循环危及到水安全，成为制约经济社会发展的重要因素，并且将严重影响到人类生存的安全。山东省是人口大省和经济大省，自 1978 年开展水质污染项目的监测工作以来，水环境有逐渐恶化的趋势，并且已经成为制约全省经济社会全面、协调、可持续发展的一大"瓶颈"。因此全面认识山东省的水质安全问题，是区域经济社会健康可持续发展的必然选择。

一、山东省水功能区划

地表水功能区划是在区域水资源状况的基础上，在同时考虑水资源开发利用现状及水质状况对经济社会发展的影响后，把相应水域划定为具有特定功能，有利于水资源合理开发利用和保护，并且能够发挥出最佳效益的区域。地表水功能区划是对水污染进行有效控制的重要依据，同时也是水资源保护的一项基础性工作。

水功能区域主导功能的划分依据是既考虑水量要求，又必须兼顾水质要求，并且要拟定出具有多种功能的水域排在首位的功能。对地表水功能区进行科学合理的划分是水资源保护规划的基础并且能够为水资源保护管理提供依据。

（一）水功能区划分方法

参照我国《水功能区划分标准》（GB/T 50594—2010），采用两级体系即一级区划和二级区划对地表水功能区进行划分。一级区包括四类，分别为保护区、保留区、开发利用区、缓冲区。二级区是在一级区划分的开发利用区中划定，包含七类，分别为饮用水源区、工业用水区、农业用水区、渔业用水区、景观娱乐用水区、过渡区和排污控制区。

水功能一级区的划分对水功能二级区划分具有宏观指导作用。

1. 水功能一级区

（1）保护区。保护区是指对水资源、自然生态及珍稀濒危物种的保护有重要意义的水域。在保护区内严禁其他开发活动，不得进行二级区划。保护区包含源头水、国家级和省级自然保护区、跨流域、跨省及省内的大型调水工程水源地。

（2）保留区。保留区指当前不具备开发条件，但是可以为今后发展需要而预留的水域。在该区域内，人类活动较少并水资源开发利用程度很低。

（3）开发利用区。开发利用区水域主要指开发利用水量和对纳污能力利用的区域，主要指能够满足工农业生产、城镇生活、渔业或娱乐等用水需求的水域。

（4）缓冲区。缓冲区水域的划分是为了协调省际间、矛盾突出的地区间的用水，以及在保护区与开发利用区相接时，能够达到满足保护区水质的要求。

2. 水功能二级区

（1）饮用水源区。饮用水源区水域是指能够满足城镇生活饮用水或作为地下水补给水源的需要。其中包括向城市供水的河流、水库、湖泊；及城市地下水水源地的主要补给区域。

（2）工业用水区。工业用水区水域是指能够满足城镇工业或大型工矿企业用水的需要，仅包括向工矿企业提供生产用水的河流、水库、湖泊等水域；及能够为工矿企业提供生产用水的地下水水源地的主要补给水域。

（3）农业用水区。农业用水区水域是指能够满足农业灌溉用水的需要，此水域虽然存在轻度污染，但是在入河排污口达标排放后能够达到农业灌溉用水需求的水域。此水域既包括农业灌溉取水口相对集中的河段又包含以农业灌溉为主要目的的水库。

（4）渔业用水区。渔业用水区是指具有鱼、虾、蟹、贝类产卵场、索饵场、越冬场、回游通道功能的水域，以及养殖鱼、虾、蟹、贝、藻类等水生动植物的水域。

（5）景观娱乐用水区。景观娱乐用水区是指能够满足景观、疗养、度假和娱乐需要的水域。

（6）过渡区。过渡区是指能够使水质要求有差异的相邻功能区顺利衔接而划定的水域。

（7）排污控制区。排污控制区是指生活、生产污废水排放比较集中，排放的废污水对水环境无重大不利影响的水域。

地表水功能区划分级分类情况见图 1-5-1。

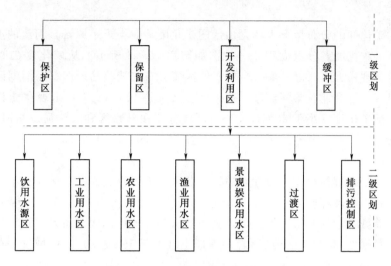

图 1-5-1　区划的分级分类系统图

（二）山东省水功能区划结果

1. 山东省水功能一级区

山东省地表水功能区划共划分 160 个水功能一级区，总规划河长 10101.2km，湖库水面面积 1479.2km²，其中 28 个保护区，规划河长 1007.8km，占总规划河长的 10.0%；23 个保留区，规划河长 844.5km，占总规划河长的 8.4%；91 个开发利用区，规划河长 7820.1km，占总规划河长的 77.4%；18 个缓冲区，规划河长 428.8km，占总规划河长的 4.2%。

2. 山东省水功能二级区

山东省地表水功能二级区划在 91 个开发利用区内划分了 226 个水功能二级区，总规划河长 7820.1km，湖库水面面积 315.285km²，其中 73 个饮用水源区，规划河长 2491.2km，占总规划河长的 31.9%，湖库水面面积 229.06km²；25 个工业用水区，规划河长 1125.4km，占总规划河长的 14.4%，湖库水面面积 49.28km²；84 个农业用水区，规划河长 3720.6km，占总规划河长的 47.5%；6 个渔业用水区，规划河长 51.5km，占总规划河长的 0.7%，湖库水面面积 28.28km²；13 个景观娱乐用水区，规划河长 90.7km，占总规划河长的 1.2%，湖库水面面积 8.665km²；6 个过渡区，规划河长 52.8km，占总规划河长 0.7%；19 个排污控制区，规划河长 287.9km，占总规划河长的 3.7%。

二、山东省地表水环境问题

水质问题是当今世界面临的最主要水环境问题之一。在经济持续高速增长的同时，由于受人类活动的影响，所带来的最大负效应就是水污染程度逐渐加剧，河流、湖泊、水库的水环境质量日趋恶化。山东省地表水化学特征近年来发生了较大变化。按照《地表水资源质量评价技术规程》（SL 395—2007）的要求，对地表水水化学特征中的水化学类型、矿化度、总硬度进行了评价，并根据 2004—2013 年的山东省水资源公报，对山东省河流、湖泊及水库的水质变化趋势及湖库的富营养化程度进行统计分析，概述如下。

（一）地表水水化学特征

1. 地表水化学类型

山东省除徒骇马颊河、东南沿海区局部地区及小清河河口为氯化物水，中运河区为硫酸盐水外，其他地区多为重碳酸盐水，其中潍弥白浪区下游、鲁北平原区、湖西区多为重碳酸盐钠Ⅱ型水；其余地区多为重碳酸钙Ⅰ型、重碳酸钙Ⅱ型、重碳酸钙Ⅲ型水，其中以重碳酸钙Ⅱ型水居多。

2. 矿化度

山东省地表水矿化度的分布情况大体是山区的矿化度一般小于平原区,河流的上游的矿化度一般小于下游的矿化度。矿化度各分级面积百分比图如图1-5-2所示。从矿化度在地区的分布情况来看,中等至较高矿化度较大(300～1000mg/L)的区域分布在徒骇马颊区、小清河区,湖西区、湖东区下游、潍弥白浪区下游和北胶莱河流域。高矿化度(大于1000mg/L)出现在徒骇马颊区的中、下游区和小清河区。低矿化度(小于200mg/L)的区域分布在日赣区和大汶河、祊河、城河、北沙河、大沽河、沭河等河流的上游。其他地区的矿化度多在200～300mg/L之间。

3. 总硬度

总硬度和矿化度分布规律存在一致性,总硬度各分级面积百分比图如图1-5-3所示。从总硬度的地区分布情况来看,总硬度较大(大于170mg/L)的区域主要分布在徒骇马颊区、湖西区、小清河区及中运河区的峄城大沙河和蟠龙河流域,其中徒骇马颊流域的中下游及中运河区的峄城大沙河和蟠龙河流域最大,总硬度超过250mg/L。总硬度最小(小于55mg/L)的区域仅分布在日赣区的付疃河上游及沂沭河区的浔河上游区域。

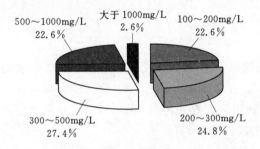

图 1-5-2 地表水矿化度分级面积百分比图
(数据来源于《山东省水资源综合规划》,根据山东省近年来的水资源调查情况,可对高矿化度分别进行修改)

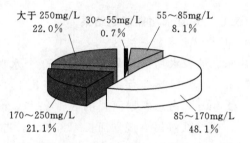

图 1-5-3 地表水总硬度分级面积百分比图
(数据来源于《山东省水资源综合规划》,根据山东省近年来的水资源调查情况,可对高矿化度分别进行修改)

(二)地表水质趋势

1. 河流

全省河流的污染主要来源于城市生活污水和工业废水排放,许多河段和支流污水混浊、臭味难闻,水生生物几近绝迹。全省除省控河流源头河段和部分出境断面外,其他主要河流均受到不同程度的污染。按照山东省水资源公报统计的《2004—2013年山东河流水质表》(表1-5-1～表1-5-3)可看出,2004—2013年无论是全年期、汛期、非汛期,山东省河流水质状况都呈现好转趋势。其中,全年期山东省Ⅲ类以上水质河长由2004年的10.38%增加到2013年的41.11%,劣Ⅴ类水质百分比由2004年的72.8%减少到2013年的30.12%。汛期Ⅲ类以上水质河长由2004年的7.36%增加到2013年的37.82%,劣Ⅴ类水质百分比由2004年的62.93%减少到2013年的24.55%。非汛期Ⅲ类以上水质河长由2004年的9.95%增加到2013年的40.36%,劣Ⅴ类水质百分比由2004年的79.49%减少到2013年的31.61%,但是截至2013年,无论是全年期、汛期、非汛期,仍有约40%的河流水质仍处于Ⅴ类或劣Ⅴ类。

表 1-5-1　　　　　　　　2004—2013 年山东河流水质表(全年期)

年份	评价河长/km	Ⅰ类/%	Ⅱ类/%	Ⅲ类/%	Ⅳ类/%	Ⅴ类/%	劣Ⅴ类/%
2004	4841.5	0.00	6.89	3.49	7.51	9.30	72.80
2005	4627.1	0.00	2.33	10.32	11.34	6.83	69.17
2006	4423.6	0.00	5.72	10.35	5.68	6.29	71.97

续表

年份	评价河长/km	Ⅰ类/%	Ⅱ类/%	Ⅲ类/%	Ⅳ类/%	Ⅴ类/%	劣Ⅴ类/%
2007	5941.0	1.63	8.87	20.43	13.81	7.56	47.72
2008	4062.9	1.62	22.38	19.53	11.71	7.26	37.49
2009	4064.4	2.38	16.36	22.26	16.43	4.27	38.31
2010	5727.3	2.84	13.86	13.97	13.84	19.59	34.96
2011	8072.5	0.00	13.74	17.13	17.10	15.65	36.37
2012	9943.3	0.43	12.09	23.81	20.67	7.45	35.54
2013	20559.7	1.43	12.02	27.66	22.11	6.65	30.12

表 1-5-2　　　　　　　　　　2004—2013 年山东河流水质表（汛期）

年份	评价河长/km	Ⅰ类/%	Ⅱ类/%	Ⅲ类/%	Ⅳ类/%	Ⅴ类/%	劣Ⅴ类/%
2004	4627.5	0.52	3.47	3.37	23.26	6.44	62.93
2005	4627.1	0.00	9.91	6.08	16.22	10.69	57.10
2006	4380.6	0.00	10.67	3.50	16.66	6.09	63.08
2007	5941	0.00	10.30	20.59	15.87	10.27	42.99
2008	10030.8	0.00	17.66	21.40	12.33	9.18	39.44
2009	9995.6	1.93	12.89	22.22	12.84	10.71	39.41
2010	5705.7	0.00	11.65	17.38	17.74	13.86	38.42
2011	8072.5	0.82	12.27	19.28	19.02	13.98	34.64
2013	20293.4	0.00	11.63	26.19	27.46	10.17	24.55

表 1-5-3　　　　　　　　　　2004—2013 年山东河流水质表（非汛期）

年份	评价河长/km	Ⅰ类/%	Ⅱ类/%	Ⅲ类/%	Ⅳ类/%	Ⅴ类/%	劣Ⅴ类/%
2004	4700.1	1.06	6.04	2.85	5.12	5.44	79.49
2005	4502.1	0.00	2.40	6.70	12.44	9.78	68.68
2006	4423.6	0.00	4.07	9.27	9.02	4.92	72.73
2007	5941	1.63	11.03	19.21	10.67	9.12	48.34
2008	9977.8	3.26	17.55	15.28	12.82	3.26	47.83
2009	10053.6	3.23	13.39	19.75	15.87	6.41	41.34
2010	5727.3	1.15	11.43	18.89	12.89	19.33	34.90
2011	8072.5	0.53	15.03	15.20	17.17	9.84	42.23
2013	20419.1	0.85	15.77	23.74	21.57	6.46	31.61

2．湖泊

从《2005—2013 年山东省主要湖泊水质表》（表 1-5-4～表 1-5-6）看出，尽管南四湖水质在 2006—2010 年间全年期、汛期、非汛期有恶化趋势，但从总体上来看，截至 2013 年，无论是全年期、汛期、非汛期，南四湖的上级湖及下级湖的水质均能够达到地表水Ⅲ类标准，符合南水北调东线工程所规划的功能用水的水质要求，南四湖水质有好转说明实施最严格水资源管理制度以来，南四湖流域环境监管力度成效显著。大明湖水质在 2005—2013 间全年期、汛期、非汛期监测评价结果一直是在Ⅳ类、Ⅴ类、劣Ⅴ类之间变动，截至 2013 年，大明湖汛期水质状况略有好转，处于地表水Ⅳ类水质标准，但在全年期及非汛期大明湖水质仍处于地表水Ⅴ类水质标准，不能够维系湖泊健康。

表 1-5-4   2005—2013 年山东省主要湖泊水质表（全年期）

年份	南四湖		大明湖
	南四湖上级湖	南四湖下级湖	
2005	Ⅳ类	Ⅲ类	Ⅳ类
2006	Ⅴ类	Ⅳ类	Ⅴ类
2007	劣Ⅴ类	Ⅳ类	Ⅳ类
2008	Ⅳ类 16.4%；Ⅴ类 66.9%；劣Ⅴ类 16.6%	Ⅲ类 25%；Ⅳ类 25%；Ⅴ类 50%	Ⅴ类
2009	Ⅳ类 66.8%；Ⅴ类 16.6%；劣Ⅴ类 16.6%	Ⅳ类	Ⅳ类
2010	Ⅳ类 17.1%；Ⅴ类 82.9%	Ⅳ类 75%；Ⅴ类 25%	Ⅳ类
2011	Ⅲ类 49.7%；Ⅳ类 50.3%	Ⅲ类	Ⅳ类
2013	Ⅲ类	Ⅲ类	Ⅴ类

表 1-5-5   2005—2013 年山东省主要湖泊水质表（汛期）

年份	南四湖		大明湖
	南四湖上级湖	南四湖下级湖	
2005	Ⅴ类	Ⅲ类	Ⅴ类
2006	Ⅴ类	Ⅴ类	劣Ⅴ类
2007	劣Ⅴ类	劣Ⅴ类	Ⅳ类
2008	Ⅳ类 33.1%；Ⅴ类 33.2%；劣Ⅴ类 33.7%	Ⅳ类	劣Ⅴ类
2009	Ⅳ类 49.7%；Ⅴ类 33.7%；劣Ⅴ类 16.6%	Ⅳ类 50%；Ⅴ类 50%；	Ⅳ类
2010	Ⅴ类 66.8%；劣Ⅴ类 33.2%	Ⅴ类	Ⅳ类
2011	Ⅲ类 16.4%；Ⅳ类 83.6%	Ⅲ类 50%；Ⅳ类 50%	Ⅳ类
2013	Ⅲ类	Ⅲ类	Ⅳ类

表 1-5-6   2005—2013 年山东省主要湖泊水质表（非汛期）

年份	南四湖		大明湖
	南四湖上级湖	南四湖下级湖	
2005	Ⅳ类	Ⅲ类	Ⅳ类
2006	Ⅴ类	Ⅳ类	Ⅳ类
2007	劣Ⅴ类	Ⅳ类	Ⅳ类
2008	Ⅳ类 16.4%；Ⅴ类 66.9%；劣Ⅴ类 16.6%	Ⅲ类 25%；Ⅳ类 25%；Ⅴ类 25%；劣Ⅴ类 25%	Ⅳ类
2009	Ⅳ类 66.8%；Ⅴ类 16.6%；劣Ⅴ类 16.6%	Ⅳ类	Ⅳ类
2010	Ⅳ类 49.7%；Ⅴ类 50.3%	Ⅳ类	Ⅳ类
2011	Ⅲ类 49.7%；Ⅳ类 50.3%	Ⅲ类 75%；Ⅳ类 25%	Ⅳ类
2013	Ⅲ类	Ⅲ类	Ⅴ类

3. 水库

从《2004—2013 年山东省主要水库水质表》（表 1-5-7～表 1-5-9）看出，尽管 2005—2010 年间水库水质有恶化趋势，但从总体来看，全省大中型水库全年期水质呈现逐步改善的趋势，全年期 Ⅲ类以上水质所占比例由 2004 年的 93.3% 上升至 2013 年的 96.7%，汛期 Ⅲ类以上水质所占比例由 2004 年的 76.67% 上升至 2013 年的 96.72%。非汛期 Ⅲ类以上水质所占比例由 2004 年的 93.33% 上升至 2013 年的 96.72%。截至 2013 年，无论是全年期、汛期、非汛期，Ⅲ类以上水质比例都占到

96％以上。

表 1-5-7 　　　　　　　　　2004—2013 年山东省主要水库水质表（全年期）

年份	评价个数/个	Ⅰ类/%	Ⅱ类/%	Ⅲ类/%	Ⅳ类/%	Ⅴ类/%	劣Ⅴ类/%
2004	30	0.0	20.0	73.3	3.3	0.0	3.3
2005	30	3.3	26.7	56.7	10.0	0.0	3.3
2006	30	3.3	16.7	40.0	26.7	13.3	0.0
2007	52	3.9	23.08	51.92	19.23	1.92	0.00
2008	52	0.0	59.62	34.62	3.85	0.00	1.92
2009	52	3.8	42.3	38.5	15.4	0	0
2010	50	4	40	40	14	2	0
2011	53	0	54.7	37.7	7.5	0	0
2013	61	1.6	45.9	49.2	3.3	0	0
平均值	45	2.21	36.56	46.88	11.48	1.91	0.95

表 1-5-8 　　　　　　　　　2004—2013 年山东省主要水库水质表（汛期）

年份	评价个数/个	Ⅰ类/%	Ⅱ类/%	Ⅲ类/%	Ⅳ类/%	Ⅴ类/%	劣Ⅴ类/%
2004	30	0.00	10.00	66.67	20.00	3.33	0.00
2005	30	0.00	20.00	56.67	10.00	13.33	0.00
2006	30	3.33	10.00	40.00	30.00	10.00	6.67
2007	52	0.00	21.15	55.77	21.15	1.92	0.00
2008	52	0.00	42.31	51.92	5.77	0.00	0.00
2009	52	3.85	28.85	48.08	15.38	3.85	0.00
2010	48	0.00	33.33	47.92	18.75	0.00	0.00
2011	53	0.00	47.17	41.51	9.43	0.00	1.89
2013	61	0.00	39.34	57.38	3.28	0.00	0.00
平均值	45	0.80	28.02	51.77	14.86	3.60	0.95

表 1-5-9 　　　　　　　　　2004—2013 年山东省主要水库水质表（非汛期）

年份	评价个数/个	Ⅰ类/%	Ⅱ类/%	Ⅲ类/%	Ⅳ类/%	Ⅴ类/%	劣Ⅴ类/%
2004	30	0.00	23.33	70.00	3.33	0.00	3.33
2005	30	3.33	36.67	46.67	10.00	0.00	3.33
2006	30	3.33	16.67	53.33	13.33	13.33	0.00
2007	52	3.85	30.77	46.15	13.46	5.77	0.00
2008	52	3.85	51.92	36.54	5.77	0.00	1.92
2009	52	3.85	50.00	34.62	11.54	0.00	0.00
2010	50	0.00	38.00	42.00	16.00	4.00	0.00
2011	53	1.89	52.83	39.62	5.66	0.00	0.00
2013	61	1.64	49.18	45.90	3.28	0.00	0.00
平均值	45	2.42	38.82	46.09	9.15	2.57	0.95

截至 2013 年，对河流而言，无论是全年期、汛期、非汛期，Ⅲ类以上水质河长仅占约 40％，仍需要加大治理力度。南四湖治理成效显著，已能够达到南水北调东线工程所规划的Ⅲ类水的水质要求，但是大明湖水质仍处于Ⅳ类甚至 V 类水质标准，不能够维系湖泊健康。山东省水库无论是全年期、汛期、非汛期其Ⅲ类以上水质比例都占到 96％以上。整体来看，水库的水质优于河流及湖泊。

（三）水库（湖泊）富营养化状态

湖泊、水库等封闭水体的富营养化是一个全球性的水污染问题。据山东省水资源公报统计，见表 1-5-10，全省水库富营养化状态中水库的中营养个数所占比例从 2004 年的 43.33％降低为 2013 年的 39.34％。水库的富营养个数所占比例从 2004 年的 56.67％上升为 2013 年的 60.66％。从 2004—2013 年近十年（2012 年资料缺失）的平均值来看，富营养化水库百分比已达到 46.28％，将近一半水平。对山东省南四湖的上级湖、南四湖的下级湖、大明湖的富营养化状况的统计可知，2004—2010 年，南四湖的上级湖、南四湖的下级湖、大明湖的富营养化状况为富营养化状态，2011 年及 2013 年，仅有南四湖的下级湖的富营养化状况好转为中度营养状态，但是南四湖的上级湖及大明湖仍然为富营养化状态。

表 1-5-10　　　　　2004—2013 年山东省主要水库富营养化状态

年　份	评价水库个数	中营养个数	中营养水库所占百分比/%	富营养个数	富营养水库所占百分比/%
2004	30	13	43.33	17	56.67
2005	30	19	63.33	11	36.67
2006	30	19	63.33	11	36.67
2007	52	38	73.08	14	26.92
2008	52	27	51.92	25	48.08
2009	52	28	53.85	24	46.15
2010	48	24	50.00	24	50.00
2011	53	24	45.28	29	54.72
2013	61	24	39.34	37	60.66
平均值	45	24	53.72	21	46.28

三、山东省地下水环境问题

地下水资源在我国水资源保障中发挥了举足轻重的作用。地下水因其分布广、水质好、不易被污染等优点正成为工农业生产、城镇建设和生活饮用的主要供水水源。近年来，随着山东省经济的快速发展，工业化程度及城市化程度的提高，不合理的开发利用地下水致使地下水资源遭到不同程度的污染，这不仅影响供水质量，危及人体健康，而且还能够诱发地质环境问题。下面将从地下水水化学特征、地下水主要超标污染物、地下水水质及地下水水文地球化学异常区四方面对山东省地下水环境问题进行概述。

（一）地下水水化学特征

1. 地下水水化学分类分布

根据水文地质学中应用范围较广的舒卡列夫分类法确定地下水化学类型，地下水化学类型的舒卡列夫分类法是根据地下水中六种主要离子（Na^+、Ca^{2+}、Mg^{2+}、HCO_3^-、SO_4^{2-}、Cl^-，K^+ 合并于 Na^+）及矿化度划分的。首先根据水质分析结果，将六种主要离子中含量大于 25％毫克当量的阴离子和阳离子进行组合，共组合出 49 型水，并将每型用一个阿拉伯数字作为代号，见表 1-5-11。划分好的 49 型水中，将 1 型、2 型水归类为 1 型水，4 型、5 型、6 型水归类为 4 型水，8 型、9 型、15

型、16 型、22 型、13 型水归类为 8 型水，10 型、17 型、24 型水归类为 10 型水，11 型、12 型、13 型、18 型、19 型、20 型、25 型、26 型、27 型水归类为 11 型水，14 型、21 型、28 型水归类为 14 型水，29 型、30 型、36 型、37 型水归类为 29 型水，32 型、33 型、34 型、39 型、40 型、41 型水归类为 32 型水，35 型、42 型水归类为 35 型水，43 型、44 型水归类为 43 型水，46 型、47 型、48 型水归类为 46 型水。

表 1-5-11　　　　　　　　　　水化学类型（舒卡列夫分类）组合方式表

超过 25%mg 当量的离子	HCO_3^-	$HCO_3^- + SO_4^{2-}$	$HCO_3^- + SO_4^{2-} + Cl^-$	$HCO_3^- + Cl^-$	SO_4^{2-}	$SO_4^{2-} + Cl^-$	Cl^-
Ca^{2+}	1	8	15	22	29	36	43
$Ca^{2+} + Mg^{2+}$	2	9	16	23	30	37	44
Mg^{2+}	3	10	17	24	31	38	45
$Na^+ + Ca^{2+}$	4	11	18	25	32	39	46
$Na^+ + Ca^{2+} + Mg^{2+}$	5	12	19	26	33	40	47
$Na^+ + Mg^{2+}$	6	13	20	27	34	41	48
Na^+	7	14	21	28	35	42	49

（1）平原区地下水水化学分类分布情况。山东省平原区地下水以 11 型水为主，面积 30354km²，占平原区总评价面积的 41.2%，主要分布在徒骇马颊河平原区、湖西平原区以及潍坊、烟台和青岛所属的胶东诸河平原区；临渤海的徒骇马颊河平原区、小清河入海处的平原区以及属于胶东诸河平原区的潍坊临渤海区域为 49 型水，面积为 6705 km²，占平原区总评价面积的 9.1%；46 型水主要分布在徒骇马颊河平原区的滨州和 49 型水区域的内陆延深区域，面积 5532km²，占平原区总评价面积的 7.5%；4 型水主要分布在徒骇马颊河区的聊城和湖西的菏泽，面积 10060km²，占平原区总评价面积的 13.6%；1 型水主要分布在湖东区、湖西区以及徒骇马颊河区，其他零星分布在各个区域，面积 5663 km²，占平原区总评价面积的 7.7%；8 型水在各个区域均有分布，面积 9631 km²，占平原区总评价面积的 13.1%。

（2）山丘区地下水水化学分类分布情况。山东省山丘区地下水以 8 型水为主，面积 49655km²，占山丘区总评价面积的 62.5%，其次为 1 型水，面积 15635km²，占山丘区总评价面积的 19.7%，主要分布在湖东区、沂沭河区、大汶河区和胶东诸河区。

2. 地下水矿化度分布

总矿化度是地下水中所含各种离子、分子与化合物的总量，以 1L 水中所含盐分的总克数来表示。天然水按矿化度的含量大小可分为淡水（0~1.0g/L）、微咸水（1.0~3.0g/L）、咸水（3.0~10.0g/L）、盐水（10.0~50.0g/L）、卤水（大于 50.0g/L）。根据地下水质量标准（GB/T 14848—93），当矿化度超过 1.0g/L 时，地下水不宜直接作为生活饮用水；当矿化度不超过 2.0g/L 时，地下水适用于农田灌溉和部分工业用水，超过 2.0g/L 时，不宜饮用。

全省平原区地下水矿化度以不大于 1g/L 和 1~2g/L 为主，分别占评价总面积的 36.5% 和 38.5%。矿化度在 2~3g/L 的总面积约 7400km²，占评价总面积的 10.2%；约 3500km² 的面积矿化度在 3~5g/L 之间，占评价总面积的 4.9%。地下水矿化度大于 5g/L 的面积约为 7000km²，占总评价面积的 9.9%。湖西平原区的大部分地区、徒骇马颊河区滨州大于 2g/L 的剩余部分、德州市禹城以北部分、聊城市莘县、茌平、临清沿线，小清河区济南、淄博、滨州大部分地区矿化度主要分布在 1~2g/L 之间。靠近渤海的徒骇马颊河区的滨州和东营、小清河区的潍坊和东营以及胶东诸河区的潍坊等区域的矿化度主要分布在大于 5g/L 和 3~5g/L 之间。矿化度在 2~3g/L 除上述区域外，还零星分布在湖西区部分区域、小清河区和徒骇马颊河区。山丘区地下水矿化度以不大于 1g/L 的为主，占总评价面积的 98.8%。

3. pH 值分布

根据《地下水质量标准》(GB/T 14848—1993)，当地下水 pH 值分布为 6.5~8.5 范围时，地下水适用于集中式生活饮用水水源及工农业用水；当地下水 pH 值处于 5.5~6.5 及 8.5~9.0 范围时，适用于农业和部分工业用水，适当处理后可作生活饮用水；当地下水 pH 值小于 5.5 或大于 9 时，不宜用作生活饮用水。山东省平原区地下水 pH 值主要在 7.0~8.5 范围，其中在 7.0~7.5 范围的占总评价面积的 25%，在 7.5~8.0 范围的占总评价面积的 55%，在 8.0~8.5 范围的占总评价面积的 18%；山丘区地下水 pH 值主要在 7.0~8.0 范围，其中在 7.0~7.5 范围的占总评价面积的 40%，在 7.5~8.0 范围的占总评价面积的 54%。

4. 地下水总硬度分布

(1) 平原区分布情况。按照硬度分级标准（以 $CaCO_3$ 计），即软水为小于 150mg/L，微硬水为 150~300mg/L，硬水为 300~450mg/L，极硬水为 450mg/L 及以上。

全省平原区地下水 96% 以上面积的总硬度含量均在 300mg/L 以上。总硬度大于 500mg/L 的区域占总评价面积的 49%，主要分布在：①东营市所在徒骇马颊河区和小清河区的全部；②滨州市所在徒骇马颊河区和小清河区 80% 以上区域；③德州市禹城以北部分、聊城市莘县、茌平、临清沿线；④潍坊市所在小清河区和胶东诸河区临近渤海的咸水区域；⑤济南市所在小清河区和徒骇马颊河区沿黄河沿岸区域；⑥湖西平原区的菏泽巨野与济宁嘉祥和金乡交界区域；⑦胶东诸河区烟台市龙口、胶东诸河区；⑧青岛市胶州、平度和莱西区域；⑨泰安大汶河区部分区域；⑩临沂中运河区部分区域。地下水总硬度在 450~550mg/L 区域主要分布在上述区域的周边区域以及菏泽市的东明和鄄城，面积约 15000km²，占总评价面积的 20%。其他区域及徒骇马颊区的聊城部分区域总硬度范围在 300~450mg/L，占总评价面积的 26%。

(2) 山丘区分布情况。地下水总硬度大于 500mg/L 的区域主要分布在泰安市和莱芜市所属的大汶河区、枣庄市所属的湖东区、淄博市和滨州市所属的小清河区、日照市所属的沂沭河区和胶东诸河区、临沂市所属的中运河区和胶东诸河区、青岛市和潍坊市所属的胶东诸河区，面积占总评价面积的 15%。地下水总硬度在 450~550mg/L 区域主要分布在上述区域的周边区域，面积占总评价面积的 21%。地下水总硬度在 300~450mg/L 范围的区域较为广泛，面积占总评价面积的 36%。

地下水总硬度在 150~300mg/L 范围的区域主要分布在大汶河山丘区的济南、泰安和莱芜交界处、小清河山丘区的济南、淄博和潍坊、沂沭河山丘区的临沂以及胶东诸河区的威海、烟台和青岛，面积占总评价面积的 26%。

全省平原区地下水矿化度以淡水和微咸水为主，占总评价面积的 85.2%，其中地下水宜直接作为生活饮用水的面积占总评价面积的 36.5%；山丘区地下水矿化度水质较好，总评价面积的 98.8% 都为淡水。从全省地下水的 pH 值分布来看，pH 值主要分布在 7.0~8.5 范围，适用于集中式生活饮用水水源及工农业用水；全省平原区地下水 96% 以上面积的地下水为硬水区，山丘区地下水中仅有 26% 的面积为微硬水，可见全省大多数地区地下水硬度普遍偏高，不宜直接饮用。

（二）地下水主要超标污染物

地下水污染是指由于人为因素影响使污染物进入地下水，引起水质下降，使地下水水质达到Ⅳ类、Ⅴ类，造成地下水的使用价值降低或正常功能丧失的现象，现将山东省地下水主要超标污染物概述如下。

1. 平原区地下水主要超标污染物

全省平原区总面积为 73720km²，地下水优于Ⅲ类的面积占本区评价面积的 48.1%，Ⅳ类和Ⅴ类分别占 35.1% 和 16.8%。山东省平原区地下水有 pH 值、矿化度、亚硝酸盐氮、硝酸盐氮、氨氮、总硬度、锰、铁、挥发酚、高锰酸盐指数、氟化物、砷化物、镉和铅等 14 个水质项目超出Ⅲ类标准，其中总硬度、矿化度、锰和氨氮平均超标率分别为63.7%、56.2%、35.8%和28.5%，超标率较为明显。地下水矿化度最大超标倍数为151倍，位于潍坊市胶东诸河平原区；亚硝酸盐氮最大超标倍数为38倍，位于滨州市小清河平原区；硝酸盐氮最大超标倍数为8.8倍，位于滨州市小清河平原区；氨氮最大超标倍数为17倍，位于滨州市徒骇马颊河平原区；总硬度最大超标倍数为56倍，位于潍坊市胶东诸河平原区；锰最大超标倍数为35倍，位于潍坊市胶东诸河平原区；铁最大超标倍数为11倍，位于聊城市徒骇马颊河平原区；挥发酚最大超标倍数为9.0倍，位于滨州市小清河平原区；高锰酸盐指数最大超标倍数为57倍，位于潍坊市胶东诸河平原区；氟化物最大超标倍数为2.2倍，位于东营市徒骇马颊河平原区；砷化物最大超标倍数为0.4倍，位于菏泽市湖西平原区；镉最大超标倍数为57倍，位于潍坊市胶东诸河平原区；铅最大超标倍数为64倍，位于潍坊市胶东诸河平原区。

2. 山丘区地下水主要超标污染物

全省山丘区总面积为79176km^2，根据《地下水质量标准》（GB/T 14848—1993），地下水水质优于Ⅲ类的面积占本区评价面积的66.7%，Ⅳ类和Ⅴ类分别占17.8%和15.5%。山丘区地下水有pH值、矿化度、亚硝酸盐氮、硝酸盐氮、氨氮、总硬度、锰、铁、挥发酚、高锰酸盐指数和氟化物等11个水质项目超出Ⅲ类标准，其中总硬度和硝酸盐氮平均超标率分别为31.5%和20.3%，超标率较为明显。山丘区地下水矿化度最大超标倍数为2.2倍，位于烟台市胶东诸河山丘区；亚硝酸盐氮最大超标倍数为9.5倍，位于临沂市沂沭河山丘区；硝酸盐氮最大超标倍数为3.1倍，位于泰安市大汶河山丘区；氨氮最大超标倍数为60倍，位于临沂市沂沭河山丘区；总硬度最大超标倍数为2.9倍，位于淄博市小清河山丘区；锰最大超标倍数为12倍，位于日照市日赣山丘区；铁最大超标倍数为0.5倍，位于烟台市胶东诸河山丘区；挥发酚最大超标倍数为2.5倍，位于烟台市胶东诸河山丘区；高锰酸盐指数最大超标倍数为0.6倍，位于烟台市胶东诸河山丘区；氟化物最大超标倍数为0.6倍，位于潍坊市胶东诸河山丘区。

（三）地下水水质

1. 平原区地下水水质

全省平原区地下水水质监测井共179眼，其中符合Ⅱ类标准的5眼，占总评价井数的2.8%；符合Ⅲ类标准的17眼，占总评价井数的9.5%；符合Ⅳ类标准的46眼，占总评价井数的25.7%；符合Ⅴ标准的111眼，占总评价井数的62.0%；优于Ⅲ类标准的22眼，占总评价井数的12.3%，劣于Ⅲ类标准的157眼，占总评价井数的87.7%。

2. 山丘区地下水水质

全省山丘区地下水水质监测井共163眼，其中符合Ⅱ类标准的6眼，占总评价井数的3.7%；符合Ⅲ类标准的55眼，占总评价井数的33.7%；符合Ⅳ类标准的45眼，占总评价井数的27.6%；符合Ⅴ标准的57眼，占总评价井数的35.0%；优于Ⅲ类标准的61眼，占总评价井数的37.4%，劣于Ⅲ类标准的102眼，占总评价井数的62.6%。

（四）地下水水文地球化学异常区

1. 氟化物区

（1）湖西异常区。湖西氟化物异常区主要分布在菏泽及济宁与菏泽交界的区域，地下水氟化物异常区为11916km^2，占湖西区评价面积的77%，其中地下水氟化物含量在1～2mg/L的面积为10312km^2，占地下水评价面积的67%，菏泽地区为9544km^2，济宁地区为768km^2；大于2.0mg/L的面积为1604km^2，占本区评价面积的10%左右，主要分布在菏泽的单县和成武县与济宁的金乡县交界、菏泽巨野县的西半部、鄄城县的西南部和菏泽市区的南部。

（2）徒骇马颊河异常区。徒骇马颊河氟化物异常区主要分布在滨州的无棣县、阳信县与无棣县交界区域、滨州市的北部和东营的沾化县、河口区西部，地下水氟化物含量均在2～3mg/L范围，面积约为4700km^2，其中滨州氟化物异常区面积为3934km^2，占徒骇马颊河滨州区评价面积的56%，东营氟化物异常区面积为 800km²，占徒骇马颊河东营区评价面积的 29%。

（3）潍坊沿海高氟区。潍坊沿海高氟区主要分布在潍坊市区和寿光市沿海区域，同时涉及到昌邑市西部地区，总面积约 1700km²，氟化物含量一般高于 3.0mg/L，部分区域在 2～3mg/L 范围。

（4）胶东诸河高氟区。胶东诸河高氟区主要分布在青岛的平度及潍坊的高密交界区域，面积约 1500km²，氟化物含量一般在 1～2mg/L 范围，个别区域在 2～3mg/L 范围，其中平度高氟区面积约 600km²，潍坊高密高氟区面积约 900km²。

2. 铁含量异常区

铁含量异常区主要分布在徒骇马颊河区聊城的冠县和聊城市的全部、临清、茌平、阳谷、莘县大部及高唐和东阿的少部，面积约 5300km²，约占聊城总面积的 60%。在铁异常区内，地下水铁含量一般超过 2.0mg/L，最大为莘县城关，含量 3.71mg/L；其次为阳谷县城关，含量为 3.52mg/L；东昌府含量也在 3.5mg/L 左右；其他区域地下水铁含量在 2.0～3.0mg/L 之间。

3. 锰含量异常区

锰含量异常区主要分布在徒骇马颊河区，其中锰含量在 0.1～1.0mg/L 范围之间的区域面积约 19000km²，约占徒骇马颊河区总评价面积的 61%；含量在 1.0～2.0mg/L 范围之间的区域面积约 1500km²，约占徒骇马颊河区总评价面积的 5%，含量大于 2.0mg/L 的区域面积约 250km²，约占徒骇马颊河区总评价面积的 1%，主要分布在济南的商河县、东营的利津和河口。

四、山东省水质安全评价

（一）全省重点水功能区水质总体状况

在水功能区划的基础上，对其水功能区的水质进行评价分析发现山东省水环境污染还比较严重。根据 2013 年山东省水资源公报，在全省监测的 295 个水功能区中，有 137 个水功能区的水质达标，达标率 46%。评价河长 10253.4km，达标河长 4340.5m，占 42%；评价湖库面 1772.5km²，达标面积 1718.2km²，占 97%。其中，保护区的达标率为 70%，保留区的达标率为 70%，缓冲区的达标率为 29%，饮用水源区的达标率为 73%，工业用水区的达标率为 26%，农业用水区达标率为 34%，渔业用水区的达标率为 29%，景观娱乐用水区达标率的为 17%，过渡区的达标率为 0.0%，排污控制区的达标率为 36%，见图 1-5-4。水功能区较低的达标率已经严重影响到了各水功能区水体正常功能的发挥，对于水功能区达标率不足 60% 的地区应核减其地表水用水指标，来保障各水功能区的水质达标率。

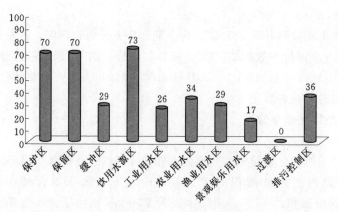

图 1-5-4 2013 年各类水功能区水质达标情况（%）

（二）供水水源地水质分析

1. 地表水供水水源地水质评价

地表水水源地水质评价共选用供水水库 36 座，全年期水质合格（指常规项目）的水库 17 座，合格率47.2％。总磷、总氮参评后，合格水库有2座，合格率5.6％。汛期水质合格的水库17座，合格率47.2％。总磷、总氮参评后，合格水库有6座，合格率16.7％。非汛期水质合格的水库16座，合格率44.4％。总磷、总氮参评后，合格水库有6座，合格率16.7％。水源地主要超标污染物质有化学需氧量、高锰酸盐指数、氨氮、总磷、总氮。

2. 地下水集中式供水水源地水质评价

以我国《地下水质量标准》（GB/T 14848—1993）为依据，对各地下供水水源地进行评价，并对水质类别超出Ⅲ类标准的项目进行统计。在统计到的地下水供水水源地中，济南市的西郊水源地、城区水源地和东郊水源地，青岛市大沽河下游水源地，泰安市肥城盆地水源地、宁阳沿汶水源地和泰山区旧县水源地，枣庄市荆泉水源地，临沂市西部水源地，济宁市中区水源地、泗水水源地、邹城水源地、曲阜单斜水源地，日照市的傅疃河水源地，聊城市牛角店水源地等15处水源地水质均优于地下水Ⅲ类标准。淄博市齐陵水源地和大武水源地均符合Ⅳ类标准，影响水质类别的项目分别为铁和挥发酚；泰安市新泰新汶水源地符合Ⅳ类标准，影响水质类别的项目为总硬度；枣庄市峄城水源地和金河水源地符合Ⅴ类标准，东王庄水源地、清凉泉水源地、十里泉水源地和滕西平原水源地均符合Ⅳ类标准，影响水质类别的项目分别为总硬度和高锰酸盐指数；德州市市区水源地符合Ⅴ类标准，影响水质类别的项目为总硬度、氨氮、高锰酸盐指数和锰。

总的来看，为确保经济社会和环境协调发展，山东省水环境污染治理任务依然还比较严峻，应加大宣传力度，提高公民环境意识，实行最严格的水资源管理制度，确立水功能区限制纳污红线，从严核定水域纳污容量，以确保区域经济社会健康可持续发展。

第六节　山东省水生态安全

水生态安全是指人们在水资源开发利用过程中，在满足人类生产生活需要下也不会对水生态环境造成负面影响，所获得的水能够满足清洁生态和健康环保的要求。山东省全省人均水资源量远远低于国际公认的维持一个地区经济社会发展所必需的$1000m^3$的临界值，属人均占有量小于$500m^3$的严重缺水地区。地表水资源利用率为50.3％，远超过区域地表水资源量应低于30％～40％的国际公认标准，利用程度偏高。地下水资源利用率为74.6％，远远超过40％的国际公认极限值，属于地下水开发程度较高的水平。由于山东省的严重资源性缺水，经济社会的发展始终受到制约，并逐渐加剧。为了获得更大的经济效益，有些地区对水资源进行了不合理的开发利用。这样虽然保持住了单一经济的增长，但却带来了一系列的问题如河道断流、水体污染、地下水超采、地面沉降、海水入侵等。这些问题无一不造成水生态问题，山东省水生态安全问题严峻，并且随着气候变化，将进一步加剧问题的严峻性和风险性。

本节将从河流、湖泊水库、地下水和湿地四个方面介绍山东省水生态面临的问题，并对造成该问题的原因进行分析。

一、山东省河流水生态问题

随着经济的发展和人口的增长，导致水资源的开发利用程度越来越高。随着气候变化、气象条件的改变以及降水量有所下降，这些综合因素的作用对河道径流产生了极大的影响。例如，全省河流除沂沭河外均发生了严重断流现象。河道的断流直接导致水生生物灭绝，导致水生态系统崩溃。以黄河为例，黄河作为山东省最大的客水水源，其下游在1972年以前并没有发生过自然断流现象（除1938年在花园口扒口改道、1960年6月花园口枢纽大坝截流及1960年12月由于三门峡枢纽关闸蓄水造成断流外）。根据利津站的实测流量资料，在1972—1997年，黄河下游共有20年发生断流，累计断流70次共908天，其中1991—1997年连年断流，平均每年断流102.4天。

在水质方面，除省控河流源头河段和部分出境断面外，全省主要河流均受到不同程度的污染。全年期水质超标河长比例较高的三级区有湖东区、徒骇马颊区、湖西区、中运河区、小清河区、潍弥白浪区，超标河长比例均大于80.0％，其中超标河长比例最高的为湖西区和徒骇马颊区，超标河长比例均为100％；超标河长比例最小的是东南沿海区，其超标比例为31.6％（刘帅，2009）。

二、湖泊水库生态问题

（一）主要湖泊水生态问题

山东省湖泊的水生态问题也是比较突出，主要由于经济快速发展，资源利用和污染排放强度加大，造成湖泊营养盐浓度加大，引起湖泊富营养化呈现发展的趋势，从而导致生态系统退化。湖泊的主要超标项目为总磷、氨氮、高锰酸盐指数化学需氧量COD等。在营养状态方面，2001—2006年南四湖上级湖、下级湖和大明湖的4—9月营养状态评价均为富营养，2007年南四湖和大明湖的营养状态均为轻度富营养，2008年南四湖仍然保持轻度富营养状态，而大明湖则有所恶化，表现为中度富营养。

（二）水库水生态问题

山东省水库的水生态问题体现在水质和水体富营养化方面。不过相对湖泊而言，状况相对较好，但是现实情况仍需要重视。山东省水库水质主要超标污染参数是总磷、化学需氧量和五日生化需氧量。从2007年数据看，总磷超标水库有4个，最大超标倍数1.1；化学需氧量超标水库有5座，最大超标倍数0.1；五日生化需氧量超标水库有2座，最大超标倍数0.1。水库营养状态方面，在评价的30座水库中，2003年有7座为中营养，其他23座都为轻度富营养，中营养比例有所上升，而轻度富营养比例下降。到2008年，中营养水库15座，其余15座为轻度富营养。

三、山东省地下水生态环境问题

据分析计算，山东省多年平均地下的水资源量为165.46亿 m^3，多年平均地下的水可开采量125.52亿 m^3，多年平均（1990—2000年）地下的水实际开采量达120.41亿 m^3，全省地下水开采率（实际开采量与地下水可开采量之比）全省平均为96％，2000年地下水开采率全省平均超过100％，地下水超采最严重的淄博市达到138％。2000年全省地下水超采区总面积12180km²，其中严重超采区面积达5580km²。超采区主要分布在泰沂山以北的淄博-潍坊和泰沂山以西的济宁-宁阳的山前平原区，其次是分布在胶东沿海平原、莘县-夏津黄泛平原、滕西山前平原和泰安、枣庄等岩溶山区。其中超采最严重的泰沂山以北山前平原的淄博-潍坊一带，地下水累计超采量约大概40亿 m^3。严重的地下水超采问题造成了一系列的生态环境问题，带来了一系列水文地质灾害。

（一）地下水漏斗和地面沉降

山东省地下水位大幅度下降始于20世纪70年代末，由于地下水的严重超采，全省17个市（地）均存在不同程度的地下水水位下降现象，其中以济南、淄博、潍坊、烟台、泰安、枣庄、德州和聊城等市（地）水位下降现象最为突出。这些地区地下水位下降幅度大、埋藏深，许多地区出现了地下水位降落漏斗，尤其以平原区最为严重。山东省平原区存在莘县-夏津、淄博-潍坊、济宁-汶上、单县、宁津等五大漏斗区。当前山东平原五大漏斗区中，莘县-夏津区和宁津区正处于面积和埋深增大的变化趋势，而淄博-潍坊、济宁-汶上和单县三区则处于面积减小、埋深回升的变化趋势。

地下水超采同样引起了一系列的地面沉降和塌陷问题。根据调查成果，全省地面沉降面积达到2589km²，地面塌陷面积309km²，塌陷坑数286个，地裂缝范围5km²，裂缝条数35条，土地沙化面积1145km²。山东省地面沉降现象主要发生在青岛、泰安、临淄、德州、聊城和沂源。鲁中南岩溶区是山东省地面塌陷最强烈的地区，本区地面塌陷主要发生在泰安、枣庄、莱芜和沂源等市（县）（梁金光，2005）。

（二）泉水枯竭，生态环境恶化

济南素以"泉城"闻名，据统计1965年前市区有四大泉群，有泉眼有119处，日涌水量高达19万 m^3 以上。由于对大量开采地下水大量开采，1976年后泉群日涌水量降至9万 m^3，并开始出现断喷现象，而然而 20 世纪 80 年代后期至 90 年代，泉水除汛期偶尔发生喷涌外，其余均长期无泉涌。泉水的枯竭，破坏了泉城的自然景观，加剧生态环境的恶化，济南的旅游资源遭到极大破坏（罗辉，2003 年）。造成泉水枯竭断流问题主要由于：①地下水的大量开采，济南市区 2003 年的开采量达到 5856 万 m^3。②降水量较少、地下水补给不足。③水土流失，导致降雨转化率降低等。

以济南市为例，泉的数量随历史变迁不断变化，截至 1997 年，尚有 103 处泉池基本完好，集中在东起青龙桥、西止筐市街、南至正觉寺街、北到大明湖，面积仅 2.6km² 的旧城区内，泉水出露面积约为 818.5km²。1998 年 6 月，济南市政府着手进行新 72 名泉的评定，在 2004 年 3 月，济南市名泉研究会向社会正式公布了 10 大泉群名录及新 72 名泉名录。具体情况如表 1-6-1 所示。

表 1-6-1　　　　　　　　　　济南市十大名泉一览表

泉群	范围	泉水/处	泉名
趵突泉泉群	趵突泉公园内	28	趵突泉、老金线泉、皇华泉、卧牛泉、柳絮泉、马跑泉、浅井泉、洗钵泉、混沙泉、石湾泉、湛露泉、酒泉、无忧泉、满井泉、登州泉、杜康泉、东高泉、望水泉、漱玉泉、北煮糠泉、灰池泉
珍珠泉泉群	西起芙蓉街、东至县西巷和钟楼寺街，南到泉城路、北临大明湖	21	珍珠泉、散水泉、溪亭泉、濯缨泉、芙蓉泉、刘氏泉、朱砂泉、知鱼泉、灰泉、玉楼泉、腾蛟泉、舜（泉）井、双忠泉、玉环泉、香泉、鱼池泉、潷泉
黑虎泉泉群	古城东南隅护城河沿岸，西至泉城广场东端	16	黑虎泉、金虎泉、南珍珠泉、鉴泉
五龙潭泉群	五龙潭公园内	28	五龙潭（灰湾泉）、（古）温泉、东蜜脂泉、贤（悬）清泉、天镜泉、西蜜脂泉
白泉泉群	王舍人镇、华山镇	8	白泉、花泉、当道泉、草泉、冷泉、团（圆）泉、麻（披）泉
涌泉泉群	仲宫、柳埠、西营、锦绣川	126	涌（腾）泉、鹿跑泉、锡杖泉、苦苣泉、突（都）泉、熨斗泉、龙居泉、龙门泉、染池泉、枪杆泉、琴泉、避暑泉、试茶泉、泥淤泉、冰冰泉、柳泉、车泉、醴泉、悬泉、南甘露泉、道士泉、琵琶泉、智公泉、胡桃泉
玉河泉泉群	港沟、彩石	68	滴水泉、响泉
百脉泉泉群	章丘市市区内	20	百脉泉、净明泉
袈裟泉泉群	长清区内	44	袈裟泉
洪范池泉群	平阴县内	22	
其他不在泉群内名泉	分散在市区及各县（市）区		孝感泉、罗姑泉、胭脂泉、菩萨泉、斗母泉、虎泉、水帘泉、双桃泉、汝泉、鹿泉、白虎泉、煮糠泉、炉泉、南煮糠泉、悬珠泉、北漱玉泉、双女泉、白花泉、白公泉、甘露泉、浆水泉、林汲泉、金沙泉、白龙泉、黑龙泉、南笪箩泉

现古城区内以趵突泉、黑虎泉、珍珠泉、五龙潭四大泉群为著，泉水流经护城河流入大明湖，再经东、西泺河汇入小清河，分布情况见图 1-6-1。

（三）沿海地区海水入侵

山东省莱州湾地区是中国最早发现海水入侵现象的地区。由图 1-6-2 可以看出，2002 年前累计入侵面积持续增加到 298km²，2002—2010 年期间海水入侵有所改善累计面积开始减少。年平均入侵速度于 1989 年达到最大，2002—2010 年期间速度为负值，表明海水入侵有所改善。

（四）地下水质污染

由于地下水位的持续下降，为地表水的入渗创造了条件。而近年来地表水体大部分已遭受不同程度的污染，被污染的水体渗入地下，进而造成地下水的污染。如淄河、孝妇河、织女河、小清河等河流（均流经淄博-潍坊地下水超采区）沿岸地下水质监测表明，地下水已被严重污染，许多有害成分

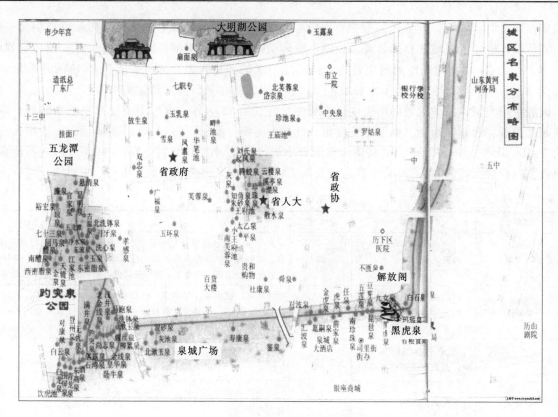

图 1-6-1 济南市区泉水分布图

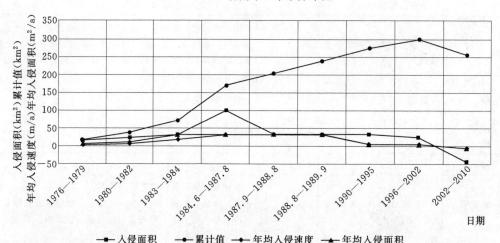

日期	1976—1979	1980—1982	1983—1984	1984.6—1987.8	1987.9—1988.8	1988.8—1989.9	1990—1995
入侵面积	15.8	23.4	31.9	98.5	32.4	36.2	35.6
累计值	15.8	39.2	71.1	169.6	202	238.2	274
年均入侵速度	4	7.8	16	31.1	32.4	36.2	5.9
年均入侵面积	5.266667	11.7	31.9	30.78125	36	32.90909091	7.12

图 1-6-2 莱州市海水入侵变化情况分析

严重超标；其他地段也有类似情况。地下水的污染，将在相当长时间内都难以消除。地下水质恶化，给当地居民生活造成极大危害，也使可利用的水资源量减少，加剧了水资源供需矛盾（倪新美，2007）。

四、湿地萎缩

根据《湿地公约》分类系统，山东湿地共有可以划分为近海及海岸湿地、河流湿地、湖泊湿地、沼泽湿地、库塘湿地等5大类，具体可以划分为浅海水域、岩石性海岸、潮间沙石海滩、潮间淤泥海滩、海岸性咸水湖、河口水域、三角洲、永久性河流、季节性或间歇性河流、永久性淡水湖、季节性淡水湖、草本沼泽、库塘等13种类型（岳言尊，2012年），山东省各市湿地面积如图1-6-3所示。其中面积不小于100公顷的湿地的总面积178.5万 hm²，占全省国土的总面积的11.4%。山东省面积不小于100公顷的湿地总面积概况见表1-6-2。

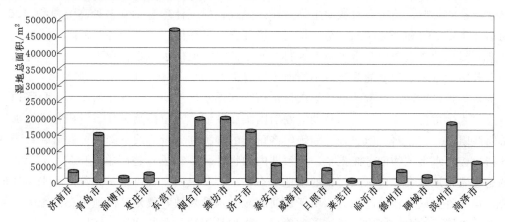

图1-6-3 山东省各地市湿地面积比例

表1-6-2 山东省面积不小于100公顷的湿地总面积概况

类　　型	面积/万 hm²	比　　例/%
近海及海岸湿地	120.7	67.6
河流湿地	30.6	17.1
湖泊湿地	16.5	9.2
库塘湿地	10.3	5.8
沼泽湿地	0.4	0.2

山东省地矿局地质测绘院于2005年开展了一项关于山东省湿地的调查，表明山东省湖泊湿地萎缩速度惊人。与50年前相比，山东省湖泊湿地水面迅速缩减，水深变浅。其中，南四湖变化最为明显，比20世纪60年代缩小近300km²。清朝咸丰年间南四湖蓄水面积1503km²，20世纪60年代减少为1266km²，而目前已不足1000km²。除了气候方面的原因，湿地面积的减少与当地群众围湖造田及工厂污染直接有关，一些地方湿地被随意侵占甚至转为建设用地。

黄河三角洲湿地面积也同样正在萎缩。20世纪90年代以来，由于黄河流域持续干旱及沿黄引水量增大和海水倒灌引起的侵蚀作用，黄河口湿地的淡水面积逐年减少，一些依赖湿地生存的动植物也明显减少，湿地生态环境质量有所下降，使黄河三角洲大片湿地干涸和盐渍化，面积萎缩近一半。在莱州湾的莱州至烟台海岸，由于湿地水量不足和过量超采地下水，导致海平面上升，海水倒灌，400km²的湿地盐渍化。

五、山东省水生态安全评价

由于山东省的社会的发展和人口的增长，为了获得更大的单一经济的增长，有些地区对水资源进行了不合理的开发利用，但却带来了一系列的河道断流、水体污染、地面沉降、海水入侵等水生态环境问题。并且随着气候变化，将进一步加剧问题的严峻性和风险性。

山东省地表水资源利用率为50.3%，远超过区域地表水资源量应低于30%～40%的国际公认标准。地表水的过度取用，全省河流除沂沭河外均发生了严重断流现象。河道的断流直接导致水生生物灭绝的影响，导致水生态系统崩溃。大量的工业污水、生活污水未经处理直接或间接地排入河流、湖泊。同时大量施用的化肥、农药，随地表及地下径流排入水体，地表水的污染问题和富营养化问题也相当严峻。山东省多年平均地下水资源量为 165.46 亿 m³，地下水开采率（实际开采量与地下水可开采量之比）全省平均为 96%，2000 年地下水开采率全省平均超过 100%，造成地下水漏斗、地面沉降、海水入侵、地下水污染等。地表水地下水一系列问题相互影响与交织在一起，对水生态环境造成破坏，影响水生态安全。

受上述因素的影响，山东省水域的生物多样性锐减，据统计现有 120 多种高等植物、200 多种陆栖脊椎动物处于受威胁和濒危状态，整体呈现生境破碎并呈整体恶化的趋势，近岸海域的生物多样性降低，外来入侵物种给生态安全带来很大威胁。如小清河河道内水生生物受工业废水、河水水质污染的影响，群落结构发生了明显的演替。小清河中原有的大银鱼和中华绒蟹已基本绝迹，鲤鱼、鲫鱼、河鲶等经济鱼类难以生存。上游严重污染段挺水植物和浮水植物绝迹，仅在河床岗丘和河边生有耐污染的莲子草等水生植物。南四湖、东平湖等湖泊因湖面萎缩、水位持续下降、淤积容量增加，造成鱼类的洄游路线阻断，鲤、鲫、鳜、长春鳊等经济鱼类的种类和数量持续下降，黄颡鱼、乌鳢等沼泽性鱼类的繁衍失控，水生植物的过渡繁殖，导致湖内的物种区系组成日趋简单（田贵全，2004 年）。黄河三角洲是暖温带地区最完整、最广阔的湿地生态系统，艾里湖、大芦湖是因黄河引水而形成的湿地生态系统，均是许多候鸟栖息的地方，由于黄河断流，水源短缺，致使其湿地生态系统失去天然蓄水库，生态系统的脆弱性更为突出，严重影响珍贵生物物种资源的分布和栖息环境。

总之，山东省的水生态问题形势严峻，急需采取一系列措施：保证生态基流和水位、河流生态修复、改善水质环境、控制地下水开采等。并且应该加大水生态相关科研工作和示范项目建设，为山东省水生态文明建设提供科技保障。

第七节　山东省水安全保障面临的新挑战

山东省当地水资源总量不足，人均和亩均水资源占有量偏低，水少人多地多的矛盾比较突出水资源与人口、耕地资源匹配严重失衡，这是造成山东水资源供需矛盾十分突出的主要原因。山东省总体属资源性缺水的省份，如何合理开发利用、有效保护和节约使用水资源，解决好山东水资源供需矛盾问题，对于国民经济和社会的可持续发展具有十分重要的意义。

由于山东省自然地理环境分异性大，河川径流对气候的变化非常敏感，加之山东省人口众多，经济发展十分迅速，导致总耗水量不断增加，加剧了水资源系统对气候变化的承受能力的脆弱性。另外，淡水咸化、海平面上升和海水入侵等新问题也加剧了水资源的不安全。山东省的水资源系统面临气候变化与经济社会发展带来的双重压力。未来全球气候变化究竟在多大范围和程度上可能改变水资源空间配置状态，加剧水资源供给压力和脆弱性，这将直接影响到水资源稀缺地区的可持续发展。

气候变化对水资源安全的影响是国际上普遍关心的全球性问题，也是我国可持续发展面临的重大战略问题。水循环是联系地球系统"地圈-生物圈-大气圈"的纽带，是全球变化的核心问题之一。我国降水时空分布极为不均，水资源短缺、旱涝灾害及与水相关的生态-环境问题非常突出。过去 30 多年里，在全球气候变暖背景下，我国北方地区旱情加重，水生态环境恶化，南方地区极端洪涝灾害增多，严重制约了社会经济的可持续发展。未来气候变化将极有可能对我国"南涝北旱"的格局和未来水资源分布产生更为显著的影响，对我国华北和东北粮食增产工程、南水北调水资源配置工程、南方江河防洪体系规划和全国流域生态环境修复与建设等重大工程的预期效果产生不利影响。由于气候变化影响的全球和区域特性，当前迫切需要从自然地理分区的中国陆地尺度与水资源分区的流域尺度相互联系的层面，开展气候变化对我国水安全影响与适应性对策的基础研究，它是保障我国水安全的重大战略需求，也是水科学前沿和应用基础问题。

伴随着气候变暖，沿海地区海岸带将发生变化，其中一个重要表现就是由热膨胀和冰川消融导致的海平面上升，从而导致风暴潮、海岸侵蚀、海水入侵、土壤盐渍化以及生态系统退化等自然灾害（谢五三，2011；彭高辉，2011；格桑，2009）。政府间气候变化委员会（IPCC，2012）第四次气候评价报告预计，全球海平面1990—2100年间将升高0.09～0.88m。《2010年中国海平面公报》（周婷，2011）指出，中国沿海海平面比常年（1975—1986年平均海平面）高68mm，总体呈波动上升趋势，平均上升速率为2.6mm/a，预计未来30a中国沿海海平面还将继续上升，比2009年升高80～130mm。山东省沿海海平面较常年上升了70mm，预计未来30a山东省沿海海平面将继续保持上升趋势，比2009年升高89～137mm。与此同时，近30年山东省沿海地区海水入侵非常严重，2007年总体海侵面积已经超过2000km^2（王志良，2010），莱州湾南部海水入侵严重地区的最大入侵距离超过30km。

因此，研究气候变化所导致的海平面上升与沿海地区海水入侵的关系显得尤为重要。根据山东省沿海地区12个气象站的气象观测资料（1970—2009年）、海平面上升及海水入侵资料，对气候变化条件下山东省沿海海平面上升和海水入侵的特点及联系进行了探讨，并讨论了危害防治措施（夏军，2013）。

一、气候变化的影响

（一）海平面上升

山东省东临海洋，西接华北平原，泰沂山脉横亘中央，地形地貌复杂。在全省土地面积中，山地丘陵占29%，平原占55%，洼地、湖沼占8%，其他占8%。山东省位于北温带半湿润季风气候区，气候具有明显的过度特征，四季界限分明，温差变化大，雨热同期，降雨季节性强。冬季，全省在蒙古高气压冷气团的控制下，多偏北风，寒冷干燥，少雨雪；夏季，亚热带太平洋暖气团势力增强，全省盛行东南、西南季风，冷暖气团在全省交绥机会较多，天气炎热，雨量集中；春季干燥多风，秋季天高气爽，春秋两季均干旱少雨。

胶东半岛，因受海洋气候影响，春寒延后，夏季气温较内陆气温低且湿润。全省平均气温为11～14℃，由西南向东北递减。月气温以1月最低，一般在−1～−4℃；最高气温内陆地区出现在7月，月平均气温25～27℃，东部沿海出现在8月，月平均气温24～26℃。气温的日温差内陆大于沿海，内陆为10～12℃，沿海为6～8℃。无霜期200～220天，年日照时数2400～2800小时，年平均日照百分率55%～65%。

影响海平面变化的因素有很多，但并非所有因素的影响效果都在同样的量级上，气候变化的作用是第一位的（UNISDR，2009）。人类活动尤其是大量使用化石燃料，导致向大气中排放的CO_2等温室气体数量剧增，使得全球气候变暖。气温的上升不仅使冰川融化，增加了海水数量，而且还使海水受热膨胀，使得全球性的绝对海平面上升。

2001—2010年，中国沿海的平均海平面总体处于历史高位，比1991—2000年的平均海平面高25mm，比1981—1990年的平均海平面高55mm。山东省滨海地区为海平面上升最为明显的地区之一。图1-7-1和图1-7-2分别为渤海历史海平面变化曲线和黄海历史海平面变化曲线（以1978年海平面为基准面）。可以看出，山东滨海地区海平面30年来明显上升，南岸（黄海）海平面上升更加

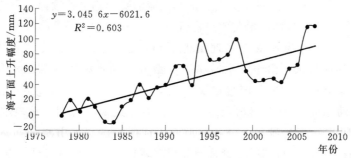

图1-7-1 渤海历史海平面变化曲线

明显，上升速率为 3.5mm/a，比北岸速率（3.0mm/a）高 17%，比全国沿海平均海平面上升速率（2.6mm/a）高 34.6%。由此可见，气候变化对山东省沿海地区海平面上升起到了决定性作用。

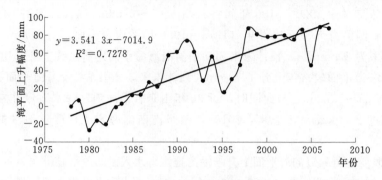

$$y = 3.541\ 3x - 7014.9$$
$$R^2 = 0.7278$$

图 1-7-2 黄海历史海平面变化曲线

（二）水资源变化

近 100 年，在全球范围内出现了由于温室气体浓度增加，即人为气候强迫，引起的气温升高。虽然自然气候变异和城市热岛效应也有一定程度的影响，但不足以解释长期观测到的增温现象。有关证据表明（刘华，2009），自 1906—2005 年我国地表平均温度上升了 0.78℃±0.27℃，与全球同期的 0.74℃±0.18℃相近。气候变暖主要发生在 20 世纪 80 年代以后，华北、西北和东北北部是我国升温最高的地区。海河流域近 50 年升温幅度达 0.36℃/10a，1989 年以后增暖趋势最为明显。黄河上游地区升温幅度达 0.292℃，高于下游 0.209℃。自 1881—2001 年中国升温幅度最大的为新疆地区 1.01℃/100a 和东北地区 0.89℃/100a。气温升高主要以冬春季节比较显著。

近 100 年来，中国年降水量变化趋势不显著，但年际波动大且空间分布不均。自 1956—2000 年华北、西北东部、东北东南部地区年降水量出现下降趋势，其中黄河、海河、辽河和淮河流域年平均降水量减少了 50~120mm，海河流域 20 世纪 50—60 年代降水量偏多，80 年代后至今降水仍然偏少，最干旱的时段出现在 20 世纪末；黄河流域 20 世纪 50 年代平均年降水量为 475.4mm，21 世纪初平均年降水量下降到 436.1mm，减少了 39.33mm，降低了 8.2%。

气候变化与山东省的水资源分析表明：

（1）近 20 年来山东省水资源的分布正在发生显著的变化，水资源量减少趋势愈加明显。水利部近年完成的全国水资源评价最新成果显示，1980—2000 年水文系列与 1956—1979 年水文系列相比，黄河、淮河、海河 3 个流域降水量平均减少 6%，水资源总量减少 25%，其中地表水资源量减少 17%，尤其是海河流域地表水资源量减少了 41%，呈现出非线性变化的特征。

（2）在全球变暖背景下，山东省极端水文事件的水旱灾害的风险进一步加剧。近 20 多年，我国洪涝灾害的高发区如淮河流域，极端强降水事件趋于增多，严重洪涝灾害频繁。先后发生了 1991 年江淮大洪水，1996 年海河南系大洪水，2003 年和 2005 年淮河洪水，2007 年淮河流域性大洪水。1951—2005 年，平均干旱面积在进一步扩大。华北区域的暖干趋势持续时间已近 30 年。这些流域极端水文事件进一步加剧了山东省的水旱灾害可能性。

（3）气候变化对山东省水资源安全呈现出更不利的影响。涉及山东省的海河流域径流量明显减少。自 20 世纪 80 年代以来，由于降水减少，气温升高和各种用水需求增加以及土地利用和土地覆盖变化的影响，华北地区地表径流量减少的趋势十分突出。下降幅度最大的黄壁庄水库，递减率达 36.6%/10a。海河流域近 30 年河川径流入海水量减少达 90% 以上。地表水的严重短缺和大规模超采地下水，导致地下水径流量显著下降，并形成了浅层与深层地下水漏斗区，面积已接近 12 万km²。水资源供需矛盾呈扩大趋势和需水管理面临更严峻挑战。在全球气候变暖的背景下，海河流域的江河径流减小，在人口增加、工农业发展和气候变化影响下，水资源供需紧张的矛盾将进一步加剧。应对气候变暖引起水资源时空分布的变化，需要采取适应性对策，水资源需求管理的难度不断加大。

（4）山东省水旱灾害加剧，水环境保护与治理的形势仍然十分严峻。20 世纪 90 年代以来，尤其是进入 21 世纪后，涉及山东省的淮河流域洪水灾害呈现不断加剧的趋势（如 1991 年、2003 年、2005 年和 2007 年），2003—2008 年的 6 年中出现了 5 次范围较大的洪水，表明气候变化下淮河的大洪水风险呈增加趋势。

2010—2040 年，海河流域降水量仍然呈减少态势，加上自 20 世纪 70 年代以来的少雨期，合成一个长达 80 年的大周期。但是，大约在 2040 年以后海河流域年降水量的情景将呈增加趋势。未来降水量增加约 5%～7%。

对于未来 21 世纪黄河流域的年平均降水的变化（相对于 1980—1999 年 20 年气候平均值），在 SRESA1B、A2、B1 这 3 种排放情景下，不同气候模式模拟的降水变化有较大出入，但总的来说大部分模式模拟的未来降水趋势都呈增加趋势，尤其黄河源区及下游地区的降水量增加较为明显。降水量从 2020—2030 年的 3%增至 2040—2050 年的 7%。

21 世纪 50 年代以前淮河流域年均降水量将增加 4%～5%。所有季节降水量表现出逐年代增加的变化特征。降水量的增幅在季节间还存在着差异，表现为冬春两季降水的显著增加，夏秋两季增加较少，未来淮河流域的降水季节间差异将减少。

全省 1956—2000 年平均年降水总量为 1060 亿 m³，相当于年平均年降水量 679.5mm。各水资源三级区中，日赣区年降水量均值最大，为 861.9mm；徒骇马颊河区最小，为 564.5mm。1956—2000年各水资源三级区年降水量计算成果见表 1-7-1。

表 1-7-1 　　　　　山东省 1956～2000 年各水资源区年降水量计算成果表

水资源分区名称			统计参数			不同频率年降水量/mm			
			均值/mm	C_v	cs/cv	20%	50%	75%	95%
淮河流域及山东半岛	沂沭泗河	湖东区	725.5	0.24	2	866.5	711.6	601.7	464.7
		湖西区	654.1	0.23	2	776.1	642.7	547.4	427.8
		中运河区	846.1	0.22	2	997.4	832.5	714.3	564.8
		沂沭河区	803.3	0.22	2	947.0	790.4	678.2	536.3
		日赣区	861.9	0.22	2	1014.1	848.4	729.5	579.0
		小计	746.9	0.22	2	880.5	734.9	630.6	498.6
	山东半岛沿海诸河	小清河区	621.7	0.23	2	739.1	610.5	518.9	404.1
		胶东诸河区 潍弥白浪区	672.1	0.25	2	806.8	658.4	553.5	423.3
		胶莱大沽区	662.8	0.28	2	811.8	645.6	530.0	389.8
		胶东半岛区	720.1	0.24	2	860.1	706.3	597.2	461.2
		独流入海区	776.6	0.27	2	945.4	757.9	626.8	466.8
		小计	678.6	0.23	2	805.2	666.7	567.9	443.9
	合计		709.7	0.20	2	826.1	700.2	609.0	492.4
黄河流域	花园口以下	大汶河区	711.1	0.25	2	854.7	696.3	584.5	446.0
		黄河干流	590.3	0.22	2	696.3	580.7	497.9	393.3
		合计	691.5	0.24	2	825.9	678.2	573.5	442.9
海河流域	徒骇马颊河	徒骇马颊河区	564.5	0.26	2	682.9	551.8	459.8	346.7
全省			679.5	0.21	2	795.8	669.5	578.6	463.0

（三）水资源供需关系的变化

1. 气候变化对水资源供给的影响

山东省位于我国东部沿海，地处黄河下游，分属于黄河、淮河、海河三大流域。

气候变化通过不同方式或途径改变着不同时间尺度和不同地区的水循环，影响了水资源的供求和需求，增加了保障供水安全的风险，对水资源管理部门提出了严峻挑战。我国是受气候变化影响明显的国家，气候变化对我国水资源供需的影响已经受到水利等部门的高度关注。

（1）水资源总量的变化趋势。受气候波动影响，不同时段的全国可更新水资源数量不同，全国和山东省涉及流域水资源一级区不同时段水资源平均值见表 1-7-2。1956—2010 年系列全国水资源平均为 27550 亿 m³。1991—2010 年近 20 年年均水资源量比 1961—1990 年均水资源量仅增加 1%。1956—2010 年全国水资源系列的距平变化过程见图 1-7-3，在这 55 年中，大部分年份在距平±10% 波动，有 9 年变化幅度在 10%～20%，有 1 年（1998 年）距平超过 20%。从全国层面来看，1956—2010 年水资源距平变化的线性趋势来看，几乎没有什么趋势变化。

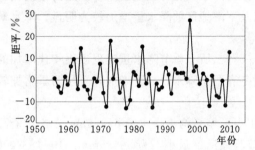

图 1-7-3 全国水资源距平变化

尽管从全国尺度看水资源变化很小，但水资源一级区变化较大。我国北方地区山东省涉及的海河区、黄河区、淮河区 1956—2010 年系列水资源平均分别为 350.4 亿 m³、703.4 亿 m³、484.9 亿 m³，1991—2010 年近 20 年的年均水资源量比 1961—1990 年均水资源量分别减少 19%、17% 和 8%，见表 1-7-2。我国南方地区的东南诸河区、珠江区 1956—2010 年系列年均水资源量分别为 1990.4 亿 m³、4715.5 亿 m³，1991—2010 年最近 20 年的年均水资源量比 1961—1990 年均水资源量分别增加 6% 和 4%。

表 1-7-2　　　　　　　不同年份水资源一级区用水占全国用水比例　　　　　　　　%

分区	1980 年	1985 年	1990 年	1995 年	2000 年	2005 年	2010 年
海河区	9.0	7.8	7.6	7.5	7.1	6.7	6.1
黄河区	7.8	7.6	7.8	7.7	7.3	6.8	6.5
淮河区	11.8	10.4	10.5	10.7	10.4	9.7	10.6

（2）过去气候变化背景下，水资源可利用量的变化。分析气候变化对水资源可利用量的影响，主要基于分析气候变化背景下水资源量的变化，并根据水资源可利用量的在水资源总量中的比例进行评估，见表 1-7-3。选择水资源减少明显的涉及山东省的海河区、黄河区、淮河区进行分析，这些一级区水资源开发利用程度较高，可供水能力受水资源约束较大，水资源可利用量一定程度上决定了可供水能力。

表 1-7-3　　　　　　全国和水资源一级区不同时段水资源可利用量的变化

区域	1956—1980 年 水资源可利用量/亿 m³	1981—2010 年 水资源可利用量/亿 m³	两时段变化量/亿 m³
海河区	267.6	191.3	-76.3
黄河区	412.5	368.3	-44.3
淮河区	535.7	516.5	-19.3

根据水资源可利用率，对近 30 年（1981—2010 年）气候变化背景下可利用水量变化进行分析，揭示我国北方水资源一级区海河区、黄河区、淮河区水资源可利用量减少，特别是海河区，可供水量减少最明显。

2. 气候变化对水资源需求的影响

气候波动和气候变化导致的降水、温度、蒸发、径流等水文气象参数的变化影响水资源需求。气候变化会导致作物耗水过程改变，从而影响灌溉需水，如对农业灌溉用水而言，温度增加或潜在蒸发增加，增加灌溉用水需求，而降水增加可能减少灌溉用水需求。

过去气候变化对需水的影响，主要利用过去气温、降水和用水资料，分析东部季风区典型水资源一级区，以及这些一级区中部分二级区不同温度与降水变化对相同经济社会规模下的需水影响，也就是剔除由于经济社会发展规模不同造成用水增加的影响。

（1）气温变化对需水的影响。根据全国综合规划，部分一级区的统一经济社会基准下，不同年份的温度序列与需水情况分析，初步揭示这些一级区温度变化与需水的关系。总体而言，温度增加，需水增加，北方山东省涉及的海河、黄河区需水受温度变化影响明显，见图 1-7-4 和图 1-7-5。

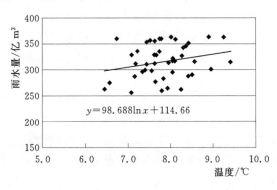

图 1-7-4　海河区温度变化与需水量关系　　　图 1-7-5　黄河区温度变化与需水量关系

（2）降水变化对需水的影响。对山东省涉及的海河区、黄河区，相同社会经济情景下，不同年份的降水与需水关系分析，揭示北方降水不同地区的差异，北方的海河、黄河区用水受降水变化影响明显，见图 1-7-6 和图 1-7-7。

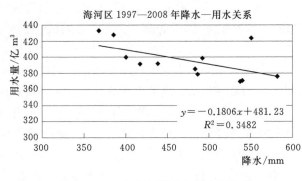
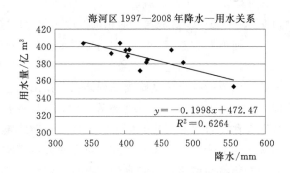

图 1-7-6　海河区降水与需水量关系　　　图 1-7-7　黄河区降水与需水量关系

（3）需水对降水、气温变化响应的敏感性分析。不同地区在不同降水条件下，需水对降水响应敏感性不同。在平水年情况下，降水每减少 10mm，山东省涉及海河、黄河、淮河需水的响应敏感状况见表 1-7-4。

表 1-7-4　　　　　　　　　　不同来水典型年需水量对降水减少 10mm 的响应

水资源分区	平水年-枯水年		枯水年-特枯水年	
	降水减少/mm	需水量增加/亿 m³	降水减少/mm	需水量增加/亿 m³
海河区	10	6.8	10	3.2
黄河区	10	12.3	10	5
淮河区	10	5	10	6.9

需水对气温变化的响应敏感程度分析揭示，水资源禀赋条件不富裕的北方地区需水受温度变化影响较大。在海河区、黄河区一级区，分析在各自相同的经济社会发展情景，分析 1956—2000 年不同年份的温度和需水（用水）关系，揭示海河区、黄河区，温度每升高 1℃时，需水分别增加 12 亿 m^3、14 亿 m^3、2 亿 m^3。这三个一级区相对各自一级区平均状况，需水分别增加 3.9%、3.6% 和 0.3%。

综上所述，通过对水资源需求驱动因素分析可以看到，气候变化是影响需求的重要因素之一。现有的资料分析揭示气候变化对需水的影响和经济社会发展对水需求的影响。在讨论降水或温度变化对需水的影响时，需要考虑基准的来水情景，不同降水基准情景下，气候变化幅度对水资源需求影响不同。一般说降水量级与水资源需求呈现反相关关系。在平水年情景下，海河区、黄河区水资源需求对相同的降水量变化存在较大差异。

（四）气候变化与防洪

21 世纪以来，气候变化所引起的灾害风险增加已成为影响全球安全与发展的重大挑战（UNIS-DR，2009），其中，洪水灾害是全球发生频率最高、损失最严重的自然灾害之一。随着气候变化和区域可持续发展科学研究的深入，气候变化对极端水文过程的影响以及在这种影响下洪水灾害的变化受到国际气象、水文及灾害风险等领域学者愈来愈多的关注。联合国教科文组织国际水文计划（The International Hydrological Programme，UNESCO - IHP）第二阶段研究将全球变化对水灾害影响定为 5 个重点主题之一，尤其点关注极端水文灾害的影响。IPCC 2012 年发布了极端事件风险管理特别报告，首次对气候变化对洪水等极端灾害事件的影响进行综合评估（IPCC，2012）。与气候系统变化密切相关的洪水等极端灾害的演变已成为气候变化影响与适应研究亟待解决的重要课题。同时，气候变化给区域洪水灾害风险防范带来新的挑战，洪水灾害变化的动态评估已成为灾害管理的现实需求。21 世纪以来，在全球气候持续异常的背景下，中国洪涝灾害年均直接经济损失近千亿元，且有逐年上升的趋势（中国水旱灾害公报，2011）。因此，开展气候变化对洪水灾害影响的研究，探索极端水文灾害对气候变化的响应，对于保障社会可持续发展也有着重要意义。

山东省地处黄淮海三大流域下游，除黄河外，境内有大型骨干河道 15 条、中型河道 12 条，干流总长 438gkm，控制流域面积 11.37 万 km^2。占全省总面积的 74%。其中，大型骨干河道控制流域面积 9.05 万 km^2，占全省总面积的 59%；中型河道控制流域面积 2.32 万 km^2，占全省总面积的 15%。大中型河道及其支流堤防长度为 8670km。新中国成立以来，山东省共建成水库 5470 座（山丘区），先后治理大中型河道 80 余条，建设各类拦河闸坝 1600 余座，初步建立起由水库、河道、堤防、蓄滞洪区等组成的综合防洪减灾工程体系，在山东省防洪安全、城乡供水、维护生态等方面发挥了重要作用。5000 多座水库中，大型水库 32 座，中型水库 152 座，小型水库 5286 座。气候变化对山东省洪水灾害存在直接和间接作用 2 个方面的可能影响。从气候系统变化的直接作用来看，大气环流系统的异常（如 ENSO，季风变化等）对全球大尺度水汽分布和降水格局带来深远影响。这种大尺度降水格局的变化将给区域极端降水变化造成一定的影响（方建，2014）。另一方面，从区域热动力过程来看，大气饱和水汽压与温度之间存在指数增加的关系（Pall P，2007），在相对湿度不变和全球增温的背景下，蒸散发加强，大气中的水汽总量呈上升趋势，目前实测和模拟的结果均表明了气候变暖背景下水汽含量的这种变化（Willett K M，2007）。总之，极端降水（雨情）、极端径流（水情）和洪水灾害损失（灾情）是洪水灾害系统最主要的特征要素，也是气候变化影响最突出的状态变量。

1. 极端气温变化

近 100 年来，山东省和我国其他地区气候变暖的趋势与全球基本一致，但呈现了明显的冷暖交替波动，江河流域气温的时空变异大。近 100 年，在全球范围内出现了很可能是由于温室气体浓度增加，即人为气候强迫引起的气温升高。虽然自然气候变异和城市热岛效应也有一定程度的影响，但不足以解释观测到的增温现象。自 1906—2005 年我国地表平均温度上升了 0.78℃±0.27℃，与全球同期的 0.74℃±0.18℃相近。

20 世纪 60 年代以来，我国北方地区的高温日数（最高气温超过 35℃的日数）变化趋势不明显或略趋减少。但是，自 1997 年以后，高温日数显著增多。1997—2002 年，高温日数持续偏多，除 1998 年少于 10 天外，其余 5 年均在 10 天以上，1997 年更多达 18.3 天，为有记录以来的最高值（姜德娟等，2011）。

2. 极端强降雨变化

近 100 年来，中国年降水量变化趋势不显著，但年际波动大且空间分布不均。自 1956—2000 年华北、西北东部、东北东南部地区年降水量出现下降趋势，其中山东省涉及的黄河、海河和淮河流域年平均降水量减少了 50~120mm，海河流域 20 世纪 50—60 年代降水量偏多，80 年代后至今降水仍然偏少，最干旱的时段出现在 20 世纪末；黄河流域 20 世纪 50 年代平均年降水量为 475.4mm，21 世纪初平均年降水量下降到 436.1mm，减少了 39.3mm，降低了 8.2%。

在总降水量减少的同时，山东省涉及的海河流域年极端强降水事件表现为减少趋势，20 世纪 80 年代后减少趋势更为显著。海河流域极端强降水事件发生的日数明显趋于减少，大部分台站近 50 年来大雨日数（日降水量大于 25mm 以上的日数）和暴雨日数（日降水量大于 50mm 的日数）均明显减少（翟盘茂，1999；翟盘茂，2003）。

3. 洪水事件

山东省地处黄淮海三大流域下游，近年来，黄淮海三大流域发生的洪水事件给山东省带来了巨大的社会经济损失。

（1）山东省涉及海河流域。山东省涉及的海河流域的重大灾害性洪水具有重复性和阶段性特性：暴雨条件相类似的洪水在同一地区重复出现。例如，1963 年 8 月海河南系发生的特大暴雨洪水，与 300 年前（1668 年）发生的特大暴雨洪水的分布十分相似。大洪水出现的频率呈现高、低阶段性交替变化。近 50 年内，1964 年以前洪水较多。1956 年、1959 年、1963 年华北北部山区及海河流域均发生大洪水，20 世纪 80 年代后进入洪水低频期。

山东省涉及海河流域洪水多发生在每年的 7 月下旬至 8 月上旬。华北降雨多以暴雨形式出现，出现的时间集中、强度大、持续时间长。暴雨的空间分布受地形影响十分显著，主要分布在太行山和燕山山脉的迎风坡。发育于燕山、太行山迎风山区的河流，坡度大，汇流时间短，一次大暴雨的径流系数可达 0.8 以上。洪水洪峰流量年际、年代际变化大，最大与最小年的洪峰流量比值近 50 倍。洪峰流量变差系数 C_v 值 1.0~1.8，是全国各大江河中 C_v 值最高的地区。

1963 年 8 月上旬，山东省涉及海河流域发生了有记录以来的特大暴雨洪水（63·8 暴雨洪水）。暴雨区主要集中在太行山东麓一带，降雨量达 1000~1500mm，为常年同期的 7~10 倍，最大暴雨中心獐么达 2050mm，为常年同期的 19 倍。大部分地区大于 50mm 的暴雨日数达 3 天以上，太行山东麓达 5~7 天，降雨 200mm 以上的日数达 4 天。特大暴雨造成大清河、子牙河、南运河三大水系有记录以来的最大洪水。洪水峰高量大，来势凶猛，致使山东省涉及海河流域部分中小水库垮坝，河堤决口。暴雨洪水来势猛，强度大，给人民生命财产和经济社会带来巨大损失。

（2）山东省涉及黄河流域。洪水灾害也是山东省涉及黄河流域面临的主要自然灾害之一。山东省涉及黄河流域洪水就其成因可分为暴雨洪水和冰凌洪水两类。暴雨洪水发生在 7 月、8 月的称"伏汛"，9 月、10 月称"秋汛"，伏秋大汛是黄河的主汛期。此外春季 2 月、3 月上游宁、蒙河段和下游山东河段发生冰凌洪水，称"凌汛"。

随着全球变暖山东省涉及黄河流域洪水自然灾害发生显著变化。20 世纪 50 年来，黄河流域气候变暖的趋势与全国气候变化的总趋势基本一致。自 1960 年以来，流域内各气象站气温平均上升了 0.63℃，平均上升率为 0.14℃/10a。气温升高导致大气分子运动加剧，从而导致大气运动加剧，从而容易引起天气变化，气候变化也潜在影响洪涝事件的发生，使得山东省涉及黄河流域的洪水灾害成递增趋势。这也使得山东省涉及黄河流域洪涝灾害成为国内外关注的热点问题。

（3）山东省涉及淮河流域。山东省涉及淮河流域洪水灾害是我国最为严重的自然灾害之一。统计数据表明，过去的 500 多年中，淮河流域的洪水记录多达 300 多次。历史上，1921 年和 1931 年，淮河相继发生了全流域的大洪水，据统计，1931 年 7 月淮河干流的洪峰流量达到了 1.58 万 m^3/s，许多人受灾。1954 年的大洪水是新中国成立以来山东省涉及淮河流域发生的最为严重的洪水事件。20 世纪 90 年代以来，尤其是进入 21 世纪后，山东省涉及淮河流域洪水灾害呈现不断加剧的趋势（如 1991 年、2003 年、2005 年和 2007 年）。

山东省涉及淮河流域干流洪水主要来自淮河干流上游、淮南山和伏牛山，大洪水则往往由大范围连续性暴雨致使干流洪水遭遇而形成。总体来说，山东省涉及淮河流域由暴雨导致的洪水可分为 3 种类型：①由持续一个月左右的大面积暴雨形成全流域性的洪水，量大而集中，如 1931 年、1954 年洪水。②由持续一两个月的长历时降水形成，汛期洪水总量大但不集中，构成长时间的防洪压力，对干流的影响不如前者严重，但在平原区因洪涝的问题更突出。③由一两次大暴雨形成的局部洪水，暴雨中心地区降雨强度大，但形成的洪水总量不大。气候变暖和洪水加剧气候条件和人类活动之间的动力机制问题，尤其在当前持续升温的气候条件下，已成为一个亟须解决的科学问题。据统计，在 1949—2000 年，山东省涉及淮河流域的流域性洪水总共有两次，即 1954 年、1991 年；进入 21 世纪后，山东省涉及淮河流域洪水灾害呈现不断加剧的趋势，2003—2008 年的 6 年中出现了 5 次范围较大的洪水。

（五）海水入侵

海水入侵是指由于陆地淡水水位下降而引起的海水直接侵染淡水层的一种环境地质恶化现象，它是人类在沿海地区的社会活动导致的一种人为自然灾害。海水入侵已经给沿海城市的经济建设和社会发展带来严重危害。山东拥有 3000 多 km 的海岸线，沿海地区海水入侵问题较为严重。从地理位置上看，在整个山东沿海地区西北沿岸较重，东南岸较轻。从行政区域上看，经济发展较快的莱州市、龙口市海水入侵最严重，从 1976 年开始发生海水入侵以来到 1990 年已发展到 326.9km²，占沿海地区海水入侵总面积的 75.8%。截止到 1995 年底，莱州湾地区海（咸）水入侵面积达到 974.6km²，据不完全统计，区内已有 40 万人吃水困难，8000 余眼农用机井报废，60 多万亩耕地丧失灌溉能力，粮食每年减产 3 亿 kg，工业产值每年损失 4 亿元。黄海沿岸的海水入侵，仅在青岛市胶南大洋、荒岛辛安、大沽河下游及白沙河-墨水河等局部地区发生，入侵面积较小。咸水入侵主要发生在渤海湾、莱州湾南岸莱州市土山乡至广饶县小清河南岸的平原海岸地区。山东省沿海海岸地区海水入侵灾害统计情况见表 1−7−5。

表 1−7−5　　　山东沿海地区海水入侵灾害统计（1991 年数据）

类别	区县	灾区面积/万亩	灾区耕地/万亩	报废机井/眼	受灾村庄/个	缺水人口/万人
海水入侵灾区面积分布	莱州市	238.2	27.1	2361	132	10.7
	龙口市	88.7	10.0	1000	35	3.0
	招远县	11.3	—	—	—	—
	蓬莱县	5.4	0.5	15	18	3.6
	长岛县	5.3	0.6	42	13	0.5
	福山区	40.0	4.0	200	20	2.0
	牟平县	2.0	0.5	10	2	0.1
	海阳县	2.0	0.5	18	2	0.1
	即墨县	1.8	0.2	16	7	1.0
	崂山县	15.0	1.8	300	20	6.0
	胶州市	15.0	1.8	200	20	6.0
	胶南县	4.5	0.5	19	10	0.4
	黄岛区	2.0	0.2	6	2	0.1

续表

类别	区县	灾区面积 /万亩	灾区耕地 /万亩	报废机井 /眼	受灾村庄 /个	缺水人口 /万人
咸水入侵灾区 面积	平度市	80.0	0.6	40	5	1.5
	昌邑县	90.0	7.6	1530	40	3.5
	寒亭区	61.5	3.3	288	16	1.5
	寿光县	54.0	7.0	558	51	4.0
	广饶县	14.5	1.3	230	11	0.5

海水入侵速度开始较慢,灾害也较轻,而后发展越来越快,发展速度成倍增长,灾害程度不断加重。如莱州市,在1976—1979年,海水入侵面积仅有$15.8km^2$,年平均入侵速度仅有46m;1980—1982年,海水入侵面积发展到$23.4km^2$,年平均入侵速度增长到92m,比1976—1979年平均入侵速度增长1倍;到1983—1984年,海水入侵速度达到177m/a,比1980—1982年年平均入侵速度增长92.4%,比1976—1979年入侵速度增长2.85倍;1984年6月至1987年8月间,海水入侵年平均$31.07km^2$,入侵速度达到345m/a,并出现$209.56km^2$的地下水位低于海平面的负值区;1987年9月至1988年8月,海水入侵速度继续增长,达到404.5m/a,比刚开始入侵时高7.78倍,地下水负值区达到$251.07km^2$,见表1-7-6。

表1-7-6　　　　　　　　　　　　　莱州市海水入侵变化速度分析

年份	入侵面积/km^2			入侵速度/(m/a)
	分段值	累计值	年均值	
1976—1979	15.8	15.8	4	46
1980—1982	23.4	39.2	7.8	92
1983—1984	31.9	71.1	16	177
1984—1987	98.5	169.6	31.07	345
1987—1988	32.36	201.96	32.36	404.5
1988—1989	36.24	238.2	36.24	—
1984—1989	167.1	283.2	31.3	348
1976—1989	—	283.2	14.8	168

2008年4月山东省海洋与渔业厅发布的《2007年山东省海洋环境质量公报》显示,目前山东省海水入侵面积超过$2000km^2$,其中严重入侵面积为$1000km^2$,氯离子浓度最高值为92397mg/L、矿化度最高值为121.4g/L(无入侵情况下上述两项指标分别应为小于250mg/L和小于1.0g/L),莱州湾南侧海水入侵最远距离达45km。

(六)海平面上升与海水入侵之间的关系

1. 海平面上升对山东沿海地区海水入侵的直接影响

影响海水入侵的因素很多,自然因素包括降水量、海平面上升等;人为因素主要包括地下水超采、海岸带工程、海水养殖等,其中地下水超采被认为是近30a来山东省滨海地区海水入侵的主要原因(夏军,等,2013)。然而,笔者认为同样不能忽视气候变化引起海平面上升对海水入侵的影响,它是该区海水入侵发生的环境背景。也就是说,即使其他条件不变,海平面的上升使原有咸、淡水之间的水动力平衡遭到了一定程度的破坏,会进一步加重陆域平原地区的海水入侵(夏军,等,2013)。

以莱州湾莱州市与龙口市为例,莱州市和龙口市自1970年以来气温呈缓慢上升趋势,平均上升速率分别为0.5℃/10a、0.6℃/10a,而渤海海平面以1978年为基准面,海平面最高年份2007年比

1978 年升高近 120mm；莱州市和龙口市自 1975 年发现海水入侵后，随着时间的推移，入侵面积逐渐变大，最大海水入侵面积分别为 298.2km²、105.0km²。20 世纪 80 年代之后两市降水量是缓慢上升的，因此从自然因素的角度讲，气候变化引起的海平面上升是两市乃至山东省滨海地区海水入侵面积扩大的主要原因。

2. 海平面上升对山东沿海地区海水入侵的间接影响

气候变暖引起海平面上升的同时也会增加风暴潮的强度。高海平面抬升了风暴增水的基础水位，风暴潮高潮位相应提高，水深增大，波浪作用增强，河流排水受阻，加重了致灾程度（夏军，等，2013）。而风暴潮等自然现象的发生也对海水入侵有一定的影响。风暴潮的出现可使海潮漫溢淹没滨海平原低地，并在内陆地表形成咸水集水区，进而渗入地下造成地下水咸化（夏军，等，2013）。如莱州市 1974 年发生的大潮，潮水入侵内陆 4～6km，面积超过 60km²。过去由于内陆地下水位较高，因此海潮入侵污染内陆水源的程度较轻，且能比较快地淡化和回退。现在滨海地区地下水位普遍下降，甚至出现大面积的水位负值区，一旦出现海潮漫溢，回退将很困难。特别是近年来山东省沿海地区打了很多深井，穿透了地下隔水层，如果海潮通过深井污染了深部水源，那么治理将更加困难（夏军，等，2013）。

二、下垫面人类活动的影响

在山东省气候变化所引起极端洪水灾害对山东省水安全提出了严峻的挑战，全球气候变暖使海平面上升也会增加风暴潮的强度，加重了致灾程度。山东省除气候变化对水安全的影响外，随着经济的发展，近些年来山东省由于城市化进程加快，下垫面发生了巨大变化也间接增加了防洪风险。

（一）城市化建设

城市是政治、经济、科学和文化集中的地方。随着社会经济的不断发展，山东省的城市化程度愈来愈高，城市不断向郊区和邻近的农村扩展。

1. 城市化历程

新中国成立 60 年来山东城市化发展历程同时结合人口与经济数据，大致可将山东城市化历程分为发展起伏阶段、快速发展阶段、稳定阶段三个阶段（王成超，2004）

（1）发展起伏阶段。新中国成立后，山东省的城市化水平仅为 5.7%，低于全国平均水平 10.6%。随着经济的恢复和人口的增加，原有的城市得到改造，城市化水平迅速提高。1957 年城市化水平提高到 8.3%，这是由于中国完成了社会主义改造，开启了社会主义工业化，山东省加快了对老企业的改造和新企业的兴建。"二五"前期，在"大跃进"背景下，大量农村人口流入城镇，新城市增长迅速。在片面发展经济和不合理的城市化目标下，山东过度城市化，城市化水平增加到 10% 左右。接着三年的自然灾害，出现"逆城市化"现象，城市化率下降到 1963 年的 7.77%。1966—1978 年，山东省根据国家政策，不仅严格控制城镇人口，大批知识分子上山下乡，城市人口大量迁出，而且通过户籍管理制度严格限制农民进城转变户籍。这一期间又出现了第二次"逆城市化"，直到知识青年返城，山东省城市化水平才仅由 7.8% 增长到 8.8%。

（2）快速发展阶段。1990—2000 年山东省城市数量增长 41%；地级及以上的城市数量从 11 个增长到 17 个，增长 54%；县级及以上的城市从 23 个增长到 31 个，增长 34.7%。经济的突飞猛进加快了城镇建设的速度，使城镇人口大量增加，城市化水平从 1990 年的 27.3% 提高到 2000 年的 38%，平均年增长 1.07 个百分点。鉴于山东省人口的大基数及大农村人口比例，城市化水平每提高一个百分点，就意味着将大量的农村人口转入城市。近 10 年，由于 1140 万农村剩余劳动力转入城市，使山东省城市化水平的稳步提高（高强，2008）。

（3）稳定阶段。2000 年以后山东省进入稳定发展阶段，山东省建设厅和山东省统计局共同编写的《2007 山东省城镇化发展报告》显示，2007 年山东省城市化水平为 46.75%，在全国排名第 13 位，同时山东省城市化质量指数达到 58.34，比 2006 年统计监测值提高 4.1 个百分点，增幅较大。

可见，一方面是从 1.5% 到 0.65%，山东城市化增长速度在逐渐趋缓；另一方面是从 54.24% 到 58.34%，山东的城市化质量在全面提升。显示山东近年来在经济和城市发展方面的成熟姿态，也表明山东城市化演进摆脱"冒进"式发展，逐步实现"又快又好"的发展势头（高强，2008；刘春涛，2009）。

表 1 - 7 - 7　　　　　　　　　　　　　　山 东 省 城 市 化 进 程

发展阶段	起伏阶段				快速发展阶段		稳定发展阶段				
年份	1949	1957	1963	1977	1990	2000	2001	2003	2005	2007	2013
城市化水平/%	5.7	8.3	7.7	8.8	27.7	38.2	39.2	41.8	45.0	46.8	53.8

图 1 - 7 - 8　山东省 2020 年城镇化率预达 63%

2. 城市化现状对水安全影响

目前，山东省共有建制市 48 个，自 20 世纪 80 年代以来，城市用地呈加速增大态势，每年增大率均在 5% 以上，据《山东省土地利用总体规划研究》中相关成果，城市用地已达 359.3 万 hm²。城市的增加、城市的扩大，对水资源情势影响主要包括以下几点❶：

（1）增加局地降水量。城市内每天有大量的烟尘排入大气中，这些微粒有的作为凝结核吸附空气中的水分，致使城市上空云量增加；城市中人为热的大量释放，使市区局地升温，有上升气流。城市上空凝结核比较丰富，并有上升气流和较多的云量，致使降水量增加。以济南市为例，从近几十年的降水情况看，几次灾害性的暴雨，其暴雨中心大多都出现在城区。如 1987 年 8 月 26 日暴雨，暴雨中心在城区，且降水梯度自暴雨中心到外围递减迅速。降水是当地水资源的主要来源，降水量增加，必然导致当地水资源量加大（赵辉，2009）。

（2）随着城市的增加和扩大，不透水面积也在增大。城市内不透水面积的比例有的可达 80% 以上。不透水面积的增大，一方面会导致地表水资源量的增加，另一方面也会降低降水对地下水的补给量，特别是在地处地下水补给径流区的岩溶山丘区，不透水面积的增加会导致岩溶地下水补给量明显减少。另外，城市化导致的汇流速度加快、峰现时间提前、峰量增加等地表径流汇流特征的改变，也会影响下游河道与两岸地下水之间的补排关系。上述几方面的共同作用会造成水资源的构成及其相互转化规律的改变。

（3）会使下游水质变差。这有两方面的原因，一是城市地区工业生活等污废水大量增加，有的未

---

❶ 《山东省水资源综合规划总报告》，2000 年。

经处理直接排放到河流水体；二是城市地区雨洪径流水质较差。

（二）土地利用

山东省位于我国东部沿海黄河下游，东临海洋，（胡业翠，2003）西接华北平原，是一个海陆兼临的省份。泰沂山脉横亘中央，地形地貌复杂。在全省土地面积中，山地丘陵占29%，平原占55%，洼地、湖沼占8%，其他占8%。根据地形特征，可以分为泰沂山区、胶东半岛低山丘陵区和鲁西北、鲁西南平原区三大部分。

1999年末全省实有耕地面积$6.64\times10^6hm^2$，同1949年相比，净减少了$2.09\times10^6hm^2$，平均每年减少一个中等县的面积。耕地在减少，而人口却在急剧增加，1999年总人口达8883万人，相当于1949年的2倍，人均占有耕地面积由$0.192hm^2$减少到$0.075hm^2$，低于全国平均水平。山东省土地利用率是88.9%，高于全国72.6%的平均水平，这在东南各省中也是较高的，此外山东省土地垦殖率和土地利用程度也较高；相关研究表明均占全国第二位。随着经济的发展，城镇建设和交通设施的改进，土地资源与经济发展之间的矛盾越来越突出，土地自然质量下降，水土流失、土地污染等问题日益严重，土地资源的利用问题已成为影响山东省农业可持续发展的关键因素（胡业翠，2003）。

全省各类土地利用状况如表1-7-8和图1-7-9所示（山东统计信息网）。

表1-7-8　　　　　　　　　　各市土地利用情况（2012年）　　　　　　　　　　单位：hm²

地区	土地调查面积	农用地	园地	牧草地	建设用地	城镇村及工矿用地	交通用地	水利设施用地
全省总计	**15790106**	**11580155**	**731619**	**5762**	**2735369**	**2306204**	**200495**	**228669**
济南市	799841	543173	26485		161898	139087	11542	11268
青岛市	1128200	812324	38571		235450	194032	22463	18955
淄博市	596492	419418	58728		117678	100867	10044	6767
枣庄市	456353	331629	14850		84843	71654	7340	5848
东营市	824326	425619	4112	5597	132374	87026	11276	34072
烟台市	1385150	1064561	234940	81	201469	168859	17978	14633
潍坊市	1614314	1162194	59115	0	300131	258783	19221	22126
济宁市	1118698	775320	9430		183900	151502	14487	17911
泰安市	776141	587797	40560		125650	108632	8283	8734
威海市	579698	445805	36276	63	84607	74891	5853	3863
日照市	535857	426183	26286		79053	65474	5596	7982
莱芜市	224603	146314	16066		39157	32819	2656	3683
临沂市	1719121	1325762	104288		279453	235534	19021	24899
德州市	1035767	811696	14233		182439	154733	11264	16442
聊城市	862801	699818	10557		151256	137487	10346	3423
滨州市	917219	637154	30317	13	162379	134717	10745	16917
菏泽市	1215523	965389	6807	8	213633	190107	12379	11147

农用地面积为11580155hm²，占土地总面积的73.33%。与2005年农用地面积1157800hm²，占土地总面积73.65%相比，有些许下降。园地面积为731619hm²，占土地总面积的4.63%；牧草地面积为5762hm²，占土地总面积的0.36%；建设用地为2735369hm²，占土地总面积的17.3%。

全省农用地以耕地为主，园地分布相对均一，林地主要分布于山地丘陵区，牧草地分布相对集中，主要分布在东营和滨州等市。依据山东省土地利用总体规划（2006—2020年），全省建设用地的空间分布基本与经济发展水平一致，济青沿线城市群经济较为发达，工业化、城市化速度较快，建设用地比重较高，是城镇建设用地集中分布的区域。此外，德州、聊城、菏泽、临沂、济宁等市建设用地的比重也比较大，由于农村居民点的用地面积较大或水利设施的用地面积较多等原因，建设用地比重也较大。

全省未利用地主要分布在黄河三角洲的东营市、滨州市及潍坊市北部。其中东营市由于土壤盐碱化程度高，滩涂和苇地的面积比重大。此外，地处于山地丘陵区的济南、莱芜、泰安、临沂等市也有较大比重的未利用地分布。

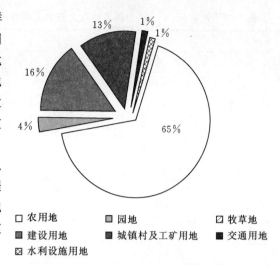

图1-7-9 2012年山东省土地利用现状

（三）水利工程建设

1. 山东省水利工程现状

水是人类生存发展的命脉，水利是国民经济的基础设施和基础产业。自新中国成立以来，为满足社会经济发展的需要，在合理开发利用水资源方面，山东省投入了大量的人力、物力和财力，坚持不懈地开展了大规模的水利基础设施建设，兴建了大批的供水工程，为全省的经济社会发展做出了巨大贡献。

目前全省地表水供水工程中共有蓄水工程（包括大、中、小型水库及塘坝）47314座，总库容168.64亿 m^3，兴利库容89.47亿 m^3，其中，淮河流域及山东半岛有蓄水工程35659座，总库容149.85亿 m^3，兴利库容78.08亿 m^3；黄河流域有蓄水工程4875座，总库容17.14亿 m^3，兴利库容10.06亿 m^3；海河流域有蓄水工程6780座，总库容1.66亿 m^3，兴利库容1.34亿 m^3（杜剑，2010）。

按工程规模分，全省共有大型水库32座，总库容83.66亿 m^3，兴利库容39.64亿 m^3。其中，淮河流域及山东半岛有大型水库29座，总库容79.43亿 m^3，兴利库容37.77亿 m^3；黄河流域有大型水库3座，总库容4.24亿 m^3，兴利库容1.87亿 m^3。

全省共有中型水库152座，总库容40.48亿 m^3，兴利库容21.76亿 m^3；小型水库5450座，总库容33.51亿 m^3，兴利库容20.26亿 m^3；塘坝41680座，总库容10.99亿 m^3，兴利库容7.82亿 m^3。

全省共有大型提、引水工程3处，中型提、引水工程21处，小型提、引水工程10715处。黄河水是山东省的主要客水资源，引黄事业已具有相当大的规模，引黄范围达11个市的68个县（市、区）。在黄河两岸建有引黄涵闸63座，设计引水能力2423 m^3/s，已建引黄蓄水平原水库88座，设计总库容7.8亿 m^3。

2. 水利工程对水资源的影响

各类蓄水工程建成运行后，下垫面条件发生了深刻变化，水资源情势随之也发生变化。

大量蓄水工程的兴建对地表径流量的影响主要表现在如下两个方面：

（1）改变了下游河道河川径流量的年内年际分配。

下面以莒县站为例，说明蓄水工程的兴建对河川径流量的调节作用。莒县站位于沭河中上游，于1951年5月建成，此时上游基本上没有大中型蓄水工程。1959—1960年两年中上游建成了沙沟、青峰岭和小仕阳三座大型水库。根据对莒县站以上历年降水资料的分析，上游水利工程建成前1958年和建成后1961年降水量、年内分配及前期土湿都较为接近，现对这两年莒县站实测径流量进行分析，见表1-7-9。

表 1-7-9 莒县站以上蓄水工程建成前和建成后实测径流量对比表

年份	项目	1月	2月	3月	4月	5月	6月	7月
1958	降水量/mm	15.3	2.0	27.6	32.4	12.8	121.9	166.3
	百分比/%	2.0	0.3	3.5	4.1	1.6	15.5	21.2
	径流量/万 m³	281	399	337	143	37	6	5946
	百分比/%	1.3	1.8	1.5	0.6	0.2	0.0	26.6
1961	降水量/mm	2.6	10.0	18.1	26.2	74.6	84.0	235.2
	百分比/%	0.3	1.3	2.3	3.4	9.6	10.8	30.1
	径流量/万 m³	1466	1184	10892	3326	3908	7510	16490
	百分比/%	2.5	2.0	18.3	5.6	6.6	12.6	27.8

年份	项目	8月	9月	10月	11月	12月	全年	汛期
1958	降水量/mm	225.0	32.6	59.3	62.4	27.0	784.6	545.8
	百分比/%	28.7	4.2	7.6	8.0	3.4	100	69.6
	径流量/万 m³	10392	1625	825	1581	774	22346	17969
	百分比/%	46.5	7.3	3.7	7.1	3.5	100	80.4
1961	降水量/mm	103.8	145.9	12.8	50.7	16.9	780.8	568.9
	百分比/%	13.3	18.7	1.6	6.5	2.2	100	72.9
	径流量/万 m³	4490	4961	2115	1575	1466	59383	33451
	百分比/%	7.6	8.4	3.6	2.7	2.5	100	56.3

由表中数据可知,1958 年径流量的年内分配与降水较为一致:汛期 6—9 月降水量占 69.6%,相应径流量占 80.4%;汛前 3—5 月径流量仅占 2.3%。而 1961 年径流量的年内分配与降水不尽一致:汛期 6—9 月降水量占 72.9%,但由于上游水利工程的蓄水作用,汛期径流量明显偏少,仅占 56.3%;汛前 3—5 月由于上游蓄水工程放水致使莒县站径流量较 1958 年明显偏多,占全年的 30.5%。很明显可以看出,水利工程的兴建对下游河道河川径流量的年内分配具有明显的调节作用。另外,1958 年和 1961 年年降水相当,而年径流相差两倍之多,很明显 1961 年实测径流量当中,很大一部分水量来自上游水利工程前一年调蓄水量。大型水库多具有多年调节能力,因此,蓄水工程的建成运行也改变了下游河道实际来水量的年际分配。

(2) 各类蓄水工程建成运行后,原来的陆面变成了水面,因此蒸发量也随之加大。与此同时,地表产水量相应加大。蒸发量的加大增加了库区周围的空气湿度,降低了蒸发能力,可能会相应减少产汇流的损失,增加区域的地表产水量。总的来说起来看,蓄水工程兴建前后,库区局地水量损耗增加,但从整个流域范围,地表水资源量的增减还应考虑当地径流特性、河流、水库形态、用水、水库调度运用方式等多种因素进行具体分析。

蓄水工程对地下水的影响主要有两种情况,一种是利用蓄水工程调控下泄水量,增加河道过流时间,增加了河流对两岸地下水的补给。另一种是蓄水工程拦蓄的水大部分被引用,除汛期弃水外,下游河道基本无水,减少了河流对沿岸地下水的补给。从山东省实际情况看,后一种情形较为多见。另外,平原水库渗漏对当地地下水会产生一定补给。

(四) 采矿等建设项目

山东省境内矿产资源丰富,种类繁多,已发现各类矿藏 128 种,主要矿产资源有石油、煤炭、黄金、石墨、菱镁矿、自然硫、石膏、铁、铝等,建立在这些具有优势的矿产资源基础上,山东省已成为全国重要的能源、黄金基地,以及石墨、菱镁矿、滑石等矿产品外贸出口生产基地(刘帅,2009)。

山东矿山企业开采回采率、选矿回收率和共（伴）生矿产综合利用率水平总体较高。萤石、耐火黏土、金刚石、水泥用灰岩、膨润土开采回采率分别达到 95.61％、75.05％、90.00％、97.19％、95.24％；煤炭（采区）、金矿开采回采率分别为 81.24％ 和 93.22％；铁矿、熔剂用灰岩、重晶石、石墨、滑石开采回采率分别为 68.8％、92.13％、71.43％、91.00％、85.18％。铁矿、金矿、金刚石、石墨选矿回收率分别为 77.85％、93.15％、90.00％、78.00％。油气资源尾矿、油页岩、耐火黏土、高岭土、硫铁矿及金、银、铜、铅、钴等共（伴）生矿产综合利用程度提高，其中金、银、硫铁矿的综合利用比率达 60％～70％，铜、铅、钴等的综合利用比率达 30％ 左右，一些难利用及低品位矿石（金矿、贫铁矿及铝土矿等）的开发利用也有所进展。小型矿山和小矿数量多，分别占全省矿山总数的 74.45％ 和 16.33％，而大型和中型矿山仅占 9.22％。矿山企业规模化、集约化水平较低，矿山数量多、规模小、布局散的局面还没有得到根本扭转。尤其是石膏、饰面用花岗岩、水泥用灰岩、建筑石料等矿产，大矿小开、一矿多开等问题仍较为突出（刘治春，2009 年）。

随着人类开发活动的增加，采矿、种植经济林等各种人为影响加剧，山洪灾害及其诱发的各种其他灾害不断增加，使得灾害的范围、频次、危害程度呈现逐步扩大的趋势。同时山东省工业生产工艺落后，高耗水、低产出的工矿企业仍大量存在，节水措施不力，有的企业还处于一次性直流水的状况，全省平均工业用水重复利用率在 60％ 左右，万元工业增加值综合用水量 119m³，与发达国家相比还有相当大的差距。水资源浪费严重，有效利用程度低，这进一步加剧了水的供需矛盾 *。

三、管理体制机制和制度建设

山东省自然水资源条件匮乏，目前面临着严重的水危机。主要表现为水资源短缺、水环境污染、水生态退化与水旱灾害频发等。在全球气候变化的背景下，山东省水危机进一步加剧，水资源与水旱灾害的格局将发生重大变化，不仅频度和强度都可能加大，而且不确定性和风险也将进一步增加。

水管理制度是保障水安全，进行水资源开发利用和节约保护的主要依据，对于社会经济的发展也具有至关重要的作用。山东省水资源管理在促进水资源合理配置、抑制用水需求过快增长等方面发挥了重要作用。为经济社会发展提供了基本可靠的水资源保障。但同时山东省的水资源管理机制和制度建设也面临着新的挑战。

（一）山东省水资源管理制度现状

面对水资源短缺的严峻形势，山东省始终把加强水资源管理作为促进水资源可持续利用的重大举措。根据山东省实际情况制定并发布了相应的水资源管理制度和办法。据《水资源动态循环管理》：

1. 水资源管理体制与机构方面

目前山东省水资源管理实行的是《中华人民共和国水法》规定的"流域管理与行政区域管理相结合的管理体制"。流域管理机构包括黄河水利委员会、淮河水利委员会和海河水利委员会，分别负责各流域的综合规划、水资源管理和保护、制定防洪方案等工作。

山东省的区域行政管理由山东省水利厅统一负责，下设水资源处、农水处、水保处等处室及山东省海河流域水利管理局、山东省淮河流域水利管理局、山东省小清河管理局等工程管理局。负责山东省内水资源的统一规划、管理和保护工作。

2000 年山东省实现了对地表水和地下水的统一管理。"十五"期间，水资源管理体制改革取得重大进展，目前山东省 17 个地级市、140 个县（市、区）全部建立了水资源管理机构。共有淄博市及 93 个县（市、区）成立了水务局或实行水务一体化管理，占全省县（市、区）总数的 66％。水资源管理成效明显。

2. 水资源费征管体系方面

山东省近年把水资源费征收作为工作的重点，取得了显著成效：

---

* 参考《山东省黄河、淮河流域综合规划报告》。

（1）理顺了水资源费征收主体，明确水资源费由水行政主管部门征收。

（2）健全了配套文件，全省17个市政府都出台了配套文件和规章，明确了征收标准和分成比例，规范了缴费方式和收费程序，使水资源费征收工作逐步走向规范化。

（3）严格执行各项规定，加大了检查监督力度；山东全省新的水资源费征管机制初步形成，2003—2008年全省水资源费征收总额达39.44亿元。

（4）强化了计量信息化建设。烟台、泰安、潍坊、济宁等市积极开展取水普查活动，为开展取水计量信息化奠定了基础。

3. 水资源监督管理体系方面

水资源监督管理体系是指水资源论证及取水许可制度的建立和实施。在这个方面，山东省一直走在全国的前列，已经累计发放取水许可证15万个，审验取水许可证23万多个。

青岛、济宁、淄博、枣庄等市严格水资源论证制度，制定了水资源论证取水"先客水、后主水，先地表、后地下，先中水、后淡水"的审批原则。提出"五不批"原则，即取水许可坚持未开展水资源论证的不审批、中水利用量低于1/3的不审批、以地下水为主要水源的不审批、未配套建设节水设施的不审批、废水未合理利用的不审批。

2001年以来，山东省先后对50多个大型和近百项中小型建设项目的供水水源进行可行性论证，通过论证审查，增加节水措施200余项，调整取水量超过1亿 m^3。

4. 水资源保护方面

山东省做了许多水资源保护方面的工作，主要包括以下几个方面。

（1）编制《山东省水功能区规划》《地下水功能区划》《山东省浅层地下水超采规划》《城市饮用水水源地安全保障规划》等多项规划，为水资源保护工作提供技术支撑。

（2）建立水量水质信息发布制度及入河排污口水质监测制度。山东省已经建立了1个省级和15个市级水质监测中心，28处主要供水水源地水质实现了定期监测。并定期发布《水资源公报》《水质公报》等信息，为科学管理及时提供准确的数据。

（3）加强了饮用水水源地保护工作。对供水人口在5万人以上的164处饮用水水源地进行了公布，各地对水源地划定保护范围，制定保护措施；建立了突发性水污染事件应急机制，水污染的预防和应急处置能力大为提高。

5. 节水型社会建设方面

山东省采取法律、经济、技术、行政、工程及舆论宣传等综合措施，全方位推进节水型社会建设，初步建成了一条"工程体系支撑、法规体制保障、政府宏观调控、市场机制调节、注重保护优先"的节水型社会建管体系。

全省各级组建"上下一致、城乡一体、职能统一"的节水组织管理体系，目前山东省有15个市、80多个县市区成立节水管理机构。强化了政府推动和全民参与。山东全省共设立节水型社会建设试点24个，其中淄博、滨州和德州是国家级节水型社会建设试点，章丘市等21个县（市、区）是省级节水型社会建设试点。章丘、广饶、龙口等县开展了以农业节水为重点的节水工程建设活动；肥城市实施了"十百千"工程，蓬莱、临淄、沾化等县组织开展了以提高工业节水水平为重点的企业水平衡测试活动。40家企业、学校、社区和灌区被评为省级节水示范单位。各市积极开展计划用水、定额管理、总量控制工作。济南、济宁、淄博等市对企业用水按年、月下达用水计划，严格用水考核；济宁、东营、淄博、临沂等市积极投入资金支持企业节水技术改造，促进企业节水水平的提高。

建立健全了节水政策法规体系和技术规范标准。出台了《山东省节约用水方法》，下发了《关于加强计划用水节约用水的通知》；组织编制了电力、印染、造纸、纺织、化工五大工业行业产品用水定额和农业灌溉用水定额以及《山东省节水型社会建设技术指标》《山东省节水型社会建设规划》等标准、规划。各地市也相应地出台了节约用水管理办法和配套法规，使得山东省节水型社会建设工作逐步走向了法制化管理轨道。初步确立"自律式节水"机制，从 2002 年山东省政府 135 号令实施以来，全省共有 1500 家企业从之前的地下水供水改为地表水或中水供水。如济钢由杨庄地下水源地改用张马屯铁矿矿坑排水；泰安市自来水供水改用黄前水库供水；莱钢由水膜除尘改为干法除尘，投资 1.7 亿元，年节水 1500 万 m^3，吨钢耗水 3.51 吨，达到国际先进水平。

在各方面努力下，工业用水重复利用率、灌溉水利用系数和农业节水灌溉面积稳步提高，山东省万元 GDP 取水量、工业增加值取水量稳步下降。在保持 GPD 增速超过 10% 的情况下，全省水资源利用总量一直维持在 220 亿 m^3 左右，连续几年实现了增产不增水，各项节水指标处于国家先列。

6. 水资源规划和科研方面

山东省近年来相继完成了《城市水资源规划》《21 世纪初期山东省水资源可持续利用规划》《水资源保护规划》等编制工作。同时，开展了水务管理体制改革、水资源费征收管理、全省地下水水质污染等方面的调研活动。

（二）山东省水资源管理面临的主要挑战

1. 水资源管理职能交叉

虽然山东省已经实现了对水资源的统一管理，但是由于历史的原因，水资源管理仍然存在着部门职能交叉的现象，主要表现在以下几个方面：

（1）节水管理方面。山东全省 17 个市和 140 个县（市、区）共有 51 家节水专管机构，包括 43 家水利系统内的单位，水利、建设等部门都有节水方面的职能，节水管理机构职能交叉、分割管理现象依然很严重，管理体制不顺。

（2）水资源保护方面。水利与城建部门在城市规划区内地下水的开发利用与保护工作存在职能交叉，水利与环保部门在组织水功能区的划分、饮用水水源地保护、排污总量的控制等工作上也存在职能交叉。

（3）城市水务管理方面。水利与建设部门在城市防洪、城市公共供水管理、城市景观水域管理、城区河道管理、中水利用等工作中职能交叉。

（4）矿泉水、地热水管理方面。水利与国土资源部门分割的管理体制形成了"多龙管水"的局面，使得地表水、中水、客水、地下水等难以优化配置，无法建立合理的水价运行机制。目前，山东省有 66% 的市、县成立了水利局或水务局承担水务管理职能，但并没有真正实现涉水事务的统一管理，水资源管理的职能交叉在一定程度上束缚了水利事业的发展，难以适应市场经济的要求。

2. 水资源管理方式粗放

水资源并不是取之不尽、用之不竭的，但实际中往往缺乏危机意识。导致水资源的管理方式仍然是粗放式的，缺乏严格管理的意识和手段。主要表现在以下两个方面：

（1）注重非农业取水管理而忽视了农业用水管理。近年来，山东省非农业取水基本上实行了取水许可、计量用水管理，并实行水资源有偿使用制度，而农业取水管理严重不到位，导致了农业用水利用率低和水资源浪费严重等问题。

（2）注重取水许可审批，忽略了用水过程管理。近年来，山东省各级水行政主管部门对新建项目进行水资源论证，对取水单位和个人进行取水许可管理。但只注重了对取水地点、取水方式、取水量的管理，而对许可后用水过程的监督管理还存在一定差距，导致跑、冒、滴、漏和优水劣用、高质低用的现象普遍存在。

3. 水资源管理执法力度有待加强

从山东省 20 多年的水资源管理执法实践来看，水资源法制管理仍然存在不到位、执法力弱等现象，没有树立起水资源管理的权威性。虽然山东省水资源管理有《水法》《取水许可和水资源费征收管理条例》等多个法律法规、规章，但在有些方面与实际工作结合还不够紧密、操作性不强；水资源管理还存在机构、编制、经费等方面不到位的问题，导致管理机构不全、人员不足、配备和装备差、执法能力不强。另一方面,管理人员自身能力不强,素质不高,管理力度不够,导致管理水平低。还有些地方政府将减免水资源费作为优惠政策,以吸引投资,导致外界干预多,严重干扰了水资源管理。

4. 水资源管理投入不足

水资源管理投入不足主要表现在以下三个方面:①人力投入不足,管理人员少。目前山东省17市水资源管理单位中,亟须专业人才承担水资源规划、论证评价、取水许可、节约保护、水资源费征收、水行政执法等工作。②财力物力投入不足,管理装备差。多数基层单位工作条件差,缺乏应用的设施设备,水资源费征收、取水许可管理等最基本的管理工作难以开展。③专项资金投入不足,水资源管理工作不能深入开展。水资源费应用于水资源的节约保护和管理,而许多地方把水资源费挪作他用。使得水资源规划、监测、评价论证、节水技术推广等工作难以开展。

5. 水资源市场调控能力还较弱

山东省合理的水价形成机制和水市场运行机制尚未建立,水价的调控作用还没有得到充分发挥,市场调控能力还很脆弱。主要表现在以下几点:

目前山东省大多数企事业单位用水水价只包括工程水价和资源水价。对农业供水而言,水价只是部分工程水价,而没有环境水价、资源水价,直接导致了水价偏低,不利于工程的运行和维护;山东省多数城市工业和城市生活水价为 $2.5\sim3.0$ 元/m³(包括水资源费、污水处理费),水库、灌区农业供水水价低于供水成本。水价相当低廉,水价不能充分体现水资源的紧缺程度,对节水起不到价格杠杆的调控作用。此外流域水量分配和水权确立工作尚未开展,区域地下水水权分配工作尚未列入工作日程,水权改革和水市场建立还未起步。由于水权不明晰,不同行政区域间存在着用水纷争。另一方面,水市场没有建立,水资源使用权不是有偿获取,而是通过取水许可审批取得,不利于促进节水,不能发挥水资源的最大效益。

机制不全面的情况下,会出现水资源短缺与水资源浪费并存的情况,在水安全问题日益突出的今天,有效应对水安全问题的根本出路在于水资源的制度变革。响应水危机的行为调整,既需要工程建设,更需要制度建设。过去我们应对水危机是以工程建设为中心,建设了大量水利工程和调水工程,但是资源供给总是赶不上人类的需求,水危机反而越来越突出,这表明开源的水利工程建设只能治标,节水的制度建设才是响应水危机的治本之策。

治水模式必须从过度依赖工程建设扩大供给为主转向制度建设激励节水,从单一的硬件建设(如水利设备、基础设施)转向软件建设(如制度、法制、民主、能力建设)和硬件协调发展,政府水利主管部门主要职能从工程投资优先转向制度建设、公共服务和社会管理(胡鞍钢,2004)。

第二章　应对气候变化影响的水安全适应性管理

与传统的工程水文学不同，气候变化下陆地水循环响应及气候变化对水资源的影响研究具有很大的挑战性。IPCC 第四次和第五次技术报告专门论述了"气候变化与水"问题（IPCC，2012）。该报告指出：观测记录和气候预估提供的大量证据表明，地球上淡水资源是脆弱的，且可能受到气候变化的强烈影响，同时给人类社会和生态系统带来一系列后果。目前可以得到的观测事实和认识包括：过去几十年观测到的气候变暖是与水文循环密切联系在一起的，降水强度和变率的增大，会在许多地区增加洪水和干旱的风险（吴绍洪和赵宗慈，2009）。从全球来看，未来气候变化对水资源系统的负面影响，预计会超过正面影响；气候变化对水资源系统的不利影响，会加重其他胁迫的影响，如人口增长、经济活动改变、土地利用变化等；现有水管理行为可能不足以应对气候变化的影响，表现在水供给可靠性、食物风险、健康、农业、能源和水生生态系统；气候变化挑战传统假定，即过去的水文经验应用到未来的状况，水文特征很可能会发生变化。气候变化的负面影响将可能导致更多的水旱灾害、水短缺和水环境恶化的风险。因此，气候变化背景下陆地水循环问题是气候变化对水安全影响研究与评估的重要基础与科学前沿，科技创新对于解决水安全问题应对气候变化的水安全适应性管理至关重要。

国家实施以"三条红线"控制为标志的最严格水资源管理制度和建设生态文明的战略，对应对气候变化影响、减少我国东部季风区水资源脆弱性和保障流域可持续发展显得尤为重要。水质管理、水灾害管理、水管理体制与制度改革是应对气候变化、实施"国家-流域-地方-用水户"的适应性管理，破解中国水安全问题的核心与关键。

第一节　气候变化对河流湖泊及地下水的影响

气候变化对水安全的影响是国际上普遍关心的问题，也是我国可持续发展面临的重大战略问题。水循环是联系地球系统"地圈-生物圈-大气圈"的纽带，是全球变化的核心问题之一，全球变化的水系统关系如图 2-1-1 所示。山东省降水时空分布极为不均，水资源短缺、旱涝灾害及与水相关的生态环境问题非常突出。过去 30 多年里，在全球气候变暖背景下，山东地区旱情加重，水生态环境恶化，严重制约了山东省经济社会的可持续发展。未来气候变化极有可能对山东省未来水资源分布产生更为显著的影响，对山东省南水北调水资源配置工程、江河防洪体系规划和流域生态环境修复与建设等重大工程的预期效果产生不利影响。由于气候变化影响的山东省区域特性，当前迫切需要开展气候变化对山东省水安全影响与适应性对策的基础研究，它是保障山东省水安全的重大战略需求，也是水科学前沿和应用基础问题。

山东省水资源人均占有量低，时空分布不均匀。受全球气候变化的影响，山东省降水资源量也在发生变化，1980—2000 年与 1956—1979 年水文系列相比，黄河、淮河、海河三大流域降水量平均减少 6%，地表水资源量减少 17%，海河流域地表水资源量减少 41%，进一步加剧了我省水资源短缺的矛盾。全省每年排放废污水超过 30 亿 t，Ⅴ类和劣Ⅴ类水质河长占总评价河长的近 50%，水功能区达标率只有 40% 多，水污染已由局部向干流扩散，并由城市扩展到农村，由地表延伸到地下，超出了当地水资源和水环境的承载能力，引发了河道断流、地下漏斗、湿地萎缩、海水倒灌等一系列生态环境问题。山东省主要湖泊、河流见表 2-1-1。

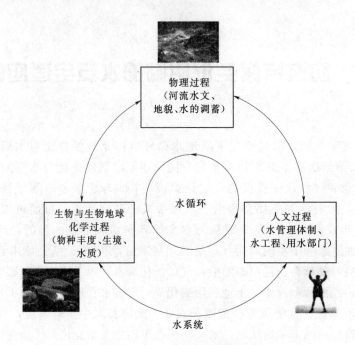

图 2-1-1 水系统关系示意图

表 2-1-1　　　　　　　　　　　　山东省主要湖泊与河流基本情况

湖泊名	面积/km²	蓄水量/亿 m³	河流名	面积/km²	河长/km
小计	1528.7	21.9	徒骇河	13136.6	446.5
微山湖	531.7	7.8	沂河	10909.9	287.5
昭阳湖	337.1	4.3	马颊河	10638.4	448
独山湖	144.6	1.8	小清河	10498.8	233
南阳湖	211	3.4	大汶河	9069	211
东平湖	167	3.1	潍河	6493.2	233
麻大湖	110	1	沭河	6161.4	263
白云湖	16.2	0.3	大沽河	4161.9	179.9
青沙湖	11.1	0.2	弥河	3847.5	206

　　在气候变化背景下，山东省的水资源也在发生显著的变化。全省多年平均降水量为 676.5 毫米，多年平均天然径流量为 222.9 亿 m³，多年平均地下水资源量为 152.6 亿 m²，扣除重复计算多年平均淡水资源总量为 363.72 亿 m²。年内降雨分配不均，汛期集中在 6—9 月，这期间的降雨量可达全年降雨总量的 70%～80%，而仅七八两个月的降雨量就可达全年降水总量的 60%。山东省年际降雨分配不均，从地区降雨量分布上看，鲁东南地区每年降雨量均值可达 850mm，而鲁西北地区每年降水量均值只有 550mm，基本上呈现出从鲁东南向鲁西北逐次递减的趋势。山东省属于沿海地区，可利用的水资源主要来自两大方面，一是降雨形成的地表水，渗入地下后汇入地下水，二是客水资源黄河水。山东省每年供水总量达 220 多亿 m³，其中，黄河水占 60 亿 m³，地下水最多可达 110 亿 m³，剩余的就是地表水了。沿海地区的很多降雨是台风雨，这些地区可利用的淡水其实很少，经常出现连续的丰水年和连续的枯水年。虽然近 20 多年有时出现连续的丰水年，但由于年内降雨量变化剧烈，水资源的开发利用难度加大。伴随着全球变化和山东省经济社会的快速发展和全球气候变化的影响，山东省乃至我国均面临着愈来愈紧迫的水资源问题和挑战。

第二节　变化环境下水资源脆弱性评价

山东是我国水资源短缺问题最为严重的省份之一，人均水资源量只有全国人均水平的1/6，且时空分布极不均匀，随着社会经济的快速发展和全球变化影响，山东省水资源短缺矛盾愈来愈突出（周凯慧，2005）。有证据表明，过去50年中国的气候发生了显著的变化，平均温度升高，年降水量在东北和华北呈减少趋势（刘华，2009）。预计在未来，极端气候事件会变得更频繁，南涝北旱的格局会进一步加重，而水资源的短缺也将在全国范围内持续，加剧水资源的脆弱性（张建云等，2008）。研究气候变化和人类活动影响下水资源脆弱性，探明其空间分布并预估未来可能的发展状况，对合理的区域水资源规划管理、开发利用，以及提出缓解不利影响的适应性对策具有重要的理论和现实意义，可以更紧密地为经济社会可持续发展提供科学依据（夏军，2011）。

一、水资源脆弱性的概念及内涵

依据联合国政府间气候变化专门委员会（IPCC）对气候变化脆弱性的定义（IPCC，2001），将水资源的脆弱性界定为：区域水资源系统受到气候变化（包括变异和极端事件）和人类活动等扰动（包括供需矛盾、人口压力等）的胁迫而易于受损的一种性质，它是水资源系统对扰动的敏感性以及应对扰动的抗压性能力的函数。

IPCC特别报告指出气候变化事件、脆弱性、风险与暴露存在内在关系，更进一步将灾害风险归结为脆弱性、暴露度和气候事件耦合的结果（IPCC，2012），其关系如图2-2-1所示。从IPCC报告来看，灾害风险就是天气及气候事件、系统脆弱性及暴露度的交集，而这一交集是系统脆弱性的一部分。因此本研究水资源脆弱性扩展到水资源系统对气候变化的响应，承载人口与社会经济规模系暴露与损害压力下的核心脆弱性。显然，水资源脆弱性既要考虑气候要素的敏感性，又要考虑

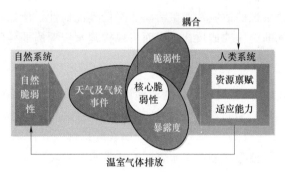

图2-2-1　脆弱性产生的新的认识（IPCC，2012）

社会经济系统抗压性。而抗压性则与社会经济规模、水资源禀赋、暴露程度有关。因此在脆弱性函数评价方法中要对社会经济系统暴露程度、对危害事件的概率予以考虑，需要进一步开展暴露度和危害事件概率研究（邱冰，2013）。

据国内外水资源脆弱性发展历程，综合水资源脆弱性研究目标及内容，本书定义的脆弱性是变化背景下可能的危害事件对水资源系统造成不利影响的程度。它不仅包含陆地水循环相关的水资源系统在自然变化条件下表现出的敏感性，也包括气候变化导致水资源承载系统的损害的可能性及其程度，是水资源系统对所处气候的变化特征、幅度、速率及其敏感性、适应能力与承载客体暴露程度的函数（夏军，2012）。气候变化背景下水资源脆弱性具有以下两方面的内涵。

（1）脆弱性不仅是水资源系统的内在属性，还包括其承载（服务）对象因服务支撑不足受到的影响程度（夏军，2011）。前者是自然水资源系统受气候变化影响而偏离自身稳态导致的脆弱程度，后者是指因水资源系统供需关系、水量水质不能满足需求，致使其承载的生态环境、社会经济体系难以发挥正常功能或发展预期受限的程度和可能性。

（2）脆弱性研究水资源承载社会经济系统受影响的程度和可能性，受影响的程度是社会经济系统的暴露程度，可能性则是指危害发生的概率（张义情和张坤，2011）。

二、水资源脆弱性的评价理论与方法

水资源脆弱性评价是水资源脆弱性研究的重要内容，而评价方法又是水资源脆弱性评价的核心内

容。科学合理的评价方法能揭示水资源脆弱性的本质，其评价结果能为水资源管理、水资源规划提供重要科学依据。

目前使用函数法的研究，多从水资源脆弱性的概念出发构建函数，再从函数出发选取指标。ZhouJinbo 等人（2010）在对中国城市在气候变化下的水资源脆弱性评价研究是函数法与指标法结合的方法。本书介绍的相关成果是从 IPCC 的概念出发，将水资源脆弱性构建为气候变化下的暴露度 E、受影响系统的敏感性 S 和受影响系统对气候变化的适应能力 C 的函数，而 E、S、C 各使用 2 个、7 个、8 个指标使用指标权重法得到。王明泉等人（2007）从脆弱性的概念出发，认为脆弱性为敏感性和适应性之比，由此构建函数，在现状分析中敏感性由 3 层共 7 个指标、适应性由 3 层共 9 个指标得到，在未来情景分析中敏感性由 4 个指标、适应性由 4 个指标得到。夏军等（2011，2012）从水资源脆弱性概念出发，针对中国东部季风区水资源供需矛盾的水资源脆弱性问题，发展了耦合气候变化对水资源影响的敏感性和抗压性以及联系适应性对策与调控的水资源脆弱性理论与方法。这种方法认为水资源脆弱性是敏感性与抗压性的函数，其中敏感性由径流对降水、气温的弹性系数得到，抗压性由 Falkenmark 指数（FI）（Falkenmark 和 Widstrand，1992）、人均水资源量（WU）、水资源开发利用率（r）的函数得到，就此构建完全由函数关系联系各评价指标的评价方法，取得了一些新进展。

1. 水资源脆弱性的多元函数

根据对水资源脆弱性的定义可知，水资源系统对气候变化的敏感性会增加水资源系统的脆弱性，而系统的适应性调整活动会降低其脆弱性，所以水资源脆弱性与系统的敏感性成正比，而与水资源系统的抗压性成反比，因而可以构建水资源脆弱性的综合公式（夏军，2012），表达为：

$$V(t) = \frac{S(t)}{C(t)} \tag{2-2-1}$$

式中 $V(t)$ ——水资源脆弱性；

$S(t)$ ——敏感性函数；

$C(t)$ ——抗压力性函数或称可恢复性函数。

该公式涵盖了水资源系统的自然禀赋、人类活动和气候变化的影响。受到水资源时空分异、洪涝和干旱灾害、水资源供需安全、水资源系统的适应性以及水环境恶化等多个因素的影响，是区域水资源问题的综合表现。为此，我们依据变化环境背景下水资源脆弱性评估理论框架体系（图 2-2-3），提出了水资源脆弱性的一般性函数法公式（夏军，2012）：

$$V = \alpha \left(\frac{S_1}{C_1}\right)^{\beta_1} \left(\frac{S_2}{C_2}\right)^{\beta_2} L \left(\frac{S_n}{C_n}\right)^{\beta_m} \tag{2-2-2}$$

式中 S_1、S_2、…、S_n——水资源系统对第 1、2、…、n 个影响因素的敏感性；

C_1、C_2、…、C_n——水资源系统对第 1、2、…、n 个影响因素的抗压性；

β_1、β_2、…、β_m——第 1、2、…、m 个影响因素对应的尺度因子。

由于人均水资源量匮乏（仅占世界人均的 1/4，被列为世界 13 个贫水国家之一），水资源年际年内、空间分配不均、旱涝灾害频繁、水土资源分布不匹配、人口不断增长、经济社会发展对水资源需求加大等，使得我国水资源供需矛盾突出（周巍和崔文霞，2001）。水资源短缺是目前中国所面临的最重要水资源问题，特别是在北方的海河等流域，地下水超采、生产生活用水挤占生态用水的问题极为严重，水资源供需矛盾成为影响区域发展的一

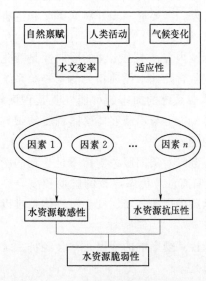

图 2-2-2 水资源脆弱性理论框架
（夏军，2012）

大限制性因子（夏军和黄浩，2006；陈俊旭等，2013；张士峰，2011）。所以本研究着重从水资源供需安全的角度，开展气候变化和人类活动影响下的水资源系统脆弱性评价，水资源脆弱性理论框架见图2-2-2。

2. 耦合气候变化敏感性、暴露度、旱灾风险和抗压性的水资源脆弱性

在变化环境下，核心脆弱性不仅包含陆地水循环相关的水资源系统在自然变化条件下表现出的敏感性，也包括气候变化导致水资源承载系统的损害程度，是气候变化下水资源系统对气候要素的敏感性（S）、抗压性（C）、暴露度（E）和灾害事件可能性（R）的函数。在其评价上，可构建基于敏感性、抗压性、暴露度和旱灾可能性的评估模型RESC（陈俊旭等，2014），表达式为：

$$VI = f(S, C, E, RI) \qquad (2-2-3)$$

式中　VI——脆弱性指数；

S——敏感性；

C——抗压性；

E——暴露度；

RI——风险指数。

当耦合进系统暴露程度及气候事件可能性因素后，改进后的脆弱性的一般表达式（陈俊旭等，2014）为：

$$V = \left[\frac{S(t)}{C(t)} \right]^{\beta_1} \left[E(t) \right]^{\beta_2} \left[RI(t) \right]^{\beta_3} \qquad (2-2-4)$$

式中　$S(t)$——水资源系统的敏感性；

$C(t)$——水资源系统的抗压性；

$E(t)$——水资源系统的暴露度；

$RI(t)$——某一天气事件下水资源系统的风险指数，可为干旱、洪水等因素下风险；

β_1、β_2、β_3——各指标对应的尺度因子。

当进行系统多属性评价时，综合脆弱性改进公式为：

$$V_{总} = \prod_{i=1}^{n} \left\{ \left[\frac{S(t)_i}{C(t)_i} \right]^{\beta_{1i}} \left[E(t)_i \right]^{\beta_{2i}} \left[RI(t)_i \right]^{\beta_{3i}} \right\} \theta_i \qquad (2-2-5)$$

式中　$V_{总}$——综合脆弱性；

$S(t)_i$——水资源系统对第i个评价方面的敏感性；

$C(t)_i$——水资源系统对第i个评价方面的抗压性；

$E(t)_i$——水资源系统对第i个评价方面的暴露度；

$RI(t)_i$——水资源系统对第i个评价方面的风险指数；

θ_i——第i个评价方面对应的尺度因子。

3. 水资源敏感性函数

Kane等（1990）将敏感性引入到全球气候变化研究中，分析世界农业系统对气候变化的敏感性。气候变化下的敏感性明确被定义是在IPCC1995年的报告中，指出"敏感性是一个系统对气候条件变化的响应程度。比如，由于一定的温度或降水变化引起的生态系统组成、结构和功能的变化程度，这种响应可能是有害的，也可能是有益的"。Moss等（1993）也将敏感性定义为"系统输出或系统特性响应输入变化而变化的程度"。此外还有欧洲陆地生态系统分析和建模高级项目（Advanced Terrestrial Ecosystem Analysis and Modelling，ATEAM）（2004），它对敏感性的含义是：人类环境系统受到环境变化的正面和负面的影响的程度。

因此，水资源相对气候变化的敏感性，是指气候变化条件下水资源的变化率，等同于弹性系数的概念。弹性系数最初由美国学者Schaake等（1990）引入气候变化对水文水资源影响的敏感性研究

中，认为气候变化主要是通过降雨 P 的变化引起水资源 Q 的变化，所以弹性系数可以表示为降雨变化引起的水资源的变化率，即：

$$s(P,Q)=\frac{\mathrm{d}Q/Q}{\mathrm{d}P/P}=\frac{\mathrm{d}Q}{\mathrm{d}P}\frac{P}{Q} \tag{2-2-6}$$

但由于降雨和径流关系不能用显函数的数学公式表达，而限制了它的进一步应用。美国学者 Sankarasubramanian 等（2002）推导出上述公式的一个基于流域多年平均状况下的近似解。但该解的最大缺陷是，它只是一个降雨径流关系，而没有考虑蒸发（温度）对流域水文过程的影响。在考虑温度对水文过程的影响基础上，提出基于温度和降雨的双参数弹性系数：

$$S(P,\delta T)=\frac{Q_{P,\delta T}-\overline{Q}}{P_{P,\delta T}-\overline{P}}\frac{\overline{P}}{\overline{Q}} \tag{2-2-7}$$

式中 $S(P,\delta T)$ ——弹性系数；

$\qquad P$——降水量；

$\qquad \delta T$——气温的变化量；

$\qquad Q_{P,\delta T}$——气温变化 δT 对应的径流；

$\qquad P_{P,\delta T}$——气温变化 δT 对应的降水量；

$\qquad \overline{P}$——多年平均降水量；

$\qquad \overline{Q}$——多年平均径流量。

与其他的敏感性计算方法相比，该方法全面综合考虑了径流对气温和降水双项变化的敏感性，且计算过程简单方便，可以通过 Arcgis 的地统计工具实现，应用于中国的黄河流域等有很好的适用性。所以本研究选用此温度、降雨双参数弹性系数进行水资源对气候变化的敏感性研究。

根据傅国斌等（2007）发展的径流对降水、气温的双参数弹性系数转成敏感性系数，双参数弹性系数表达式如下：

$$e_{P,\Delta T}=\frac{\mathrm{d}R_{P,\Delta T}/\overline{R}}{\mathrm{d}P_{P,\Delta T}/\overline{P}}=\frac{R_{P,\Delta T}-\overline{R}}{P_{P,\Delta T}-\overline{P}}\frac{\overline{P}}{\overline{R}} \tag{2-2-8}$$

式中 $e_{P,\Delta T}$——径流对降水、气温的弹性系数；

$R_{P,\Delta T}$ 和 $P_{P,\Delta T}$——降水量比多年平均降水量变化 ΔP、气温与多年平均气温相差 ΔT 时的径流量和降水量；

$\qquad \overline{P}$——多年平均降水量；

$\qquad \overline{T}$——多年平均气温；

$\qquad \overline{R}$——多年平均径流量值。

在提出方法中 $\mathrm{d}R_{P,\Delta T}$ 是基于历史径流变化序列，采用地统计插值的办法得到，难以确保未来气候变化幅度处于过去 50 年的历史序列内，且插值中因插值方法多样性及精度控制困难，因此在计算中可利用 Gardner 方法进行计算：

$$\begin{aligned}\mathrm{d}R_{P,\Delta T}=&\exp(-PET/\overline{P})\times(1+PET/\overline{P})\times\mathrm{d}P\\&-[5544\times10^{10}\times\exp(-PET/\overline{P})\times\exp(-4620/T_k)\times T_k^{-2}]\times\mathrm{d}T_k\end{aligned} \tag{2-2-9}$$

PET 为潜在蒸发，由 Holland（1978）的计算公式得到：

$$PET=1.2\times10^{10}\times\exp(-4620)/T_k \tag{2-2-10}$$

式中：PET 单位为 mm；T_k 单位为多年平均温度（K）。

理论上，弹性系数的取值范围为（$-\infty$，$+\infty$）。为了便于比较，可以利用下式将弹性系数值转化到 $[0,1]$ 区间的敏感性系数。

$$S(t)=\begin{cases}1-\exp\{-e_{P,\Delta T}\} & e_{P,\Delta T}\geqslant0\\1-\exp(e_{P,\Delta T}) & e_{P,\Delta T}<0\end{cases} \tag{2-2-11}$$

4. 水资源抗压性函数

自 20 世纪 80—90 年代以来，国内外对水资源供需矛盾问题进行了大量研究并提出了一系列评价指标，主要包括水资源压力指数、水资源开发利用程度、水资源贫困指数、水资源承载力等，从不同角度对水资源紧缺程度进行评价。1992 年 Falkenmark 和 Widstrand 定义人均水资源量为水资源压力指数（Water Scarcity Index，WSI），以度量区域水资源稀缺程度。这一指标简明易用，只要是进行过水资源评价和有人口统计资料的地区，都可以获得人均水资源量数据。而且按用水主体人口来平均水资源符合公平合理的原则。IWS 在评价流域或大区域水资源紧缺问题时得到了广泛的应用。世界气象组织、联合国教科文组织等机构认为，对于一个国家或地区可以按照人均年拥有淡水量的多少来衡量其水资源的紧缺情况，并规定年人均水资源量 1700m^3 为富水线，低于 1700m^3 时可更新的水资源量即处于紧张状态；年人均水资源量 1000m^3 为最低需求线或基本需求线，低于 1000m^3 时称为水资源短缺；年人均水资源量 500m^3 为绝对缺水线，低于 500m^3 时水资源严重紧缺；年人均水资源量 100m^3 为极端缺水线。联合国粮农组织（FAO，2007）、世界资源研究所（WRI，2000）等国际组织在对世界水资源进行评价时也均采用这一指标。水利部水资源司根据中国的具体情况，综合联合国组织和国内外专家的意见确定了我国水资源短缺评价的标准（水利部，1999），见表 2-2-1。

表 2-2-1　　　　　　　　　　　　　　水资源紧缺指标评价标准及缺水特征

人均水资源量/m^3	缺水程度	缺水表现
>3000	不缺水	
1700～3000	轻度缺水	局部地区、个别时段出现缺水问题
1000～1700	中度缺水	周期性与规律性用水紧张
500～1000	重度缺水	持续性缺水
<500	极度缺水	极其严重的缺水

在此基础上，Falkenmark 提出了与之类似的水文水资源压力指数（Hydrological Water Scarcity Index，IHWS）——每 100 万 m^3 水承载的人口数，用以表达水资源承载压力状况。Brouwer 和 Falkenmark 在 1989 的研究中将每 100 万 m^3 水承载人口数划分为：低于 334 人为不缺水；超过 334 人代表轻度缺水，超过 500 人代表中度缺水，超过 1000 人代表严重缺水，超过 2000 人代表极端缺水。

但这些指标只考虑了水资源的供给，没有考虑水资源的需求。实际上水资源的稀缺程度必须从供给和需求两个方面综合来考虑，具体来说应该考虑产业结构对需水的影响。如果经济结构以灌溉农业为主，则人均所需的水资源量必然较大；如果以耗水少的服务业为主，则人均所需的水资源量就较少。所以，由于产业结构的差异，人均水资源量供给相同的地区，可能缺水程度很不相同。

水资源开发利用程度是指可获得的（可更新）淡水资源量占淡水资源总量的百分率。世界粮农组织、联合国教科文卫组织、联合国可持续发展委员会等很多机构都选用这一指标作为反映水资源短缺的重要水资源压力指标。它同时还可以用来判断生产生活用水是否挤占生态环境用水，从而反映区域水资源的可持续利用情况。该指标的阈值或标准系根据经验确定：当水资源开发利用程度小于 10% 时为低水资源压力（low water stress）；当水资源开发利用程度大于 10%、小于 20% 时为中低水资源压力（moderate water stress）；当水资源开发利用程度大于 20%、小于 40% 时为中高水资源压力（medium-high water stress）；当水资源开发利用程度大于 40% 时为高水资源压力（high water stress）（Falkenmark 和 Lindh，1976；Molden 等，2007）。

Shiklomanov 等（1991，1998，2003）对各国的年平均水资源可利用量和农业、工业、生活需水量进行了评估，对比分析了水资源供给与需求之间的关系。Raskin（1997）选择了更为客观的取水量，计算取水量占可利用水资源量的比例，并将其定义为水资源脆弱性指数（Index of Water Resources Vulnerability，IWRV），用来评价国家或地区的水资源短缺程度：如果 IWRV 在 20%～40% 之间，则称之为水资源短缺；如果超过 40% 则称为严重短缺。由于可利用水资源量难以评价，Alcamo（2003）用年均水资源量代替水资源可利用量，采用水资源开发利用量占年均水资源量的比例，即水资源开发利用率指标，评价全球尺度的水资源短缺问题。Charles（2000）选取水资源开发利用率作为评价因子，将全球划分为 $0.5° \times 0.5°$ 的网格，对水资源脆弱性状况进行了评价，并利用 GCMs 的气候情景与水量平衡模型 WBM 相结合预估了未来 2025 年全球的水资源脆弱性变化。

水资源开发利用程度作为衡量水资源供需矛盾的指标，优于 IWS、IHWS 的地方在于隐含考虑了生态用水，认为人类对水资源的开发利用程度越高，水系统及相关自然生态受到的压力就越大。且同时考虑了供水和需水两个方面，更加全面的反应区域水资源的供需矛盾。此外还有水贫困指数、IWMI 水资源短缺评价模型等也有过一定的应用，但没有 IWS 和水资源开发利用率的普及率高。

Falkenmark 和 Molden（2008）进一步研究并提出：水资源短缺包括水资源需求压力和水资源承载人口压力两个维度，把人口驱动的水资源短缺、需水驱动的水资源短缺和人均用水量有机的结合起来，形成一个综合简明的描述水资源压力的指标体系。

本书中，水资源抗压性是指水资源系统通过自身调整来应对和减缓内外扰动施予的水资源压力，以维持水资源系统结构平衡，并支撑供水安全、生态安全、经济安全、社会安全的能力。所以水资源抗压性与水资源压力之间是反相关关系，在表述上可以表达为水资源压力的倒数。针对水资源供需安全、水资源时空变异、可利用量变化、用水变化、承载能力问题、开发利用程度与生态需水保障等问题，我们引用了有水资源基础，直观、简单并且可以进一步扩展的国际水资源协会（International Water Resources Association，IWRA）Falkenmark 指标体系（2008），即水资源开发利用率（use-to-availability ratio）、第 100 万 m^3 水承载的人口数（water crowding）、人均用水量（per capita water use），并构建水资源抗压性函数如下：

$$C(t) = C\left\{ r \cdot \frac{Q}{W_D} \right\} = f_1(r) f_2\left(\frac{Q}{W_D} \right) \qquad (2-2-12)$$

式中　$C(t)$——水资源抗压性；

　　　　r——水资源开发利用率；

　　　　Q——水资源总量；

　　　WD——用水总量；

　f_1 和 f_2——待定函数。

水资源的供需关系 Q/WD 可以表达为

$$\frac{W_D}{Q} = \frac{P_{op}}{Q} \cdot \frac{W_D}{P_{op}} \qquad (2-2-13)$$

式中　P_{op}——人口。

将公式（2-2-13）代入式（2-2-12）得到：

$$C(t) = f_1(r) \cdot f_2\left[1 / \left(\frac{P_{op}}{Q} \cdot \frac{W_D}{P_{op}} \right) \right] \qquad (2-2-14)$$

根据变量间的相互关系，确定边界条件如下：

$$
\begin{aligned}
&f_1(r) \to 0, i.e., C(t) \to 0, when\, r \to \infty \\
&f_1(r) \to 1, when\, r \to 0 \\
&f_2(P_{op}/Q) \to 0, i.e., C(t) \to 0, when\, P_{op}/Q \to \infty \\
&f_2(W_D/P_{op}) \to 0, i.e., C(t) \to 0, when\, W_D/P_{op} \to \infty
\end{aligned}
\qquad (2-2-15)
$$

进一步根据三个参数之间的关系和上述边界条件，确定 f_1 和 f_2，

$$C(t) = C\left\{ r \cdot \frac{Q}{W_D} \right\} = \exp_1(-r \cdot k) \exp\left(-\frac{P_{op}}{Q} \cdot \frac{W_D}{P_{op}} \right) \qquad (2-2-16)$$

式中　k——抗压系数随水资源开发利用率变化的尺度因子。

$C(t)$ 的图形表示见图 2-2-3。

依据 40％ 的水资源开发利用率，0.4 的抗压临界值拟合得到 $k=2.3$。从而得到水资源抗压性函数和水资源脆弱性的一级函数：

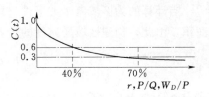

$$C(t) = \exp_1(-r \cdot k) \exp\left(-\frac{P_{op}}{Q} \cdot \frac{W_D}{P_{op}}\right) \qquad (2-2-17)$$

$$V(t) = \frac{S_{(t)}}{\exp_1(-r \cdot k) \exp\left(-\frac{P_{op}}{Q} \cdot \frac{W_D}{P_{op}}\right)} \qquad (2-2-18)$$

图 2-2-3 水资源抗压力性
函数示意图

基于水资源抗压能力的非线性变化关系，当水资源抗压能力越低时抗压能力的敏感性越强，同时参照水资源对气系统候变化的敏感性，将水资源脆弱性划分为 5 个等级，详见表 2-2-2。

表 2-2-2 水资源脆弱性等级划分

不脆弱	低脆弱	中度脆弱	高度脆弱	严重脆弱
<0.05	0.0~0.1	0.1~0.2	0.2~0.4	>0.4

为了检验基于水资源开发利用率（use-to-availability ratio）、每 100 万 m^3 水承载人口数（water crowding）和人均用水量（per capita water use）一级指标体系构建的水资源脆弱性函数的合理性，点绘了全国五个主要流域一级区水资源脆弱性的分布图（图 2-2-4）。

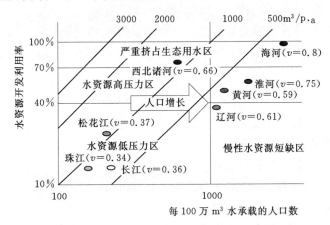

图 2-2-4 我国主要流域水资源脆弱性合理性分析
（底图来源：Falkenmark，2008）

结果表明，所提出的指标和脆弱性的描述是合理的。其中，海河流域的水资源供需矛盾最为严重、水资源开发利用率最高，其显示的水资源脆弱性分布在高值区。相比之下，长江流域水资源相对丰沛，流域平均水资源开发利用率仅为 25％，水资源脆弱性就处在低值区。

5. 暴露度计算

暴露度是人口、生计、生态服务和资源、设施或社会、经济、文化等资产处于易受损害的位置。人口、生计、资源、社会及文化资产等是以人口为核心构建的，而设施、经济等是社会经济的范畴，其核心是以人类活动产生的经济价值，因此人口分布与经济产值分布是暴露度的核心因素。暴露度的衡量应以人口分布及其密度、经济产值分布及总量来衡量，以人口与产值为核心构建暴露度表达式：

$$E(t) = f(P_h, GDP, A)_{DI} \qquad (2-2-19)$$

式中　DI——气候事件指标；

　　P_h——人口；

　　GDP——国民生产总值；

　　A——危害所处的位置及其面积。

当计算的为区域内旱灾事件（DI）驱动的危害时，P_h、GDP、A 即为区域总体的人口、GDP 和面积。由此，构建区域暴露度的计算公式：

$$E(t)=\left[1-\exp\left(\frac{-P_h\times GDP}{A}\right)\right]\times \vec{DI} \qquad (2-2-20)$$

式中：$\vec{DI}$ 是干旱化趋势，可用标准化降水指数 SPI 计算给定时间尺度内降雨量的累积概率，进行多个时间尺度上比较，反映长期水资源的演变情况干旱化趋势。

6. 风险概率计算

RI 指数的计算以某一气候事件为准，计算该事件发生的可能性。在水资源脆弱性的计算体系中，以区域多年影响水资源保障的事件发生的可能性为衡量指标，而风险损害及水资源系统的抗压性已经考虑，因此风险指数 RI 的计算以气候事件发生的概率进行衡量。一般来看，影响水资源系统的天气事件的分布函数为：

$$F(x)=P(X\leqslant x) \qquad (2-2-21)$$

式中　X——任意时间的事件指标；

　　　x——给定统计计算量；

　$F(x)$——一个累积函数。

X 落入区间（a，b）的概率为：

$$P(a<X\leqslant b)=F(a)-F(b) \qquad (2-2-22)$$

旱灾风险指数的计算以统计的旱灾为基础，计算旱灾发生的可能性。一般来看，在统计 n 年内，出现旱灾（F）则计入旱灾次数，总旱灾发生次数为 m，忽略粮食产量的关系，仅以统计旱灾为标准，则旱灾概率为：

$$RI=P(X_i\in F)=\frac{m}{n}\times 100\% \qquad (2-2-23)$$

在综合各方面因素的基础上，根据世界气象组织、世界粮农组织、联合国教科文卫组织、联合国可持续发展委员会等众多机构对水资源稀缺程度的评价标准，将抗压性 3 个指标的阈值分别确定为：水资源承载力为 1000 人/（100 万 m³·年）；水资源开发利用率为 10%、20%、40%、70%；人均可利用水资源量为 2000m³/（人·年）、1000m³/（人·年）、500m³/（人·年）、200m³/（人·年）。并依据 40%、70% 的水资源开发利用率，0.2、0.4、0.6、0.8 的抗压性临界值，以一级流域多年平均数据确定海河流域 0.8 脆弱性、长江流域 0.2 脆弱性拟合得到 β_1、β_2、β_3 分别为 0.4355、0.067、0.1，经转化后脆弱性计算公式简化为：

$$V(t)=\left\{\left[\frac{(S(t))^{0.71}}{(C(t))^{0.953}}\right]^{0.65}\times E(t)^{0.1}\right\}^{0.67}\times (RI)^{0.1} \qquad (2-2-24)$$

脆弱性评价，按照表 2-2-3 将脆弱性分为 5 级，其中中度脆弱性（Ⅲ）根据程度又分为中低（Ⅲ₁）、中（Ⅲ₂）和中高（Ⅲ₃）三个子级。

表 2-2-3　　　　　　　　　　　　水资源脆弱性级别划分

$V(t)$		级别	次级	级别描述
$V(t)\leqslant 0.10$		Ⅰ		不脆弱
$0.10<V(t)\leqslant 0.20$		Ⅱ		低脆弱
$0.20<V(t)\leqslant 0.60$		Ⅲ		
	$0.20<V(t)\leqslant 0.30$		Ⅲ₁	中低脆弱
	$0.30<V(t)\leqslant 0.40$		Ⅲ₂	中脆弱
	$0.40<V(t)\leqslant 0.60$		Ⅲ₃	中高脆弱
$0.60<V(t)\leqslant 0.80$		Ⅳ		高脆弱
$V(t)>0.80$		Ⅴ		极端脆弱

三、气候变化对山东省水资源脆弱性的影响与评价

山东省位于中国东部沿海，黄河下游，东经 $114°47'\sim122°43'$，北纬 $34°23'\sim38°24'$。境内以平原、山地丘陵为主。鲁西有东平湖、微山湖等湖群。京杭大运河经此，黄河自北部入海。比较重要的河流有徒骇河、沂河、小清河、淮河。山东属暖温带半湿润季风气候，四季分明，全省年平均气温 $11\sim14℃$，年均降水量 $600\sim900mm$，全年无霜期 $6\sim7$ 个月（徐宗学等，2007）。本节依据水资源脆弱性评价指标体系，以全国水资源综合规划中确定的水资源二级区和三级区为单元，评价山东省 2000 基准年和未来变化环境下东部季风区重点流域水资源的脆弱性。

1. 山东省区域降水、径流变化

（1）降水变化。全省 1956—2000 年平均年降水总量为 1060 亿 m^3，相当于面平均年降水量 679.5mm。各水资源三级区中，日赣区年降水量均值最大，为 861.9mm；徒骇马颊河区最小，为 564.5mm。全省 17 个地级行政分区中，临沂市年均降水量最大，为 818.9mm；东营市年均降水量最小，为 554.5mm。

由于受地理位置、地形等因素的影响，山东省年降水量在地区分布上很不均匀。从全省 1956—2000 年平均年降水量等值线上可以看出，年降水量总的分布趋势是自鲁东南沿海向鲁西北内陆递减。1956—2000 年平均年降水量从鲁东南的 850mm 向鲁西北的 550mm 递减，等值线多呈西南—东北走向。600mm 等值线自鲁西南菏泽市的鄄城，经济宁市的梁山、德州市的齐河、滨州市的邹平、淄博市的临淄、潍坊市的昌邑、烟台市的莱州、龙口—蓬莱县的东部。该等值线西北部大部分是平原地区，多年平均年降水量均小于 600mm；该等值线的东南部，均大于 600mm，其中崂山、泰山和昆嵛山由于地形等因素影响，其年降水量达 1000mm 以上。

（2）径流变化。

1）年径流深的地区分布。

山东省 1956—2000 年平均年径流深 126.5mm（年径流量为 198.3 亿 m^3）。年径流深的分布很不均匀，从全省 1956—2000 年平均年径流深等值线图上可以看出：总的分布趋势是从东南沿海向西北内陆递减，等值线走向多呈西南—东北走向。多年平均年径流深多在 $25\sim300mm$ 之间。鲁北地区、湖西平原区、泰沂山以北及胶莱河谷地区，多年平均年径流深都小于 100mm。其中鲁西北地区的武城、临清、冠县一带是全省的低值区，多年平均年径流深尚不足 25mm。鲁中南及胶东半岛山丘地区，年径流深都大于 100mm，其中蒙山、五莲山、崂山及枣庄东北部地区，年径流深达 300mm 以上，是山东省径流的高值区。高值区与低值区的年径流深相差 10 倍以上。

根据全国划分的五大类型地带，山东省大部分地区属于过渡带，少部分地区属于多水带和少水带。

全国按年径流深多寡划分的五大地带是：

a. 丰水带：年径流深在 1000mm 以上，相当于降水的十分湿润带。

b. 多水带：年径流深在 $300\sim1000mm$ 之间，相当于降水的湿润带。

c. 过渡带：年径流深在 $50\sim300mm$ 之间，相当于降水的过渡带。

d. 少水带：年径流深在 $10\sim50mm$ 之间，相当于降水的干旱带。

e. 干涸带：年径流深在 10mm 以下。

山东省年径流深 50mm 等值线自鲁西南的定陶向东北，经往平、禹城、商河、博兴、广饶，从寿光北部入海。此等值线的西北部年径流深小于 50mm，属于少水带；蒙山、五莲山、枣庄东北部及崂山地区年径流深在 300mm 以上，属于多水带。山东省的其他地区径流深在 $50\sim300mm$ 之间，属于过渡带。

2）径流量的年际变化和年内分配。

a. 径流量的年际变化。从年径流量的变差系数 C_v 来看，天然径流量的年际变化幅度比降水量的变化幅度要大得多。对 1956—2000 年系列而言，全省平均年径流量的变差系数 C_v 为 0.60，各水文

控制站年径流量变差系数 C_v 一般在 0.54~1.34 之间。

从年径流量极值比来看,全省最大年径流量 6684228 万 m^3,发生在 1964 年;最小年径流量 450136 万 m^3,发生在 1989 年,极值比为 14.8。全省各水文站历年最大年径流量与最小年径流量的比值在 7.8~5056 之间。其中,胶东半岛区和胶莱大沽区各水文站极值比较大,大部分站点的极值比都大于 70。全省年径流量极值比最大的水文站是福山站,极值比为 5056,最大年径流量出现在 1964 年,是 70780 万 m^3,最小年径流量出现在 1989 年,仅 14 万 m^3;全省极值比最小的站是官庄站,比值为 7.8。

山东省天然径流量不仅年际变化幅度大,而且有连续丰水年和连续枯水年现象。三年(包括三年)以上的连续枯水年有四个:1966—1969 年、1977—1979 年、1981—1984 年及 1986—1989 年,最小年径流量出现在 1986—1989 年;三年(包括三年)以上的连续丰水年仅有 1960—1965 年,最大年径流量出现在该时段。长时间连丰、连枯给水资源开发利用带来很大的困难,特别是 1981—1984 年和 1986—1989 年两个连续枯水期的出现,严重影响了工农业生产和城乡人民的生活。

b. 天然径流量的年内分配。山东省天然径流量年内变化非常不均匀,汛期洪水暴涨暴落,突如其来的特大洪水,不仅无法充分利用,还会造成严重的洪涝灾害;枯季河川径流量很少,导致河道经常断流,水资源供需矛盾突出。山东省多年平均 6—9 月天然径流量占全年的 75% 左右,其中 7 月、8 月两月天然径流量约占全年的 57%,而枯季 8 个月的天然径流量仅占全年径流量的 25% 左右。河川径流年内分配高度集中的特点,给水资源的开发利用带来了困难,严重制约了山东省经济社会的快速健康发展(杜金辉,2009)。

2. 气候变化对水资源影响的敏感性分析

径流的敏感性可以通过改进后的双参数弹性系数法计算得到。在降水变化和温度变化不同组合下,径流量变化和敏感性变化差异较大。研究表明,选取降水变化较大,温度变化在 1℃ 范围内将能获得相对稳定的敏感性系数。利用 Leonard 方法可对气候变化对水资源的影响进行核算。

理论上,弹性系数的取值范围为 $(-\infty, +\infty)$。为了便于流域间对比,可以将弹性系数值转化到 $[0, 1]$,该公式为:

$$S = 1 - \exp(-|e_{p,\delta T}|) \qquad (2-2-25)$$

式中 S——水资源相对气候变化的敏感性;

$e_{p,\delta T}$——水资源对气候变化的弹性系数。

通过计算敏感性后,利用转化函数将气候变化对径流的影响程度转为归一化的敏感性,见图 2-2-5,结果显示,山东省三级流域以胶东诸河、小清河、徒骇马颊河等最为敏感,而鲁南方大部分区域水资源对气候变化敏感性较弱。

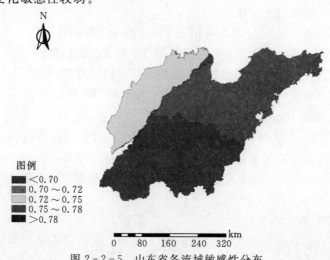

图 2-2-5 山东省各流域敏感性分布

3. 水资源的暴露度分析

根据 IPCC 特别报告，本章构建社会经济体量指标（人口、经济产量）来衡量损害时间发生时，各区域面临损害的总体社会经济规模。以社会核心指标即人口表征可能事件发生时面临的人口伤害，以经济核心指标 GDP 表征经济产值受影响的可能规模。

从流域人口分布图（图 2－2－6）可见，山东省流域人口分布以胶东诸河、徒骇马颊河、小清河、大汶河为主要聚集区，其中以徒骇马颊河、胶东诸河等流域最为集中。

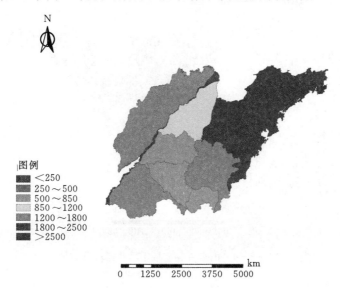

图 2－2－6　山东省三级流域人口分布图

不利事件发生时，各区域经济条件将决定受影响的程度，一般来说经济较发达地区，不利事件造成的损失更大，而经济较不发达地区，因基础设施落后、经济生产较多以农业或林业等为主，经济影响较小。因此，对山东省各流域经济水平划分及经济规模的评价将利于暴露度的表征。本章利用流域人均 GDP 在空间上进行展示，确定山东省流域范围内经济发展水平及其分布，见图 2－2－7。

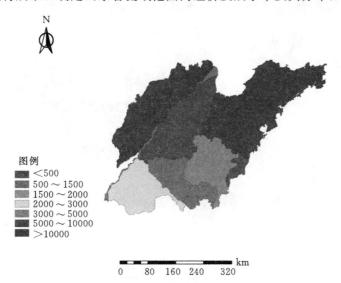

图 2－2－7　山东省各流域人均 GDP 分布图

与人口分布相类似，山东省流域人均 GDP 的分布以胶东诸河、徒骇马颊河、小清河、大汶河等流域较大，流域范围内为山东省重要发展区。

将人口与 GDP 作为不利事件造成社会经济影响的核心指标，得到山东省流域暴露度分布图（图 2-2-8）。结果显示，综合考虑县域面积上的社会经济情况的暴露度指标，能较好地表征山东省流域范围内社会经济系统易于受到损害的程度。在同样的灾害情况下，胶东诸河、小清河、大汶河的损害最大，沂沭河区、中运河区暴露度次之，而日赣区、湖东区暴露度较小。

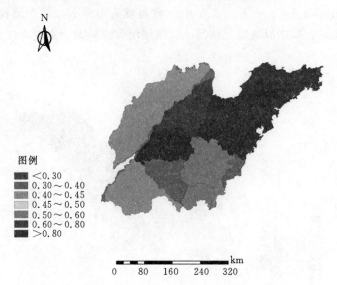

图 2-2-8　山东省各流域干旱暴露度分布图

4. 水资源的旱灾风险分析

利用我国 1949—2000 年历史干旱的研究成果（Feng 和 He, 2009）可以对我国各区域进行旱灾风险的评估，并以此作为影响水资源保障的可能性，结果如图 2-2-9 所示。结果显示，旱灾高发区主要分布在胶东诸河、小清河、大汶河、徒骇马颊河、湖东区，发生概率在 60% 以上，特别是胶东诸河、小清河、湖东区尤为严重，发生概率在 70% 以上，发生概率较小区域则在日赣区、沂沭河区、中运河区等区域。

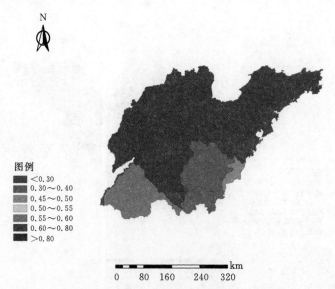

图 2-2-9　山东省各流域干旱概率分布图

5. 水资源的抗压性分析

根据第三章的抗压性的公式可知，水资源抗压性是水资源需求压力和水资源承载人口压力的函数。根据 Falkenmark 的水资源压力指数定义，水资源需求压力可以用水资源开发利用率来表征，而水资源承载人口压力可以用每 100 万 m³ 水承载人口数表征。

（1）水资源开发利用率分析。山东省水资源开发利用率分析结果显示（图 2-2-10），20 世纪 80 年代以后，涉及黄淮海的山东省地区进入持续干旱少雨期，而经济社会的飞速发展则不断加大对水资源的需求，这导致 1980—2000 年时段山东省流域的水资源开发利用率较高。20 世纪 80 年代后人口急剧增长，经济社会飞速发展，致使鲁北和鲁南地区水资源需求量大增，从而加大了水资源的开发利用程度。

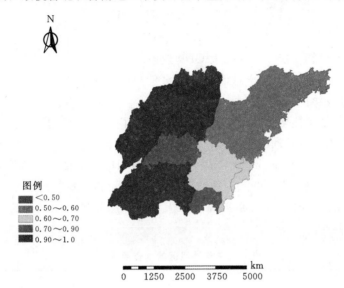

图 2-2-10 1980—2000 年时段山东省流域水资源开发利用率分布

由于水资源开发利用率是用水量与总水资源量的比值，所以水资源开发利用率还反映了经济社会用水与生态环境用水之间的竞争关系。人类生活和生产活动用水越多，水资源的开发利用程度越高，就越挤占生态环境用水。根据国际公认的标准，40% 的水资源开发利用率是生态环境用水是否受到挤占的判断标准。评估结果显示，1980—2000 年时段，山东省水资源三级分区中出了胶东诸河水资源开发利用率小于 50% 之外，其他三级流域均大于 50%，尤其像徒骇马颊河、小清河等流域水资源开发利用率大于 100%。

（2）每 100 万 m³ 水承载人口数分析。承载人口驱动的水资源压力在山东省各流域也呈现加重趋

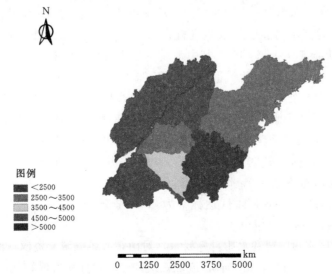

图 2-2-11 1980—2000 年时段山东省流域水资源承载人口压力分布

势，见图 2-2-11。在 1980—2000 年时段，"严重缺水"或"极端缺水"的水资源三级分区大部分集中在湖西区、徒骇马颊河、湖东区流域。对山东省各流域而言，20 世纪 80 年代后进入一个干旱期，在 1980—2000 年时段要在水资源总量减少 25% 的情况下支撑增长了 37.8% 的人口，水资源承载人口的压力进一步加剧。这与改革开放后人口剧增的历史事实正相符。

为进一步分析水资源的人口承载压力状况，本章对山东省 2000 年的水资源承载力（WRCC）进行了计算。通过以下公式可以确定一定经济社会发展水平下区域水资源量能够承载的最大人口数：

$$GDP_c = GDP/W_D \times W_A \qquad (2-2-26)$$

$$P_c = GDP/[GDPP] \qquad (2-2-27)$$

式中　GDP_c——区域水资源量能支撑的最大 GDP 规模。

GDP、W_D 和 W_A 分别是国内生产总值、总用水量和可利用水资源量。P_c 是一定社会经济发展水平下区域水资源所能支撑的最大人口数；

$[GDPP]$ 为区域在某一社会发展水平下的人均占有国内生产总值的下限阀值。

根据我国经济社会发展现状和战略目标，参考国外有关社会发展的阶段划分，将社会发展水平划分为温饱型、初步小康、中等小康、全面小康、初步富裕和中等富裕 6 个阶段，其相应的人均 GDP 下限分别为 3000 元、6300 元、13000 元、24000 元、34000 元和 62000 元。通过对中国小康进程的综合分析，至 2000 年 74.84% 的人口已经实现了小康水平，从而确定山东省涉及的三大流域的人均 GDP 下限见表 2-2-4。

表 2-2-4　　　　　　　　　　　2000 年东部季风区的水资源承载力

水资源分区	人口 /万人	GDP /亿元	用水总量 /亿 m³	承载最大人口数 /万人
海河流域	12515.4	11632.7	403.3	6777.9
黄河流域	10799.0	6216.4	415.1	8237.3
淮河流域	19855.5	13305.4	587.1	16020.8

表 3-1-5 计算的水资源承载力结果与每 100 万 m³ 水承载人口数的评价结果具有很好的一致性。山东省涉及的黄淮海流域在 2000 年的实际人口超过了区域水资源所能承载的最大人口数，水资源承载的人口数已经比可承载最大人口数多了 45.8%；黄河流域和淮河流域实际承载的人口数分别比可承载的最大人口数多了 23.7% 和 19.3%。

（3）山东省水功能区达标率评价。山东省水环境污染严重，难以满足水功能区划要求，在山东省水功能区划的基础上，对其水功能区的水质进行评价分析。在计划监测的全省 147 个水功能区中，2009 年实测 142 个水功能区（5 个河干），其中水质达到 I 类标准的有 2 个，占 1.4%；水质达到 II 类标准的有 25 个，占 17.6%；水质达到 III 类标准的有 33 个，占 23.2%；水质符合 IV 类标准的有 26 个，占 18.3%；水质符合 V 类标准的有 9 个，占 6.3%；水质为劣 V 类的有 47 个，占 33.1%（表 3-1-6）。全省监测评价的 142 个水功能区中，有 61 个水功能区水质达标（指达到《山东省水功能区划》中规定的水质目标），达标率为 43.0%。评价河长 5989.2km，达标河长 2056.3m，占 34.3%；评价湖库面 1563.0km²，达标面积 205.9km²，占 13.2%。其中，保护区达标率为 54.2%，保留区达标率为 58.3%，缓冲区达标率为 0.0，饮用水源区达标率为 58.0%，工业用水区达标率为 37.5%，农业用水区达标率为 15.4%，渔业用水区达标率为 0.0，景观娱乐用水区达标率为 33.3%，过渡区达标率为 0.0，排污控制区达标率为 100.0%。

根据我国的水功能区水质状况和水质目标要求，对山东省各流域水资源三级区水功能达标情况进行评价，结果显示（图 2-2-13），山东省各流域三级区流域达标率普遍较低，低于 48%。

全省除省控河流源头河段和部分出境断面外，其他主要河流均受到不同程度的污染，见表

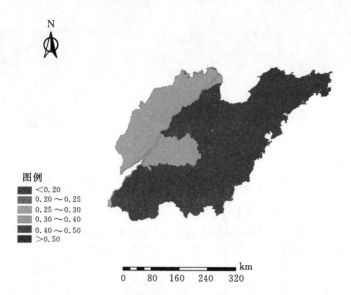

图例
- ■ <0.20
- ▨ 0.20～0.25
- ▨ 0.25～0.30
- ▨ 0.30～0.40
- ▨ 0.40～0.50
- ■ >0.50

km
0 80 160 240 320

图 2-2-12 山东省流域水资源三级区水功能区达标率

2-2-5（来自《2000—2008 年山东河流水质表》）。

表 2-2-5   2000—2008 年山东河流水质表

年份	评价河长 /km	Ⅰ类 /%	Ⅱ类 /%	Ⅲ类 /%	Ⅳ类 /%	Ⅴ类 /%	劣Ⅴ类 /%
2000	5077.5	0.00	2.30	6.90	4.21	5.71	80.87
2001	4855.4	0.00	3.40	1.30	18.80	10.40	66.10
2002	4389.4	0.00	3.08	9.05	12.67	8.17	67.03
2003	4855.4	0.49	4.92	4.09	12.84	5.80	71.85
2004	4841.5	0.00	6.89	3.49	7.51	9.30	72.80
2005	4627.1	0.00	2.33	10.32	11.34	6.83	69.17
2006	4423.6	0.00	5.72	10.35	5.68	6.29	71.97
2007	5941.0	1.63	8.87	20.43	13.81	7.56	47.72
2008	4062.9	1.62	22.38	19.53	11.71	7.26	37.49

从《2001—2008 年山东省主要湖泊水质表》（表 2-2-6）看，2001—2003 全年期监测评价大明湖一直是劣Ⅴ类；南四湖水质也较差，其中微山湖污染逐渐加重，南阳湖处于劣Ⅴ类标准，昭阳湖二级湖闸上下水质也处于Ⅳ～劣Ⅴ类之间。水质在 2004—2006 年相比 2001—2003 年略有好转，微山湖、昭阳湖二级湖闸上、下水质在Ⅳ类左右，南阳湖和大明湖水质为Ⅴ类左右。2007—2008 年部分湖泊水质又呈现恶化趋势，微山湖、南阳湖、昭阳湖二级湖闸上均为Ⅴ～劣Ⅴ类，昭阳湖二级湖闸下和大明湖水质保持在Ⅳ～Ⅴ类左右。因此，山东省主要湖泊的水质已经恶化。

表 2-2-6   2001—2008 年山东省主要湖泊水质表

年份	南 四 湖				大明湖
	微山湖	南阳湖	昭阳湖二级湖闸上	昭阳湖二级湖闸下	
2001	Ⅴ类	劣Ⅴ类	劣Ⅴ类	Ⅳ类	劣Ⅴ类
2002	劣Ⅴ类	劣Ⅴ类	劣Ⅴ类	Ⅲ类	劣Ⅴ类
2003	劣Ⅴ类	劣Ⅴ类	Ⅳ类	Ⅳ类	劣Ⅴ类
2004	Ⅳ类	Ⅴ类	Ⅳ类	Ⅳ类	Ⅴ类

续表

年份	南四湖				大明湖
	微山湖	南阳湖	昭阳湖二级湖闸上	昭阳湖二级湖闸下	
2005	Ⅳ类	Ⅳ类	Ⅳ类	Ⅲ类	Ⅳ类
2006	Ⅴ类	Ⅴ类	Ⅴ类	Ⅳ类	Ⅴ类
2007	劣Ⅴ类	劣Ⅴ类	劣Ⅴ类	Ⅳ类	Ⅳ类
2008	Ⅴ类	Ⅴ类	劣Ⅴ类	Ⅳ类	Ⅴ类

从《2001—2008 年山东省主要水库水质表》（表 2-2-7）看，全省大中型水库全年期水质呈现逐步改善的趋势。但是从多年平均值看，山东水库状况不容乐观。

表 2-2-7　　　　　　　　　　　　2001—2008 年山东省主要水库水质表

年份	评价个数 /个	Ⅰ类 /%	Ⅱ类 /%	Ⅲ类 /%	Ⅳ类 /%	Ⅴ类 /%	劣Ⅴ类 /%
2001	30	0.0	10.0	43.3	36.7	10.0	0.0
2002	30	0.0	6.7	40.0	33.3	10.0	10.0
2003	30	0.0	3.3	50.0	43.3	0.0	3.3
2004	30	0.0	20.0	73.3	3.3	0.0	3.3
2005	30	3.3	26.7	56.7	10.0	0.0	3.3
2006	30	3.3	16.7	40.0	26.7	13.3	0.0
2007	30	3.3	20.0	63.3	13.3	0.0	0.0
2008	30	0.0	56.7	40.0	3.3	0.0	0.0
平均值	30	1.3	20.0	50.8	21.3	4.2	2.5

（4）水资源的抗压性分析。将水资源需求压力和水资源承载人口压力耦合后，利用抗压性公式对山东省流域水资源二级分区的水资源抗压性进行评估计算，见图 2-2-13。可以看出，1980—2000年时段，在气候变化和人类活动的影响下山东省流域的水资源抗压能力明显不高，大汶河、徒骇马颊河、湖东区、湖西区、中运河区、沂沭河区、日赣区流域的水资源应对供需矛盾的抗压能力很差，而在胶东诸河、小清河流域水资源的抗压能力则相对较高。

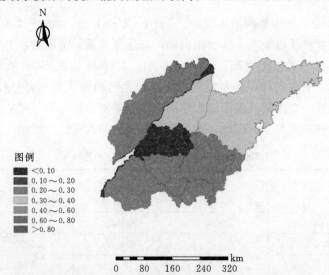

图 2-2-13　1980—2000 年时段山东省水资源抗压性分布

6. 考虑气候变化敏感性、抗压性、水资源暴露度及旱灾风险水资源脆弱性

（1）山东省各流域水资源脆弱性评价。利用建立的山东省流域水资源脆弱性评价模型，对山东省流域水资源三级分区的水资源敏感性、抗压性与水资源脆弱性状况进行评估。考虑资料的权威性，本研究利用山东省水资源调查评价的结果，将 1980—2000 年时段的平均值作为现状基准年的情况，进行水资源脆弱性评估，见图 2-2-14。评估结果如下：可以看出，总体上山东省流域水资源脆弱性程度较为严重，且大致呈现平原高山区低的状态。其中，日赣区、沂沭河区、湖西区、蚌洪区间北岸等流域水资源脆弱程度属于高度水资源脆弱区；而中运河区、小清河、大汶河、徒骇马颊河、湖东区承载大面积的农田灌溉和社会经济的高速发展，水资源开发利用率远远超过世界粮农组织规定的70％的"物理性缺水"线，所以水资源处于严重脆弱的状态。

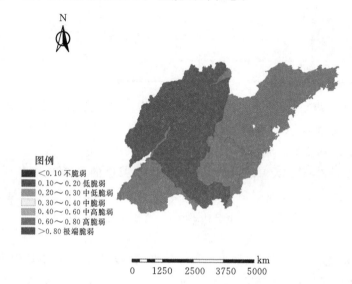

图 2-2-14　山东省各流域三级区水资源脆弱性 V 现状（2000 年）

（2）未来变化环境下山东省各流域水资源脆弱性评价。一方面，由于气候变化引起水文循环过程的改变，导致山东省天然来水发生情况变化，从而使流域的水资源条件发生改变；另一方面，随着经济社会进一步发展，人口规模不断增大，城市化进程不断加快，这就使需水量不断加大，从而使得流域水资源供需矛盾、水环境问题、与水相关的生态问题等进一步凸显，而经济结构调整、水资源管理制度的改变又会使得用水效率提高、用水总量得到控制，所以，在正向因素与负向因素共同作用下，山东省流域未来的水资源脆弱性状况将发生相应的改变。

1）规划水平年供需分析。规划水平年水资源供需分析按三次供需平衡进行。"一次平衡"是在需水预测的"基本方案"与供水预测的"零方案"之间进行，需水预测的"基本方案"是考虑人口的自然增长、经济的发展、城市化程度和人民生活水平的提高，在现状节水水平和相应节水措施基础上，基本保持现有节水投入力度，并考虑 20 世纪 80 年代以来用水定额的变化趋势，所拟定的需水方案；供水预测的"零方案"是在现状水资源开发利用格局和发挥现有供水工程潜力的情况下所拟定的供水方案。若"一次平衡"有缺口，则在此基础上进行"二次平衡"分析，即考虑实施当地新水源开发、强化节水、治污与污水处理再利用、挖潜配套以及合理提高水价、调整产业结构、抑制需求的不合理增长和保护生态环境等工程与非工程措施，进行水资源供需分析。若"二次平衡"仍有较大缺口，应进一步加大调整经济布局和产业结构及节水的力度，并考虑实施跨流域调水（南水北调东线工程），进行"三次平衡"分析。

在对各种工程与非工程等措施所组成的供需分析方案集进行技术、经济、社会、环境等指标比较的基础上，对各项措施的投资规模及其组成进行分析，提出推荐方案。最终实现水资源供需的基本平衡。

2）规划水平年耗水。由规划水平年各用水部门多年平均供水量按相应的耗水率分析计算多年平均耗水量，汇总成果见表 2-2-8，为方便对比分析，表中亦列出基准年（2000 年）多年平均耗水成果。

表 2-2-8　　　　　　　　　　　山东省不同水平年多年平均耗水成果汇总表

水平年	生活耗水量/亿 m³		生产耗水量/亿 m³		生态耗水量/亿 m³	耗水量合计/亿 m³	综合耗水率/%	当地地表水消耗量/亿 m³	地下水消耗量/亿 m³
	城镇	农村	城镇	农村					
基准年（2000 年）	3.7	9.3	20.6	174.6	0.6	208.9	79.2	77.0	83.1
2010 年	6.0	12.1	25.9	184.8	0.9	229.7	78.5	82.3	79.5
2020 年	8.1	11.3	29.5	183.7	1.4	234.1	76.6	84.1	77.6
2030 年	10.0	9.5	32.2	190.8	1.9	244.3	75.7	84.3	72.1

全省规划水平年 2010 年、2020 年、2030 年多年平均耗水量分别为 229.7 亿 m³、234.1 亿 m³、244.3 亿 m³，2030 年比基准年（2000 年）增加 35.4 亿 m³，年均增长率为 0.52%，呈缓慢增长态势。2010 年城镇生活、农村生活、城镇生产、农村生产、城镇生态耗水量分别为 6.0 亿 m³、12.1 亿 m³、25.9 亿 m³、184.8 亿 m³、0.9 亿 m³，分别占总耗水量的 2.6%、5.3%、11.3%、80.4%、0.4%；2030 年城镇生活、农村生活、城镇生产、农村生产、城镇生态耗水量分别为 10.0 亿 m³、9.5 亿 m³、32.2 亿 m³、190.8 亿 m³、1.9 亿 m³，分别占总耗水量的 4.1%、3.9%、13.2%、78.0%、0.8%。

3）规划水平年供水能力。以不同规划水平年多年平均供水量、供水破坏深度指标进行供水能力评价。由于不同规划水平年供需平衡结果只表现为农村生产缺水，故仅对农村生产供水能力进行评价。不同水平年农村生产供水量、供水破坏深度分析详见表 2-2-9，为便于对比分析，表中亦列出基准年（2000 年）成果。

表 2-2-9　　　　　　　　　　山东省不同水平年农村生产供水量、供水破坏深度分析表

水平年	多年平均/亿 m³				最大破坏深度/%	相应年份
	需水量	供水量	缺水量	破坏深度/%		
基准年（2000 年）	231.9	193.0	38.9	16.8	31.0	1989
2010 年	221.0	202.8	18.2	8.2	19.4	1989
2020 年	217.6	202.1	15.5	7.1	16.1	1989
2030 年	213.5	209.3	4.2	2.0	6.8	1989

4）规划水平年当地水资源开发利用程度。以模型分析计算的规划水平年多年平均供水量、耗水量为基础，以水资源开发利用率、水资源利用消耗率指标，分析评价规划水平年当地水资源开发利用程度。不同水平年按流域分区当地水资源开发利用程度，汇总成果见表 2-2-10，为便于对比分析，表中亦列出基准年（2000 年）评价成果。

5）山东省流域未来水资源脆弱性。根据山东省流域未来水资源量预测结果，同时参考海河流域综合规划对流域未来经济社会发展趋势和需水预测的结果，利用构建的水资源脆弱性评估模型，对根据 IPCC 第五次评估报告（AR5）多模式（CMIP5）提供最新的全球变化未来低、中、高的典型浓度路径排放情景（RCP2.6、RCP4.5、RCP8.5）和未来最不利情景下的水资源脆弱性进行预估。

表 2 - 2 - 10　　　　　　　　　　山东省不同水平年当地水资源开发利用程度分析汇总表

水平年	当地地表水 /亿 m³		地下水 /亿 m³		开发利用率/%			利用消耗率/%		
	供水量	耗水量	供水量	耗水量	当地地表水	地下水	综合	当地地表水	地下水	综合
基准年 （2000 年）	97.7	77.0	104.0	83.1	49.3	62.9	66.6	38.8	50.2	52.8
2010 年	106.0	82.3	100.6	79.5	53.5	60.8	68.2	41.5	48.1	53.4
2020 年	111.0	84.1	100.5	77.6	56.0	60.8	69.8	42.4	46.9	53.4
2030 年	112.6	84.3	94.0	72.1	56.8	56.8	68.2	42.5	43.6	51.6

　　如图 2 - 2 - 15～图 2 - 2 - 18 所示分别为未来低的典型浓度路径排放情景（RCP2.6、RCP4.5、RCP8.5）和最不利情景下山东省流域水资源脆弱性预估结果。图中可以看出，在气候变化与人类活动双重作用下，山东省各流域未来的水资源脆弱性有增有减，但总体上山东省各流域在未来仍然属于

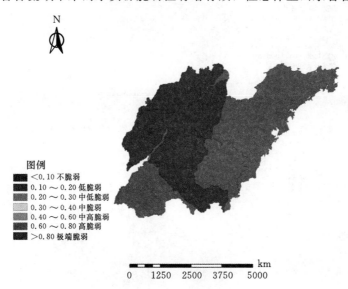

图 2 - 2 - 15　未来情景下山东省各流域三级区水资源脆弱性 V（RCP2.6）

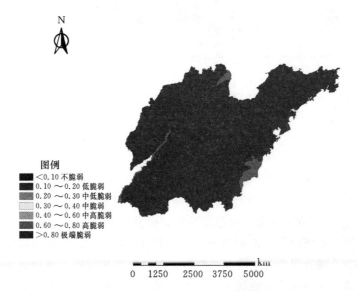

图 2 - 2 - 16　未来情景下山东省各流域三级区水资源脆弱性 V（RCP4.5）

严重水资源脆弱区。且最不利情景的水资源脆弱性高于 2030 年三种典型浓度路径排放情景。相对基准期而言，胶东诸河和沂沭河区、湖西区流域的水资源脆弱性有明显的增大趋势，而且脆弱性等级由原来的高脆弱性上升到严重脆弱性。其他流域水资源脆弱性也有一定的增加，涨幅为 10%～20%，进一步说明了未来气候变化加剧了山东省流域水资源的脆弱性。

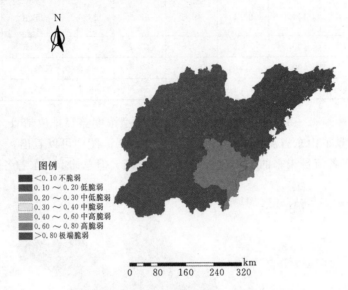

图 2-2-17　未来情景下山东省各流域三级区水资源脆弱性 V（RCP8.5）

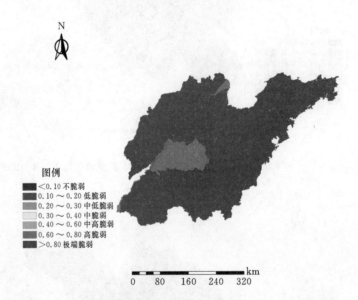

图 2-2-18　未来最不利情景下山东省各流域三级区水资源脆弱性 V

第三节　应对气候变化的水资源适应性管理

"气候变化和人类活动影响下的水资源适应性管理研究"是当今世界水问题研究的热点之一。但是，国际上对变化环境下水资源适应性管理的量化研究以及水资源适应性与脆弱性的综合研究还处在积极的探索阶段。本章节通过提出的水资源适应性管理的理论和方法，并以该理论和方法为指导，以山东省各流域为实例研究水资源适应性问题，为应对气候变化影响下山东省流域水资源适应性管理提供理论依据，并提供有针对性的适应性对策。

一、水资源适应性管理定义和内涵

水资源适应性管理能够被定义为"对已实施的水资源规划和水管理战略的产出，包括气候变化对水资源造成的不利影响，采取的一种不断学习与调整的系统过程，以改进水资源管理的政策与实践"。目的在于增强水系统的适应能力与管理政策，减少环境变化导致的水资源脆弱性，实现经济社会可持续发展与水资源可持续利用。其内涵是通过观测、科学评价气候变化对水资源影响的脆弱性，识别导致水资源问题的驱动力与成因；以维持经济社会可持续发展、减小水资源脆弱性和达到经济成本效益最佳等多目标，提出应对气候变化影响的水资源动态调控措施和管理对策。

二、应对气候变化水资源管理的准则与指标体系

1. 应对气候变化水资源管理的准则

应对气候变化的适应性管理是指有效利用气候变化预估结果，协调和优化发展战略，使适应性措施得到有效实施和提升。为了减少气候变化的负面影响，增加更多的发展机会，需要通过各种预估技术估计未来气候的可能变化趋势，采用适应性管理措施，调整发展计划和规划（夏军，等，2008）。

气候变化影响下的水资源适应性管理主要遵循以下原则（洪思，等，2013）：

（1）全面性。气候变化可能不是发展目标中最重要的限制因素，但将其纳入规划过程，便于全面考虑所有风险。

（2）一致性。适应未来气候变化的根本在于提高应对气候变化的能力。因此，只有对未来气候变化进行准确预估，才能确保正在实施的对策与未来的气候变化协调一致。

（3）实用性。适应性管理要对目前的灾害提出解决措施，减少灾害风险；同时要适应未来变化，避免新的灾害发生。

（4）灵活性。由于未来气候变化存在极大的不确定性，因此管理措施应根据未来潜在的气候变化留有余地，并能做出灵活的应对。

（5）可量化性。对气候变化影响的适应性管理要进行定量化或半定量化分析，以确定能够降低气候变化脆弱性的发展规模。本节从量化的角度，提出气候变化影响下水资源适应性管理量化研究需要考虑的三个基本准则。

1）可持续发展。可持续发展不仅考虑到当代人，而且顾及到后代人，不仅要保证当代的发展，而且要保证未来的发展，是发展处在不断增加的趋势。它与传统的"短期经济增长"截然不同，发展是有持续性的。可持续发展首先要求不允许破坏地球上生命支撑系统（如空气、水、土壤等），即处在可承载的最大限度之内，以保证人类福利水平至少处在可生存状态。同时，可持续发展鼓励经济增长，但它不仅重视增长数量，更追求改善质量。它是以保护自然环境为基础，以改善和提高生活质量为目标，与资源、环境的承载能力相协调，因此，可持续发展要求经济投入和资源管理带来的发展是一种有效益的发展（包括经济效益、社会效益、环境效益等）。

2）减少水资源脆弱性。全球气候变暖将通过影响降雨、蒸发、径流、土壤湿度等改变全球水文循环的现状，引起水资源在时间和空间上的重新分配，加剧某些地区的洪涝和干旱灾害，引起可利用水资源的改变，进一步影响地球的生态环境和人类社会的经济发展。预计在未来，极端气候事件会变得更频繁，南涝北旱的格局会进一步加重，而水资源的短缺也将在全国范围内持续，加剧水资源的脆弱性。因此，水资源适应性管理要求缓解气候变化带来的不利影响，减小区域水资源脆弱性。

3）成本效益最佳。成本效益观念就是成本管理要从"投入"与"产出"的对比分析来看待"投入（成本）"的必要性、合理性，即考察成本高低的标准是产出（收入）与投入（成本）之比，该比值越大，则说明成本效益越高，相对成本越低；考察成本应不应当发生的标准是产生（收入）是否大于为此发生的成本支出，如果大丁，则该项成本是有效益的，应该发生。否则，就不应该发生。可见，在成本效益观念下，成本绝对数并非越低越好，关键看一项成本的发生产生的效益（收入或引起的企业总成本的节省）是否大于该项成本支出。成本效益观念是战略成本管理的重要基础，战略成本

管理的方法均体现了成本效益观念（甘永生，2007）。而传统成本管理则强调成本绝对数的节约，而这样做的结果可能是得不偿失的。

因此，本研究将成本效益最佳作为气候变化下水资源适应性管理的一个基本准则，分析内容主要包括：针对项目中可能达不到预期目标的情景，判别适应性管理对策可以减少或避免不必要的影响和损失；根据现价估算适应性管理对策的成本；估算适应性管理措施实施情况下可能产生的经济效益及可能避免的损失（如作物损失、发电损失等），均以现价表示；计算适应性管理措施的收益—成本比（B/C），确定提出的适应性管理项目是否在经济上有效益，以便有关部门进行决策，若各项措施的收益—成本比具有可比性时，要适当考虑收益量；对于那些现在缺少的成本数据，根据现有的知识进行估算（夏军，等，2008）。该分析将为决策过程提供充足的信息，以便进行适应性优化决策。

2. 应对气候变化水资源管理的指标体系

水资源适应性管理指标体系是度量区域（或流域）社会经济—水资源—生态环境复合系统发展特征的重要参数，通过水资源适应性管理准则，来定量评估水资源开发、利用和管理的可持续性。所以，水资源适应性管理指标应当具有以下功能：首先，应能描述和表征任一时刻区域（或流域）社会经济、水资源、生态环境的发展状况和变化趋势；其次，应能体现出区域（或流域）社会经济、水资源、生态环境的发展协调程度；第三，应能反映出区域（或流域）存在的水问题及其产生的根源。

根据水资源适应性管理的准则，区域（或流域）社会经济发展状况、生态环境质量状况、水文循环与水资源配置情况以及复合系统整体发展与内部子系统协调的情况是我们评估水资源适应性管理的主要依据，也是建立水资源适应性管理指标体系的主要来源。

水资源适应性管理的指标体系是一个多层次的复杂结构体系，大致可将其分为四大类：社会经济指标、水资源指标、生态环境指标和综合性指标，组成结构如图2-3-1所示。

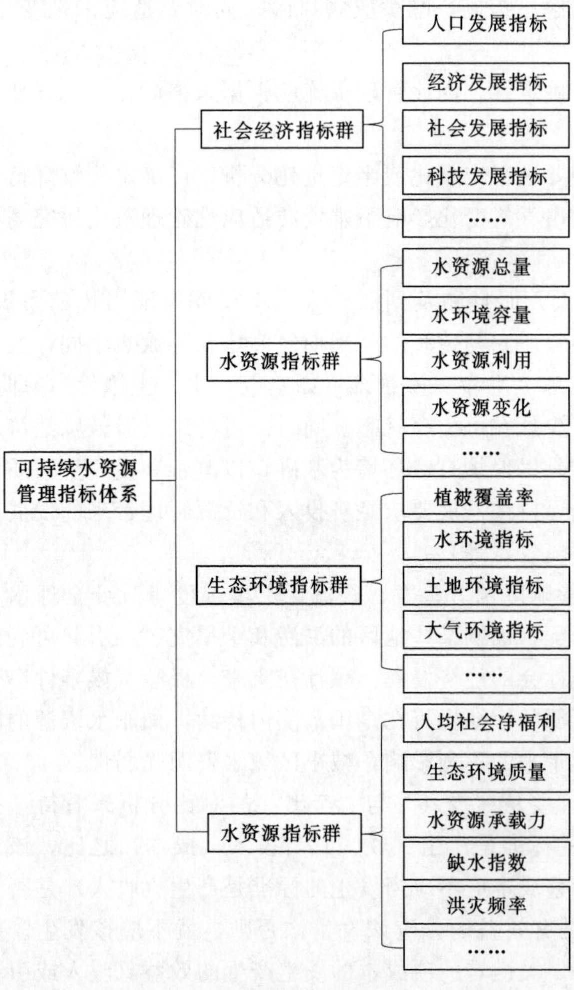

三、水资源适应性管理的多目标优化模型方法

利用多目标规划方法，构建考虑气候变化下水资源脆弱性的适应性管理模型。考虑到研究流域水资源供给条件以及水质情况，适应性管理模型需要围绕满足经济社会与环境协调发展为目标的水资源供给能力、未来需求的平衡关系以及经济社会可持续发展进行构建。可以用减小水资源脆弱性、最大可持续发展综合效益、适应性对策下效益最大等多个目标构建优化模型，即在保障水资源可持续利用前提下，结合社会经济和技术条件约束，探讨研究流域规划多目标情景下水资源保障程度最高状况下的各因素组合情况。

模型构建原则（夏军，等，2008）如下：

以最大可持续发展综合效益、适应性对策下效益最大满足水资源需求为目标。水资源是重要经济资源，是支撑社会经济活动正常运转的基础资源。未来，应该尽量满足人类用水

图2-3-1 水资源适应性管理指标体系结构框图

需求。

模型构建要尽量放宽可行域，实现目标效益优化。水资源的开发利用遵循自然规律和经济发展规律，充分考虑水资源和水环境的承载能力，但用水端要强化水资源节约和保护，妥善处理开发与保护的关系。这些关系不是简单的相等，而是呈现一定的浮动和关联性，因此模型构建要放宽可行域，从而得到多个可行解，便于管理对策制定和措施优选。

模型要统筹各因素贡献，突出给定目标下的重要因素。因各区域水资源开发利用情况差异显著，各区域水功能区水质状况以及社会经济发展情况也不一致，因此要统筹考虑研究各流域、水资源开发与保护的关系，以可持续发展综合效益、适应性对策下效益与脆弱性为重点。

模型构建服务于适应性管理，各要素优化要便于与规划目标比较。从流域实际出发，针对存在的水问题，针对未来目标，从多年平均水资源量、水质、未来需求、用水指标、社会经济发展状况等角度出发，构建适应性管理模型，模型优化结果将服务于现有管理政策、法规和管理制度建设。

据此，水资源多目标规划模型的建模思路（夏军，等，2008）如下：首先，由已制订的区域发展目标或根据对区域发展水平的预测，确定未来经济社会和生态环境的发展程度；然后，根据未来经济社会和生态环境的发展程度，预测区域的未来需水量及结构。同时，根据水文条件或不同水平年，对供水能力及结构进行预测。由此，进行水供需平衡计算，确定区域未来经济社会发展是否缺水，缺口大小。再后，根据缺水量，提出不同时期水资源开发利用和保护的各种方案，诸如开源节流、水价调整、水体保护等等，维持水供需平衡，以保证经济社会的协调发展，并对各种方案进行经济、社会和生态环境目标的综合效益评价。最后，在水供需平衡和资金等其他条件下，进行水资源多目标规划，选择最佳方案组合，使水资源开发利用和保护的综合效益达到最优，并使其与经济社会的发展相协调。

1. 模型一般表达式

进行多目标分析，首先需要明确分析目标，即所要研究的目的是什么，任务是什么。本研究综合考虑变化环境下水资源系统、生态环境和社会经济，以可持续发展、生态环境保护、减小水资源脆弱性和成本效益最佳为准则，确定模型目标函数为：水资源可持续发展度（f_1）、水资源脆弱性最小（f_2）和成本效益值最佳（f_3）为目标函数，分别代表水资源系统可持续发展程度、生态环境状况、气候变化下水资源脆弱性程度及经济发展状况。本文采用非线规划模型对研究流域气候变化下水资源脆弱性的适应性管理，模型如下：

（1）决策变量。气候变化下水资源适应性管理决策变量是指应对气候变化人类活动需要采取的适应性对策。水资源适应性多目标模型决策变量 X 为：用水总量（x_1）、用水效率（x_2）、水功能区达标率（x_3）和生态需水量（x_4）。

（2）目标函数。为了应对气候变化引起的水资源脆弱性，实施适应性管理对策，首先需要应用经济手段，量化水资源适应性管理中社会、经济和环境效益，并研究其与水资源脆弱性之间的影响关系。

根据水资源保障区域的需求，该目标下考虑以满足可持续发展综合效益最大、适应性对策下效益最大等为子目标函数。由此，确定适应性管理的目标函数为：

$$\max F(X) = \max\{f_1(X), f_2(X), f_3(X)\}, s.t. \ X \in S, X \geqslant 0 \qquad (2-3-1)$$

其子目标函数如下。

1）可持续发展目标：各规划水平年各地区综合发展测度（DD）最大。

$$\max(f_1(X)) = \max\left(\sum_{T=1}^{N} DD(T)/N\right) \qquad (2-3-2)$$

式中：DD 是水资源系统在 T 时段内可持续发展综合测度的量化值（无量纲量），可表示为

$$DD = EG(T)^{\beta_1} \times LI(T)^{\beta_2} \qquad (2-3-3)$$

式中 LI——水资源系统可承载隶属度；

EG——对经济增长的定量描述。

2）减小脆弱性目标：各规划水平年各地区水资源脆弱性（V）最小。

$$\min(f_2(X)) = \min\left(\sum_{T=1}^{N} V(T)/N\right) \qquad (2-3-4)$$

3）成本效益最佳目标：各规划水平年各地区成本效益（BC）最大。

$$\max(f_3(X)) = \max\left(\sum_{T=1}^{N} BC(T)/N\right) \qquad (2-3-5)$$

在进行运算时，要把子目标 $f_2(X)$ 转换为求总目标最大的问题。

（3）主要约束条件。水资源适应性管理中，除了目标函数要达到最大外，还应满足各项必须达到的指标和各类约束条件。模型的约束条件受构成目标函数和各子目标的各要素的数量和质量制约，包括水资源供需平衡、社会经济和生态环境保护等。

$$\left.\begin{array}{l} LI(T) \geqslant LI_0 \\ SDDT \geqslant SDDT_0 \\ V(T) \leqslant V(T)_0 \\ B/C \geqslant 1 \\ \text{其他约束条件} \end{array}\right\} \qquad (2-3-6)$$

1）水资源系统可持续发展。本研究对水资源系统"可持续发展"程度进行量化和分类。欲保证整个系统可持续发展，必然要求系统可承载程度达到某一最低水平（设为 LI_0）。另外欲使系统发展是可持续的，要求态势隶属度超过某一最低水平（设为 $SDDT_0$）。

2）水资源脆弱性约束。研究水资源适应性管理，需要首先了解气候变化对水资源脆弱性的影响，通过适应性管理达到减小气候变化下水资源脆弱性的目的。

3）成本效益约束。考虑到社会经济的可持续发展，为实现经济收益最大化，对水资源系统进行适应性管理时，需要充分考虑水资源适应性管理的投入成本，并使水资源适应性管理的收益最大化。

4）其他约束条件。针对具体的情况，可能还需要增加一些其他的约束条件，比如水资源总量、水资源供需平衡、区域耗水量、可利用水量、水资源利用效率、区域生态需水、水功能区达标率、万元 GDP 用水量、农业灌溉用水量等。

2. 模型求解方法

多目标决策模型的求解过程实质上是生成非劣解，即寻找距理想点距离最近的可行解。

下面将简单介绍优化模型的一般求解方法，并对各类方法在水资源适应性管理优化模型中应用的可能性作简单评述。

（1）非线性规划模型（NLP）。数学建模的分类方法有许多种，非线性规划是其中重要的一种。在近些年数学建模考试中经常运用此方法进行求解。非线性规划是 20 世纪 50 年代才开始形成的一门新兴学科，是研究一个 n 元实函数在一组等式或不等式的约束条件下的极值问题，且目标函数和约束条件至少有一个是未知量的非线性函数。在工程、管理、经济、科研、军事等方面都有广泛的应用，为最优设计提供了有力的工具（白春阳和石东伟，2011）。

非线性规划问题的一般数学模型可表述为求未知量 x_1，x_2，$\cdots$，x_n，使满足约束条件：

$$g_i(x_1, x_2, \cdots, x_n) \geqslant 0 \quad i=1, \cdots, m$$
$$h_j(x_1, x_2, \cdots, x_n) = 0 \quad j=1, \cdots, p$$

并使目标函数 $f(x_1, x_2, \cdots, x_n)$ 达到最小值（或最大值）。其中 f，诸 g_i 和 h_j 都是定义在 n 维向量空间 Rn 的某子集 D（定义域）上的实值函数，且至少有一个是非线性函数。

（2）多目标决策模型。水资源适应性管理的研究需要从经济社会可持续发展的角度来研究水资源与经济社会发展、生态环境以及其他资源之间的关系，因此水资源适应性管理问题是一典型的复合系统问题，这就为采用多目标决策模型进行水资源适应性管理分析提供了理论依据。由于多目标决策模型综合考虑了区域水、土、气候等限制资源及资源相互之间作用的关系，而且决策分析中可考虑人类不同目标和价值取向，融入决策者思想，比较适合处理社会、经济、生态、水资源系统这类复杂多属性多目标群决策问题。

人类社会离不开管理，而管理的核心问题就是决策。决策是人类的基本活动，从狭义角度讲，决策是指人们在不同的方案中做出选择的行为，而广义的决策则是人类解决一切问题的思维过程。随着人类的进步和社会的发展，决策问题从简单发展到复杂，决策分析技术从定性发展到半定量、再到定量，进而发展到定性与定量相结合。面对现实生活中存在的复杂的、庞大的决策问题，要求广大的管理科学学者研究与之相适应的决策理论和方法。

在现实生活和实际工作中，无论个人、企业和政府部门，都会遇到各种各样的需要做出恰当的判断并做出合理选择的问题。这些问题其中的一个重要特征就是同时涉及对多个目标诉求。例如在某地区修建水利工程时，就需要同时考虑多个方面的事项，从效益角度出发需要形成较高的水位以充分发挥其防洪的能力和发电效率，但从投入角度出发就要考虑工程建设的资金投入、对库区造成的掩没损失、移民搬迁的成本以及对当地气候造成的潜在风险，这样在确定库容的时候就必须综合发电能力、防洪水平、移民和工程投入、环境代价等多个目标。即使是买衣服这样的个人日常购物行为，也会涉及价钱、款式、颜色、面料、版型和做工质量等多个标准。

四、应对气候变化影响的水资源适应性管理与对策

基于山东省各流域 2000 年水资源脆弱性现状和 2030 年未来气候变化影响开展综合分析，通过适应性水资源管理的理论与方法，计算了对应不同情景的流域水资源脆弱性、可持续发展指数等效益评价的效果，提出应对气候变化影响的适应性水资源管理对策与建议。

1. 变化环境下山东省各流域适应性水资源管理与对策的情景选择

现状条件下的山东省水资源状况是最真实和现实的情况。面向未来，山东省人口将在 2033 年左右达到高峰，未来 20～30 年中国将面临严峻的水资源供需矛盾与挑战，需要采取应对气候变化和人类活动影响挑战的适应性水资源管理。根据 IPCC 最新的第五次评估报告（IPCC-AR5）和多模式预估结果，未来气候变化设置了 RCP2.6、RCP4.5 和 RCP8.5 三个浓度排放情景。由于未来气候变化对水资源的影响具有不确定性，因此，基于适应性水资源管理的"最小遗憾"原则，针对未来气候变化影响采取最不利的情景分析是适当的，也是应对气候变化不确定性的风险分析的一种有效的方式。依据未来气候变化情景预估的分析和评价成果，本研究选取了最接近山东省 2030 年未来减排情况的 RCP4.5 情景，对水资源可能产生的各种影响开展分析，选取其中最不利的组合情景，分析采取不同适应性对策和措施的效果。

2. 针对供需关系水资源规划问题的适应性管理指标体系与调控变量

结合气候变化背景下的水资源脆弱性分析与适应性调控的系统关系和指标体系，依据国家可持续发展、"三条红线"的严格水资源管理和生态文明建设战略，采用可持续水资源管理和减少脆弱性的适应性管理准则，对未来最不利情景下水资源状况设计不同的适应性决策措施集，其中包括：

（1）用水总量调控。2030 年全国用水总量不超过 7000 亿 m³，东部季风区各流域用水总量按照各流域规划修编分解的总量控制。

（2）用水效率调控（农业、工业、生活）。2030 年用水效率达到或接近世界先进水平，万元工业增加值用水量降低到 40m³ 以下，农田灌溉水有效利用系数提高到 0.6 以上。

（3）水质管理调控。确立水功能区限制纳污红线。到 2030 年主要污染物入河湖总量控制在水功能区纳污能力范围之内，水功能区水质达标率提高到 95% 以上。

（4）生态用水调控。河湖生态用水不小于水资源规划的最小生态需水，2030 年前逐步提高河湖生态用水的保证率。分别和组合对其实施调控的管理目标与效果进行评估分析，以选取最优决策集。

3. 气候变化影响下水资源适应性管理与决策的图集与分析

为了寻求山东省水资源适应性管理的途径，需要分析不同管理对策的效果以及最优对策的建议。调控决策集设计组合如表2-3-1所示。

表2-3-1　　　　现状和未来气候变化情景下水资源适应性管理设计方案组合

方案	调控变量（决策变量）			
	用水总量	用水效率	水功能区达标率	最小生态需水
1	●			
2		●		
3			●	
4				●
5	●	●		
6	●		●	
7	●			●
8		●	●	
9		●		●
10			●	●
11	●	●	●	
12	●	●		●
13		●	●	●
14	●		●	●
15	●	●	●	●

根据严格水资源管理的"三条红线"调控和生态用水调控（满足最小生态需水）等要求，表中列出了15个适应性水资源管理的不同方案，其中决策集1、决策集2、决策集3、决策集4和决策集15是分析重点。

按照山东省水资源评价2000年的基准年基础信息，评估现状条件下山东省各流域的社会经济状况（人均GDP）、水环境状况（以超Ⅴ类河长比代表）、经济社会可持续发展状态（DD指数），进一步计算综合考虑了水灾害风险、暴露度及敏感性和抗压性特点的水资源脆弱性（V），如图2-3-2～图2-3-4所示。

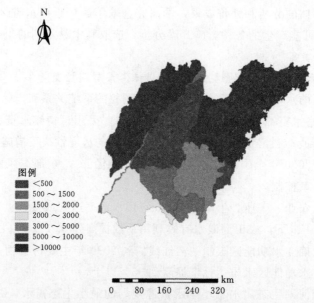

图2-3-2　山东省流域基准年人均GDP分布

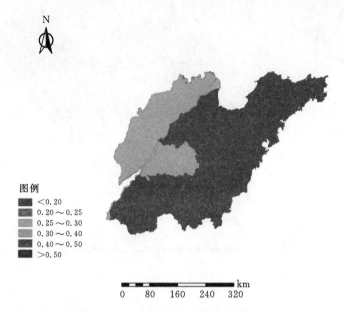

图 2-3-3　山东省流域Ⅴ类以上河长比

同时也计算评估了未来气候变化影响下山东省流域最不利情景下对应的水资源脆弱性 V 与可持续发展指数 DD，如图 2-3-4～图 2-3-8 所示。

分析与评估表明：

现状条件下（2000 年）山东省社会经济发展较快的是沿海经济带，而水环境污染比较重的主要在鲁南地区，是水资源脆弱性比较集中的地区。整个山东省流域处于高脆弱状态。说明山东省水资源供需状况和环境状况的严峻性。从山东省各流域脆弱性比较看，徒骇马颊河、小清河、大汶河、湖东区的水资源脆弱性最高，是变化环境下流域水资源管理和适应性管理实践的重点流域。

未来气候变化影响的最不利情景下，仅从脆弱性分布看，整个山东省流域严重脆弱性区域较 2000 年实际情况有较明显的扩散，重度脆弱性地区接近 100%。水旱灾害、社会经济财产分布表达的暴露度与风险及其联系的水资源供需矛盾不仅集中在以济南为中心的流域范围内，山东省其他流域范围也可能面临发生的水危机。

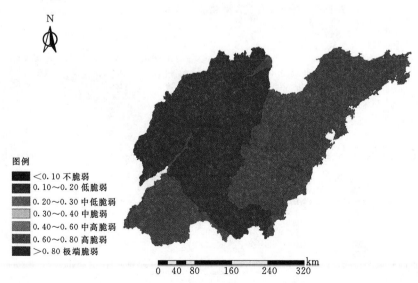

图 2-3-4　山东省流域基准年水资源脆弱性

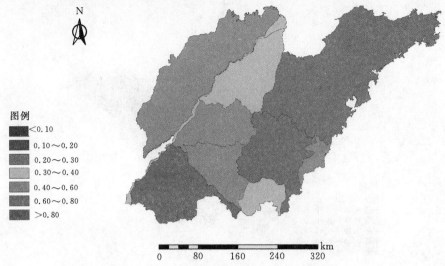

图 2 - 3 - 5 山东省流域基准年可持续发展度

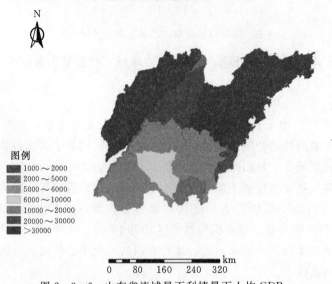

图 2 - 3 - 6 山东省流域最不利情景下人均 GDP

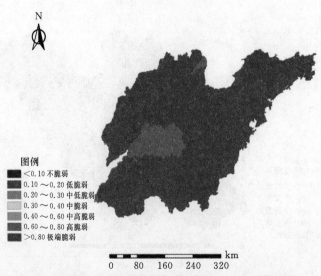

图 2 - 3 - 7 山东省流域最不利情景下水资源脆弱性

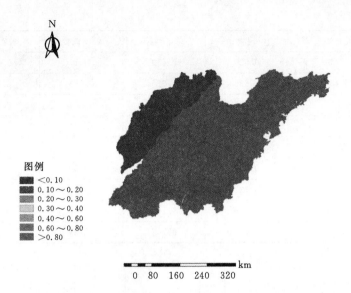

图 2-3-8　山东省流域最不利情景下可持续发展度

4. 变化环境下山东省流域水资源适应性管理与对策效益分析

依据应对气候变化的水资源适应性管理的准则、目标、理论与方法，完成了针对山东省流域现状水资源脆弱性所做适应性管理 15 个不同情景分析，见表 2-3-2，其中重点是分析的下列方案集：

方案 1：总量调控（其他不变）。

方案 2：用水效率调控（其他不变）。

方案 3：功能区达标调控（其他不变）。

方案 4：生态需水调控（其他不变）。

方案 15：总量调控＋用水效率调控＋水功能区调控＋生态需水调控。

表 2-3-2　　　　　　　　　　　　　山东省流域水资源三级分区

序号	1	2	3	4	5	6	7	8	9	10	11	12	13	14	15
流域名称	漳卫河平原	黑龙港及运东平原	徒骇马颊河	金堤河和天然文岩渠	大汶河	花园口以下干流区间	王蚌区间北岸	蚌洪区间北岸	湖东区	湖西区	中运河区	沂沭河区	日赣区	小清河	胶东诸河

针对 2000 年水资源现状条件和未来气候变化的最不利水资源脆弱性，采取适应性管理的不同决策情景，分析评估其效果和效益。

现状条件下山东省流域水资源适应性管理的决策效果分析如图 2-3-9 和表 2-3-3 所示。未来气候变化影响条件下最不利的情景决策分析效果分析如图 2-3-10 和表 2-3-4 所示。

表 2-3-3　　　　　　　　　　2000 年三级区方案调控后脆弱性 V 分析列表

序号	三级区	现状	总量调控	效率调控	水质调控	生态调控
1	漳卫河平原	0.940	0.930	0.920	0.780	0.923
2	黑龙港及运东平原	0.917	0.909	0.900	0.761	0.900
3	徒骇马颊河	1.056	0.976	0.996	0.802	1.047
4	金堤河和天然文岩渠	0.985	0.958	0.965	0.768	0.974
5	大汶河	0.898	0.879	0.875	0.700	0.888
6	花园口以下干流区间	0.644	0.635	0.643	0.502	0.636

续表

序号	三级区	现状	总量调控	效率调控	水质调控	生态调控
7	王蚌区间北岸	0.629	0.619	0.617	0.543	0.615
8	蚌洪区间北岸	0.636	0.625	0.633	0.549	0.621
9	湖东区	0.852	0.833	0.851	0.698	0.838
10	湖西区	0.736	0.722	0.731	0.603	0.723
11	中运河区	0.940	0.912	0.922	0.770	0.924
12	沂沭河区	0.769	0.753	0.758	0.630	0.756
13	日赣区	0.723	0.709	0.723	0.592	0.710
14	小清河	1.119	1.108	1.103	0.843	1.110
15	胶东诸河	0.757	0.746	0.739	0.570	0.751

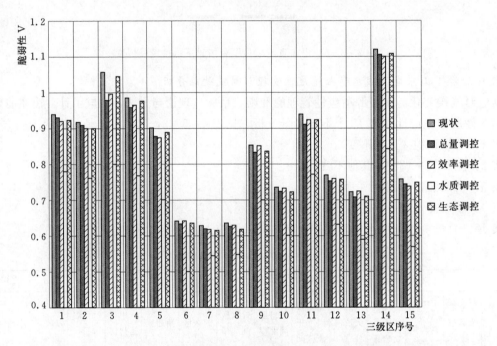

图 2-3-9　现状条件下山东省各三级流域单个调控对策的脆弱性 V 变化

表 2-3-4		最不利情景三级区方案调控后 V 分析列表				
序号	三级区	现状	总量调控	效率调控	水质调控	生态调控
1	漳卫河平原	0.940	0.929	0.927	0.780	0.923
2	黑龙港及运东平原	0.917	0.915	0.914	0.761	0.900
3	徒骇马颊河	1.056	1.044	1.043	0.802	1.047
4	金堤河和天然文岩渠	0.638	0.629	0.634	0.497	0.631
5	大汶河	0.691	0.681	0.679	0.538	0.683
6	花园口以下干流区间	0.634	0.625	0.632	0.494	0.626
7	王蚌区间北岸	0.885	0.877	0.875	0.764	0.865
8	蚌洪区间北岸	0.894	0.886	0.884	0.772	0.874
9	湖东区	0.958	0.949	0.950	0.785	0.941
10	湖西区	0.953	0.946	0.944	0.781	0.937
11	中运河区	0.940	0.934	0.932	0.770	0.924

续表

序号	三级区	现状	总量调控	效率调控	水质调控	生态调控
12	沂沭河区	0.934	0.929	0.925	0.765	0.918
13	日赣区	0.923	0.912	0.913	0.756	0.907
14	小清河	0.964	0.943	0.960	0.726	0.956
15	胶东诸河	0.967	0.946	0.933	0.728	0.959

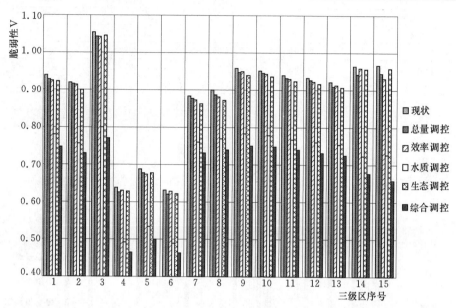

图 2-3-10　未来气候变化影响最不利情景下山东省流域单个调控对策的脆弱性 V 变化

研究表明：无论是 2000 年山东省水资源脆弱性比较严峻的现状条件下，还是面向未来气候变化影响的最不利水资源脆弱性条件下，如果采取国家提出的严格水资源管理的"三条红线"调控以及生态需水保障的适应性对策，无论从减少水资源脆弱性 V 还是可持续发展指数 DD 的目标准则看，适应性管理的效果是十分明显的，其中：

（1）从山东省各流域整体水资源系统减少脆弱性目标看，单项调控最为敏感的是水功能区达标调控，其次是用水效率调控、用水总量调控和生态用水调控。这说明以可持续发展为目标、水资源的供需管理为应用目的的适应性管理是有效果和效益的，其中如何提高水的利用效率及其生产率、如何管理和调配好水资源以及如何治理好水污染问题维系河湖生态健康至关重要。国家实施的"三条红线"为特色的最严格水资源管理制度和生态文明建设的每一项措施都很重要，缺一不可。

（2）从山东省各流域的整体水资源系统可持续发展指数的目标看，无论现状还是未来，单项调控最为敏感的是水功能区达标调控，其次是水资源利用效率、生态用水与用水总量控制（图 2-3-11、图 2-3-12 和表 2-3-5）。事实上，目前山东省河湖水功能区水质达标率不到 40%。2010 年超过 2/3 的湖泊富营养化。"三条红线"的严格水资源管理对策，难度最大的就是如何实现水功能区达标的目标。以可持续发展为目标的水资源适应性管理，如何治理好环境、修复破坏的生态系统，维系河湖生态健康成为适应性水资源管理一个关键性任务。

表 2-3-5　　　　　　　　2000 年三级区调控后可持续发展指数分析列表

序号	三级区	现状	总量调控	效率调控	水质调控	生态调控
1	漳卫河平原	0.324	0.331	0.333	0.704	0.330
2	黑龙港及运东平原	0.392	0.400	0.398	0.853	0.400
3	徒骇马颊河	0.338	0.347	0.345	1.164	0.341

续表

序号	三级区	现状	总量调控	效率调控	水质调控	生态调控
4	金堤河和天然文岩渠	0.368	0.375	0.378	1.075	0.372
5	大汶河	0.398	0.407	0.410	1.164	0.403
6	花园口以下干流区间	0.244	0.245	0.245	0.714	0.247
7	王蚌区间北岸	1.097	1.115	1.118	1.562	1.122
8	蚌洪区间北岸	0.828	0.840	0.831	1.180	0.848
9	湖东区	0.310	0.315	0.316	0.708	0.315
10	湖西区	0.406	0.410	0.412	0.927	0.413
11	中运河区	0.291	0.298	0.292	0.666	0.296
12	沂沭河区	0.596	0.607	0.604	1.363	0.607
13	日赣区	0.353	0.360	0.353	0.807	0.359
14	小清河	0.284	0.290	0.285	1.043	0.286
15	胶东诸河	0.425	0.433	0.437	1.563	0.429

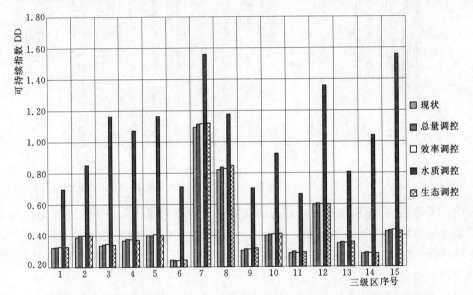

图 2-3-11 现状条件下山东省流域单个调控对策的可持续指数 DD 变化

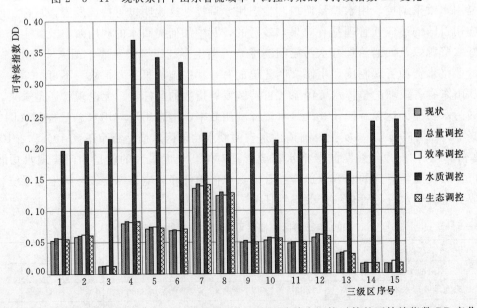

图 2-3-12 未来气候变化影响最不利情景下山东省流域单个调控对策的可持续指数 DD 变化

（3）在所有 V 和 DDT 目标非劣解集方案中，"总量调控＋用水效率调控＋水功能区调控＋生态需水调控"方案 15 最优。

适应性水资源管理与最优对策的分析表明：应对环境变化的山东省水资源规划与管理，当采取有针对性的适应性的水资源综合对策与措施，其效果（V）和效益（DD）是相当显著的，其中：

现状条件下采取综合最优调控对策，脆弱性 V 的减少幅度最大达 30.9％，可持续发展指数 DD 增加幅度最大达 120％（图 2-3-13～图 2-3-18）。

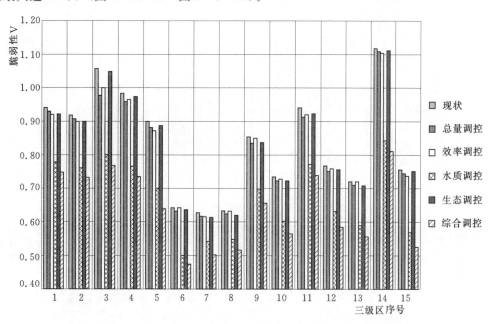

图 2-3-13　现状条件下山东省综合调控对策的脆弱性 V 变化

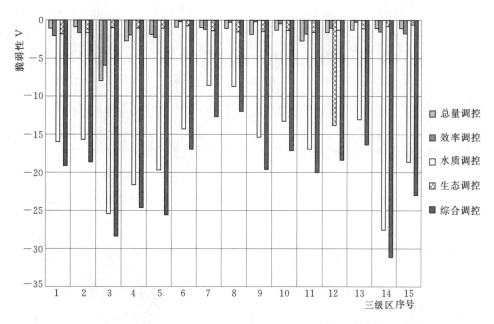

图 2-3-14　现状条件下山东省流域综合调控对策的脆弱性 V/％变化

未来气候变化影响的最不利条件下，采取综合最优调控对策，山东省流域的水资源脆弱性 V 的变化和减少的幅度最大达 30.6％，可持续发展指数 DD 增加幅度达 30.2％（图 2-3-19～图 2-3-20）。

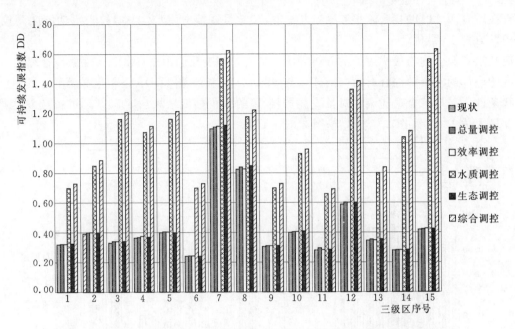

图 2-3-15　现状条件下山东省流域综合调控对策的可持续发展指数 DD 效益

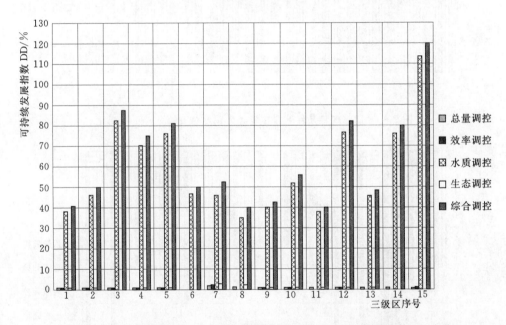

图 2-3-16　现状条件下山东省流域综合调控对策的可持续发展指数 DD 变化

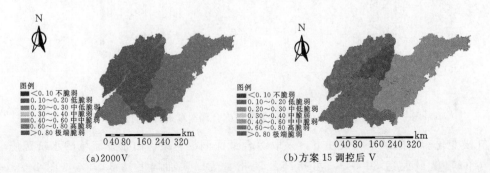

图 2-3-17　2000 年现状条件下，采用最优适应性调控对策（方案 15）的水资源脆弱性比较

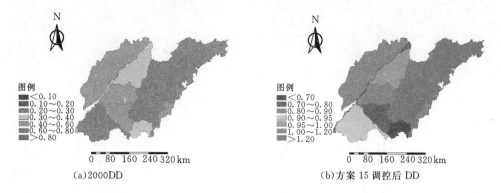

图 2-3-18　2000 年现状条件下，采用最优适应性调控对策（方案15）的可持续发展指数比较

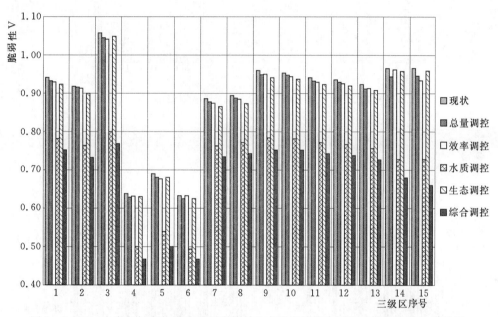

图 2-3-19　未来气候变化影响最不利情景山东省流域综合调控对策的脆弱性 V 效果

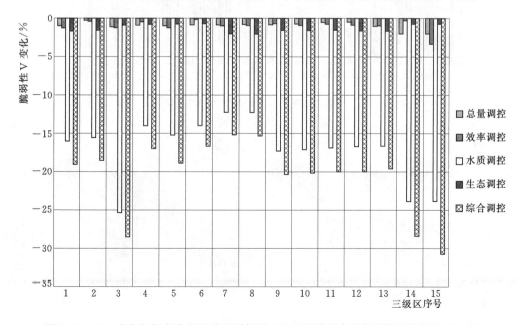

图 2-3-20　未来气候变化影响最不利情景山东省流域综合调控对策的脆弱性 V 变化

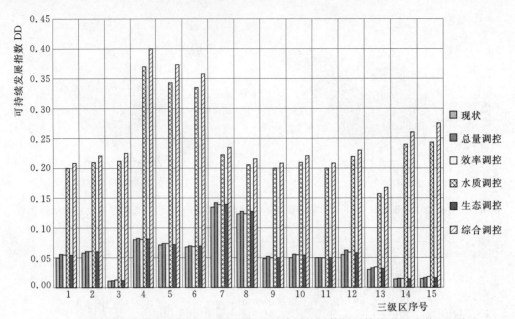

图 2-3-21 未来气候变化影响下最不利情景综合调控对策的可持续发展指数 DD 效益

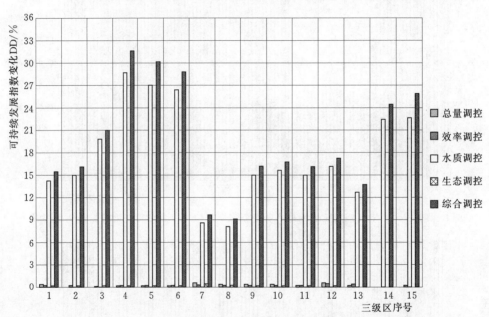

图 2-3-22 未来气候变化影响下综合调控对策的可持续发展指数 DD 效益

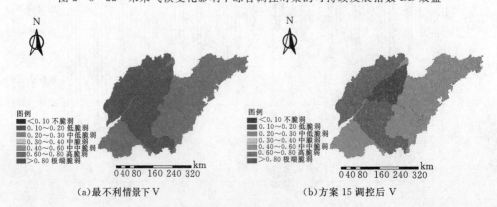

图 2-3-23 气候变化影响下未来最不利情景山东省流域采用最优适应性调控对策（方案 15）的水资源脆弱性

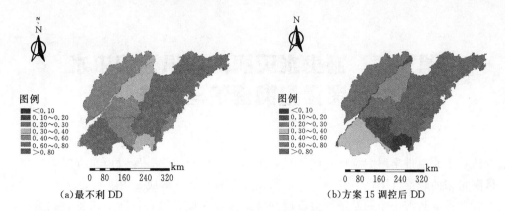

图 2-3-24　气候变化影响下未来最不利情景山东省流域采用最优适应性调控对策（方案 15）的可持续发展指数

（4）山东省流域适应性管理与对策效应分析。适应性管理的情景优化分析表明：由于各流域所处的自然水土条件不同、社会经济发展水平以及生态环境问题的不同，它们之间的适应性水资源管理的对策效果也是有明显差别的。

其中，山东地区的徒骇马颊河、小清河、大汶河、湖东区流域，由于社会经济发展快、缺水严重，水环境问题也比较突出，实施严格水资源管理和保障生态需水调控后的效果最为明显。小清河流域脆弱性 V 的减少幅度最大，达 30.9%，胶东诸河可持续发展指数 DD 增幅最大，达 120%。

第三章 减少水灾害的中小河流洪水预警预报的理论与方法

山东省特殊的北温带半湿润季风气候特征和海陆相间地理位置，导致山东省降雨时空分配不均，此外，风暴潮带来的暖湿气团极易造成短时期高强度降雨，最终形成暴雨洪水，给人民的生命财产带来重大损失，严重威胁着山东的经济社会发展和生态文明建设。尽管目前山东省已建成 60 多万项水利工程防御设施，但洪水灾害的威胁并未得到根本的解决。洪水预警预报是一种重要的防洪减灾非工程措施，快速、高精度的洪水预警预报，能为水利工程的运行，及防洪指挥调度提供坚实的决策依据和可靠的技术支撑。

近十几年来，随着我国大江大河防洪工程的建设，长江黄河等防汛形势每年仍紧张，总体看是安全的，有比较好的预防能力。我国中小河流众多，河源短、水流急，高强度的突发洪水灾害多，洪水具有强度大、历时短、难预报、难预防的特点，水文非线性问题相当突出，且大部分河流水文测站偏少，应急监测手段不够，无资料问题严峻，预报方案不健全。因此，中小河流山洪的预报和防御已成为目前防洪减灾工作的难点和重点。由于水文复杂性和紧迫的应用需求，着眼于变化环境联系的非线性、时变的系统水文学方法得到了发展，从系统论的角度，通过少量参数识别降雨-径流之间的非线性关系，不仅成为解决中小河流洪水预警预报的有效方法，更成为国际水文科学研究的热点之一。

第一节 水文时变增益系统模型的理论与方法

时变增益水文非线性系统模型（Time Variant Gain Model，TVGM）于 1989—1995 年期间在爱尔兰国立大学（UCG）国际河川径流预报研讨班时首次提出（夏军，1997）。利用中国及世界不同地区的水文、气象资料，通过水文系统理论方法的分析与应用，以降雨径流之间简单的非线性系统关系，等价地模拟 Volterra 泛函级数表达的复杂非线性水文过程，其中重要的贡献是产流过程中降雨和土壤湿度（即土壤含水量）不同所引起的产流量变化。

一、模型结构

1. TVGM 的提出

时变增益模型 TVGM 由流域产流模块和汇流模块两部分组成。

在产流模块中，有效净雨 R 表达为降雨 X 和系统增益 G 之积

$$R(t)=G(t)X(t) \qquad (3-1-1)$$

显然，系统增益 $G(t)$ 的水文概念为流域的产流系数（$0 \leqslant G(t) \leqslant 1.0$）。通过对世界多个不同流域的水文长序列资料分析，夏军发现水文系统增益因子并非常数，而是与土壤湿度有关系，为时变增益因子。

如果缺乏土壤含水量资料，流域土壤前期影响雨量（API）是一个较理想的替代指标。水文时变增益因子 $G(t)$ 与流域前期土壤影响雨量 $API(t)$ 之间的关系可以简单的表达为

$$G(t)=g_1 API^{g_2}(t) \qquad (3-1-2)$$

或者将式（3-2-2）进行泰勒展开，可进一步将表达式简化为

$$G(t)=g_1+g_2 API(t) \qquad (3-1-3)$$

式中 g_1 和 g_2——时变增益因子的相关参数；

$API(t)$——可采用单一的线性水库系统进行模拟，即：

$$API(t) = \int_0^t U_0(\sigma)X(t-\sigma)d\sigma = \int_0^t \frac{\exp\left(-\dfrac{\sigma}{K_e}\right)}{K_e}X(t-\sigma)d\sigma \qquad (3-1-4)$$

式中 K_e——与流域蒸发和土壤性质有关的滞时参数，一般约为系统记忆长度 m 的某个倍数。系统记忆长度通常与流域面积、流域坡度等有关，可通过经验分析确定。

将式（3-1-3）代入式（3-1-1），可得：

$$R(t) = g_1 X(t) + g_2 API(t)X(t) \qquad (3-1-5)$$

或

$$R(t) = g_1 X(t) + \int_0^t g_2 U_0(t-\sigma)X(\sigma)X(t)d\sigma \qquad (3-1-6)$$

只要给定参数（g_1，g_2）和 K_e 便可由毛雨量计算净雨量。

在流域汇流模块中，即使采用了简单的响应函数模型，即

$$Y(t) = \int_0^m U(\tau)R(t-\tau)d\tau \qquad (3-1-7)$$

式中 $U(\tau)$——系统的响应函数。

从理论上可以证明：降雨径流的系统关系是非线性的。因为将式（3-1-6）代入式（3-1-7）可导出典型的 $Volterra$ 非线性积分方程

$$\begin{aligned}
Y(t) &= \int_0^m U(t-\tau)R(\tau)d\tau \\
&= \int_0^m U(t-\tau)\left[g_1 X(\tau) + g_2 API(\tau)X(\tau)\right]d\tau \\
&= \int_0^m g_1 U(t-\tau)X(\tau)d\tau + \int_0^m g_2 U(t-\tau)API(\tau)X(\tau)d\tau \\
&= \int_0^m g_1 U(t-\tau)X(\tau)d\tau + \int_0^m \int_0^\tau g_2 U_0(t-\sigma)U(t-\tau)X(\sigma)X(\tau)d\sigma d\tau \\
&= \int_0^m H_1(t-\tau)X(\tau)d\tau + \int_0^m \int_0^\tau H_2(t-\sigma, t-\tau)X(\sigma)X(\tau)d\sigma d\tau \qquad (3-1-8)
\end{aligned}$$

式中 $H_1(t-\tau) = g_1 U(t-\tau)$；

$H_2(t-\sigma, t-\tau) = g_2 U_0(t-\sigma)U(t-\tau)$；

m——记忆长度；

τ 和 σ——与时间积分有关的变量。

式（3-1-8）的系统分析表明，引入时变增益有关概念，能够使得过去比较复杂的水文非线性系统模拟，即 $Volterra$ 非线性泛函级数模拟，可以用一种水文系统概念性的简单模型（$TVGM$）来实现，二者之间有内在联系。不仅如此，夏军的进一步研究表明，该模型容易实现校正作业，也容易扩展到非线性季节扰动的水文系统。通过实际资料检验，$TVGM$ 非线性模型预报效率要明显优于线性水文系统方法。

2. TVGM 的发展——二水源 TVGM

河道洪水包括地表径流和地下径流，在我国湿润、半湿润地区，地下径流含量能达到总径流的 $20\% \sim 40\%$。洪水预报模型中，地下径流的模拟在提高洪水预报精度，改善水资源管理，及加强后期枯季径流退水都起着至关重要的作用。传统 TVGM 模型结构简单，水源单一，仅考虑了地表径流对降雨的快速响应，在地下径流比重较小的地区能得到较好的发展和应用。但在湿润、半湿润地区，往往出现模型计算洪水过程退水过速，地下径流偏小。二水源 TVGM 在传统 TVGM 基础之上，增加地下径流模块，发展并提出了多水源时变增益模型。二水源 TVGM 在原有的两个产流参数 g_1、g_2 的基础上，增加一个地下产流参数 g_3，既继承了传统 TVGM 参数少，结构简单的优点，又完善了模

型结构，使计算结果更符合实际的水文过程，并将其应用到淮河流域洪水预报中。二水源时变增益模型结构流程图及原理如图 3-1-1 所示。图中方框外为参数，方框内为模型计算原理及公示。输入为实测降雨量过程 $P(t)$；输出为流域出口断面流量过程 $Q(t)$。

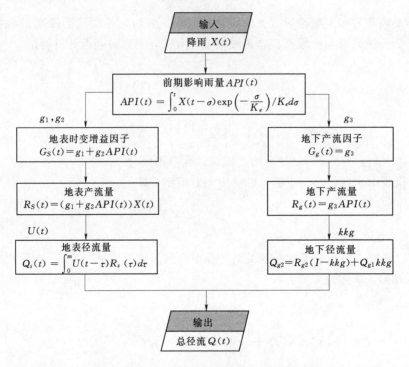

图 3-1-1 二水源时变增益模型结构流程图

（1）二水源 TVGM 产流模型。在产流计算中，流域总产流量划分为地表产流量 R_s 和地下产流量 R_g 两部分。其中，地表产流量描述为地表产流因子与实际降雨的乘积关系。

$$R_s(t) = G_s(t)X(t) \tag{3-1-9}$$

式中 $G_s(t)$——地表产流因子；

$\quad\quad X(t)$——实际降雨过程；

$\quad\quad R_s(t)$——地表产流过程。

地表产流方式仍采用时变增益的思想，即：

$$G_s(t) = g_1 + g_2 API(t) \tag{3-1-10}$$

将式（3-1-10）代入式（3-1-9），可得：

$$R_s(t) = g_1 X(t) + g_2 API(t)X(t) \tag{3-1-11}$$

或

$$R_s(t) = g_1 X(t) + \int_0^t g_2 U_0(t-\sigma)X(\sigma)X(t)d\sigma \tag{3-1-12}$$

只要给定参数（g_1，g_2）和 K_e 便可由实测毛雨量计算地表净雨量。

地下产流模块中，由于 API 在一定程度上代表土壤含水量，因此，地下产流量 R_g 采用地下增益因子 g_3 与土壤前期影响雨量 API 之积表示，参数简单，方便合理。

$$R_g(t) = g_3 API(t) \tag{3-1-13}$$

式中 g_3——地下产流系数，与流域下垫面特性有关，如土地利用方式。

因此，总产流量 R 即为地表产流量 R_s 与地下产流量 R_g 之和：

$$R(t) = R_s(t) + R_g(t) \tag{3-1-14}$$

将式（3-1-10）、式（3-1-11）、式（3-1-13）代入式（3-1-14）中，可得总产流量的计

算公式为:

$$R(t) = G_s(t)X(t) + G_g(t)API(t)$$
$$= [g_1 + g_2 API(t)]X(t) + g_3 API(t) \qquad (3-1-15)$$

(2) 二水源 TVGM 汇流模型。在二水源时变增益模型中，地表汇流可采用经验单位线或 Nash 瞬时单位线进行汇流计算，Nash 瞬时单位线的公式为

$$u(0,t) = \frac{1}{K\Gamma(n)} \left(\frac{t}{k}\right)^{n-1} e^{-t/k} \qquad (3-1-16)$$

式中　n——反映流域调蓄能力的参数，相当于线性水库的个数或水库的调节次数；

　　　K——线性水库的蓄泄系数，具有时间因次；

　$\Gamma(n)$——Γ 函数，即 $\Gamma(n) = \int_0^\infty x^{n-1} e^{-x} dx$。

由于直接净雨过程很难用一个连续函数来描述，常用离散形式来表达，因此在实际工作中一般不直接应用瞬时单位线推求流域出口断面的流量过程。通常的处理方法是先把瞬时单位线 $u(0, t)$ 转换为 $S(t)$ 曲线，然后再用 $S(t)$ 曲线推求无因次时段单位线 $u(\Delta t, t)$，最后再把无因次时段单位线 $u(\Delta t, t)$ 转化为时段单位线 $q(\Delta t, t)$。借助时段单位线即可推求出流域出口断面流量过程。其中，Δt 为输入降雨、径流数据的时间间隔。

Nash 单位线时间无量纲后的 $S(t)$ 曲线如下:

$$S(t) = \int_0^t u(0,t) dt = \frac{1}{\Gamma(n)} \int_0^{t/K} \left(\frac{t}{K}\right)^{n-1} e^{-t/k} d\left(\frac{t}{K}\right) \qquad (3-1-17)$$

式中　$\int_0^{t/K} \left(\frac{t}{K}\right)^{n-1} e^{-t/k} d\left(\frac{t}{K}\right) \approx \left[\frac{1}{n} + \frac{\frac{t}{K}}{n(n+1)} + \cdots + \frac{\left(\frac{t}{K}\right)^i}{n(n+1)L(n+i)} + \cdots\right] e^{-\frac{t}{K}} \left(\frac{t}{K}\right)^n$。

根据水量平衡原理，瞬时单位线和时间轴所包围的面积应等于 1 个水量，即: $\int_0^\infty u(0,t) dt = 1.0$。因此，在求解 S 曲线时，当 $S(t) \geqslant 0.9999$ 时，可停止计算，并将此时的 t 记作 T_n，即单位线的历时。

将 $S(t)$ 曲线进行如下转换可得无因次时段单位线:

$$u(\Delta t, t) = S(t) - S(t-1) \quad (t = 2, 3, \cdots, T_u) \qquad (3-1-18)$$

于是可得到时段为 Δt，净雨深为 1mm 的有因次时段单位线:

$$q(\Delta t, t) = u(\Delta t, t) \frac{F}{3.6\Delta t} \quad (t = 2, 3, \cdots, T_u) \qquad (3-1-19)$$

式中　F——流域面积，以 km^2 计；

$q(\Delta t, t)$——有因次时段单位线。

若 $R_s(t)$ 为地表净雨过程，则 $R_s(t)$ 与时段单位线 $q(\Delta t, t)$ 的离散卷积公式为:

$$Q(t) = \sum_{i=1}^{T_u} q(\Delta t, i) h(t-i+1) \quad (t = 1, 2, \cdots, T_Q, 1 \leqslant t-i+1 \leqslant T_h) \qquad (3-1-20)$$

式中　T_Q——地表径流历时；

　　　T_h——净雨历时；

　　　T_u——单位线历时。

只要确定瞬时单位线参数 (n, K)，即可计算流域出口地表汇流量。

由于地下水的水面比降较为平缓，可认为其涨落洪蓄泄关系相同，则地下径流的水量平衡方程和蓄泄关系可表示为

$$I_g - Q_g - E_g = \frac{dW_g}{dt} \qquad (3-1-21)$$

$$W_g = k_g Q_g$$

式中 I_g，E_g——地下水库的入流量和蒸发量；

Q_g——出流量；

W_g——地下水库蓄水量；

k_g——蓄泄常数，反映地下水的平均汇集时间。

将上式离散化处理可得

$$(\overline{I_g}-\overline{E_g})\Delta t-\overline{Q_g}\Delta t=k_g(Q_{g2}-Q_{g1})$$

即

$$(\overline{I_g}-\overline{E_g})\Delta t-\frac{Q_{g1}+Q_{g2}}{2}\Delta t=k_g(Q_{g2}-Q_{g1})$$

进一步可得到

$$Q_{g2}=\frac{\Delta t}{k_g+0.5\Delta t}(\overline{I_g}-\overline{E_g})+\frac{k_g-0.5\Delta t}{k_g+0.5\Delta t}Q_{g1} \qquad (3-1-22)$$

式中 Q_{g1}，Q_{g2}——时段始、末地下径流出流量，$\mathrm{m^3/s}$；

$\overline{I_g}$——时段内地下水库的入流量，$\mathrm{m^3/s}$；

$\overline{E_g}$——时段内地下水库的蒸发量，$\mathrm{m^3/s}$；

Δt——计算时段，h。

令 $KKG=\dfrac{k_g-0.5\Delta t}{k_g+0.5\Delta t}$，则 $\dfrac{\Delta t}{k_g+0.5\Delta t}=1-KKG$，故上式可改写为

$$Q_{g2}=(\overline{I_g}-\overline{E_g})(1-KKG)+Q_{g1}KKG \qquad (3-1-23)$$

若时段内的地下净雨深为 R_g，则有

$$\overline{I_g}-\overline{E_g}=\frac{R_g \cdot F}{3.6\Delta t} \qquad (3-1-24)$$

式中 F——流域面积，$\mathrm{km^2}$；

3.6——折算系数；

其余符号意义同上。

将式（3-1-24）代入式（3-1-23），即可得线性水库地下汇流的计算公式：

$$Q_{g2}=R_g(1-KKG)U+Q_{g1}KKG \qquad (3-1-25)$$

式中 U——折算系数，即 $\dfrac{F\ (km^2)}{3.6\Delta t\ (h)}$。

只要确定线性水库参数 KKG，即可计算流域出口地下汇流量。

二、参数率定

1. 产流模型参数识别

时变增益的 TVGM 产流模型参数为 (g_1, g_2, g_3)。

产流参数识别的原理是基于产汇流的水量平衡方程

$$\int_0^T Q(t)\mathrm{d}t=\int_0^T R(t)\mathrm{d}t \qquad (3-1-26)$$

式中 Q——流量，$\mathrm{m^3/s}$；

R——净雨量，mm；

T——一个足够长的时段。

事实上，流量序列可视为净雨的时间分配过程，对于一个足够长的时段，可以保证式（3-1-26）水量平衡方程式的成立。

取定一个影响长度 T_m（通常取系统记忆长度的某个倍数）后，对于不同的产流过程，均有相应的产汇流水量平衡方程，即

$$\int_{t-T_m}^{t} Q(s)\mathrm{d}s \approx \int_{t-T_m}^{t} R(s)\mathrm{d}s \tag{3-1-27}$$

为了避免斜线法、退水曲线法等传统基流分割方法带来的不确定性和主观性，时变增益模型采用国际上普遍认可和接收的数字滤波方法，将实测径流 Q 分割为地表径流 Q_s 和地下径流 Q_g。

对于地表汇流过程，有地表水量平衡方程

$$\int_{t-T_m}^{t} Q_s(s)\mathrm{d}s \approx \int_{t-T_m}^{t} R_s(s)\mathrm{d}s \tag{3-1-28}$$

对于地下汇流过程，有地下水量平衡方程

$$\int_{t-T_m}^{t} Q_g(s)\mathrm{d}s \approx \int_{t-T_m}^{t} R_g(s)\mathrm{d}s \tag{3-1-29}$$

将式（3-1-11）代入式（3-1-28）可得

$$\int_{t-T_m}^{t} Q_s(s)\mathrm{d}s \approx \int_{t-T_m}^{t} \left[g_1 + g_2 API(s) \right] X(s)\mathrm{d}s$$
$$= g_1 \int_{t-T_m}^{t} X(s)\mathrm{d}s + g_2 \int_{t-T_m}^{t} API(s)X(s)\mathrm{d}s \tag{3-1-30}$$

令 $V_{QS}(t) = \int_{t-T_m}^{t} Q_s(s)\mathrm{d}s, V_X(t) = \int_{t-T_m}^{t} X(s)\mathrm{d}s, V_{AX}(t) = \int_{t-T_m}^{t} API(s)X(s)\mathrm{d}s$，则式（3-1-30）可转化为

$$V_{QS}(t) = g_1 V_X(t) + g_2 V_{AX}(t) \tag{3-1-31}$$

从而可采用最小二乘法直接估计出 (g_1, g_2)，即

$$\hat{\theta}_{2\times1} = (A^T A)^{-1}(A^T B) \tag{3-1-32}$$

其中

$$A_{n\times2} = \begin{pmatrix} V_X(1) V_{AX}(1) \\ V_X(2) V_{AX}(2) \\ \vdots \quad \vdots \\ V_X(n) V_{AX}(n) \end{pmatrix}, B_{n\times1} = \begin{pmatrix} V_{QS}(1) \\ V_{QS}(2) \\ \vdots \\ V_{QS}(n) \end{pmatrix}, \theta_{2\times1} = \begin{pmatrix} g_1 \\ g_2 \end{pmatrix}$$

同理，将式（3-1-13）代入式（3-1-25）可得

$$\int_{t-T_m}^{t} Q_g(s)\mathrm{d}s \approx \int_{t-T_m}^{t} g_3 API(s)\mathrm{d}s$$
$$= g_3 \int_{t-T_m}^{t} API(s)\mathrm{d}s \tag{3-1-33}$$

令 $V_{QG}(t) = \int_{t-T_m}^{t} Q_g(s)\mathrm{d}s, V_{API}(t) = \int_{t-T_m}^{t} API(s)\mathrm{d}s$

则式（3-1-33）可转化为

$$V_{QG}(t) = g_3 V_{API}(t) \tag{3-1-34}$$

进而，可采用最小二乘法估计出参数 g_3。

2. 汇流模型参数识别

汇流参数包括瞬时单位线参数 (n, K) 和线性水库参数 KKG。

传统的率定瞬时单位线的方法，是假定流域降雨径流系统为线性时不变系统的前提下，采用统计数学中的矩法来计算参数 (n, K)。然而，利用矩法计算出的 (n, K) 得到的时段单位线进行洪水还原计算，会发现还原洪水过程与相应实测洪水过程（特别是洪峰点）的拟合误差较大，这在很大程度上限制了瞬时单位线的进一步应用。

传统的率定线性水库参数的方法，是从实测流量过程线中根据组合退水曲线识别洪水过程的退水段，确定退水曲线 $Q_t = Q_0 \cdot e^{-t/K}$ 的起始点（也即地表流量过程终止点）。根据退水曲线的递推形式

$Q_{t+1}=e^{-t/K} \cdot Q_t=C_g \cdot Q_t$，可得 $C_g=Q_{t+1}/Q_t$。选择多组退水过程观测值（Q_t，Q_{t+1}），利用最小二乘法可估计消退系数 $\hat{C}_g$。但是，实测流量过程线的退水点很难确定，特别是在人类活动影响下，这种方法的精度将不能得到保证。

本模型采用目前应用最为广泛遗传算法（GA）和复合型进化算法（SCE-UA）来率定汇流三参数（n，K，KKG），以模拟流量和实测流量的残差平方和最小为目标函数，可很好地控制水量平衡、洪峰流量和流量过程线形状。

第二节　中小河流洪水预警预报的应用与检验

一、山东省文登市母猪河流域 TVGM 洪水预报应用

1. 流域介绍

（1）概况。母猪河是文登市第一大河，干流总长 65km，流域面积 1115km²，占文登市总面积的 63%。全流域包括汪疃、界石、葛家、泽头、小观、米山、苘山、宋村、环山、龙山、天福、开发区、文登营和环翠区的初村、草庙子 15 个镇（办事处）。母猪河在泽头镇高家庄村东北分为东西两大支流，其中西母猪河发源于昆嵛山、夹山（汪疃镇东北），流经汪疃、界石、丁家洼、米山、赤金泊至泽头镇的高家庄，干流全长 49.8km，流域面积 680km²，其中包括文登市的米山水库流域面积 440km²。东母猪河发源于环翠区草庙子镇的正棋山和文登营的林子顶，流经草庙子、文登市区、麦疃后、周格庄至泽头镇的高家庄，干流全长 50.6 km，流域面积 360km²。东西两条支流汇流后，经道口、虎口山至华山盐场西侧流入黄海，两河汇流后区间面积 75.18km²，干流长 15.2km。母猪河流域位置如图 3-2-1 所示。

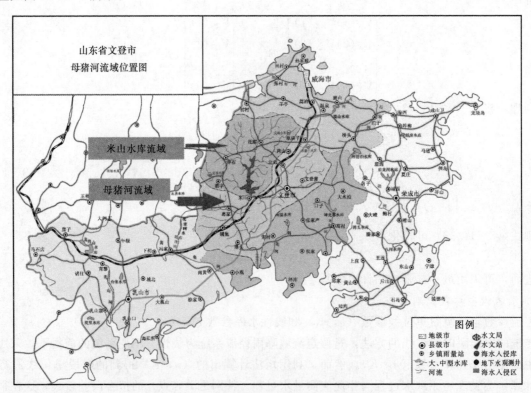

图 3-2-1　山东省文登市母猪河流域位置图

（2）水文气象特征。该流域地处文登市中西部，属沿海内陆性气候，降水量年际变化较大，暴雨洪水多发生在夏季 7—8 月。根据流域内国家雨量站实测雨量资料分析，多年平均年降水量

785.5mm，最大年降雨量为米山站（1964 年）1240.7mm，最小年降雨量为米山站（1999 年）352.8mm，丰枯比为 3.5。降水量的年内分配不均，主要集中在汛期，汛期（6—9 月）多年平均降雨量 536.1mm，占全年降雨量的 68.2%以上，根据流域内各雨量站暴雨资料统计，道口站 1965 年实测最大 24 小时降雨量为 276mm，为流域实测最大值，孙疃站 1967 年实测最大 24 小时降雨量为 38.5mm，为流域实测最小值，最大值为最小值的 7.2 倍。

该流域地处北温带，属于大陆性季风气候，四季分明。冬季漫长，盛行从大陆北部吹来的干冷冬季风，气温偏低，为半岛地区低温站点；夏季最短，盛行从海洋吹来的暖湿夏季风，春秋两季属冬夏季风转换期，春季大风天气较多。年均气温 11.5℃，有气象资料记录以来极端最高气温 36.4℃，极端最低气温−25.5℃。年日照时数 2540.7 小时，无霜期 194 天。全境属季风区，2 月多西北风，7 月多南风。历年平均风速为 3.3m/s。月均风速最大为 4.4m/s，最小 2.1m/s。春季平均风速 4.2m/s，夏季 3.1m/s，秋季 2.6m/s，冬季 3.5m/s。全年 4 月风速最大，极端值为 23.7m/s，出现于 1987 年 4 月 21 日。据文登地区观测，最大冻土深度为 0.52m，出现在 1968 年 2 月。文登市常见的灾害性天气有霜冻、龙卷风、冰雹、暴雨等。

该地区濒临黄海，受太平洋副高压位置的多变和台风双重影响，加之特殊的地形、地貌条件，造成降水量变率大，时空分布不均，特别是全年降雨量的 70%以上集中在 6—9 月。河流为山区性河流入海河道，中上游河道陡峭，大部分为山区丘陵，洪水暴涨暴落，峰高量大，持续时间短（初勇吉，2013）。下游为河谷或滨海平原，河道坡度相对较缓，堤防标准低或无堤防，洪水急流而下，河槽无法及时宣泄，极易造成堤防决口，形成下游洪涝灾害。河道虽经治理，但由于受种种条件的限制，治理标准低，堤防残缺不全，且经过多年运用，工程老化、退化，河床淤积严重，造成河道行洪能力降低。受潮水影响，每年洪水发生的时间也是风暴潮频繁发生的时间，由于洪水与风暴潮遭遇，海水上侵，顶托河道洪水排泄不畅，更加剧了洪涝灾害。2005 年，普降大暴雨，单站点（泽头镇）遭遇 300 年一遇强降雨，导致数万亩玉米、花生、大豆、果树被淹，鱼池、虾池被冲跨，养殖业遭受重大损失，1600 多间房屋遭到不同程度破坏，全镇各项经济损失共计 8178 万元；2006 年因洪灾全市直接经济损失达到 6.09 亿元。

2. 资料收集与整理

米山水库是山东第三大水库，威海境内最大的水库，也是威海市境内最重要的淡水供应水源，是南水北调工程山东段的最东端。以灌溉为主，1960 年建成并开始蓄水，流域面积 440km²，总库容 2.8 亿 m³，兴利库容 1.07 亿 m³，设计灌溉面积 1.4 万 hm²，有效灌溉面积 1.23 万 hm²，米山水库上游流域数字高程模型见图 3-2-2。收集米山水库上游 2005—2013 年汛期上游雨量站和库区水文站的降雨径流资料，根据图 3-2-3 中雨量站泰森多边形面积权重，通过求各雨量站加权平均得到米山水库上游面平均降雨量；再根据面平均降雨量和径流之间的对应关系，划分次洪 20 场，其中大洪水 4 场，中洪水 9 场，小洪水 7 场，采用 2005—2010 年次洪进行 TVGM 参数率定，剩余年份次洪资料用于 TVGM 模型验证。

选取确定性效率系数、水量平衡系数和洪峰相对误差来衡量模型模拟效果，计算公式分别如下：

确定性效率系数：
$$E_{NS} = 1 - \frac{\sum\limits_{t=1}^{n}[Q(t) - \hat{Q}(t)]^2}{\sum\limits_{t=1}^{n}[Q(t) - \bar{Q}]^2} \qquad (3-2-1)$$

水量平衡系数：
$$E_{WB} = \frac{\sum\limits_{t=1}^{n}\hat{Q}(t) \quad \sum\limits_{t=1}^{n}Q(t)}{\sum\limits_{t=1}^{n}Q(t)} \times 100\% \qquad (3-2-2)$$

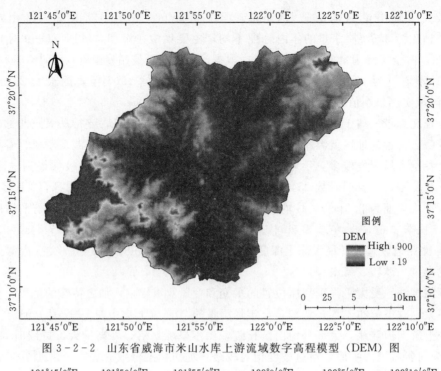

图 3-2-2　山东省威海市米山水库上游流域数字高程模型（DEM）图

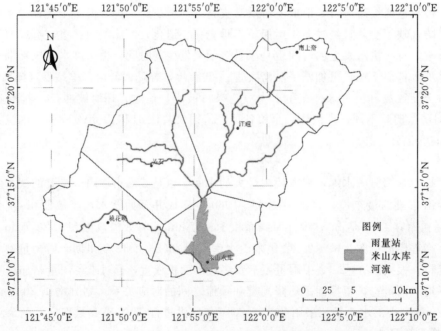

图 3-2-3　山东省威海市米山水库上游流域河网、雨量站分布及泰森多边形

洪峰误差：

$$PDE = \frac{\hat{Q}_{peak} - Q_{peak}}{Q_{peak}} \times 100\%$$

(3-2-3)

3. TVGM 参数率定期

根据我国《水文情报预报规范》（GB/T 22482—2008）对洪水预报模型评价标准，在参数率定期，TVGM 在米山水库 2005—2010 年入库流量模拟率定期平均确定性系数为 0.909，达甲级预报标准，其中，确定性效率系数最小值为 0.83，最大值为 0.948，11 场次洪中仅 3 场未达到甲级标准，其余 8 场均达到甲级预报标准，见表 3-2-1；水量平衡系数均达到 100%；平均洪峰误差为 −0.064，最大洪峰误差为 0.057，最小洪峰误差为 −0.181，均控制在规范要求的（−0.20，0.20）

范围内。由此可见，TVGM 在米山水库入库流量参数率定期具有较高的模拟精度，尤其是在水量平衡和洪峰误差的模拟方面。为了更直观地显示 TVGM 模拟入库流量与实测流量的对比效果，将次洪实测降雨过程、入库流量过程和 TVGM 模拟入库流量过程线绘制于图 3-2-4 和图 3-2-5，从该图可以看出，TVGM 模拟入库流量与实测入库流量过程线具有较高的吻合度，TVGM 具有较好的洪水模拟效果。

表 3-2-1　　　　　　　　　　　TVGM 在米山水库洪水预报率定期效果统计表

次洪日期	确定性效率系数	水量平衡系数	洪峰误差	精度评定
20050805	0.908	1.000	−0.109	甲
20050807	0.935	1.000	−0.081	甲
20060726	0.948	1.000	−0.101	甲
20070810	0.936	1.000	−0.134	甲
20070919	0.912	1.000	−0.056	甲
20070718	0.878	1.000	−0.058	乙
20070926	0.881	1.000	0.057	乙
20080723	0.909	1.000	−0.037	甲
20080831	0.830	1.000	−0.181	乙
20100717	0.929	1.000	0.004	甲
20100902	0.932	1.000	−0.009	甲

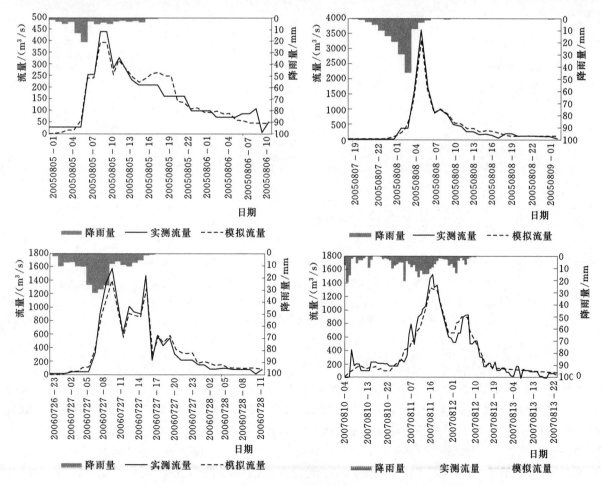

图 3-2-4　TVGM 在米山水库洪水预报率定期效果对比成果 1
（注：图中实测流量为根据水库库容水量平衡原理反推的入库洪水过程）

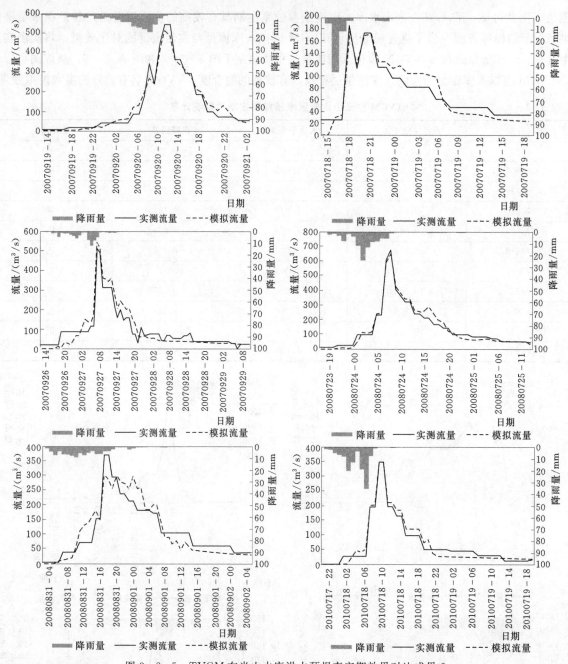

图 3-2-5 TVGM 在米山水库洪水预报率定期效果对比成果 2

（注：图中实测流量为根据水库库容水量平衡原理反推的入库洪水过程）

4. TVGM 模型验证

同样，根据《水文情报预报规范》（GB/T 22482—2008），在模型验证期，将实测降雨数据和率定的模型参数输入 TVGM，预报该场降雨在米山水库上游的形成的洪水过程，最后与实测流量进行对比，对模型进行验证，效果统计表见表 3-2-2，2011—2013 年 9 场次洪平均确定性系数为 0.825，达乙级预报标准，3 场达甲级预报标准，3 场达乙级标准；平均水量平衡系数为 0.947，控制在《水文情报预报规范》的 ±0.2 许可误差内，平均洪峰误差为 -0.066，仅 2 场次洪洪峰预报效果不合格，洪峰预报达标率为 77.8%。TVGM 预报入库流量与实测流量的对比效果见图 3-2-6，可知，TVGM 在洪水过程和洪量的预报方面具有相当的优势，符合《水文情报预报规范》洪水预报方案的要求，可以应用于威海市米山水库的入库洪水预报。

表 3 - 2 - 2	TVGM 在米山水库洪水预报率定期效果统计表		
次洪日期	确定性效率系数	水量平衡系数	洪峰误差	精度评定
20110622	0.863	0.936	-0.144	乙
20110625	0.762	1.021	0.280	乙
20110702	0.686	0.922	-0.024	丙
20110724	0.925	0.975	-0.125	甲
20110827	0.919	0.951	-0.137	甲
20110913	0.887	0.908	0.052	乙
20120722	0.582	0.951	-0.435	丙
20120814	0.845	0.936	0.095	乙
20120817	0.953	0.923	-0.157	甲

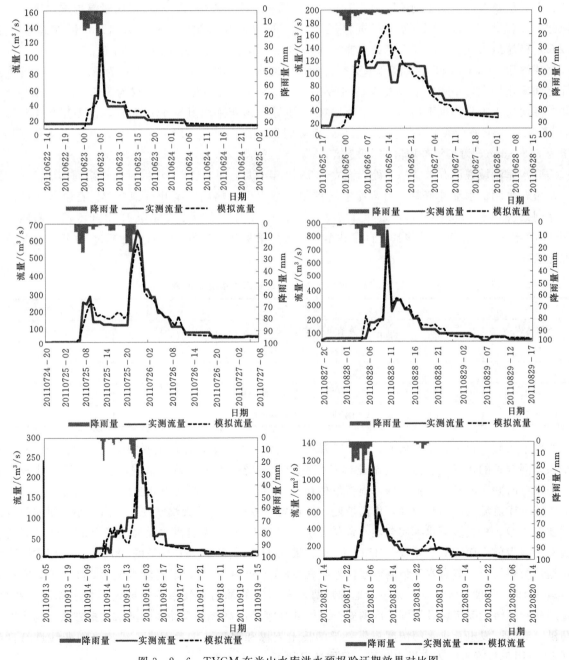

图 3 - 2 - 6　TVGM 在米山水库洪水预报验证期效果对比图

（注：图中实测流量为根据水库库容水量平衡原理反推的入库洪水过程）

二、山东省雪野水库 TVGM 洪水预报应用

雪野水库位于莱芜市雪野旅游区大冬暖村北，大汶河支流瀛汶河上。水库集水面积约为 444km²，主要特征参数包括有：兴利水位 231.3m，设计洪水位 232.54m，校核洪水位 235.53m，死库容为 2.8×10⁸m³，兴利库容为 1.12×10⁹m³（对应兴利水位 231.3m），总库容为 2.21×10⁹m³。雪野水库以防洪为主要目标，同时肩负灌溉、发电、工农业及生活供水、旅游等功能，是山东省莱芜市唯一一座大型综合水库。雪野水库的防洪对象主要为下游莱芜市区及周边多个乡镇，防护范围超过 186×10⁴ 亩，其中包括耕地 11.2×10⁴ 亩，人口 9.2×10⁴ 人，交通要道 100km；此外，水库控制灌溉面积 30.5×10⁴ 亩，对莱芜市的发展具有举足轻重的作用（张承明，2010）。

水库上游控制流域内山峰林立，内有华山、马鞍山两个国营林场，水土保持良好，整个流域向南倾斜，形状呈扇形，干流平均坡度为 8.15m/km。雪野水库所在的大汶河流域属暖温带季风区，四季界限分明，温差变化较大。据实测资料统计，月平均最高气温（7 月）32.1℃，极端最高气温 39.2℃，极端最低气温－21.8℃，最大冻土深 0.50m。多年平均最大风速 13.5m/s。

据建库后 1963—2011 年实测降水资料统计，雪野水库流域多年平均降水量为 736.9mm。降水量年际之间变化较大，年降水量最大的 1964 年为 1391.4mm，最小的 1989 年仅为 398.8mm，丰枯比为 3.49。降雨量年内分配也不均匀，主要集中在 6—9 月，多年平均值为 561.8mm，占多年平均年降水量的 76.2%。2003—2005 年为连续丰水年，年降雨量均在 1000mm 以上。2003—2011 多年平均降雨量为 832.8mm，为多年平均值的 1.13 倍。

雪野水库流域现设有水文站 1 处，设立于 1962 年 6 月，具有 1964 年以后的长系列实测流量、降雨、水位、水库蓄水量等资料。另水库上游控制流域内设有峪门、茶叶口、上游、石匣等 4 处雨量站。峪门站设立于 1963 年 6 月，茶叶口站设立于 1964 年月，上游站设立于 1960 年 6 月，石匣站设立于 1967 年 5 月，以上各站均具有自建站至今长系列雨量观测资料，系列长度超过 30 年。各站具体情况见表 3-2-3。

表 3-2-3　　　　　　　　　雪野水库流域水文站及雨量站基本情况统计表

站名	性质	站址	设立年月	控制面积/km²
雪野水库	水文	山东省莱芜市雪野乡雪野水库	1962.6	444
石匣	雨量	山东省章丘市胡山乡石匣村	1967.5	—
茶叶口	雨量	山东省莱芜市茶叶口乡茶叶口村	1964.6	—
峪门	雨量	山东省莱芜市腰关乡峪门村	1963.6	—
上游	雨量	山东省莱芜市上游乡上游村	1960.6	—

受黄淮气旋、台风、南北切变、冷锋等暴雨天气系统的影响，流域洪水频发。区内长历时降水多由维系时间较长的切变线或低压气旋连续发生所造成，受台风天气系统影响，有时亦可造成较大暴雨，但维持时间一般较短。流域内暴雨多发生在 7—9 月，其季节特征十分明显。

雪野水库流域为纯山丘地区，山高坡陡，汇流历时较短，有些大洪水往往峰高量小，洪水过程线形状比较尖瘦。根据雪野水库实测洪水资料分析，1964 年 9 月 10 日洪水洪峰流量为 3591m³/s，为实测资料中最大值，而 72h 洪量仅为 4530 万 m³，最大 1h 洪量约占 72h 洪量的 28.6%。根据雪野水库历年运用资料记录，雪野水库最高洪水位发生在 2011 年 9 月 15 日，最高洪水位为 232.54m；水库最大泄量为 1964 年的 378m³/s。陡峻的地理形势，及多灾的暴雨天气系统，导致雪野水库洪水频繁，严重威胁到下游莱芜市区及周围灌区的安全。因此急需精度高、可靠性强的洪水预报方法，为雪野水库防洪、灌溉、发电及供水等调度提供科学的技术支撑和保障。将考虑降雨径流之间非线性特性的 TVGM 应用于雪野水库入库洪水预报，具体情况如下：

1994 年共发生两次连续大洪水，洪水起涨时间分别为 6 月 29 日和 7 月 8 日。虽然两场洪水前后

间隔时间较短，但第一场洪水除小部分退水过程尚未完成外，其余主体洪水均在第二场集中降雨之前发生，因此对这两场洪水予以区分。对于第一场洪水过程，降雨量主要集中于 1994 年 6 月 29 日 5 时至 11 时，降雨总量为 132.3mm，实测洪峰流量为 1959.3m³/s，峰现时间出现在 6 月 29 日 9 时，TVGM 预报洪峰流量为 2176m³/s，峰现时间为 6 月 29 日 9 时，具有准确的洪峰预报能力，从图 3-2-7（a）可知，TVGM 预报过程与实际入库流量相近。1994 年第二场大洪水过程，由 1994 年 6 月 29 日 15 时至 20 时之间的降雨造成，总降雨量 43.9mm，虽然总降雨量不大，但由于前期已经受长时间降雨的影响，土壤饱和度高，此次降雨的一半以上均参与产流；此外，此次降雨高度集中，最大 1 小时降雨量出现在 6 月 29 日 18 时，降雨量为 26.2mm，约占此次降雨的 60%。因此，这场降雨造成的洪水过程洪峰流量为 607m³/s，仅发生在最大降雨点出现后 1 小时内。TVGM 模型简单，参数少，运算速度快，在最大降雨出现后立马做出相应预报，预报洪峰流量为 692m³/s，峰现时间为 6 月 29 日 19 时，为水库防洪调度争取了宝贵的时间见图 3-2-7（b）。

2012 年 7 月 8 日，雪野水库上游受连续降雨的影响，发生了一场大洪水。这场降雨总量为 267mm，主要集中于 2012 年 7 月 8 日 3 时到 11 时，平均每小时下 22.5mm 雨量，给水库的运行带来了巨大的压力，水库实测洪峰流量为 1663m³/s，洪水总量为 3194×104m³，TVGM 预报洪峰流量为 1593m³/s，洪水总量为 3726×10⁴m³，相对误差为 16%，符合规划精度要求，见图 3-2-7（c）。

从总的预报情况来看，TVGM 效果都较为理想，预报洪峰流量、峰现时间和洪水过程与实际洪水过程相近，这为雪野水库防洪、灌溉和发电调度提供了有力的支撑和保障。

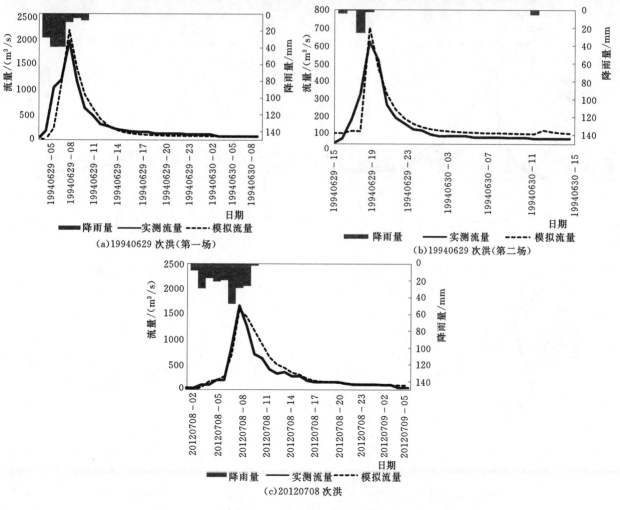

图 3-2-7　TVGM 模型的流水预报应用

三、其他 TVGM 洪水预报应用

TVGM 除了在山东省滨海典型河流及莱芜市雪野水库入库洪水预报具有较高的精度之外，在山东省淮河流域沂河葛沟水文站控制流域同样具有较好的应用效果。葛沟水文站位于山东省临沂市沂南县，流域控制面积 5565km²，上游流域共布设 41 个雨量站，下游葛沟镇占地面积达 64.8km²，现有人口 3.8 万人，辖 28 个行政村。据考证为古齐、鲁分疆之地，属古阳都诸葛亮故里，历史悠久，文化底蕴深厚，商贸发达。葛沟镇具有丰富的农业资源，是全省唯一一个拥有万亩黄烟基地的城镇，葛沟水文站洪水预报对保障葛沟镇安澜具有非常重要的作用。TVGM 在葛沟控制流域洪水预报效果平均精度为 83%，洪峰误差为 -9%，峰现时间误差为 3 小时，具有较高的洪水精度，典型洪水过程见图 3-2-8。

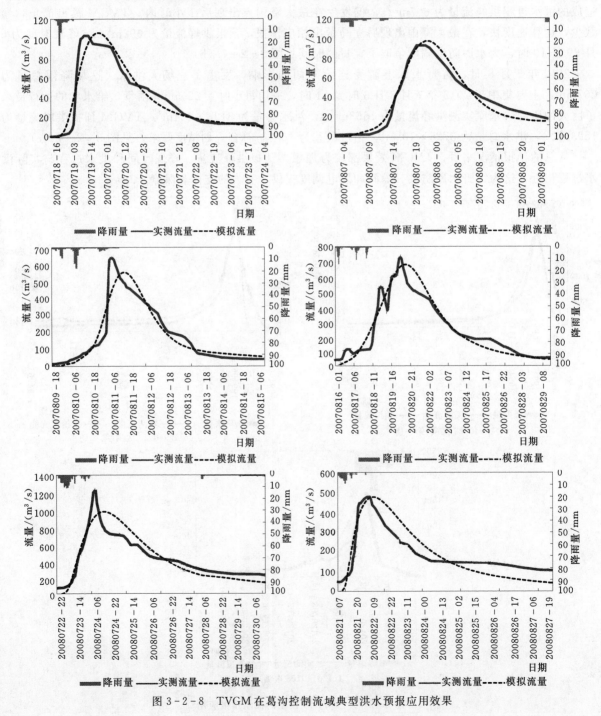

图 3-2-8 TVGM 在葛沟控制流域典型洪水预报应用效果

第三节　无资料地区中小河流水文预警预报的研究与展望

一、无资料地区水文预报（Prediction in Ungauged Basin，PUB）

现行的水文预报研究多针对有资料流域，即通过已有资料建立有效的经验关系或水文模型来进行预报，资源匮乏地区中小流域的水文预报成为水文界的难题。2003 年 7 月正式启用了 PUB 国际水文计划。PUB 定义为在无观测或观测差的流域，使用气象，但无法使用过去的观测资料，预测或预报各种水文反应。目前国际水文协会成立的 PUB 国际科学顾问委员会和国际执行委员会已在世界上广泛征集规模不等包括中国在内的 7 研究小组，旨在开展野外观测计划，展开详细科学研究（刘苏峡，2005）。

全球的水文、气象站大部分分布于欧洲、北美和日本等少数发达国家和地区，更多的发展中国家的广大面积上只布设了少数的水文气象站点。中国作为世界上最大的发展中国家，虽然有 3400 多个国家级水文站点，但相对于 960 万 km^2 广阔的陆地面积而言还是很少，而且这些站点多集中在经济发达，人口密度大的的中、东部地区，在众多大江、大河的源头和上游区域的西部地区（如长江、黄河的源头青藏高原）分布就非常少（焦桂梅，2006）。

另外一些原先有监测资料的流域可能因为下垫面变化使得历史资料变得不可用而成为无资料流域，因为近年来加剧的人类活动导致的气候和土地利用急剧变化使这一问题日益严重，使在无资料地区进行的水文预报具有很大的不确定性。例如由于三峡工程的修建，水库水位的抬高，上游大面积的陆地变成水面，必将引起三峡水库区间产汇流规律发生变化。从水文角度来讲，位于三峡区间流域的许多地区都将变为无资料地区。

二、无资料地区中小河流洪水预警方法研究

1. 水文统计方法

水利工程设计中常采用径流分析和设计洪水等传统的水文统计方法，其中包括参数等值线图法、年径流系数法、推理公式法等。

（1）参数等值线图法。我国已绘制了全国和分省（区）相关水文特征的等值线图和表，其中的年径流深等值线图及其 C_v 等值线图，可供无资料中小流域估算设计年径流时直接采用。如果设计工程所在流域的附近找不到参考流域，且工程所在流域又无降雨资料或其代表性不够，一般建议采用等值线图法。具体做法如下：根据年径流深均值等值线图，可以查得设计流域年径流深的平均值，然后乘以流域面积，即得设计流域的年径流量；根据年径流深 C_v 值等值线图，按比例内插出流域重心的 C_v 值；年径流的 C_s 值，一般采用 C_v 的倍比（$C_s = 2 \sim 3C_v$）。在确定了年径流深的均值、C_v、C_s 后，便通过查找 P－Ⅲ型频率曲线表，绘制出该流域年径流的频率曲线，查图即可得到设计频率的年径流量。

（2）年径流系数法。该方法主要应用于周边没有参证流域，但却有长序列的具有代表性降雨观测资料的流域。首先求出多年平均降雨量，乘以径流系数，即可求出多年平均径流量。该方法的关键在于径流系数的确定，目前确定径流系数的方法有多种：①对于有现成径流系数资料的地区可以直接采用；②移植邻近流域的径流系数；③通过水文手册或图集查读出本流域的多年平均年径流量，并与年径流深等值线图法的成果进行对比分析，合理后予以选用（李红霞，2009）。

（3）推理公式法。无资料地区水文预报主要在于给出流量最大值，其受净雨过程和汇流单位线综合影响。无资料地区的净雨过程可以通过地区综合单位线图求得，在使用之前应对其适用性进行论证。推理公式主要是对径流过程进行概化，目的是使参数的外延和移用。它包含两个方面的内容：一是根据各站洪水分析参数进行综合和外延，另一个根据单站综合参数进行地区综合。

2. 水文移植方法

（1）水文比拟法。本方法主要将参证流域的水文特征参数移植到设计流域。在年径流的分析估算中使用较多。本法的要点是将参考站站点的径流特征值，经过适当的修正后移用到设计断面。设计流域面积应与参证流域面积接近，通常以不超过 15% 为宜。常用的参证变量为多年平均降水量。当设计流域无降水资料时，也可以不采用降水参变量。年径流的 C_v 值可以直接采用，一般无需进行修正，并取 $C_s = 2 \sim 3 C_v$。水文比拟法的精度，取决于设计流域和参考流域的相似程度，特别是流域下垫面的情况要比较接近（李红霞，2009）。

（2）比较水文学法。国外近些年发展起来的了一种新的方法"比较水文学"，通过有实测水文记录的流域与类似相似的无实测资料流域进行对比，将其间降水、和地形等有区别的方面进行适当的修正。从而将有资料地区的资料记录进行移植。对于像水文和气象这些复杂的自然现象来说，如果没有掌握其成因及其演化的内部机理，就很难进行计算。然而我们可以通过长系列的资料，进行非参数统计分析。其具有系列越长，结果越真实的特点。但是目前的水文资料大都是几十年，想要提高水文统计的精度是不现实的。但是在我国却较少采用这种方法，这是因为我国可以通过直接应用大量的水文现象历史记录，极大地增加了水文系列长度，比从外流域引用记录资料更可靠（焦桂梅，2006）。

（3）水文模型参数移植法。流域水文模型是水文科学中最重要的分支之一，是研究水文自然规律和解决水文实践问题的主要工具（熊立华，2004）。模型参数移植法即先将水文模型应用于有数据地区率定出一组参数，再将该组参数移植到无数据地区。研究表明，参数较少的模型比复杂模型在无数据地区具有更大的适用性，同时在参数移植过程中，要考虑流域的相似性（Stieglitz S P A M，2012）。例如，IHACRES（Identification of unit Hydrographs and Component flows from Rainfall，Evapotranspiration and Streamflow data）模型是一个以单位线原理为基础的集总式概念性降雨-径流模型，该模型结构简单、概念明确、优选参数少，在国外已被广泛研究和应用。国内方面，柴晓玲，郭生练等（柴晓玲，2006；柴晓玲 2005）也将 IHACRES 模型应用于无数据地区径流过程，验证了该模型的适用性和流域相似性对参数移植效果的影响。

3. 水文实验方法

（1）水文实验。对于无资料地区，可以通过实验获取第一手资料从而开展水文预测。水文实验方法包括野外实验和室内实验（刘苏峡，2010）。

20 世纪 50 年代，铁道部科学研究院和中国科学院地理所等单位合作，进行了大量的水文实验，根据降雨径流成因机制研究分析了降雨径流形成过程，通过大量野外实验确定出不同下垫面条件下产流的条件，通过室内模型实验对坡面汇流和河道汇流过程进行了模拟，最终建立了小流域洪峰流量模型。20 世纪 60 年代，水文工作者们按照河川径流年内动态的差异，将我国河流进行了全面的分类。随后我国进行了大规模的水文调查，勾绘了我国年径流深等一系列水文特征值的等值线图。

这些积累为无资料或资料稀缺的中小流域设计洪水工作提供了极大的方便。通过水文实验方法，可以获取第一手数据资料，进行产汇流机理的研究，是研究 PUB 的重要手段之一。

（2）增设水文测站。我国水文站网于 1956 年开始统一规划布站，经过多次调整，布局已较合理，对国民经济发展起到了积极作用。但我国西部地区的水文站网密度稀疏，同时随着我国水利水电发展的情况，大规模人类活动的影响，不断改变着天然河流产汇流、蓄水及来水量等条件，因此对水文站网要进行适当调整和补充（叶守泽，2003）。

按站网规划的原则布设测站，例如河道流量站的布设，当流域面积超过 $3000 \sim 5000 km^2$，应考虑能够利用设站地点的资料，把干流上没有测站地点的径流特性插补出来。预计将修建水利工程的地段，一般应布站观测。对于较小流域，虽然不可能全部设站观测，但应在水文特征分区的基础上，选择有代表性的河流进行观测。在中、小河流上布站时还应当考虑暴雨洪水分析的需要，如对小河应按地质、土壤、植被、河网密度等下垫面因素分类布站。布站时还应注意雨量站和流量站的配合。对于平原水网区和建有水利工程的地区，应注意按水量平衡的原则布站。也可以根据实际需要，安排部分测站每年只在部分时期（如汛期或枯水期）进行观测。又如水质监测站的布设，应以监测目标、人类活动对水环境的影响程度和经济条件这三个因素作为考虑的基础。

4. 水文遥感方法

（1）流域水文水资源调查。根据水体反射特征与陆面、植物等其他类型地物之间的差别，我们可以通过遥感图像对流域进行识别，准确查清流域的范围、流域面积、流域下垫面覆盖类型、流域河长、河网密度和河流弯曲度等。根据不同类型和波段的遥感资料，容易判读各类地表水的分布；还可以通过分析饱和土壤面积、含水层分布来估算研究区域地下水储量（张长江，2003）。在无资料地区或人类难以到达的地区，可应用 RS/对地观测对各类水域面积或冰雪覆盖面积进行详查。根据遥感资料还可进行水质监测，包括分析识别热水污染、油污染、工业废水及生活污水污染、农药化肥污染以及悬移质泥沙、藻类繁殖等情况。另外，利用遥感资料可确定洪水淹没范围，决口、滞洪、积涝的情况，泥石流及滑坡的情况（Sadiq Ⅰ，2011），同时还可观察到河口、湖泊、水库的泥沙淤积及河床演变，古河道的变迁等（叶守泽，2003）。

（2）区域蒸发估算及土壤水分监测。RS/对地观测能够快捷地获得大面积地面特征信息，利用遥感资料结合地面气象和植被要素反演区域蒸发通量是当前估计区域蒸发最为准确最有前途的手段。常用的估算原理是以能量平衡方程为基本出发点求解区域蒸发，同时还有其他一些方法，试图通过某个环节或过程，利用遥感信息来估算区域蒸发（Sadiq Ⅰ，2011）。

利用遥感技术对土壤水分进行监测有两类方法：一类是直接测量方法，即利用微波遥感方法对地表土壤湿度进行监测，同时可获得不同深度的土壤信息（土壤水分垂直分布）；另一类是间接测量方法，即依据可见光/红外波段遥感资料，利用作物缺水指数、植被指数、热惯量等方法，获得地表能量及作物生长信息，然后建立与土壤水分的相关函数/经验公式，从而计算土壤水分。

蒸发和土壤水分信息很大程度上决定了水文过程模拟的精度。利用遥感技术获取蒸发和土壤水分资料对无资料地区水文预报（PUB）具有十分重要的意义。

（3）降水量的测定及水情预报。在雨量站和雷达观测站点较稀的地区，我们可以借助遥感资料（遥感红外、可见波段或微波）获取降水的空间分布特征（WPG，1996）。通过气象卫星传播器获取的温度和湿度间接推求降水量或根据卫片的灰度定量估算降水量；根据卫星云图与天气图配合预报洪水及旱情监测；绘制流域冰雪分布图，进行流域融雪径流预报。

此外，还可利用遥感资料分析处理测定某些水文要素如水深、悬移质含沙量等。利用卫星传输地面自动遥测水文站资料，具有投资低、维护量少、使用方便等优点，且在恶劣天气下安全可靠，不易中断，对大面积人烟稀少地区更加适合。

5. 参数区域化方法

目前参数区域化回归方法是解决无资料地区水文预报问题的一类行之有效的方法，国外有很多学者对此进行了研究，而国内方面相对研究得较少。参数区域化方法通过流域属性寻找目标流域和参证流域，并通过参证流域参数推求无资料目标流域参数，区域化方法可以利用更多的信息，很大程度上降低水文预报不确定性、提高预报精度。

我国学者已经广泛意识到要在无资料流域降雨径流预报中考虑地形地貌因素。胡健伟将地貌瞬时单位线（GIUH）应用于无资料地区的汇流计算，该法能定量地将地貌因子引入流域响应并且对流域水文数据依赖较少（胡建伟，2005）。黄国如将 TOPMODEL 模型应用于无数据地区的径流模拟，该法以地形为基础，利用 DEM 提取地形指数并用地形指数来描述和解释径流趋势以及由于重力排水作用使得径流沿坡向的运动（黄国如，2007）。张建云提出了基于 GIS 的降雨径流模型，其中产流计算采用美国水土保持局（SCS）的径流曲线数法，汇流计算采用经张建云改进的三角形单位线，该模型所有参数均可利用流域的地形、地貌、土壤覆盖、植被分布等地理信息分析确定（张建云，1998）。目前，国内的 PUB 研究均涉及流域属性分析，但参数区域化分析方面做得较少。

我国最早的参数区域化研究应该是单位线地区综合法。该法在 Nash 单位线的基础上，由有资料流域的单位线要素或者瞬时单位线参数与其流域的自然地理因素之间的相关关系，推导出无资料地区的单位线或者瞬时单位线（夏军，2004；包为民，2007）。单位线法后来发展出了多个分支，如经验单位线、综合瞬时单位线、瞬时单位线、综合单位线。中国运用瞬时单位线法对各省不同下垫面类型的流域进行研究，成果良好。瞬时单位线是根据自然地理特征对 Nash 模型中的参数 n，k 进行地区综合。只通过地理特征就可以解决单位线问题，因此对水文站点数目要求不高。不仅如此，瞬时单位线可以用于非线性外延，通过建立单位线的参数与非线性因子之间的关系，得到非线性修正后的单位线参数，从而获取整个流域单位线。

与我国相比，国外在参数区域化研究方面的尝试较多。Ming Li，Quanxi Shao，Lu Zhang 等提出了一个叫做指标模型的新区域化方法，根据指标模型，水文预报工具中的所有参数均能通过流域属性参数和气候变量获得，具体做法为将不同预报因子的线性组合作为指标，并通过连接方程建立指标和模型参数之间的关系（Ming Li Q S，2010）。Simone Castiglioni，Laura Lombardi 等将区域化最大似然法应用于无资料流域降雨径流模型的率定，他们认为模型参数与控制气候和流域属性之间存在相关关系，并且发现根据区域化信息可以控制模型参数的范围，从而降低模型的不确定性（Simone Castiglioni L L，2010）。Jos Samuel，PaulinCoulibaly 等（2011）对不同的参数区域化方法进行了比较，包括空间相近法（例如克里金插值法、反距离权重法、算术平均法求参数），属性相近法和回归法，同时在此基础上提出了空间相近法与属性相近法耦合的区域化方法，结果表明耦合的区域化方法、反距离权重区域化方法、克里金区域化方法的效果较好（Jos Samuel P C，2011）。Teemu S. Kokkonen，Anthony J. Jakeman 等将区域化方法应用于日径流模拟，认为区域化方法应该考虑流域属性的不同，并应优先识别控制参数变化的流域因子，然后估算子流域的径流（Teemu S，2003）。D. Mazvimavi，A. M. J Meijerink 等将多元回归和神经网络应用于无资料地区径流特征预报，结果表明年平均降雨量、流域坡度和河网密度是对流域径流特征影响最主要的因子，同时神经网络与线性方程相比能更好地描述径流特征，表明了径流特征与流域属性之间的非线性关系（D. Mazvimavi，2005）。Thomas Bosshard，Massimiliano Zappa 基于中国稀缺资料的三峡地区进行了区域化降水修正和预报不确定性方面的研究，研究结果表明区域化参数之间存在自相关性从而导致了径流预报的不确定性（Thomas Bosshard，2008）。M. S. Gibbs，H. R. Maier 等认为参数区域化方法比移植法效果更好，并建立了无资料地区参数回归区域化的通用框架，即根据流域信息推求模型参数（M. S，2004）。

三、无资料地区洪水预报展望

随着水利水电开发的不断深入，尚未开发流域的观测数据（特别是径流观测资料）愈来愈少，同时工程规划不仅需要预测径流量还需要了解流域水文循环的各个方面以及开发后可能造成的影响。传统的水文统计方法难以解决这些问题，这就给水文预测提出了新的课题。

水文模型是无资料地区水文预测的常用方法。无资料地区水文模型参数的确定对于水文预测的效果至关重要。首先，依据缺乏物理机制仅仅依靠特定水文系列的参数优选（试凑）的模型，用于无资料地区的水文预报是危险的。因为不同的参数经过试凑可以达到相近的结果，即所谓异参同效。其次，现行确定无资料地区模型参数的方法多为移植法。水文移植方法的前提在于目标流域（无资料流域）与参证流域的流域气候特征及下垫面条件相似。流域属性之间的差异必然会给无资料流域的水文预测带来很大的误差。

目前参数区域化回归方法是解决无资料地区水文预报问题的一类行之有效的方法，国外有很多学者对此进行了研究，而国内方面相对研究的较少。参数区域化方法的不足在于很多模型的参数之间往往存在着自相关性，要想准确地描述模型参数与流域地形、地貌两者之间的关系并非易事。因此，要从物理成因开始分析，只有基于成因分析的相关关系才是可取的。

借助于 RS 和 GIS 等新的技术手段充分获取流域属性信息，分析流域地形地貌和气候因子对流域降雨径流过程的影响，建立机理性模型，削弱水文模型对参数的依赖性是无资料地区水文预报（PUB）研究的未来趋势。

第四章 改善水环境的河流生态修复技术与应用

由于山东省的严重资源性缺水，经济社会的发展导致水生态问题日趋严峻，其中包括河道干涸、湖泊和湿地退化、地下泉水资源减少或枯竭。随着经济全球化趋势、城市化进程明显加快，人民的生活水平日益提高，人们对人居环境的需求越来越高，传统的水利建设已经难以适应时代的要求，急需在保障防洪、供水安全的同时，促进水生态环境的改善，加强生态水利建设和水生态安全的研究与实践。

在山东省人才计划"泰山学者"建设工程专项支持下，夏军教授的联合团队开展以山东省为研究对象的水安全问题研究，其中水生态安全由合作团队中山东省水利科学研究院通过专项合作承担完成。迄今为止，通过项目研究❶、人才培养包括联合培养研究生（刘继永，2008）多途径，探讨针对山东省面临的水生态问题，开展了改善水环境的河流生态修复技术与应用研究。

本节总结介绍了水生态安全合作团队在河流修复及关键技术的研究成果与进展，提出一套适合我国北方地区季节性河流的生态修复研究技术体系。并将这河流修复体系应用于山东省玉符河流域，为河流健康修复提供理论和应用参考。

河流是由流水作用形成的主要地貌类型，汇集和接纳地面径流和地下径流，是自然界物质循环和能量流动的一个重要通途，甚至有人将河流看作地球的动脉（夏继红，2004）。然而，随着经济社会的快速发展，人们对水资源的开发利用不断增强，带来的后果就是水资源的短缺和水生态环境的破坏，河流及其生态环境也未能幸免（朱月立，2006）。一部分河流面对过度开发的威胁，已经超出了自身的承载能力，出现了季节性断流、水质污染等严重后果，河流生物多样性也随之降低，并最终导致整个河流生态系统的退化（温存，2006）。显然，河流生态系统面临着非常严峻的考验，解决河流生态问题已经成为我国当前一些地区关系河流健康的关键所在（董哲仁，2003，2004，2007）。河流生态修复，是生态工程学和水利工程学相结合的新分支，是指为了维护河流的水生生物多样性，保护河流的健康生态环境，保护水源地、促进水资源的可持续利用、提高人民的生活品质，采用生态相关理论和水利工程相结合的技术，在传统河流治理任务的基础上，利用河流生态系统的净化修复能力，使河流达到水生态系统健康、景观美好、人水和谐共处的一种治理方案（张道军，2001；封富记，2004）。

第一节　河流修复研究进展

生态修复是利用生态系统原理，采取各种方法修复损伤的水体生态系统的生物群体及结构，重建健康的水生生态系统，修复和强化水体生态系统的主要功能，并能使生态系统实现整体协调、自我维持和自我演替的良性循环（杨京平，2002）。河流生态修复促使河流水生态系统恢复到较为自然的状态，提高生态系统价值和生物多样性，实现河流系统健康可持续发展（Kevin，等，2001；董哲仁，2003，2004）。河流生态修复在发达国家已有近百年的历史，我国虽然起步较晚但发展迅速也取得了不少的研究和实践成果（杨文和，2006）。

---

❶ 济南市科技局科技攻关计划项目《济南市玉符河生态修复技术研究》（编号：200705073）；项目成果报告《济南市玉符河生态修复技术研究》[R]，山东省水利科学研究院，2007.12。

河流生态修复的任务，主要包括水文条件的改善和河流地貌学特征的改善。其目的是改善河流的生态结构和功能，其标志是生物群落多样性的提高和恢复（应聪慧，2005），和水质改善单一目标相比更具有整体性、全面性特点，因此其生态的效益更高。水文条件的改善包括流量过程的改变和水质条件的改善等方面，包括通过水资源配置维持基本的生态流量以及适应水生态周期的流量过程，通过污水处理、污水排放控制以及清洁生产倡导改善河流水质。河流地貌学方面特征的改善包括：尽可能恢复河流的纵横向连通性，尽可能恢复河流纵向形态的多样性、尽可能恢复河床底质特征。

一、国外生态修复理论研究进展

20 世纪初期，由于人们环境生态意识的增强，一些发达国家对河流的管理开始强调"化学、物理、生物过程的协调管理"。20 世纪 50 年代，德国提出了"近自然河道治理工程"的概念，强调水生生物的相互制约和协调作用，注重河流的综合治理。之后，世界各国对以追求人与自然和谐相处为目标的生态水利理论与技术展开了积极地探索（李兴德，2011；徐菲，等，2014）。现代生态学发展始于 20 世纪 60 年代，逐渐形成了自己独特的理论体系和方法论（徐化成，1996），之后世界各国对以追求人与自然和谐相处为目标的生态水利理论与技术展开了积极地探索。

1962 年由 H. T. Odum 等提出的"自我设计（Self-organizingactivities）"的生态学概念，并运用于工程中，提出"生态工程（ecologicalengineering）"的概念定义为"运用少量辅助能而对那种以自然能为主的系统进行的环境控制"。

20 世纪 80 年代至今为河流生态修复实践全面展开的阶段，该阶段河流保护的重点拓展到了河流生态系统的恢复，德国、瑞士于 20 世纪 80 年代提出了"河流再自然化"的概念，将河流修复到接近自然的程度（王文君，2012）。相关学者对河流生态修复进行了理论探讨和研究，其中 Bidner（1983年）、Holzmann（1985）、Pabst（1989）等学者提出河流的生态修复要以近自然治理的目标进行河流治理，考虑河道的水力学特征、地貌学特点与河流的自然状况，综合考虑整体水生态环境，强调生态系统多样性的生态治理的重要性，注重工程治理与自然景观的结合（刘继永，2008）。

20 世纪 80 年代开始的莱茵河治理为河流生态工程技术提供了新的经验，到 2000 年莱茵河全面实现了预定目标，沿河森林茂密，湿地发育。在美国，1992 年出版了《水域生态系统的修复》，1998年出版了《河流廊道修复》，1999 年 6 月完成了《河流管理—河流保护和修复的概念和方法》研究报告，近年制定了详细的河流修复计划（bearcreek、BoulderRiver、ColoradoRiver、MissouriRiver、MississippiRiver）等。欧盟于 2002 年颁布了《水资源框架指南》，其目标是在 2015 年之前，使欧洲所有的水体具有良好的生态状况或具有这方面的潜力。在日本，在理论、施工及高新技术的各个领域丰富发展了"受损河岸生态系统修复技术"和提出了"应用生态水工学"及其理论。在澳大利亚，水和河流委员会 2001 年 4 月出版了《河流修复》，为河流修复工作提供技术指导。

同时，西方国家也大范围开展了河道生态整治工程的实践。德国、美国、日本、法国、瑞士、奥地利、荷兰等国家纷纷大规模拆除了以前人工在河床上铺设的硬质材料（陈风琴，等，2010），代之以可以生长灌草的土质边坡，逐步恢复河道及河岸的自然状态（陶理志，2007）。

目前，国外河流生态修复的技术主要包括：河流生态流量的满足、河流连续性和蜿蜒性的恢复、河道岸坡深槽和浅滩序列的恢复、河流栖息地加强结构、亲水设施建设、河道疏浚、水库优化调度改善生态等方面。

二、国内生态修复研究进展

相较于国外的研究而言，国内的研究总体来说起步较晚，但是发展还是比较迅速的。由于国内社会经济的迅速发展、对河流开发的不合理、环境污染等因素，造成了河流生态环境的衰退和恶化，主要表现为：自然河流渠道化导致河流形态呈直线型、横断面呈规则几何型及河床材料硬质化、筑坝等水利工程导致的非连续化等。

20 世纪 90 年代，刘树坤 1999 年提出了"大水利"的理论框架（陈兴茹，2011），强调河流的开发应该注重综合整治与管理，同时注重发挥水的资源功能、环境功能和生态功能。董哲仁提出了"生态水工学"的概念，提出在传统水利工程的设计中应结合生态学原理，充分考虑河流生态系统的健康（董哲仁，2003）。2007 年，董哲仁、孙东亚等人编写《生态水利工程原理与技术》为我国河流生态恢复工作的开展提供了重要理论基础。

在国家重大科技计划中，也专门设置了"水污染控制技术与治理工程"重大专项，探索适合我国国情的河湖污染治理技术、城市生活污水处理成套技术与设备、安全饮用水保障技术等。赵彦伟等（2005）研究了河流生态系统健康的概念、评价方法和发展方向，提出河流健康评价应关注其指标体系的构建、评价标准的判别和流域尺度的研究。陈庆伟等（2007）分析了大坝对河流生态系统造成的胁迫，介绍了水库生态调度技术措施。

与此同时，我国在河流污染生态修复方面也积极开展了相关实践。20 世纪 90 年代末，我国水利部门开始探索通过应急调水的方法恢复急剧退化的河流生态系统，试点包括塔里木河、黑河和扎龙湿地等并取得了初步成功。天津市南排河分段综合整治工程，福州市白马支河综合整治工程，秦皇岛市抚宁县洋河水库"复合人工湿地修复水库污染水体"示范工程（王蓉，2007）。从 2005 到 2008 年，水利部先后确定了江苏省无锡市、湖北省武汉市、广西壮族自治区桂林市、山东省莱州市、浙江省丽水市、辽宁省新宾县、湖南省凤凰县、吉林省松原市、河北省邢台市、陕西省西安市 10 个城市作为全国水生态系统保护和修复试点（王文君，2012）。

总体来说，在河流生态修复方面相关研究进展迅速，目前国内仍处于起步和技术探索阶段，有待进一步深入加强。

第二节 河流修复关键技术方法

一、生态系统干扰评价

河流生态系统受制于众多因素影响，大体可分为两类：自然变动和人类活动。前者是指自然界的环境因子如温度、光周期、光强、流速、营养、溶解氧等季节性、周期性、随机性的变化。第二类则强调人类活动对河流健康状况的影响，包括物理、生物、化学等方面的影响，比如：工业废水和生活污水、改变河流结构的物理重建措施、外来物种入侵以及水资源的不合理开发利用等，这些因素都在一定程度上影响河流生态系统的结构和功能（吴阿娜，2005）。

河流生态系统干扰评价就是对由自然因素和人类活动所引起的河流生态系统的破坏和退化程度进行判断，以便为治理措施的实施提供依据。从河流生态系统的结构、功能以及能量和物质循环的角度对河流状况进行界定，对河流生态系统结构和功能的整体状况进行评判，这种思路是评估河流生态系统状态的有效方法（辛宏杰，2011）。

1. 河流生态状况的表征

近年来国内外对河流生态状况的表征开展广泛研究，一般通过 6 类指标表征河流生态状况：水质理化参数、河流生物指标、河流形态结构、河流水文特征、河岸带状况、河流社会服务功能（吴阿娜，2005）。

水质理化参数：能简单、直观反映河流生态系统状况，主要包括：营养物质和污染物的含量、浑浊度、pH 值、水温等参数。

河流生物指标：该指标能否直接反应河流生态状况，常用的包括浮游生物、底栖大型无脊椎动物和鱼类等。生物完整性指数（IBI），是当前广泛使用的河流状况评估方法。

河流形态结构：河流地貌过程决定河流形态，进而决定河流生物的生态环境结构，而河流的生态环境结构是生物健康的基础，主要包括河流蜿蜒度、宽深比、水面坡降、河床材料、宽窄率等。

河流水文特征：水文特征作为河流健康研究的基础内容，直接影响河流生态系统健康发展。筑坝、水电站、城市化等建设对河流的水文（流速、流量、洪水频率及洪水量）造成了不可忽视的影响，进而河流的水文特征对于河流洪泛区、河流形态、生物群落组成、河岸植被以及河流水质等造成影响。

河岸带状况：河岸边带具有削减面源污染、提供野生动、植物生态环境、改善河流生态环境以及为人类提供休闲娱乐场所等诸多功能。因此河岸带的健康发展对河流正常功能的发挥具有重要作用。

河流社会服务功能：在河流状况评估中应包括为社会兴利的标准，这是其不可或缺的一部分。在"可持续利用的健康河流"理论框架下，统筹合理开发利用水资源与河流生态保护之间的利益，河流要为供水、灌溉、发电、航运、旅游等目标服务。

2. 评价方法

由于河流系统的复杂性以及河流状况指标多且大多无法量化，导致河流状况评价有很大的不确定性。而物元分析理论常常用于研究不相容的问题，适用于多指标评价问题，它试图把人们解决问题的过程形式化，从而建立起相应的物元模型（辛宏杰，2011）。本研究以物元分析为基础，再嵌入模糊集以及贴近度的概念，从而引入熵值法，比较评价值与标准值之间的差别之后，就能得到客观而全面的评价结果。

（1）模糊物元模型。模糊物元及复合模糊物元、从优隶属度模糊物元、标准模糊物元与差平方复合模糊物元这三部分构成了模糊物元模型。（张先起，2005；辛宏杰，2011）。

模糊物元及复合模糊物元的分析所描述的事物 M 及其特征 C 和量值 x 构成物元：$R=(M, C, x)$，物元的三要素即为事物的名称、特征量值。若其中量值 x 有模糊性，则被称为模糊物元。事物 M 有 n 个特征 C_1，C_2，$\cdots$，C_n，同时其量值为 x_1，x_2，$\cdots$，x_n，其为 n 维模糊物元。m 个事物的 n 维物元则组成了 m 个事物的 n 维复合模糊物元 R_{mn}：

$$R_{mn}=\begin{array}{c} \\ C_1 \\ C_2 \\ \vdots \\ C_n \end{array}\begin{array}{cccc} M_1 & M_2 & \cdots & M_m \\ \left[\begin{array}{cccc} x_{11} & x_{21} & \cdots & x_{m1} \\ x_{12} & x_{22} & \cdots & x_{m2} \\ \vdots & \vdots & \vdots & \vdots \\ x_{1n} & x_{2n} & \cdots & x_{mn} \end{array}\right] \end{array} \qquad (4-2-1)$$

式中　R_{mn}——m 个事物的 n 个模糊特征的复合物元；

M_i——第 i 个事物（$i=1, 2, \cdots m$）；

C_j——第 j 个特征（$j=1, 2, \cdots n$）；

x_{ij}——第 i 个事物第 j 个特征相应的模糊量值。

从优隶属度模糊物元。各单项指标相应的模糊值从属于标准方案各对应评价指标相应的模糊量值隶属程度，称为从优隶属度。各评价指标特征值对于方案评价来说，有的是越大越优，有的是越小越优（拓光学，2012）。因此，不同的从优隶属度有不同的计算公式。以下公式能够充分反映不同水质评价指标的相对性。

越大越优型：　　　　　　　　　　　　$\mu_{ij}=x_{ij}/\max(x_{ij})$

越小越优型：　　　　　　　　　　　　$\mu_{ij}=\min(x_{ij})/x_{ij}$ 　　　　$(4-2-2)$

式中　　　　　　　μ_{ij}——从优隶属度；

$\max(x_{ij})$、$\min(x_{ij})$——每一方案里面各评价指标中的最大、最小值。

由此构建出从优隶属度模糊物元 R_{mn}：

$$R_{mn} = \begin{matrix} & M_1 & M_2 & \cdots & M_m \\ C_1 \\ C_2 \\ \vdots \\ C_n \end{matrix} \begin{bmatrix} \mu_{11} & \mu_{21} & \cdots & \mu_{m1} \\ \mu_{12} & \mu_{22} & \cdots & \mu_{m2} \\ \vdots & \vdots & \vdots & \vdots \\ \mu_{1n} & \mu_{2n} & \cdots & \mu_{mn} \end{bmatrix} \tag{4-2-3}$$

对于标准模糊物元与差平方复合模糊物元来说。R_{0n}（标准模糊物元）意指从优隶属度模糊物元 R_{mn} 中每一个评价指标所对应的从优隶属度的最佳值。如果标准模糊物元 R_{0n} 与复合从优隶属度模糊物元 R_{mn} 中各项差值的平方为 $\Delta_{ij} = (i=1, 2, \cdots, n; j=1, 2, \cdots, m)$，差平方复合模糊物元为 R_Δ，$\Delta_{ij} = (\mu_{0j} - \mu_{ij})^2$ 即为：

$$R_{mn} = \begin{matrix} & M_1 & M_2 & \cdots & M_m \\ C_1 \\ \Delta_2 \\ \vdots \\ \Delta_n \end{matrix} \begin{bmatrix} \Delta_{11} & \Delta_{21} & \cdots & \Delta_{m1} \\ \Delta_{12} & \Delta_{22} & \cdots & \Delta_{m2} \\ \vdots & \vdots & \vdots & \vdots \\ \Delta_{1n} & \Delta_{2n} & \cdots & \Delta_{mn} \end{bmatrix} \tag{4-2-4}$$

（2）熵值法确定权重系数。在信息论中熵值反映了信息无序化程度，其值越小系统无序度越小，因此可用信息熵评价所获系统信息的有序度及其效用，即由评价指标值构成的判断矩阵来确定指标权重，它能尽量消除各指标权重计算的人为干扰，使评价结果更符合实际（辛宏杰，2011）。其计算步骤如下：

第一步：构建 m 个事物 n 个评价指标的判断矩阵 $R = (x_{ij})_{mn} (i=1, 2, \cdots, n; j=1, 2, \cdots, m)$。

第二步：归一化处理判断矩阵 $R = (x_{ij})_{mn}$，归一化后的判断矩阵 B

$$b_{ij} = \frac{x_{ij} - x_{\min}}{x_{\max} - x_{\min}} \tag{4-2-5}$$

式中 $x_{\min}$、$x_{\max}$——同指标下不同事物中最满意者或最不满意者。

第三步：通过 m 个不同的评价事物和 n 个不同的评价指标，确定评价指标的熵：

$$H_i = -\frac{1}{\ln m}\left(\sum_{j=1}^{m} f_{ij} \ln f_{ij}\right)(i=1,2,\cdots,n; j=1,2,\cdots,m) \tag{4-2-6}$$

修正 $\ln f_{ij}$ 为：

$$f_{ij} = \frac{1 + b_{ij}}{\sum_{j=1}^{m}(1 + b_{ij})}$$

第四步：计算评价指标的熵权 W：

$$w = (\omega_i)_{1 \times n}$$

$$\omega_i = \frac{1 - H_i}{n - \sum H_i}, \text{且满足} \sum_{i=1}^{n} \omega_i = 1 \tag{4-2-7}$$

（3）贴近度与综合评价。贴近度为被评价样品与标准样品之间的相近度，值越大则越接近，值越小则越接远，可以根据其大小来确定方案的优劣。本书以欧氏贴近度 ρH_i 为评价标准，从而构建贴近度复合模糊物元 $R_{\rho H}$ 如下：

$$R_{\rho H} = \begin{bmatrix} & M_1 & M_2 & \cdots & M_m \\ \rho H_j & \rho H_1 & \rho H_2 & \cdots & \rho H_m \end{bmatrix} \tag{4-2-8}$$

$$\rho H_j = 1 - \sqrt{\sum_{i=1}^{n} \omega_i \Delta_{ij}} (j=1,2,\cdots,m)$$

二、生态基流量计算

河流生态流量主要根据生态需水量进行推求，一般将生态需水计算方法分成四类：水文指标法、水力定额法、栖息地定额法和整体分析法。根据北方季节性断流河流，并考虑到国内资料不足的实际，总结已有生态流量方法的特点，结合生态需水计算中常用的 R2CROSS 法和湿周法各自优点提出拐点法，属于水力学方法范畴。

1. 拐点法依据

拐点法是一种归纳综合了 R2CROSS 法和湿周法的优点的一种方法。

R2CROSS 法是由科罗拉多水利委员会开发，属中等标准设定法。该法选择特定的浅滩水生无脊椎动物和一些重要的鱼类繁殖栖息地。通过其假定临界流量可以满足此地生物生存的需求，得到的流量必然可以满足相应栖息地的需求。结合水力学方法等，河道流量由河道的平均水深、湿周率和平均流速确定（杨立彬，2007）。

湿周法是基于野外测流方法计算最小的生态需水量的最简单的方法，假定是既能好好地保护临界区域水生物栖息地的湿周，又能给非临界区域的栖息地充足的保护。利用湿周法来计算栖息地的最小生态需水量，必须构建浅滩湿周和流量的关系曲线。在该关系曲线中，其临界点的流量就是维持浅滩的最小生态需水量，它表征在该处流量减少较小时湿周的减少会显著增大。

参照 R2CROSS 法，一条河流的最小生态流量可以根据特定浅滩来寻求，而按照湿周法的原理，只要找到河流湿周变化的临界点，就可以认为找到了特定浅滩的位置所在；反过来，只要判断出河流湿周变化的临界点，就可以按照河流形态推求出对应的最小生态流量（钟华平，2006）。河道横断面的起伏导致了河流湿周的变化，这样，从河底延伸到河岸两侧，第一个出现的河床变化拐点则是河流湿周变化的临界点。

2. 河流拐点相关的物理意义和数学表达

不同径流量的长期影响会导致河流在一段时期内会出现一定的横断面形态，同时，称之为拐点的地方是河岸与河床底部之间不小于 1 个的坡度突变点，如图 4-2-1 所示。

从中我们可以看出，以拐点所对应的流量为分界线，河道流量大于此值的地方，大流量变化对应小宽度变化；河道流量小于此值的地方，小流量变化则会引起大河宽变化。依据湿周法、R2CROSS 法的原理可以看出拐点的生态学意义，即生物的生境小于拐点流量时，其变化非常敏感，相反，则非常不敏感。因而，拐点处所对应的流量就是保证河流正常生态功能实现的最小值，此值就是最小生态流量。该突变点的数学意义即以流量为自变量的流量—水面宽关系函数一阶导数的最大值，在此处的二阶导数值是零，也是二阶导数为零，如图 4-2-2 所示。流量与河宽关系线突变点的关系式为：

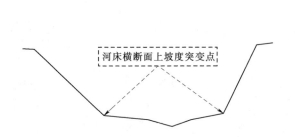

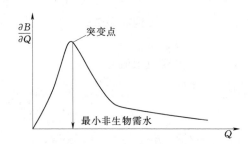

图 4-2-1　典型河形的河床概化图　　　　图 4-2-2　河道断面流量和水面宽变化率关系示意图

$$\frac{\partial^2 B}{\partial Q^2} = 0 \tag{4-2-9}$$

$$a < Q < b$$

式中　a、b——与多年平均流量相比较小的一个正数，m。

3. 水面宽与流量的关系

拐点法的核心在于利用河流横断面与河底最临近的拐点来计算出最小生态流量。拐点对应的水面宽是最直观的参数，因而，水面宽—流量关系对于计算很重要。径流与河床子系统最重要特征指标是水面宽、水深、流速。水面宽通过与水深、流速的对应关系确定，继而就可以得到相应的水深和流速。同时，河流环境功能与水面宽密切相关，例如娱乐、休闲、旅游等均需要特定的水面宽保证。故水面宽这一指标具有双重功效，既是径流与河床子系统的指标，又是河道生态系统非生物环境的指标。因此，流量—水面宽关系就可以作为径流—河床关系的简化。

依据径流—河道的关系式推求水面宽与流量。因为河床地貌的多样性是径流与河道相作用形成的，因而径流—河床关系就是水流、悬移质泥沙、推移质泥沙与河床相互作用的关系。水流连续方程、水流动量方程、悬移质泥沙紊动扩散方程以及河床变形方程均为描述径流—河床关系的数学方程。

其中，水流连续方程：

$$\frac{\partial h}{\partial t} + \frac{\partial}{\partial x}(Hu) + \frac{\partial}{\partial y}(Hv) = 0 \tag{4-2-10}$$

水流动量方程：

$$\left.\begin{array}{l} \dfrac{\partial h}{\partial t} + \dfrac{\partial}{\partial x}(uu) + \dfrac{\partial}{\partial y}(uv) + g\dfrac{\partial h}{\partial x} + gu\dfrac{\sqrt{u^2+v^2}}{c^2 H} = v_t\left\{\dfrac{\partial^2 u}{\partial x^2} + \dfrac{\partial^2 u}{\partial y^2}\right\} \\[4mm] \dfrac{\partial v}{\partial t} + \dfrac{\partial}{\partial x}(uv) + \dfrac{\partial}{\partial y}(vv) + g\dfrac{\partial h}{\partial y} + gv\dfrac{\sqrt{u^2+v^2}}{c^2 H} = v_t\left\{\dfrac{\partial^2 v}{\partial x^2} + \dfrac{\partial^2 v}{\partial y^2}\right\} \end{array}\right\} \tag{4-2-11}$$

式中　H——垂线水深；

　　　h——水位；

　　u、v——x 方向（沿水流）、y 方向（沿河宽）的垂线平均流速；

　　　g——重力加速度；

　　　c——阻力系数；

　　　v_t——紊动黏性系数。

悬移质泥沙紊动扩散方程：

$$\frac{\partial(HS)}{\partial t} + \left[\frac{\partial}{\partial x}(HvS) + \frac{\partial}{\partial y}(HvS)\right] = \left[\frac{\partial}{\partial x}\left(\frac{vt}{\sigma s}\cdot\frac{\partial HS}{\partial x}\right) + \frac{\partial}{\partial y}\left(\frac{vt}{\sigma s}\cdot\frac{\partial HS}{\partial y}\right)\right] + \alpha\omega(S_* - S) \tag{4-2-12}$$

式中　α——泥沙恢复饱和系数；

　　　ω——泥沙的沉速；

　S、S_*——含沙量及水流挟沙力。

河床变形方程为：

$$r_s'\frac{\partial Z_b}{\partial t} + \frac{\partial g_{bx}}{\partial x} + \frac{\partial g_{by}}{\partial y} = \alpha w(S_* - S) \tag{4-2-13}$$

式中　Z_b——河床高程；

　　　r_s'——泥沙淤积物干容重；

　g_{bx}、g_{by}——x 方向和 y 方向上的单宽推移质输沙率。

通过求解四个方程，就能计算出径流——河床关系，二维水泥沙方程组则由于资料的限制导致求解困难。为了让计算更简单，对二维方程在 y 向上积分，同时根据明渠均匀流、天然河道渐变流简化，从而就能计算出水面宽—流量的关系。

$$Q=BHV \tag{4-2-14}$$

$$V=\frac{1}{n}\times\left(\frac{F}{X}\right)^{\frac{2}{3}}\times J^{\frac{1}{2}} \tag{4-2-15}$$

$$S_*=S_*(W,H,\omega_s,\cdots) \tag{4-2-16}$$

$$B=f_2(Q,S,d,\cdots) \tag{4-2-17}$$

式中　　V——断面平均流速；

　　　　B——水面宽；

　　　　H——断面平均水深；

　　　　n——糙率；

　　　　X——湿周；

　　　　F——断面过水面积；

　　　　J——河道纵比降。

4. 拐点法计算步骤

拐点法按以下步骤进行求解（钟华平，2006）。

步骤1：根据实测断面资料，读取水面宽 B、断面面积 A、湿周 χ 等基本河道数据，计算水力半径 R，$R=\dfrac{A}{\chi}$。

步骤2：根据河流的纵剖面资料，推求河流的水力坡降 i。

步骤3：确定河道不同断面的糙率 n。

步骤4：根据谢才公式，计算平均断面平均流速 v，$v=C\sqrt{Ri}$，$C=\dfrac{1}{n}R^{\frac{1}{6}}$。

步骤5：计算过水断面流量 Q，$Q=vA$。

步骤6：对不同断面以水深 $\Delta h=0.1\mathrm{m}$ 为单位，由最低点开始重复步骤1—步骤5，可得出不同断面的水位—流量（h—Q）关系以及水面宽—流量（B—Q）流量关系曲线。

步骤7：根据 B—Q 曲线，利用拐点法确定断面生态流量、生态水深等指标。

三、河流水动力模拟

应用数学模型进行河流水动力模拟是研究水体随时间和空间运动的重要手段之一。近几年来，随着计算机的高速发展，数学模型的应用有了更坚实的基础，应用的空间也更为广阔。

1. 模拟工具介绍

MIKE 软件是丹麦水资源及水环境研究所（DHI，非政府的国际化组织）的研究开发 DHI 的专业软件功能涉及范围大多数水利水文水环境水生态等领域，从降雨→产流→河流→城市→河口→近海→深海，从一维→三维，从水动力→水环境和生态系统。比如 MIKEBASIN 应用于流域大范围水资源评估和管理，MIKESHE 应用于地下水与地表水，MIKE11 一维河网模拟，MIKEMOUSE 应用在城市供水和排水系统。MIKE21 应用在二维河口和地表水体，近海的沿岸流 LITPACK，直到深海的三维 MIKE3（刘光莲，2010）。

其中，MIKE11（一维河道、河网综合模拟软件），广泛用于河口、河流、灌溉系统和其他内陆水域的水文学、水力学、水质和泥沙传输模拟。MIKE11 软件中水动力模块（HD 模块），可用于交叉和网状河系及二维洪泛区的水流模拟。可以描述超临界水流条件及亚临界水流，可用于从陡峭山区性河流到感潮河口的各种垂向均质水流条件的模拟，也可进行各种简化的水流条件的水流模拟，如扩散波、运动波及准稳定流的计算（刘光莲，2010）。

2. 模型构建原理

构建了一维非定常水动力学模型，分别从数学模型、初始条件、边界条件、大断面处理、数值弥散处理等几个方面加以介绍。

（1）数学模型。Mike11采用明渠非恒定渐变流的基本方程—圣维南方程组来表征明渠非恒定渐变流断面水力要素随时间和空间变化的函数关系式，它由非恒定流连续方程和动量方程组成，分别表示为：

$$\frac{\partial Z}{\partial t} + \frac{1}{B}\frac{\partial Q}{\partial X} = q \qquad (4-2-18)$$

$$\frac{\partial Q}{\partial t} + 2u\frac{\partial Q}{\partial X} + Ag\frac{\partial Z}{\partial X} = u^2\frac{\partial A}{\partial X} - g\frac{Q|Q|}{C^2 R} + q_i(u - u_0) \qquad (4-2-19)$$

式中　$Z(x, t)$——断面平均水位，m；

　　　$Q(x, t)$——断面流量，m^3/s；

　　　$A(x, t)$——断面面积，m^2；

　　　$u(x, t)$——断面平均流速，m/s；

　　　　　C——谢才系数；

　　　　　q_i——单位河长上的支流流量。

为了计算的简单，在MIKE11中实际运用的是完全动力波法和动量守恒方程组，这种方法有以下几个假设：水是不可压缩及各向均质的；相对于水深而言，波长是非常大的；河道中的水流是缓流。

（2）初始条件和边界条件。初始条件即非恒定流在开始时刻的水流条件，一般而言，初始条件是需要开始计算非恒定流的任何指定时刻的水流条件。在MIKE11共有四种可选的初始条件，分别为用户定义、自动开始、热启动、自动开始与用户定义相结合。

而边界条件则指非恒定流发生过程中，河道上、下断面需要满足的水力条件。在MKIE11中共有三种类型的边界条件：

第一类边界：河床水位随时间的变化过程，即 $h = f(t)$；

第二类边界：流量随时间的变化过程，即 $Q = f(t)$；

第三类边界：水位流量关系，即 $Q = f(h)$。

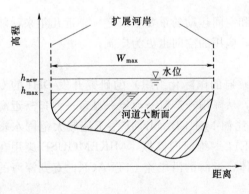

图 4-2-3　水位大于断面最大高程时的处理方式示意图

（3）河道大断面的处理。详细说明河道大断面的几何形状能够揭示模拟区域的地形特征。一系列 $x\sim z$ 坐标系中的数据构成了大断面资料，x 是断面上一点距断面上固定点的距离，z 是该点的高程。MIKE11HD 模型根据初始断面数据预先计算出水动力模拟计算所需的水力参数，如不同水深时的过水断面面积、水面宽度、水力半径等。如果在模拟计算过程中出现计算水位值大于大断面高程最大值时，其相应的处理方法是把断面左右两点竖直向上增加，直至超过计算水位（刘光莲，2010），如图 4-2-3 所示。

（4）数值弥散处理。Courant（克朗数）与模型计算的稳定数有关，克朗数越小，模型越稳定。其表达式为：

$$Ct = \frac{\Delta t(v + \sqrt{gy})}{\Delta x} \qquad (4-2-20)$$

式中　v——流速；

y——水深。

模型在系数、流速不变，时间步长不能太小的情况下计算就会出现发散现象。这个时候，空间步长是不是太小需要首先检测。为避免空间步长太小导致克朗数太大，Courant 数值取值一般为 $10\sim15$ 之间，从而能够克服步长太小导致的克朗数太大的问题。空间步长的调整是通过修改断面的位置、调整计算水位点的分布实现的。

四、水库水量优化调度技术

1. 调度原理

根据水量平衡原理，对卧虎山水库进行优化调度，调度公式如下：

$$V_t = V_{t-1} + W_{t\text{来}} - W_{t\text{损}} - W_{t\text{城市供}} - W_{t\text{生态供}} - W_{t\text{农业供}} - W_{t\text{弃}} \tag{4-2-21}$$

式中　V_t——t 时段末水库蓄水量；

　　　V_{t-1}——$t-1$ 时段末水库蓄水量；

　　　$W_{t\text{来}}$——水库 t 时段来水量；

　　　$W_{t\text{损}}$——水库 t 时段损失量，包括蒸发损失和渗漏损失；

　　$W_{t\text{城市供}}$——水库 t 时段城市供水量；

　　$W_{t\text{生态供}}$——水库 t 时段生态供水量，既放至卧虎山水库下游玉符河河道中水量；

　　$W_{t\text{农业供}}$——水库 t 时段农业供水量；

　　　$W_{t\text{弃}}$——水库 t 时段弃水量；

　　　t——为时段，本次调算以月为最小时段。

2. 约束条件

(1) V_t 约束条件。

$$V_{\text{死}} \leqslant V_t \leqslant V_{\text{兴}} \tag{4-2-22}$$

式中　$V_{\text{死}}$——卧虎山水库死水位对应库容；

　　　$V_{\text{兴}}$——卧虎山水库兴利水位对应库容（汛期 7 月、8 月、9 月为汛限水位对应库容）。

(2) 供水约束。水库供水时，首先应满足城市供水，其次满足河道生态补水，最后满足农业用水。

(3) 弃水约束条件。

当 $V_{t-1} + W_{t\text{来}} - W_{t\text{损}} - W_{t\text{城市供}} - W_{t\text{生态供}} - W_{t\text{农业供}} > V_{\text{兴}}$ 时，水库产生弃水，弃水量为

$$W_{\text{弃}} = V_{t-1} + W_{t\text{来}} - W_{t\text{损}} - W_{t\text{城市供}} - W_{t\text{生态供}} - W_{t\text{农业供}} - V_{\text{兴}}$$

当 $V_{t-1} + W_{t\text{来}} - W_{t\text{损}} - W_{t\text{城市供}} - W_{t\text{生态供}} - W_{t\text{农业供}} \leqslant V_{\text{兴}}$ 时，水库弃水量为 0。

(4) 供水约束条件。根据各用水户的保证程度和优先顺序，调算时须设定各用水户供水限制条件。根据各用水户用水量和保证率要求情况，采用全系列倒演算方法，确定历年逐月保证各用水户用水的相应预留库容，然后选取历年各月最大预留库容，作为各月对用水户的限制库容 $V_{\text{限}}$，其对应的水位即为水库调度运行中的各用户供水限制线。当水库水位低于某用户供水限制线时，该用户供水将遭到破坏；当水库水位高于该用户供水限制线时，可保证该用户供水。（刘继永，2008）

因此，调算时各用水户供水约束条件为（农限以农业供水为例）：

当 $V_{t-1} + W_{t\text{来}} - W_{t\text{损}} - W_{t\text{城市供}} - W_{t\text{生态供}} - W_{\text{农业需}} > V_{\text{农限}}$ 时，$W_{t\text{农业供}} = W_{\text{农业需}}$；

当 $\begin{cases} V_{t-1} + W_{t\text{来}} - W_{t\text{损}} - W_{t\text{城市供}} - W_{t\text{生态供}} - W_{\text{农业需}} < V_{\text{农限}} \\ V_{t-1} + W_{t\text{来}} - W_{t\text{损}} - W_{t\text{城市供}} - W_{t\text{生态供}} > V_{\text{农限}} \end{cases}$ 时，$W_{t\text{农业供}} = V_{t-1} + W_{t\text{来}} - W_{t\text{损}} - W_{t\text{城市供}} - W_{t\text{生态供}}$；

否则 $W_{t农业供}=0$。

第三节 玉符河生态修复案例应用

一、玉符河流域概况

1. 自然概况

玉符河位于济南市西南部，发源于泰山北麓的长城岭北坡，上游锦绣、锦阳、锦云三川汇入卧虎山水库，流经济南市的历城区、市中区、长清区和槐荫区，在槐荫区北店子村西南注入黄河，成为黄河流域的最后一条较大支流。该河道干流长 85.4km，流域面积 828.85km² 。（刘继永，2008）地理位置详见图 4-3-1。

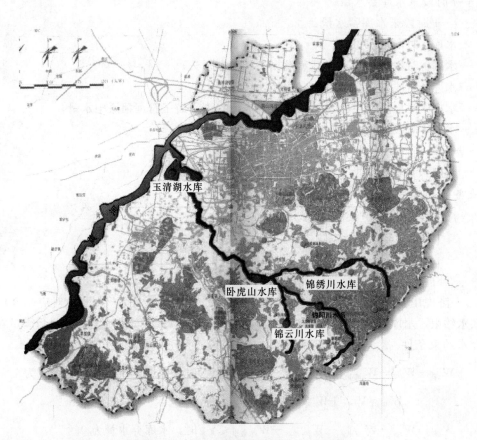

图 4-3-1 玉符河流域地理位置示意图

流域内大部分为山区，上游地势较高，最南部的长城岭，是济南市与泰安市、莱芜市的分界线，同时也构成了大汶河与小清河、玉符河的分水岭，最高点（摩天岭）为 988.8m，下游入黄口海拔只有 29.5m。地貌方面，以京沪铁路桥为界，以上为山丘区，以下为丘陵区。铁路桥以上，坡降较陡，河宽 100~2000m；铁路桥以下坡度变缓，河宽变窄，104 国道桥附近仅 160m；丰齐—北店子段坡降更为平缓。受黄河回水顶托，泥沙淤积，入黄口以上 3.0km 形成倒坡。牛角峪处由于兴建了玉清湖水库的沉沙池，河道的堤距由 700m 缩短至 150m，降低了河道的行洪能力。

玉符河流域植被类型主要有灌木类和草类两种，动物种类主要有水生类、爬行两栖类、鸟类、陆生及昆虫类（图 4-3-2）。本书调查到的常见生物种类如表 4-3-1 所示。

图 4-3-2 玉符河流域典型生物个例

表 4-3-1　　　　　　　　　　　　　　玉符河流域生物现状调查表

植被类型	灌木类	侧柏、苹果、桃、杏、杨树、黄栌、柳树、梧桐、丁香、连翘、榆树、紫叶李、香椿、臭椿、刺槐、花椒、酸枣
	草类	野古草、黄背草、结缕草、羊胡子草、荩草、龙芽草、地榆、猪耳朵菜、人参菜、马生菜、面条菜、狗尾草
动物类型	水生类	鲫鱼、鲤鱼、鲶鱼、鲢鱼、草鱼、河虾、泥鳅、黑鱼、螺蛳
	爬行两栖类	蜗牛、青蛙、蟾蜍、蜥蜴
	鸟类	白鹭、野鸭、鸳鸯、斑鸠、苍鹰、喜鹊、山鸡、乌鸦、麻雀、猫头鹰、燕子
	陆生及昆虫类	野兔、蚱蜢、蝼蛄、蟋蟀、蝗虫、水牛、金凤蝶、蜻蜓、双齿蝼步甲、七星瓢虫、蜈蚣

2. 遥感地理信息状况

根据遥感信息理论，解译卫星图片得到玉符河遥感影像（张仁华，1996；周万村，1996；刘纪远，1996）。根据研究需要将流域分为三个部分：上游、中游和下游，卧虎山水库集水区为上游，104国道是中、下游的分界线，如图 4-3-3 所示。结果显示：流域总面积为 828.85km²，三个不同区的汇水面积分别为 128.17km²、143.99km² 和 556.68km²，上游锦绣川、锦阳川、锦云川三川流域面积分别为：226.53km²、180.67km²、57.31km²。

（1）土地利用类型。本书的土地利用分类系统借鉴 2007 年 8 月 5 日开始执行的《土地利用分类》国家标准和中国科学院"八五"期间"国家资源环境遥感宏观调查、动态分析与遥感技术前沿的研究"项目中所制定的分类体系，根据玉符河流域土地利用的区域特点，将该区域的土地利用类型划分为 6 大类 13 个小类，见表 4-3-2。玉符河土地利用分类见图 4-3-4，玉符河土地利用分类结果见表 4-3-3。

表 4-3-2　　　　　　　　　　　　　玉符河流域土地利用分类系统一览表

一级类型		二级类型		含　义
序号	名称	编号	名称	
1	耕地	11	水浇地	指有水源保证和灌溉设施，在一般年景能正常灌溉，种植水生或旱生农作物的耕地。包括种植蔬菜的非工厂化的大棚用地
		12	望天田	指无灌溉设施，主要靠天然降水种植旱生农作物的耕地，包括没有灌溉设施，仅靠引洪淤灌的耕地
2	林地	21	有林地	指郁闭度大于 30% 的天然林和人工林，包括用材林、经济林、防护林等成片林地
		22	灌木林地	指郁闭度大于 40%、高度小于 2m 的矮林地和灌丛林地
		23	疏林地	郁闭度 10%~30% 天然林和人工林，包括用材林、经济林、防护林等
		24	其他林地	包括各类果园及居民点附近的绿化林木用地、铁路、公路征地范围内的林木，以及护堤林

续表

一级类型		二级类型		含　义
序号	名称	编号	名称	
3	草地	31	中盖度草地	指覆被度在 20%～50% 的天然草地和改良草地，此类草地一般水分条件不足，草被较稀疏
		32	低盖度草地	指覆被度在 5%～20% 的天然草地，此类草地水分缺乏，草被稀疏，牧业利用条件差
4	水域	41	河渠	指天然形成或人工开挖的河流及主干渠常年水位以下的土地
		42	湖泊	指天然形成的积水区和人工修建的蓄水区常年水位以下的土地
5	城乡、工矿、居民用地	51	建设用地	指县、镇以上建成区用地和农村建成区用地
		53	工矿、交通用地	指独立于城镇以外的道路、厂矿、采石场等用地
6	未利用土地	66	裸岩、裸土、石砾地及湿地	指地表为岩石、裸土或石砾，其覆被面积小于 5% 的土地

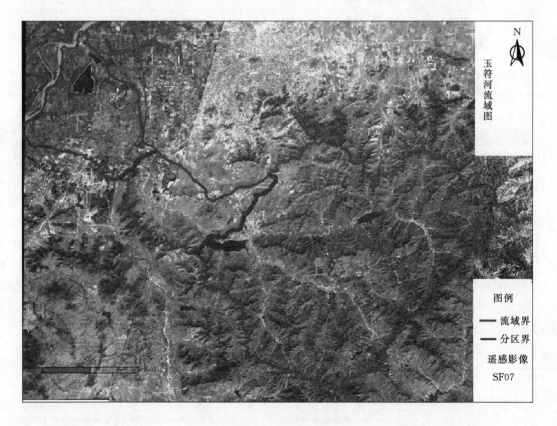

图 4-3-3　玉符河流域图

表 4-3-3　　　　　　　　　　　玉符河土地利用分类结果

土地利用类型	下游面积/hm²	中游面积/hm²	上游面积/hm²
望天田	1209.5	7137.13	17623.35
水浇地	7518.59	185.86	2007.48
有林地	184.54	1185.8	14334.49

续表

土地利用类型	下游面积/hm²	中游面积/hm²	上游面积/hm²
灌木林地	98.71	3174.32	7421.9
疏林地	0	532.6	5794.23
其他林地	866.57	54.22	206.7
草地	32.79	1244.76	3110.04
河渠	129.96	39.64	201.06
湖泊	745.11	5.02	914.55
建设用地	1765.68	651.96	3744.74
未利用地	265.79	188.48	309.46
总计	12817.24	14399.79	55668

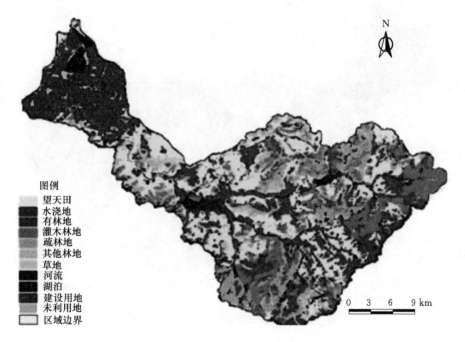

图 4-3-4 玉符河流域土地利用分类图

由分类图和分类结果可以看出:

1) 在耕地类型中,玉符河流域以望天田为主,除下游水浇地较多外,上游和中游的水浇地只占很少比例,且只分布在水库和河道周边地域。

2) 林地主要集中在上游;中游林地、灌木林地和疏林地面积基本相当,其他林地较少;下游其他林地占较大比例。

林地类型的分布情况可以用森林覆盖率、林地覆盖率反映,如表 4-3-4 所示。

表 4-3-4 不同河段森林、林地覆盖率

覆 盖 率	上 游/%	中 游/%	下 游/%
森林覆盖率	25.75	8.23	1.44
林地覆盖率	49.86	34.35	8.97

（2）流域植被覆盖率。植被覆盖率是指某区域中植被遮盖地面的百分率（田静，2004；陈云浩，2001）。它反映了植被在地面上的生存空间、植被利用环境及影响环境的程度。本研究主要指林、灌、草的覆盖度（胡良军，2001；池宏康，2000）。

本书采用张仁华（张仁华，1996）提出的植被覆盖率与植被指数模型来获取植被覆盖率（fc），其模型为：

$$fc = \frac{NDVI - NDVI_{soil}}{NDVI_{veg} - NDVI_{soil}} \qquad (4-3-1)$$

式中：$NDVI_{soil}$ 为裸露地表（即无植被）像元的 $NDVI$ 值；而 $NDVI_{veg}$ 则代表完全被植被所覆盖的像元的 $NDVI$ 值。利用此公式进行植被覆盖率计算的关键就是如何确定参数 $NDVI_{soil}$ 与 $NDVI_{veg}$。

根据玉符河流域内植被的基本特征，将植被覆盖率等级划分为 4 级，分别为 0～30%、30%～60%、60%～85%、85%～100%，如图 4-3-5 所示。

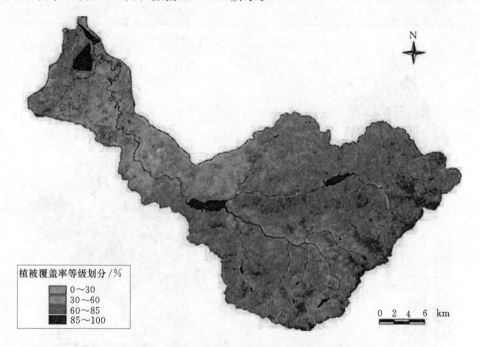

植被覆盖率等级划分/%
- 0～30
- 30～60
- 60～85
- 85～100

0 2 4 6 km

图 4-3-5　玉符河流域土地利用分类图

对流域植被覆盖率进行分区面积统计，如表 4-3-5 所示。

表 4-3-5　　　　　　　　　　玉符河流域植被覆盖率分区面积统计表

覆盖率/%	下游面积/hm²	中游面积/hm²	上游面积/hm²
0～30	2474.666	3487.355	4926.496
30～60	4881.011	6980.643	15929.21
60～85	3888.478	3725.615	26048.64
85～100	1573.085	206.1775	8763.657

从中可以发现：整个流域内植被覆盖度的变化与地形条件有紧密的联系。地势较低的沟谷和平地植被覆盖度偏低，主要是因为其受人为活动干扰剧烈；而山丘植被覆盖度相对较高，因为其地形条件限制了土地的大规模利用。然而下游因农作物的种植，平均覆盖度大于 30%，由于下游平原区多为水浇地，种植大量农作物；中游丘陵区为强渗漏带，植被覆盖度偏低。

（3）河岸缓冲带。河岸缓冲带是位于水体与陆地之间的过渡地带，可描述为狭长的、线状的、滨水的水陆两栖植被带。一般而言，基础的缓冲带骨架离河岸顶部的距离是20m；在陡峭斜坡或是土壤渗透能力较差的地带是缓冲带需要的距离大约为50m，其主要是为了让径流充分进入土体，同时植物和微生物也能够有足够的时间吸收并分解营养物质、杀虫剂；若为了保护野生动植物栖息地，缓冲带的宽度则应根据需要保护的物种来具体确定，一般100m则是下限值（罗扬，2008）。根据研究需要，对卧虎山水库以下河道进行缓冲带分析，分别选择离河岸线各100m、50m和20m的距离，进行土地利用类型统计，如表4-3-6所示。

表4-3-6　　　　　　　　　　　玉符河干流河岸缓冲带内土地利用类型统计表

土地利用类型 ＼ 距离	100m	50m	20m
望田天	346.54	176.94	71.05
水浇地	378.61	192.33	77.71
有林地	1.24	0.60	0.21
灌木林地	0.22	0.01	0.00
其他林地	40.03	20.36	8.16
草地	8.90	4.19	1.61
河渠	130.60	129.53	118.10
湖泊	37.96	19.40	7.71
建设用地	85.35	35.19	12.34
未利用地	4.31	2.63	1.27

（4）河道形态。本次研究，利用遥感图件统计了玉符河河道长度、蜿蜒度和水面坡降等参数。

结果显示：玉符河河长85.40km，其中上、中、下游河段河道长分别为44.60km、14.42km、26.38km。卧虎山水库以上水网密集，支流中锦绣川河道长35.87km、锦阳川河道长33.28km、锦云川河道长16.35km，泉泸河河道长21.03km。蜿蜒度是河流的一个环境因子，主要反映河道的弯曲程度，其含义是河段两端点之间沿河道中心轴线长度与两点之间直线长度的比值，可用下式表示：

$$K_a = L/l \qquad\qquad (4-3-2)$$

式中　K_a——蜿蜒度；

　　　L——河段实际长度，km；

　　　l——河段的直线长度，km。

结果：玉符河河流蜿蜒度为1.587，上游、中游和下游的蜿蜒度分别为1.186、1.598和1.263。

河道比降（河床比降）是指沿水流方向，单位水平距离河床高程差。根据研究需要，主要计算卧虎山水库大坝以下，即河道中、下游河段的水面坡降。根据济南市水利建筑勘测设计研究院所测数据，以卧虎山水库为基准点，依次选择了四个高程点，即卧虎山水库坝下（0+000，97m）、104国道（14+700，54m）、周王庄桥（25+000，32.8m）和入黄口（40+700，29.5m）。由此，可以计算出这4个断面间三段河道水面坡降（K1、K2、K3）依次为2.93‰、2.06‰和0.21‰，如图4-3-6所示。

（5）河口湿地状况。湿地作为独立的生态系统，具有重要的生态价值和科学研究价值。本研究利

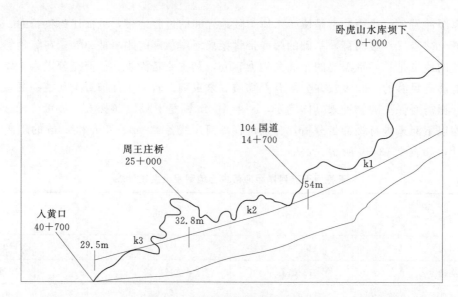

图4-3-6 玉符河河道坡降示意图

用遥感影像对玉符河下游湿地进行了分类处理,处理后的结果如图4-3-7和图4-3-8所示。

图4-3-7 玉符河下游湿地分类图

从处理后的遥感影像上可以看出,玉符河下游及河口区,湿地类型相对单一,主要有河流、水库、坑塘、水洼及少数的河边草滩地等,总面积约为883hm²。由于处于非汛期,河流流量小,只有周庄桥以下约600m的河段属于比较完整的湿地,水洼地较多,有几处典型的河边草滩地,如图4-3-8所示。这一段河流最宽处约63m,最窄处约8m,水洼占地面积约4.76hm²。河流两岸多为

图 4-3-8 周庄桥段分类影像

杨树林，在水洼地较多的一侧有成片杨树林约 4.76hm²。河湾道包围的区域为庄稼地，面积约为 7.4hm²。有的河段水流极浅被水草覆盖，在卫星影片上呈现水草的色调。入黄口处，黄河与玉符河的高度差约为 1m，黄河水在丰水期很容易倒灌入玉符河，其泥沙淤积在玉符河河道便形成河滩地，由于泥沙不适合植物生长，故在影像上入黄口显示不明显。在河道周围区域还有诸多人工湿地，包括玉清湖水库、沉沙池、沟渠和部分人工坑塘等，其中，玉清湖面积为 495.4hm²，沉砂池面积为 141.6hm²。

3. 河道及其治理状况

(1) 河道现状。玉符河河道分为三段，卧虎山水库大坝以上为上游；卧虎山水库大坝至 104 国道为中游；104 国道至入黄口为下游。

玉符河上游河段为山区型河流，由锦绣川、锦阳川、锦云川等三条较大的支流组成，汇流于卧虎山水库。锦绣川支流北侧为玉符河与小清河流域的分界，锦云川支流南依泰山山脉。流域内山川遍布，平均海拔 500m 左右，最高海拔 885m。玉符河上游段建有水库 25 座，其中大型（卧虎山）1 座、中型（锦绣川）1 座、小型 23 座，塘坝 42 座，总库容 1.56 亿 m³。

玉符河干流卧虎山水库（0+000）以下至京沪铁路（13+850）河段为山区性河道，河道较开阔，河宽 700～2000m，比降 1/270～1/380；从京沪铁路桥下河道就慢慢地变窄了，至 220 国道（25+310）段河道为窄深型，宽度 200～250m，在 220 国道附近，河宽仅 160m，比降 1/400～1/700，地面高程 50～60m。河道两岸为丘陵区和山前平原；220 国道以下至入黄口，进入沿黄滩区，河道比降 1/5000～1/5200，右堤为黄河大堤，左侧为黄河冲积平原，河道宽在 700～2000m 以上，地面高程 80m 左右。地势低洼，易涝易灾，是济南市的防汛难点之一。牛角屿一段河道由于兴建了玉清湖水库沉砂池，河道宽由 700m 缩短到 150～160m，大大降低了河流的行洪能力。玉符河入黄处，由于受黄河回水影响，河口泥沙淤积，河型不明显，形成约 3km 的倒坡。

（2）堤防现状。玉符河上游为山谷、丘陵地区，两岸无堤防，下游有堤防。玉符河右岸北店子至宋庄段，长 10.2km，筑有黄河大堤，设计标准按防御黄河洪水流量 11000m³/s，顶宽 10m，临水坡1：2.5，背水坡 1：3。黄河大堤与小清河交汇处，建有睦里闸，为小清河的源头。玉符河的左岸为长清许寺洼黄河滩区，为防止玉符河洪水和黄河中小洪水从玉符河倒灌，自娘娘店至筐李长 6.86km筑有堤防。其中，四里庄以下，堤顶高程 33.0m，顶宽 4m；四里庄至八里庄以上为旧村台，堤顶高低不齐、堤身宽窄不等；八里庄至由里庄以上 2.06km，与新建的玉清湖水库公用堤防，按水库大坝标准填筑；水库大坝向上至筐李庄，堤顶高程 34.5m，玉符河入黄口处已无堤形，底与左岸地面相平，群众为挡中小洪水倒灌入玉符河，河口左岸滩地筑有生产堤，目前玉符河安全泄量较小，出口段现状过水能力仅为 700m³/s，仅相当于 50 年一遇设计流量的 32.6％，防洪能力较低（刘继永，2008）。

2005 年，建设完成了玉符河生态补源试验段工程。工程位于京沪铁路与 104 国道之间，长度1.2km，工程主要内容有河道疏挖整平、拦河橡胶坝、河两岸绿化美化、交通道路等。工程总投资1294 万元。试验段的建设目的是为河道生态修复摸索路径、积累经验，工程竣工后，在景观、防洪、特别是补源方面发挥了重要作用，取得了较好的社会、经济和环境效益。

（3）历次河道规划及相关规划情况。对于玉符河的规划、整治工作，济南市水利部门从来都没有停止过。近几年，主要取得了以下成果：

1）《卧虎山水库续建配套工程可行性研究报告》。2000 年 12 月开始进行可研报告的编写工作，2001 年 8 月完成全部报告的编写。主要内容包括：主要建筑物的建设、金属结构及电气设备的选择、工程管理措施、水库淹没处理和工程占地补偿以及环境影响评价，并编制了水土保持方案。

2）《济南市玉符河回灌保泉生态工程可行性研究报告》（2002 年）。2002 年 8 月，济南市水利建筑勘测设计研究院完成了《山东省济南市玉符河回灌保泉生态工程可行性研究报告》，该工程利用卧虎山水库作为主要水源，项目实施既发挥了水利工程的作用，又改善了当地的生态环境，一举两得。

3）《玉符河治理总体规划》（2003 年）。2003 年 11 月，济南市水利建筑勘测设计研究院完成了《济南市玉符河综合治理工程可行性研究报告》，该工程进行了河道治理的总体方案比选及总体设计、河道工程以及建筑物的设计、绿化景观设计、环境影响设计等等，并编制了相应的水土保持方案。

4）《九龙涧生态保护区总体规划方案》（2005 年）。2005 年 7 月，由济南市规划局牵头，市水利、园林、交通等部门通力协作，完成了《九龙涧生态保护区总体规划方案》。规划内容主要包括：总体规划、水利规划、道路桥梁规划和园林景观设计规划。该规划尚未实施。

另外早期还完成了《玉符河防洪总体规划》、《锦绣川水库加固增容工程可行性研究报告》等。这些规划及可研究报告的编制与实施在一定程度上提高了玉符河的防洪能力，局部改善了当地的生态环境。

4. 水文气象水资源状况

玉符河流域内有卧铺、南高而、卧虎山三个降水量长期观测站，根据三个雨量站历年观测资料，采用算术平均法计算可知流域多年平均降水量为 741.3mm。降水量年内、年际分配极不均匀，汛期占年降水量 77％，最大年降水量 1416.9mm（1964 年），最小年降水量 262.3mm（1989 年），最大年降水量为最小年降水量的 3.9 倍。采用 P-Ⅲ曲线，对玉符河流域降水量进行频率分析，频率分析曲线见图 4-3-9，分析结果见表 4-3-7。

表 4-3-7　　　　　　　　玉符河流域 1956—2006 年降水量频率分析成果表

多年平均降水量/mm	C_v	C_s/C_v	不同频率降水量/mm			
			20%	50%	75%	95%
743.1	0.32	2.5	926.3	710.5	568.1	413.9

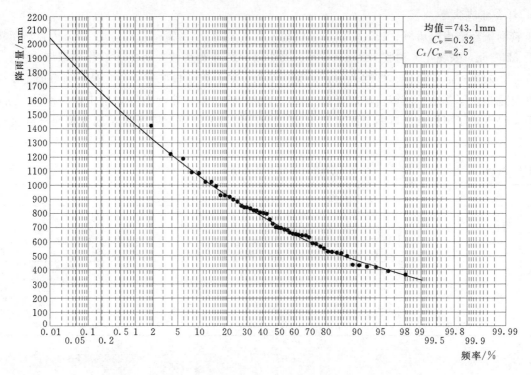

图 4-3-9 玉符河流域 1956—2006 年降水量频率分析曲线

流域内径流主要是通过大气降水补给，其在时间上的变化特点与降水相似，但年内、年际变化相较于降雨则更大。由于其流域上游的地质条件为石灰岩地区，风化岩层较厚。因为中小强度的降雨易形成蓄满产流，入渗大，地表径流产流量小，因而径流的过程较为平缓，退水时间较长；但是于流域上游山高坡陡，多为超渗产流，易形成暴涨暴落的洪水过程。根据相关计算成果，玉符河流域多年平均天然径流量 12666 万 m³，多年平均地下水资源量 13953 万 m³（不含重复计算量），多年平均水资源总量 26618 万 m³（刘继永，2008）。资料表明，玉符河流域有大、中型水库各 1 座，小（1）型水库 3 座，小（2）型水库 20 座，总库容 1.68 亿 m³。大型水库为卧虎山水库，控制流域面积 577km²，总库容 11640 万 m³，兴利库容 6483 万 m³，死库容 350 万 m³；中型水库为锦绣川水库，控制流域面积 166km²，总库容 3778 万 m³，兴利库容 2892 万 m³，死库容 108 万 m³，设计洪水标准为百年一遇（设计洪水流量 1514m³/s），校核洪水标准同设计洪水标准；小型水库控制流域面积 94.8km²，总库容 1441 万 m³。

卧虎山水库的主要任务是保证济南市、津浦铁路、黄河的安全，主要是保证济南市的安全。设计洪水标准为百年一遇（设计洪峰流量 2925m³/s），校核洪水标准为万年一遇（校核洪峰流量 8635m³/s）。由于黄河河床淤积抬高导致倒比降，河道行洪不畅，以至于卧虎山水库防洪任务重大。若水库泄洪受到黄河水顶托，则洪水积存在下游羊角峪一带，对人民群众的生命和财产安全构成了较大的威胁。因而，卧虎山水库下泄流量的确定特别的重要。卧虎山水库下泄流量具体如下：第一安全泄量为 100m³/s，目的是保护玉符河上游的河滩地不受损失，并减少对玉符河末端沿黄河滩区耕地淹没；第二安全泄量为 800m³/s，目的是减轻下游河道的洪峰流量，保护跨河公路桥安全；第三安全泄量为 1300m³/s，目的是保护铁路桥、主要公路桥的安全行洪；第四安全泄量为 2800m³/s，目的是避免玉符河洪水出槽危及济南市防洪安全；特殊安全流量为 3900m³/s，目的是保护津浦铁路桥安全。根据各种泄量情况，结合卧虎山水库主要防洪任务，确定的 20 年一遇控制下泄流量为 800m³/s，百年一遇控制下泄流量为 1300m³/s，千年一遇控制下泄流量为 2800m³/s。（刘继永，2008）

5. 社会经济状况

玉符河流经济南市历城、长清、市中和槐荫 4 区，共 10 个乡镇，总人口约 48 万人，城镇年人均收入约 6250 元，农民年人均收入约 4500 元。农业以种植业和畜牧业为主，农作物以冬小麦、玉米、地瓜为主，农副产品有山楂、核桃、柿子、梨、苹果、桃、杏、板栗等果品，是济南市的主要果品基地，并且远销全国各地。流域内矿产资源丰富，有金、铁、铅、花岗石等，其中柳埠产的"柳埠红"花岗石，已形成了规模，出口多个国家和地区。2005 年，玉符河流域所涉 4 区主要经济社会指标如表 4-3-8 所示。

表 4-3-8　　　　　　　　　　　　玉符河流域经济社会指标一览表

| 分区 | 人口/万人 | | | 土地面积 /km² | 耕地面积 /10³hm² | 有效灌溉面积 /10³hm² | GDP/亿元 | | | | 工业/亿元 | |
	农业	非农业	合计				第一产业	第二产业	第三产业	合计	工业总产值	工业增加值
历城区	39.9	50.7	90.6	1298.0	31.6	24.7	18.6	267.4	103.9	389.9	619.4	217.8
长清区	28.0	27.1	55.1	1178.0	39.6	22.8	18.4	66.0	34.5	118.9	169.5	485.7
市中区	—	56.2	56.2	280.0	5.1	4.0	2.0	50.9	172.2	225.0	198.6	55.3
槐荫区	—	35.9	35.9	151.0	3.5	3.5	1.8	33.5	59.2	94.5	86.0	25.3
合计	67.8	169.9	237.7	2907.0	79.8	55.0	40.8	417.7	369.7	828.3	1073.4	784.1

6. 流域环境状况

玉符河水质，上游以卧虎山水库水质取样为代表，中下游以睦里闸处河道断面水质取样为代表。前者，据 2001 年 11 月 12 月和 2002 年 5 月进行的水样化验结果，为Ⅲ类水；后者，根据《山东省水功能区划》（山东省水利厅，2006 年 5 月）成果，玉符河干流自卧虎山水库坝下至入黄河口段被确定为玉符河济南饮用水源区，水源主要用于饮用、工农业生产等，目标水质为Ⅲ类水。

2001 年、2004 年、2005 年卧虎山水库总磷、总氮、生化需氧量、石油类等检出超标值，各年度均值除总氮外，其他项符合地表水环境质量Ⅲ类标准，具体水质结果见表 4-3-9❶。

表 4-3-9　　　　　　　　　　　卧虎山水库水质监测结果年度统计表

指　　标	2001 年	2004 年	2005 年	Ⅲ类标准
pH 值	8.39	8.23	8.28	6～9
DO 含量/(mg/L)	9.64	9.67	9.86	5.0
COD 含量/(mg/L)	11.15	12.4	12.06	20.0
氨氮含量/(mg/L)	0.06	0.28	0.13	1.0
总氮含量/(mg/L)	4.17	7.99	6.96	1.0
总磷含量/(mg/L)	0.041	0.032	0.032	0.05
石油类含量/(mg/L)	0.041	0.031	0.02	0.05

不同河段的环境问题突出表现为：

（1）上游。近年来，由于上游水土流失问题及部分旅游、餐饮行业的发展以及一些突发事件，卧虎山水库的水质日益恶化，水库富营养化严重，藻类出现，水体中溶解氧含量降低，造成一定时期内水库出现死鱼现象。同时突发的油泄露等问题也对水库水质造成一定程度的威胁。

玉符河上游局部地区水土流失现象较为严重，望天田、疏林地及未利用地规模达 44.3% 以上，主要集中在上游三川汇集地。该区域山峰连绵起伏，属山地丘陵地形，山顶岩石裸露地表有石灰岩及砂石岩丘陵地带，遍布石渣、砂岭土、山麓坡地分布黄土及红土，荒坡凸现，沟川地旁经济林遍布，

❶　2001—2005 年济南市环境质量报告。

但树种老化、果质较差。土壤母质裸露、肥力低下，土壤团粒结构破坏，保土、保水、保肥能力差，土地生产力低，水土流失较为严重，现有水土流失面积占总面积的 69.4%。在水土流失面积中，轻度侵蚀占 34.08%、中度侵蚀占 35.32%、重度侵蚀占 19.28%、极重度侵蚀占 11.32%。水土流失造成地表土大量流失，还使沟系不断扩张，沟道下切，沟头不断前进，从而蚕食耕地，破坏宝贵的土地资源，造成生态环境的恶化。

（2）中游。较为严重的问题是河道断流、河床侵害。

玉符河中游以下径流受卧虎山水库调度影响十分明显，在非汛期，水库弃水较少，河道来水不足就会出现断流现象；另一方面，卧虎山水库大坝以下近十几公里河道渗漏特别大，小流量难以通过，则加重了中、下游河段的断流。

玉符河中游河道的河床遭受侵害表现在以下两个方面：一是河床被破坏，二是缓冲带被占用。从蜿蜒度调查结果来看，玉符河中游河段是全流域最好的河段，达 1.598。但是，人类活动如在河道内的房屋、鱼塘建设以及采砂采石作业垃圾堆放，都严重损坏了河床自然形态和行洪能力。另外，该河段河岸缓冲带由于农业开发的占用，导致缓冲带宽度日益缩小，植被分布少等，河流生物多样性受到了很大的影响。

（3）下游。由于黄河河床被淤积的泥沙抬高，导致玉符河在入黄口以上 3km 里范围都是倒坡，则滞留作用很大并在河口处逐渐形成了湿地。玉符河下游地区的生态问题最突出的是，河口湿地需水量得不到保障、湿地结构不完整，部分区域被农田占用。玉符河河口湿地状况如图 4-3-10 所示。

图 4-3-10　下游湿地概况

二、玉符河流域生态系统干扰评价

河流生态系统干扰评价就是对由自然因素和人类活动所引起的河流生态系统的破坏和退化程度进行判断，以便为各种近自然治理措施的实施提供依据。从河流生态系统的结构、功能以及能量和物质循环角度对河流状况进行的界定，是评估河流生态系统状态的有效方法，对河流生态系统的结构和功能整体状况的进行评判（辛宏杰，2011）。接下来根据生态系统干扰评价方法，对玉符流域进行评价。

1. 指标体系确定

（1）指标选取原则。玉符河河流状况评估指标的确定遵循以下原则：

1）针对性原则。玉符河河流状况评价指标体系的建立要针对玉符河实际情况进行确定，能够确切反映玉符河河流特征。

2）可操作性原则。指标概念明确，易于测量，易于取得数据，便于统计和计算，能为有关部门所接受。

3）综合性原则。选择指标时要对影响河流健康的各方面的因素给予充分的考虑，尽量选择有代表性的综合指标，保证评价的全面性。

4）代表性原则。对指标要适当取舍，使每个指标能从不同的侧面度量河流特征。

（2）评价指标。玉符河河流生态系统干扰评价体系中的每一个单项指标，都要求能够从不同侧面来反映河流生态系统的状况，并可以进行量化。

从河流的河流水文特征、水质、河流结构形态、河岸带状况、生物多样性、河流服务功能等 6 个方面中选取最具代表性，定量描述的指标来评估玉符河河流生态系统状况（巩振茂，2009），见表 4-3-10。

表 4-3-10   玉符河河流生态系统干扰评价指标筛选

指　标	说　明
断流天数	年均断流天数
径流年内变化指数	多年平均非汛期径流量与多年平均流量的比值
年径流变差系数	$C_v = \sqrt{\dfrac{\sum_{i=1}^{n}(w_i/\overline{w}-1)^2}{n-1}}$，反映年径流量变化幅度，$C_v$ 值大，则年径流量的年际变化剧烈，易发生洪、旱灾害
水质达标率	水质达标河长／总河长×100％
蜿蜒度	河道中心轴线长与两点直线长度的比值，反应河流弯曲程度
缓冲带植被宽	反映河岸缓冲带结构完整性
多样性指数	生物多样性指数（BI）是物种丰富度、生态系统类型多样性、植被垂直层谱的完整性、物种特有性、外来物种入侵度的表征
防洪工程达标率	现有防洪工程数量／应完成防洪工程数量×100％
水资源开发利用率	开发利用量与水资源量的比值，反映流域对水资源的开发程度
景观舒适度	

（3）评价等级及标准说明。一个平衡的河流生态系统，应具有生物多样性、繁多的有机物种类、复杂的食物链、封闭的物质循环以及良好对外界干扰的抗御能力等特点，综合考虑玉符河河流环境特有的地形地质和群落状况等因素的差异，可以将河流状况分为 4 个等级：Ⅰ级，近自然状态；Ⅱ级，轻微干扰状态；Ⅲ级，中度干扰状态；Ⅳ级，剧烈干扰状态（温存，2006）。玉符河河流状况评价体系的具体评价标准见表 4-3-11。

对于参数的赋值，目前往往缺少统一的方法，不同的指标、不同河流等都应具有不同的赋值标准，本次研究针对北方典型山区型河流—玉符河开展，因此，赋值过程充分考虑玉符河实际，同时对于有共性的指标参数，参考国内外其他标准确定。

断流天数：北方河流断流多发生在冬季及春季，断流天数 60～90 天（2—3 月）定为最差的情况；年径流变差系数反映了河流径流量的年际变化，选择山东省河流年径流变差系数的上、下限作为玉符河评估标准的上、下限；径流年内变化指数反映了河川径流量在年内的分布，针对北方季节性河流，在确定的范围内，该指数越小越接近自然状态；其余指标参考国内外相关标准确定（辛宏杰，2011）。

表 4-3-11   玉符河河流生态系统干扰评估标准

指　标	编码	Ⅰ	Ⅱ	Ⅲ	Ⅳ	玉符河
断流天数／天	C_1	0～10	10～30	30～60	60～90	240
径流年内变化指数／％	C_2	≤25	25～45	45～60	60～75	43.50
年径流变差系数	C_3	≤0.4	0.4～0.5	0.5～0.6	0.6～0.8	0.77
水质达标率／％	C_4	≥95	80～95	60～80	≤60	60
蜿蜒度	C_5	>2.5	2.5～1.3	1～1.3	1	1.59
缓冲带植被宽／m	C_6	≥40	30～40	5～30	≤5	2
生物多样性指数	C_7	≥65	40～65	30～40	≤30	33
防洪工程达标率／％	C_8	≥85	60～85	40～60	≤40	16
开发利用率／％	C_9	≤10	10～20	20～30	≥40	35
景观舒适度／％	C_{10}	≥90	70～90	50～70	≤50	46

2. 评价结果

根据前面的方法介绍，结合玉符河实际调查资料，可以建立如下从优隶属度模糊物元 R_{mn}：

$$
\tilde{R}_{mn} =
\begin{array}{c}
\\
C_1 \\
C_2 \\
C_3 \\
C_4 \\
C_5 \\
C_6 \\
C_7 \\
C_8 \\
C_9 \\
C_{10}
\end{array}
\begin{bmatrix}
\text{I 级} & \text{II 级} & \text{III 级} & \text{IV 级} & \text{玉符河} \\
1.00000 & 0.25 & 0.1111 & 0.06667 & 0.02083 \\
1.00000 & 0.55556 & 0.41667 & 0.3333 & 0.57471 \\
1.00000 & 0.8889 & 0.72727 & 0.57143 & 0.51948 \\
1.00000 & 0.94737 & 0.73684 & 0.57895 & 0.63158 \\
1.00000 & 0.80000 & 0.48000 & 0.40000 & 0.63600 \\
1.00000 & 0.87500 & 0.50000 & 0.12500 & 0.05000 \\
1.00000 & 0.84615 & 0.53846 & 0.38462 & 0.50769 \\
1.00000 & 0.82353 & 0.58824 & 0.35294 & 0.18824 \\
1.00000 & 0.50000 & 0.25000 & 0.16667 & 0.14286 \\
1.00000 & 0.88889 & 0.66667 & 0.44444 & 0.51111
\end{bmatrix}
$$

根据差平方模糊复合物元概念，确定差平方模糊复合物元 R_Δ：

$$
R_\Delta =
\begin{array}{c}
\\
C_1 \\
C_2 \\
C_3 \\
C_4 \\
C_5 \\
C_6 \\
C_7 \\
C_8 \\
C_9 \\
C_{10}
\end{array}
\begin{bmatrix}
\text{I 级} & \text{II 级} & \text{III 级} & \text{IV 级} & \text{玉符河} \\
0.00000 & 0.56250 & 0.79012 & 0.87111 & 0.95877 \\
0.00000 & 0.19753 & 0.34028 & 0.44444 & 0.18087 \\
0.00000 & 0.01235 & 0.07438 & 0.18367 & 0.2309 \\
0.00000 & 0.00277 & 0.06925 & 0.17729 & 0.13573 \\
0.00000 & 0.04000 & 0.27040 & 0.36000 & 0.13250 \\
0.00000 & 0.01563 & 0.25000 & 0.76563 & 0.90250 \\
0.00000 & 0.02367 & 0.21302 & 0.37870 & 0.24237 \\
0.00000 & 0.03114 & 0.16955 & 0.41869 & 0.65896 \\
0.00000 & 0.25000 & 0.56250 & 0.69444 & 0.73469 \\
0.00000 & 0.01235 & 0.11111 & 0.30864 & 0.23901
\end{bmatrix}
$$

对上述矩阵进行归一化处理，运用熵值计算公式及权重计算公式分别得到熵值、权重值：

$H_i = (0.97624, 0.98126, 0.97891, 0.97734, 0.8053, 0.97679, 0.97947, 0.98118, 0.97664, 0.9786)^T$

$\omega_i = (0.11151, 0.08795, 0.0990, 0.10637, 0.09137, 0.10895, 0.0964, 0.08836, 0.10966, 0.10046)^T$

根据贴近度公式计算得：

$$
R_{\rho H} =
\begin{bmatrix}
\text{I 级} & \text{II 级} & \text{III 级} & \text{IV 级} & \text{玉符河} \\
1 & 0.65264 & 0.45865 & 0.31472 & 0.32419
\end{bmatrix}
$$

根据上述评价结果，可以看出：

（1）由贴近度计算结果来看，玉符河处于III级、IV级之间，更接近IV级水平，表明玉符河河流生态系统受人为活动的干扰程度很大，生态状况较差。

（2）指标权重结果：断流天数、开发利用率、缓冲带植被宽、水质达标率等4项指标位于前列，分别为0.11151、0.10966、0.10895、0.10637，表明这四个指标对于人为活动的干扰较为敏感，受到的影响程度最大。

（3）根据计算结果，权重处于后面的指标为：径流年内变化指数、防洪工程达标率2项，说明这两个指标对于人为活动的影响相对不敏感，受干扰影响不大。

3. 原因分析

根据玉符河流域调查结果，结合评价结论，分析目前干扰玉符河河流生态系统的主要因素，包括：

（1）玉符河流域水库、大坝数量较多，改变河川径流自然特征。玉符河流域水库、大坝的建设，改变了支流及干流的自然状态，受其影响最为显著的是径流量的年内及年际分配情况。特别是在三川汇集处修建了一座大型水库——卧虎山水库，对玉符河干流段径流产生了较大干扰，径流量年内分配产生了巨大变化。把卧虎山水库入库水量和出库水量分别近似作为建库前、后两种情况下的干流径流量，对比分析发现：建库前玉符河干流多年平均汛期（6—9月）径流量占多年平均径流量的75.7%、非汛期占23.3%；建库后玉符河干流多年平均汛期径流量占多年平均径流量的56.5%、非汛期占43.5%。玉符河河川径流的自然水文模式受到严重的影响。

（2）大坝下游强渗漏带的存在。玉符河中游，河床内以砂、卵砾石为主，并且与下伏灰岩直接接触，下伏灰岩在催马庄，上游为张夏组灰岩，以下的凤山组至奥陶系灰岩，其岩溶均很发育，中小强度的降雨易形成蓄满产流，其入渗量大，地表径流产量很小，洪水过程缓慢，退水时间较长。强渗漏带的存在一方面为济南是回灌补源保泉提供了条件，另一方面，玉符河下游河道由于缺少足够的水源补给导致河道断流、河道萎缩，河岸缓冲带植被消失，河流生态系统遭到严重破坏。

（3）农业、生活、工业污染源对水质的影响。根据资料调查及评价结果，玉符河流域水质呈恶化趋势，对于卧虎山大坝上游水源补给区，污染的主要途径在于上游农业非点源以及上游旅游、餐饮排放的部分污水进入水库，目前卧虎山水库水体富营养化严重，与农业化肥、农药大量施用关系密切。卧虎山下游水质恶化的原因在于，放水水质本身较差，另一方面，河道内居民生活污水以及沿河工业企业排放的污水、生活垃圾、建筑垃圾等进入玉符河水体，长期沉积很容易造成河道淤积，水质恶化。沿河分布的餐馆状况如图4-3-11所示，水土流失状况如图4-3-12所示。

图4-3-11 沿河分布的餐馆　　　　　　　图4-3-12 水土流失现象

（4）河滩围垦开发、大量建筑的存在。当地群众开展河滩围垦开发，修建大量建筑物占用河道，彻底改变了河岸缓冲带建设的条件，导致河岸缓冲带植被宽度减少，破坏生物生存环境，同时在一定程度上降低了河道行洪能力。玉符河流域铁路桥以上段坡降较陡，河口较宽100~2000m，铁路桥以下坡度变缓，河宽变窄，济齐公路桥附近仅160m，河道占用的主要形式为：河道两岸山体遭到破坏，采石场屡禁不止，开山凿石现象严重；河道被附近村民无序占用，开垦耕种；采砂、采石等现象时有发生；河道内垃圾较多，堵塞河道；河道范围内违章建房，见图4-3-13。

4. 玉符河生态修复的目标及主要内容

根据玉符河生态评价结果，本书提出相应的生态修复目标、实施步骤与主要内容。

图 4 - 3 - 13　农田、房屋、鱼塘占用河道情况

（1）修复目标及实施步骤。河流生态修复的目标分为四个方面——改善水质、水文条件；改善河流地貌特征；修复生物物种；增强景观休闲娱乐功能。玉符河修复的总目标是在满足防洪安全的基础上，利用水库的优化调度以改善大坝下游河道的水文条件。

从不同的河段看，上游修复的主要目标是在保持现有良好水生态环境基础上，改善水质条件；中游修复的主要目标通过改善水文条件来提高生物多样性；下游修复的主要目标是开展河口人工湿地规划，增强其净化水质和景观休闲功能。

由于玉符河生态修复牵扯面较宽、投入较大，需分步骤实施。具体步骤如下：

步骤一：通过卧虎山水库优化调度，实施对大坝以下河道的生态补水，满足其生态基流量要求，实现河道常年畅流。

步骤二：在上游三川地区大搞水土保持建设，进一步减少水土流失面积，提高其涵养水源和固持土壤的能力，植被覆盖率达到45%以上。

步骤三：加强卧虎山水库水质的改善与保护，通过面源污染总量控制、点源污染集中处理等手段来降低库区以上河段的水质污染风险，对库区水源实施富营养化防治，确保库区内水源水质全年在Ⅱ类水以上。

步骤四：对中、下游河道进行生态整治，坚持"宜窄则窄，宜宽则宽；宜直则直，宜弯则弯"等生态修复理念，加强河岸带建设，既提高河道的防洪行洪功能，又为生物多样性的恢复与提高提供保障条件，其中河岸带宽度达到设计河流宽度的1倍以上、防洪工程达标率提高到25%以上。

步骤五：为避免卧虎山水库因生态补水出现的水资源浪费现象，在玉符口入黄口结合当地已有条件进行人工湿地建设，确保下游入黄口湿地景观丰富度提高，增强景观休闲功能，舒适度提高至60%以上。

综上所述，玉符河生态修复关键在河道水流的通畅，途径是利用上游水库的水量优化调度实施生态补水，最终目标是生物多样性的增强。

（2）主要修复内容。玉符河生态修复的主要内容有以下几方面。

1）基于生态补水的水库多目标优化调度。通过改进水库调度模式，可以避免和挽回大坝对自然环境的潜在危害，恢复河流已丧失的生态功能或保持自然径流模式。但改进后的调度不宜显著改变传统水利工程的功能，即减小原有的灌溉、发电和防洪效益。针对玉符河现状，开展水库多目标调度实施河流生态修复的主要内容包括：

a. 水库下游维持河道基本功能的需水量确定。

b. 模拟自然水文情势的水库泄流方式。

c. 恢复增强水系连通性的调度方法。

2）河道生态修复工程。遵循生态水利工程学和河流生态学理念，强调自然河道平面形态的保护和修复，遵循宜弯则弯、宜宽则宽的原则。工程建设兼顾防洪和生态保护，尽可能保留河漫滩区域。岸坡侵蚀防护采用生态工程技术，如植被护坡等。

a. 保持河道自然平面形态。本着尊重历史、尊重自然的原则，基本保持现有河道平面形态。河道宜弯则弯，宜宽则宽，并增设河滩和岸边湿地等。

b. 多样性断面设计。在满足河道功能的前提下，尽可能保持玉符河天然断面，在保持天然河道断面有困难时，按抛物线型断面、复式断面、梯形断面的顺序选择。

c. 增加水域栖息地多样性。保留一些河边静水区和湿地，营造多样性水域栖息地环境，使之具有不同的水深、流场和流速，适于不同生物发育和生长需求。

d. 采用植被进行岸坡侵蚀防护。通过引入植被，应用生态工程技术措施进行岸坡侵蚀防护，提高玉符河河岸缓冲带植被宽，对河道岸坡起到加固作用，同时可以提供遮阴从而降低河流水温，在营养物质循环和水质改善方面也具有重大作用，为野生动物提供多种栖息地环境，并可以增加河道两岸的美学价值。

3）入黄口湿地景观设计。为提高玉符河景观舒适性、增强景观类型多样性，利用玉符河入黄口特有地形条件，设计湿地景观，探索滨水湿地的潜力及其生态功能。关键内容包括：

a. 植物的配置设计。植物的配置设计，从层次上考虑，有灌木与草本植物之分，挺水、浮水和沉水植物之别，将这些各种层次上的植物进行搭配设计；从功能上考虑，可采用发达茎叶类植物以有利于阻挡水流，沉降泥沙，发达根系类植物以利于吸收等的搭配；要充分体现"陆生—湿生—水生"生态系统的渐变特点和"陆生的乔灌草—湿生植物—挺水植物—浮水植物—沉水植物"的生态型圈。

b. 水体岸线及岸边环境的设计。对湿地的岸边环境进行生态的设计，水体岸线采用各种透水性的基质，如土壤、砂、砾石，代替人工砌筑；还可建立一个水与岸自然过渡的区域，种植湿地植物。确保水面与岸呈现一种生态的交接，既能加强湿地的自然调节功能，又能为鸟类、两栖爬行类动物提供生活的环境，还能充分利用湿地的渗透及过滤作用，从而带来良好的生态效应。并且从视觉效果上来说，这种过渡区域能带来一种丰富、自然、和谐又富有生机的景观。

4）水土保持及水源涵养工程。玉符河上游地区以山地为主，水资源相对丰富，目前仍在水土流失现象。因此，可以通过水土保持工程建设加强地表径流拦蓄规律，促使地下水资源的补给。从措施类型来说，既包括梯田、塘坝、谷坊等工程措施，也包括植树造林、疏林补植、草地培育等林草措施，还包括封山育林、环保宣传等管理措施。具体内容包括：

a. 水土保持与水源涵养林建设。

b. 沟道防护工程体系建设。

c. 拦蓄水工程设施建设。

5）水质保护与改善工程。玉符河水质保护与改善，总的原则是"面源与点源齐抓，治理与预防共进"。对于点源污染，主要是通过强化污水集中处理后达标排放来解决，以玉符河水功能区划实施排污总量控制；对于以农业生产为主引起的面源污染，主要是通过农业生产工艺改进、灌溉制度优化等途径来实现污染物质的总量下降。对于已发生污染的水体，则采取工程、化学、生物等措施进行净化处理；与此同时，在上游区域建设水土保持工程，开展农业节水，加强水源地保护，预防水质污染。主要内容包括：

a. 卧虎山水库水质保护与改善工程。

b. 骨干河道水质保护与改善工程。

三、玉符河干流生态基流量计算与模拟

1. 生态基流量计算

根据拐点法原理，选择西渴马桥、周王庄桥、玉符闸和入黄口等典型断面进行最小生态流量推

求。在推求的流量中，断面流量中最大值即可视为整个干流河道的生态基流量。典型断面地理位置如图 4-3-14 所示。

图 4-3-14　玉符河干流典型河道断面位置示意图

以玉符闸断面为例，使用拐点法计算生态流量。玉符闸断面位于河口湿地中段，桩号为 28+400，其形态如图 4-3-15 所示。

图 4-3-15　玉符闸断面形态

经计算得到玉符闸断面水位—水面宽及水位—流量关系拟合曲线分别如图 4-3-16 及图 4-3-17 所示。

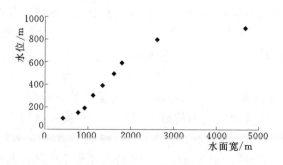

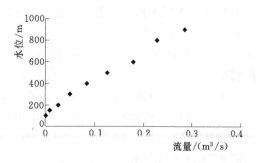

图 4-3-16　玉符闸断面水位—水面宽关系曲线　　　图 4-3-17　玉符闸断面水位—流量关系曲线

根据拐点法可以计算出，玉符闸断面的最小生态流量为 $0.17\text{m}^3/\text{s}$，对应流速为 0.24m/s。

同理，计算出余下几个断面的生态流量及流速，可得 4 个断面最小生态流量及流速，见表 4-3-12。

表 4-3-12 不同断面生态基流量及对应流速一览表

断 面 名 称	生态基流量/(m^3/s)	对应流速/(m/s)
西渴马桥断面	0.18	0.24
周王庄桥断面	0.39	0.25
玉符闸断面	0.17	0.24
入黄口断面	0.15	0.25
玉符河干流	0.39	0.25

2. 玉符河强渗漏河段放水试验模拟

本次研究采用丹麦水力研究所（DHI）开发的 Mike11 软件系统建立了一维非定常水动力学模型，并对玉符河强渗漏段历史放水试验进行了模拟验算，主要目的是为模拟玉符河干流补水方案率定必要的参数。

2001 年至 2006 年，济南市水利局为预防市区泉群断流，先后从 5 次从卧虎山水库放水经玉符河强渗漏补充泉域地下水资源，统称为放水试验。该试验的主要任务，一是查明玉符河强渗漏地段的渗漏能力、渗漏量；二是了解河流渗漏补给地下水的影响范围、影响程度，进而确定地形、地貌、地层、地质构造、岩溶发育规律等对补源的控制和影响作用。本次研究，为实现对模型参数的率定，采用 2001 年 8 月的放水试验观测数据进行模拟。

（1）放水试验概况。2001 年放水试验放水时间为 8 月 19—30 日，历时 11 天 4 个小时。放水水源为玉符河上游卧虎山水库，总放水量为 800 万 m^3。其中断面过水流量用流速仪测量，测流 13 天，前 2 天（8 月 19—21 日）每 1 小时测流一次，后 8 天（8 月 22—30 日）每 2 小时测流一次。放水期间无降水补给。

该次试验，在玉符河设置了多个不同的观测断面，进行放水过程的流量、水位数据观测，其中测流数据最完整的为宅科、东渴马、催马 3 处，为本次研究模拟模型的定参提供了基础条件。

（2）模拟系统概化。

1）模拟河道范围及其概化卧虎山放水试验计算河段为卧虎山水库泄洪闸 0+000 至 104 国道橡胶坝 14+700 的玉符河干流河段。此河段为山丘区河流，区间无支流汇入，接受大气降水的补给，其间宅科 4+000 至武警桥 12+640 河段以卵石、砾石、沙石为主，河道渗漏较大，其中东渴马、西渴马、武警桥段渗漏最大，是济南岩溶水的强渗漏补给带。利用 MIKE11 软件进行河道概化，结果如图 4-3-18 所示。

2）河床纵、横断面概化。根据山东省水利勘测设计院测量成果，宅科、东渴马、催马 3 处典型横断面概化结果如图 4-3-19 所示。

卧虎山水库泄洪闸（0+000）至 104 国道橡胶坝（14+700）处河道坡降 $J=0.0029$，纵断面概化结果如图 4-3-20 所示。

3）边界条件。一维水动力模型上游边界一般选择第二类模型边界条件流量随时间的变化过程，即 $Q=f(t)$，本次上游边界采用 2001 年卧虎山水库放水期间实测的放水流量，放水流量过程线如图 4-3-21 所示。

下游边界一般可以选择第一类或第三类作为边界条件；本次选择第一类边界条件水位随时间的变化过程，由于放水试验期间 104 国道橡胶坝水位变化较小，本次概化为固定水位边界处理。

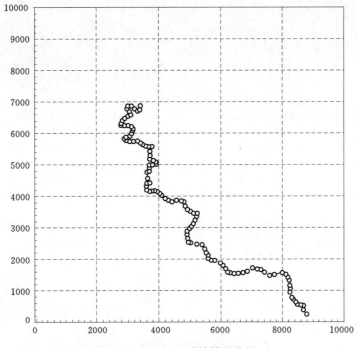

图 4-3-18　河道计算概化图

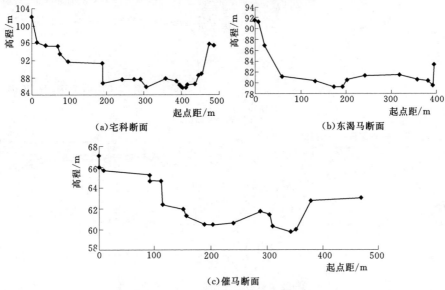

（a）宅科断面　　　　　　　　　　　　（b）东渴马断面

（c）催马断面

图 4-3-19　模拟河段典型横断面

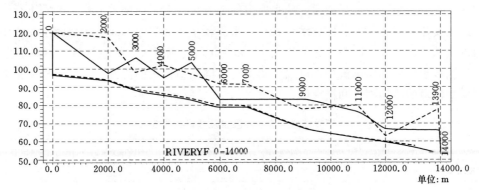

图 4-3-20　河道坡降示意图

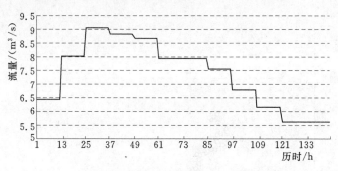

图 4-3-21 卧虎山水库放水过程线图

（3）模拟结果分析。根据以上概化结果，得出各断面流量、水深拟合曲线如图 4-3-22 所示。

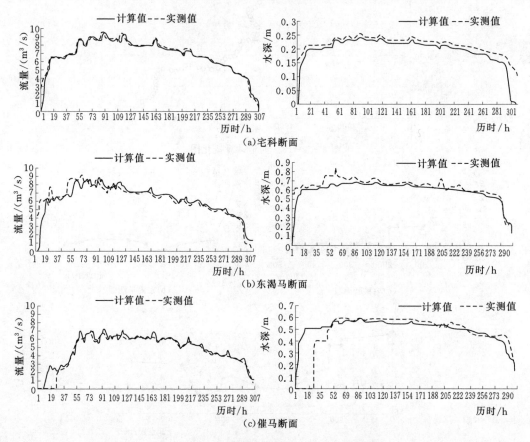

图 4-3-22 典型断面流量、水深拟合曲线

由模拟曲线可以看出，在催马断面，放水模拟前期效果较差，而随着放水试验的进行，拟合效果越来越好。这主要是由于玉符河前期放水量较小，水深较小，并导致 Courant 数较小，致使模型稳定性较差；随着放水量的增大、断面水深的增大，Courant 数逐渐增大，模型计算也逐渐平稳。

另外，根据放水试验的实测流量，可以大致得出不同模拟河段的渗漏量。结合模型拟合结果，经计算可得到模拟河段的渗漏损失和糙率值，如表 4-3-13 所示。

表 4-3-13　　　　　　　　　　不同模拟河段的渗漏量及糙率计算表

	卧虎山—宅科	宅科—东渴马	东渴马—104 国道
平均流量损失 $w/(m^3/s)$	0.8	2.081	1.35
糙率 n	0.022	0.03	0.025

3. 玉符河干流生态补水方案确定与模拟

(1) 生态补水方案比选。本次研究提出的玉符河生态修复目标，首先是要实现全河道的长年不断流，这样就必需利用卧虎山水库进行生态补水。玉符河生态修复的水文目标首先是要满足河道一定的生态基流量，即全程保持不低于 $0.39\text{m}^3/\text{s}$ 的水流量。如果按常规方法单纯地从卧虎山水库向下游放水，则存在如何放水，如何使水流较为经济地通过强渗漏带的问题。而下游段，虽然渗漏性显著减小，但也存在如何确保河道内基本的生态水流和水深，如何保障河口湿地生态用水的问题。鉴于卧虎山水库的供水功能及其玉符河中、下游干流特殊的水文地质条件，本次拟提出三种生态补水方案进行比选，并对最优方案进行模拟分析。

方案1：考虑现状卧虎山水库供用水现状，在满足工、农业供水需要后再向下游实施补水；

方案2：不考虑现状用水条件，将卧虎山水库作为生态调蓄工程进行补水；

方案3：考虑下游已有工程，从卧虎山水库大流量放水至104国道断面处橡胶坝工程，再建子槽以全程满足生态基流量要求向下游补水至河口湿地。

方案1旨在分析在维持卧虎山水库现状用水条件下常年放水能否能够满足下游河道的生态基流。

1) 方案1可行性分析。据山东省水文局长系列（1964—2006年）统计数据，卧虎山水库多年平均来水量5891.9万 m^3。目前，卧虎山水库供水包括城市用水和农业用水两部分，前者年供水量为1825万 m^3，后者多年平均农业供水量为658万 m^3，共计2483万 m^3。这样，在不考虑汛期汇洪量前提下，扣除死库容350万 m^3 后，卧虎山水库将有3058.9万 m^3 水可用于下游生态补水。

而根据符河生态修复的水文目标，即全程保持不低于 $0.39\text{m}^3/\text{s}$ 的基流量。沿下游向上逐步加上耗损流量后，即可得出卧虎山水库最小放水流量。据2002年的卧虎水水库放水试验结果，卧虎山水库大坝至104国道间因大部分属强渗漏带范围，全年平均损失流量达 $1.34\text{m}^3/\text{s}$；而104国道～周王庄桥的平均损失流量为 $0.3\text{m}^3/\text{s}$。因此，玉符河干流上游需要满足 $2.03\text{m}^3/\text{s}$ 的下泄水量才能保证进入河口湿地入口处 $0.39\text{m}^3/\text{s}$ 的基流量，由此估算断流天数240天需水量4209.4万 m^3。

这样，不难发现，在保证现状用水的情况下，卧虎山水库即便不进行汛期泄洪也难以满足玉符河下游生态补水要求。所以，此方案无效。

2) 方案2可行性分析。方案2在方案1的基础上，通过减少卧虎山水库现状城市和农业用水来增加生态补水规模，即卧虎山水库来水经调节后全部用于生态补水。从水资源总量上来看，扣除死库容后可供生态补水5541.9万 m^3。但是按照水库调度运行方案，当汛期水位高于汛限水位时应予以弃水，经计算，多年平均汛期弃水量2373万 m^3，可用于生态补水的水量仅为3168.9万 m^3，也无法满足下游河道生态补水的需求。所以，方案2也无效。

3) 方案3可行性分析。由方案1和方案2可以看出，由于特殊的水文地质条件因素影响，卧虎山水库大坝以下玉符河强渗漏带渗漏水量巨大，以卧虎山水库来水量及现状供水规模，按常规放水方式无法满足玉符河干流生态补水需要。为此，我们提出第三种方案，即大流量通过＋子槽方案。其中，104国道断面以上，采用大流量通过方案，卧虎山水库以较大的流量放水，确保在较短的时间内通过强渗漏带，减少渗漏损失；104国道断面以下至河口湿地入口即周王庄桥断面处，采用子槽方案，从橡胶坝处以确保周王庄桥断面不低于基本生态流量的前提下放水，子槽由人工修建，采用自然弱渗漏性材料。从水量上来说，本方案年需放水量估算在1100万～1200万 m^3 之间，能够得到满足。

此方案充分利用了已建的橡胶坝工程，既不破坏玉符河强渗漏带的自然特性，又降低了输水过程中的渗漏损失，保障了河口湿地的生态用水，实现了104国道以下河道内的常年流水。

综上，方案3是可行的。

(2) 大流量通过＋子槽方案模拟。根据比选结果，确定大流量通过＋子槽方案可行。而根据工程设置情况，本次模拟过程中，将分两段进行，其中卧虎山水库至104国道橡胶坝进行大流量通过模拟，104 国道橡胶坝以下至河口湿地入口周王庄桥断面处进行人工子槽模拟。

1) 强渗漏带大流量通过模拟。大流量通过方案的计算河段与放水试验的模拟河段一致，即由卧虎山水库至 104 国道橡胶坝，其初始条件、边界条件、相关参数均不再调整。而由于 104 国道橡胶坝的最大一次蓄水量为 20 万 m^3，因此，模拟的目的就是确定合理的放水流量在较短的时间内充满橡胶坝库区。鉴于卧虎山水库自 1965 年以来，最大的下泄量为 $33m^3/s$，本次研究结合可操作性提出了三种模拟方案，如表 4-3-14 所示。

表 4-3-14　　　　　　　　　　　　大流量通过模拟方案

方　案	放水流量/(m³/s)	河段长度/km	河道坡降
方案 1	65		
方案 2	33	16.83	0.0031
方案 3	14		

通过模拟计算，3 方案使得 104 国道橡胶坝充满库容所需要的时间以及放水量如表 4-3-15 所示。

表 4-3-15　　　　　　　　　　　　不同方案计算成果表

方案	放水流量/(m³/s)	放水时间/h	损失水量/万 m³	河段长度/km	河道坡降
方案 1	62.5	1	2.5		
方案 2	33	2	3.76	14.0	0.0031
方案 3	14	5.5	7.72		

注　损失水量指一次放水过程损失的水量，包括渗漏损失及河道蓄水。

通过计算可以看出，放水流量越大损失的水量越小，充库所需时间也越少。但是，放水必需满足河道的自身安全，因此不应突破历史水库最大放水规模，即 $33m^3/s$。因此，本次研究认为，按照方案 2 实施生态补水最为合理。

方案 2 条件下 104 河道断面水位随时间变化情况如图 4-3-23 所示。

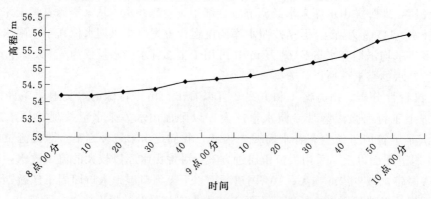

图 4-3-23　方案 2 运行后 104 国道断面水位过程线

一次放水完成后沿程河道及 104 国道橡胶坝蓄水情况如图 4-3-24 所示。

2) 人工子槽补水模拟。子槽补水，即在河道内人工设计修建一条过水子槽，减少水量在河道内输送过程中的渗漏损失，保证河道内的最小生态基流量和河口湿地的生态用水。

a. 子槽设计。人工渠道和自然河道统称为明渠。虽然从理论上来说，明渠设计断面有多种，但从近自然生态修复的角度来考虑，自然河形更贴近于抛物线形。故此，本次研究中子槽的横断面设计为抛物线形，如图 4-3-25 所示。

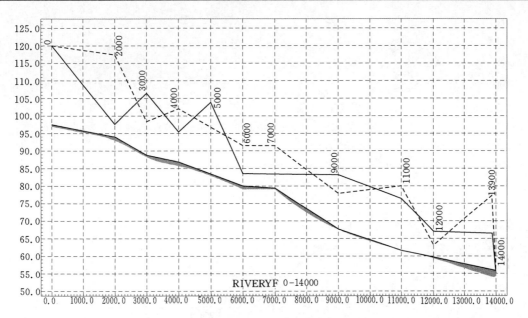

图 4-3-24 放水 2 小时后河道水面线示意图

根据国内学者的研究成果，抛物线的水力最优断面的水深与形状参数之间的关系为：

$$Q=\frac{0.667466}{n}\left(\frac{h_n}{a}\right)^{10/9}i^{1/2}h_n \qquad (4-3-3)$$

进一步推求抛物线参数与 a 最优断面水深的关系：

$$a^{2/3}h_n^{4/3}=0.981642 \qquad (4-3-4)$$

根据计算成果发现，由于水力最优断面是在过水断面面积、粗糙系数和渠底纵坡系数一定的条件下，使渠道所通过的流量最大，此时断面的宽深比较小，属于窄深形河道，而生态景观河道断面的设计对水面宽有较高的要求，因此，在进行河道设计时，需要进行一定的改进。参考相关的资料，考虑到子槽的生态功能、造价以及断面

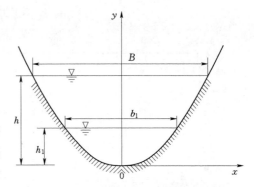

图 4-3-25 抛物线形过水断面示意图
（B 为最大河宽，H 为最大水深，
b_1 为为水深 1m 时的河道宽度）

最优化等角度，本次子槽设计宽深比为 $m=2$，最大水深 $h=0.5$m，最大水面宽 $B=2$m。此时，该断面的形态方程为：

$$h=0.5(B/2)^2=0.125B^2 \qquad (4-3-5)$$

b. 模拟边界及结果分析。根据生态流量计算结果，子槽下边界周王庄桥的生态基流量为 0.39m³/s，本次模拟的目的是确定 104 国道断面处橡胶坝蓄存的 20 万 m³ 水能持续的时间及对应流量。104 国道至周王庄桥两断面间河道概化图如图 4-3-26 所示。

通过模型调算，最终确定上游边界以 0.5m³/s 的流量放水，可持续放水 5.5 天。这样即可满足下游子槽河道的最小生态基流量 0.39m³/s，并能满足一定的水深。计算结果如图 4-3-27、图 4-3-28 所示。

某时段的河道水面线如图 4-3-29 所示。

由上图可以看出，下游子槽断面的水位和流量在较短的时间内将达到一个稳定的状态，18+000 断面的稳定水深 0.5m，稳定流量 0.4m³/s，下边界 25+000 断面（周王庄桥）的稳定水深为 0.4m，稳定基流量为 0.39m³/s。达到最小生态流量的要求。

通过以上模拟分析，可以看出玉符河生态补水方案：以 5 天作为一个周期，从卧虎山水库按 33.0m³/s 进行为时 2 小时的大流量放水，到达 104 国道橡胶坝后，再以 0.5m³/s 流量向下游河口湿

图 4-3-26 104 国道断面至周王庄桥断面河道概化图

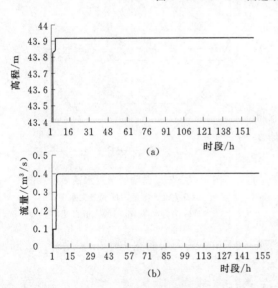

图 4-3-27 18+000 断面水位、流量
随时间变化线

地进行放水，满足下边界（周王庄桥）的流量 0.39m³/s 要求。

这样，卧虎山水库全年向玉符河干流生态补水总放水量为 1140m³。

四、基于玉符河生态补水的卧虎山水库水量优化调度

按照玉符河生态基流量计算结果及生态补水方案，在确保下游周王庄桥断面最小 0.39m³/s 流量的情况下，卧虎山水库需放水 1140 万 m³/a。但是卧虎山水库目前仍承担着济南市防洪、供水及生态服务的任务，是否有足够的水量满足玉符河干流生态补水要求，如何调度，需要开展进一步的研究。

1. 卧虎山水库水功能定位

卧虎山水库是济南市唯一一座大型水库，其首要任务是确保济南、津浦铁路、黄河防洪安全，尤其是济南市防洪安全，也是济南市城市供水的重要水源地之一。卧虎山水库始建于 1958 年，改扩建

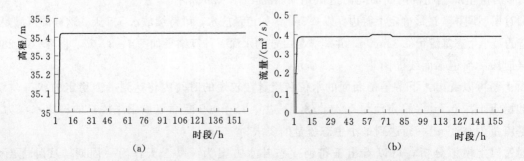

图 4-3-28 25+000 断面（周王庄桥）水位、流量随时间变化线

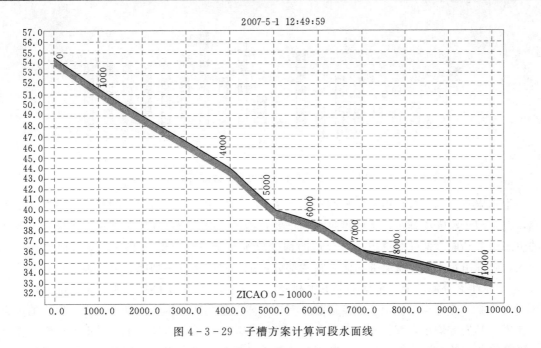

2007-5-1 12:49:59

ZICAO 0 - 10000

图4-3-29 子槽方案计算河段水面线

于1976年，控制流域面积557km²，占玉符河流域总面积的74.2%，设计总库容1.164亿m³，设计兴利库容0.6483亿m³，死库容0.035亿m³。水库多年平均净来水量5922万m³，2002年完成了水库增容工程后，兴利库容由3890万m³提高至6483万m³。由于近年济南市泉水长时间停止喷涌，为保持泉城特色，2001年济南市水利局由卧虎山水库放水至玉符河，通过玉符河强渗漏带迅速补充泉城地下水，促进了当年泉群喷涌。

水功能是指水体及其周边一定范围的陆域共同构成承担的一定城市功能，卧虎山水库由水库、坝堤以及下游干流共同构成相对独立的功能区，目前，卧虎山水库定位是集防洪、供水、生态服务于一体的多功能大型水库。

(1)防洪功能。卧虎山水库防洪首要任务是确保济南、津浦铁路、黄河安全，尤其是济南市安全。防洪任务重，特别是玉符河下游，黄河河床逐年淤积抬高，已成为倒坡降，河道兴洪不畅。当水库泄洪时，如遇黄河水顶托，则洪水无法进入黄河，积存在下游羊角屿一带，将给人民群众造成重大损失，因此卧虎山水库泄洪必须正确处理与黄河的关系，还要兼顾上下游关系，努力做到正确滞洪、泄洪，以减少洪水给群众和国家造成的经济损失。根据玉符河实际情况，各种下泄流量影响如下：第一安全泄量：100m³/s，目的是保护玉符河上游的河滩地不受损失，并减少对玉符河末端沿黄河滩区耕地淹没。第二安全泄量：800m³/s，目的是减轻下游河道洪峰流量，保护跨河公路、桥梁安全行洪。第三安全泄量：2800m³/s，目的是避免玉符河洪水出槽危机及济南市安全。特殊安全泄量：3900m³/s，目的是保护津浦铁路桥安全，使其按加固后的最大泄量行洪，以保护铁路安全。但此时济长公路附近洪水已出槽，济南市损失严重。根据以上各泄量情况分析，结合卧虎山水库主要防洪任务，确定20年一遇控制下泄流量800m³/s，50年、100年一遇控制下泄流量1300m³/s，万年一遇控制下泄流量2800m³/s。

(2)供水功能。卧虎山水库的供水功能包括两部分，向城市生活供水和农业灌溉用水。城市生活用水：卧虎山水库自1988年开始向济南市城市供水，供水量如图4-3-30所示。

由图3-3-30可以看出，2000年以前卧虎山水库向城市的供水大致呈增加的趋势，2000年以后至今逐渐趋于稳定，以5万m³/d的供水规模通过济南市南郊水厂向济南市城市生活供水。农田灌溉用水：卧虎山水库灌区1985年山东省水利厅审定设计灌溉面积8.3万亩，有效灌溉面积6.67万亩，现实际灌溉面积2.0万亩，灌溉水有效利用系数0.55。

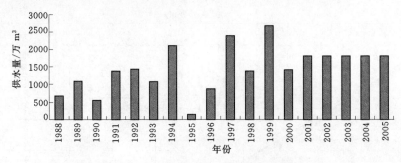

图 4-3-30　历年卧虎山水库城市供水量

（3）生态服务功能。卧虎山水库上游汇集锦绣川、锦银川、锦阳川三川的来水，下游连通玉符河主干流，玉符河干流强渗漏带是济南市泉水的重要补给区，因此特殊地质条件使得卧虎山水库具有了特殊的生态服务功能。此外卧虎山水库合理的调度放水对于下游河道的生态系统保护具有重要的意义。因此，卧虎山水库的生态服务功能包括两部分：地下水生态补源功能和河道内生态补水功能。

1）地下水生态补源功能。根据济南市水利局已有资料，卧虎山下游宅科至武警桥河段，河床以砂、卵砾石为主，并且与下伏灰岩直接接触，下伏灰岩在催马庄上游为张夏组灰岩，以下的凤山组至奥陶系灰岩，其岩溶均很发育，砂、卵砾石中的孔隙水均可补给灰岩地下水。沿催马—党家庄—文庄方向，张夏组灰岩接受河水补给后，受断裂构造影响，可补给凤山组至奥陶系含水层，沿这个方向向前，就形成了对济南市四大泉群的泉水补给（狄成斌，2007）。

2）河道内生态补水功能。河道内生态补水功能主要满足玉符河干流河道内生态基流。卧虎山水库的兴建为发展供水和灌溉事业提供了巨大机会。但是通过水库的蓄水严重导致了下游河道的断流、干涸，造成了河流的非连续化，引起了一系列生态胁迫效应，使得玉符河河流廊道生态系统受到严重的破坏。对于其下游物理性质的影响可以分为两类：第一类问题是栖息地的变化，主要指卧虎山库区淹没、泥沙淤积，下游冲刷引起河道变化；第二类问题是下游河道水文、水力学因子变化引起的生态过程的变化。解决第一类问题主要靠河流生态修复工程。解决第二类问题的手段，即改善卧虎山水库的生态调度方法，在不影响水库的社会经济效益的前提下，尽可能考虑河流生物对于水文、水力学因子的需求。因此，对卧虎山水库进行合理的调度，既实现一定的地下水生态补源，又满足下游河道的最小生态基流，保持一定数量的生物多样性，是卧虎山水库今后运行调度需要考虑的关键问题。

2. 水库水量优化调度数据输入

（1）卧虎山水库来水量。卧虎山水库来水量采用 1965—2006 年（采用水文年，当年 6 月至下一年 5 月）卧虎山水库历年逐月入库水量。卧虎山水库 1965—2006 年入库水量见表 4-3-16。

表 4-3-16　　　　　　　　卧虎山水库 1965—2006 年入库水量统计表　　　　　　　　单位：万 m³

水文年	来水量	水文年	来水量	水文年	来水量
1965—1966	2209	1979—1980	5476	1993—1994	4821
1966—1967	6106	1980—1981	7804	1994—1995	17572
1967—1968	2910	1981—1982	1246	1995—1996	8811
1968—1969	1481	1982—1983	3613	1996—1997	16743
1969—1970	4048	1983—1984	2357	1997—1998	1445
1970—1971	1981	1984—1985	8066	1998—1999	9166
1971—1972	8488	1985—1986	12848	1999—2000	1715
1972—1973	2404	1986—1987	1941	2000—2001	4747
1973—1974	5949	1987—1988	3550	2001—2002	2833
1974—1975	8614	1988—1989	1615	2002—2003	3
1975—1976	6535	1989—1990	90	2003—2004	6982
1976—1977	3288	1990—1991	8129	2004—2005	14595
1977—1978	4280	1991—1992	8132	2005—2006	12607
1978—1979	16442	1992—1993	1154	平均	5922

（2）卧虎山水库损失水量。本次仅考虑卧虎山水库水面蒸发损失水量。水面蒸发损失水量等于水面蒸发损失深乘以水库月平均水面面积，本次水面蒸发损失深近似等于水面蒸发量减去库区降水量。

卧虎山水库1965—2006年水面蒸发损失深计算结果见表4-3-17。

表4-3-17　　　　　　卧虎山水库1965—2006年蒸发损失深计算成果表　　　　　单位：mm

水文年	蒸发损失深	水文年	蒸发损失深	水文年	蒸发损失深
1965—1966	688.5	1979—1980	620.8	1993—1994	515.0
1966—1967	495.1	1980—1981	725.2	1994—1995	528.8
1967—1968	596.7	1981—1982	700.9	1995—1996	530.3
1968—1969	670.6	1982—1983	542.3	1996—1997	452.3
1969—1970	547.7	1983—1984	574.1	1997—1998	544.6
1970—1971	581.0	1984—1985	425.5	1998—1999	720.1
1971—1972	504.4	1985—1986	514.0	1999—2000	566.4
1972—1973	568.1	1986—1987	598.7	2000—2001	640.0
1973—1974	578.0	1987—1988	560.6	2001—2002	612.0
1974—1975	568.1	1988—1989	811.2	2002—2003	645.2
1975—1976	530.4	1989—1990	595.8	2003—2004	454.1
1976—1977	558.1	1990—1991	445.8	2004—2005	466.4
1977—1978	502.1	1991—1992	677.9	2005—2006	441.8
1978—1979	483.2	1992—1993	573.6	平均	569.6

（3）供水量。卧虎山水库供水量包括城市供水、下游玉符河生态补水和农业供水。根据卧虎山水库目前供水情况，城市供水为5万 m³/d，年需水量1825万 m³。生态补水主要考虑非汛期，即当年10月至次年5月，月需水量为143万 m³，年需水量1140万 m³。农业供水考虑卧虎山水库灌区2万亩农业灌溉需水，农业灌溉需水等于农业净灌溉定额除以灌溉水有效利用系数再乘以灌溉面积，灌溉水有效利用系数取0.55，1965—2006年净灌溉定额见表4-3-18。

表4-3-18　　　　　　卧虎山水库灌区1965—2006年净灌溉定额计算成果表　　　　　单位：m³/亩

水文年	净灌溉定额	水文年	净灌溉定额	水文年	净灌溉定额
1965—1966	186	1979—1980	206	1993—1994	166
1966—1967	184	1980—1981	167	1994—1995	154
1967—1968	185	1981—1982	160	1995—1996	178
1968—1969	170	1982—1983	210	1996—1997	107
1969—1970	202	1983—1984	132	1997—1998	84
1970—1971	181	1984—1985	160	1998—1999	184
1971—1972	200	1985—1986	284	1999—2000	170
1972—1973	199	1986—1987	212	2000—2001	206
1973—1974	204	1987—1988	182	2001—2002	162
1974—1975	206	1988—1989	162	2002—2003	158
1975—1976	202	1989—1990	208	2003—2004	188
1976—1977	198	1990—1991	218	2004—2005	204
1977—1978	199	1991—1992	150	2005—2006	205
1978—1979	201	1992—1993	86	平均	181

（4）卧虎山水库水位—库容—面积关系。卧虎山水库兴利水位130.5m，相应库容6483万 m³；死水位112.7m，相应库容350万 m³；汛限水位126m，相应库容3975万 m³；设计洪水位131.81m，相应库容7714万 m³。卧虎山水库水位—库容—面积关系见表4-3-19和图4-3-31。

表4-3-19　　　　　　　　　　　　卧虎山水库水位—面积—库容关系表

水位/m	库容/万 m³	面积/km²	水位/m	库容/万 m³	面积/km²
108.0	130	0.246	128.0	4990	4.965
112.7	350	1.163	130.0	6164	5.450
115.0	708	1.612	130.5	6483	5.658
120.0	1796	2.865	131.0	6807	5.845
121.0	2019	3.090	133.0	8202	6.644
122.0	2348	3.230	135.0	9736	7.440
123.0	2708	3.505	136.0	10551	7.786
124.0	3100	3.800	137.0	11399	8.132
125.0	3521	4.010	137.95	12239	8.832
126.0	3975	4.250	138.0	12284	8.865

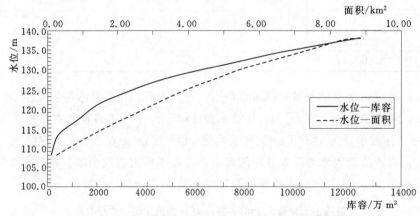

图4-3-31　卧虎山水库水位—库容—面积关系曲线

3. 水库合理调度模式

本次重点针对水库的合理调度模式开展研究，根据卧虎山水库各用水户需水要求，确定卧虎山水库各用水户之间的合理调度模式。为考察在考虑水库下游河道生态补水的情况下，对其他用户的影响和各用户之间的合理调度方式，本次研究确定3种不同的卧虎山水库调度运行模式，经过优选，确定考虑生态补水情况下的水库合理调度方式。

不考虑生态补水的调度模式。该模式不考虑卧虎山水库的生态补水功能，旨在考察卧虎山水库在满足目前用水户需水要求的情况下，弃入下游河道的水量及年内分配情况。

考虑生态补水的调度模式。该模式考虑卧虎山水库的生态补水功能，水库调算是汛期按汛限水位进行调度，旨在考察在考虑生态补水的情况下，对其他用户的影响程度及生态补水年内分配情况。

调整后的合理调度模式。该模式在第二种模式的基础上，通过提高汛限水位等措施，提高水库的供水能力，旨在考察经过调整以后，能否减轻对其他用水户的影响及生态补水年内分配情况。

（1）不考虑生态补水的调度模式（模式1）。该调度模式不考虑单独预留出卧虎山水库下游玉符河生态补水，只考虑卧虎山水库现状各用水户用水量，考察在不预留生态补水的情况下的卧虎山水库下泄水量，调算时汛限水位与兴利水位重合，兴利水位130.5m，兴利库容为6483万 m³，死水位112.7m，死库容为350万 m³。

　　按照调算原理，供水量只考虑城市供水和农业供水，对卧虎山水库进行逐月调节计算，调节计算时考虑卧虎山水库蒸发损失量，渗漏损失量忽略不计，城市供水量按 5 万 m³/d 计（1825 万 m³/a），农业灌溉面积按 2 万亩，灌溉水有效利用系数取 0.55。调节计算结果见表 4-3-20。

表 4-3-20　　　　　　　　　　　　　模式 1 卧虎山水库调节计算结果表　　　　　　　　　　单位：万 m³

水文年	来水量	蒸发损失量	计划供水量			实际供水量			缺水量			弃水量	月末蓄水量
			城市	农业	生态	城市	农业	生态	城市	农业	生态		
1965—1966	2209	374	1825	676	0	1825	676	0	0	0	0	86	5104
1966—1967	6106	273	1825	669	0	1825	669	0	0	0	0	3006	5436
1967—1968	2910	326	1825	673	0	1825	673	0	0	0	0	0	5522
1968—1969	1481	337	1825	618	0	1825	618	0	0	0	0	0	4223
1969—1970	4048	286	1825	734	0	1825	734	0	0	0	0	334	5092
1970—1971	1981	290	1825	658	0	1825	658	0	0	0	0	0	4300
1971—1972	8488	282	1825	727	0	1825	727	0	0	0	0	4332	5622
1972—1973	2404	308	1825	723	0	1825	723	0	0	0	0	0	5169
1973—1974	5949	317	1825	742	0	1825	742	0	0	0	0	2778	5456
1974—1975	8614	317	1825	748	0	1825	748	0	0	0	0	5415	5765
1975—1976	6535	294	1825	735	0	1825	735	0	0	0	0	3794	5651
1976—1977	3288	308	1825	719	0	1825	719	0	0	0	0	545	5543
1977—1978	4280	278	1825	722	0	1825	722	0	0	0	0	1243	5754
1978—1979	16442	274	1825	730	0	1825	730	0	0	0	0	12955	6411
1979—1980	5476	351	1825	748	0	1825	748	0	0	0	0	3005	5958
1980—1981	7804	412	1825	607	0	1825	607	0	0	0	0	4645	6273
1981—1982	1246	375	1825	582	0	1825	582	0	0	0	0	0	4737
1982—1983	3613	273	1825	764	0	1825	764	0	0	0	0	0	5488
1983—1984	2357	308	1825	480	0	1825	480	0	0	0	0	0	5232
1984—1985	8066	240	1825	582	0	1825	582	0	0	0	0	4801	5851
1985—1986	12848	288	1825	1033	0	1825	1033	0	0	0	0	9802	5750
1986—1987	1941	319	1825	771	0	1825	771	0	0	0	0	173	4775
1987—1988	3550	311	1825	662	0	1825	662	0	0	0	0	173	5354
1988—1989	1615	402	1825	589	0	1825	589	0	0	0	0	0	4154
1989—1990	90	217	1825	756	0	1825	756	0	0	0	0	0	1415
1990—1991	8129	244	1825	793	0	1825	793	0	0	0	0	1202	5479
1991—1992	8132	371	1825	545	0	1825	545	0	0	0	0	5295	5575
1992—1993	1154	279	1825	313	0	1825	313	0	0	0	0	0	4312
1993—1994	4821	284	1825	604	0	1825	604	0	0	0	0	725	5695
1994—1995	17572	291	1825	560	0	1825	560	0	0	0	0	15247	5345
1995—1996	8811	296	1825	647	0	1825	647	0	0	0	0	5805	5582
1996—1997	16743	255	1825	389	0	1825	389	0	0	0	0	13817	6038
1997—1998	1445	291	1825	305	0	1825	305	0	0	0	0	0	5062
1998—1999	9166	398	1825	669	0	1825	669	0	0	0	0	5770	5566
1999—2000	1715	293	1825	618	0	1825	618	0	0	0	0	0	4544
2000—2001	4747	340	1825	747	0	1825	747	0	0	0	0	896	5482
2001—2002	2833	332	1825	590	0	1825	590	0	0	0	0	712	4857
2002—2003	3	273	1825	574	0	1825	574	0	0	0	0	0	2188
2003—2004	6982	222	1825	682	0	1825	682	0	0	0	0	1031	5411
2004—2005	14595	258	1825	742	0	1825	742	0	0	0	0	11606	5575
2005—2006	12607	244	1825	747	0	1825	747	0	0	0	0	9554	5812
平均	5922	303	1825	658	0	1825	658	0	0	0	0	3136	5184

由表 4-3-20 可知，卧虎山水库多年平均来水量为 5922 万 m³，各水文年城市供水和农业灌溉用水均能保证，多年平均城市、农业供水量分别为 1825 万 m³、658 万 m³，保证率均达到 97.6%，多年平均弃水量 3136 万 m³。该模式卧虎山水库历年各月弃水量见表 4-3-21。

表 4-3-21　　　　　　　　　　模式 1 卧虎山水库历年逐月弃水量表　　　　　　　　单位：万 m³

本文年	6月	7月	8月	9月	10月	11月	12月	1月	2月	3月	4月	5月	全年
1965—1966	0	0	0	86	0	0	0	0	0	0	0	0	86
1966—1967	0	1016	1602	388	0	0	0	0	0	0	0	0	3006
1967—1968	0	0	0	0	0	0	0	0	0	0	0	0	0
1968—1969	0	0	0	0	0	0	0	0	0	0	0	0	0
1969—1970	0	0	4	330	0	0	0	0	0	0	0	0	334
1970—1971	0	0	0	0	0	0	0	0	0	0	0	0	0
1971—1972	0	332	2577	1259	79	85	0	0	0	0	0	0	4332
1972—1973	0	0	0	0	0	0	0	0	0	0	0	0	0
1973—1974	0	868	919	380	466	145	0	0	0	0	0	0	2778
1974—1975	0	0	2677	1052	803	451	130	209	92	0	0	0	5415
1975—1976	0	737	916	1705	321	115	0	0	0	0	0	0	3794
1976—1977	0	0	137	408	0	0	0	0	0	0	0	0	545
1977—1978	0	211	583	217	78	155	0	0	0	0	0	0	1243
1978—1979	0	6970	4104	1274	210	398	0	0	0	0	0	0	12955
1979—1980	130	1305	899	505	0	91	68	7	0	0	0	0	3005
1980—1981	274	1842	1329	833	181	188	0	0	0	0	0	0	4645
1981—1982	0	0	0	0	0	0	0	0	0	0	0	0	0
1982—1983	0	0	0	0	0	0	0	0	0	0	0	0	0
1983—1984	0	0	0	0	0	0	0	0	0	0	0	0	0
1984—1985	0	811	3327	483	95	85	0	0	0	0	0	0	4801
1985—1986	0	1814	2738	2969	1381	722	57	101	22	0	0	0	9802
1986—1987	0	0	0	0	0	0	0	0	0	0	0	0	0
1987—1988	0	0	0	166	0	7	0	0	0	0	0	0	173
1988—1989	0	0	0	0	0	0	0	0	0	0	0	0	0
1989—1990	0	0	0	0	0	0	0	0	0	0	0	0	0
1990—1991	0	0	223	870	51	59	0	0	0	0	0	0	1202
1991—1992	0	0	1798	3277	60	161	0	0	0	0	0	0	5295
1992—1993	0	0	0	0	0	0	0	0	0	0	0	0	0
1993—1994	0	0	0	109	1	407	127	81	0	0	0	0	725
1994—1995	0	6698	6086	1760	447	256	0	0	0	0	0	0	15247
1995—1996	0	0	3632	1615	441	118	0	0	0	0	0	0	5805
1996—1997	0	3613	8684	1197	269	55	0	0	0	0	0	0	13817
1997—1998	0	0	0	0	0	0	0	0	0	0	0	0	0
1998—1999	0	0	4235	1159	271	105	0	0	0	0	0	0	5770
1999—2000	0	0	0	0	0	0	0	0	0	0	0	0	0
2000—2001	0	0	0	274	421	200	0	0	0	0	0	0	896
2001—2002	0	0	711	0	0	0	0	0	0	0	0	0	712
2002—2003	0	0	0	0	0	0	0	0	0	0	0	0	0
2003—2004	0	0	0	668	362	0	0	0	0	0	0	0	1031
2004—2005	0	3459	6166	1673	193	115	0	0	0	0	0	0	11606
2005—2006	0	398	1980	4153	2736	288	0	0	0	0	0	0	9554
平均	10	733	1349	686	224	111	9	10	3	0	0	0	3136

模式 1 卧虎山水库多年平均各月弃水量柱状图见图 4-3-32。

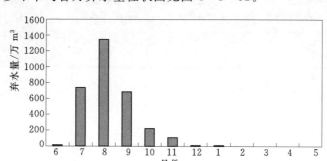

图 4-3-32　模式 1 卧虎山水库多年平均各月弃水量柱状图

可以看出，在不考虑预留生态补水的情况下，多年平均弃水量 3136 万 m³，主要集中在 7 月、8 月、9 月，另外 6 月、10 月、11 月、12 月、1 月部分年份有少部分弃水，不能满足卧虎山水库下游玉符河生态需水要求。

（2）考虑生态补水量的调度模式（模式 2）。该调度模式考虑单独预留出卧虎山水库下游玉符河生态补水，同时考虑卧虎山水库现状各用水户用水量，考察在考虑预留生态补水的情况下的卧虎山水库下泄水量。调算时汛限水位与兴利水位不重合，汛限水位为 126m，相应库容 3975 万 m³；兴利水位 130.5m，相应库容为 6483 万 m³；死水位 112.7m，相应库容为 350 万 m³。

根据卧虎山水库各用水户供水优先顺序（生活用水高于生态补水，生态补水高于农业用水），首先制定卧虎山水库调度曲线，确定各用水户的限制水位线，方法采用全系列倒演算法。经分析计算，卧虎山水库调度运行曲线见表 4-3-22 和图 4-3-33。

表 4-3-22　　　　　　　　　　模式 2 卧虎山水库调度运行曲线计算成果表　　　　　　　　　　单位：m

调度线	6 月	7 月	8 月	9 月	10 月	11 月	12 月	1 月	2 月	3 月	4 月	5 月
死水位	112.70	112.70	112.70	112.70	112.70	112.70	112.70	112.70	112.70	112.70	112.70	112.70
生态补水限制线	121.52	121.01	120.46	119.89	124.00	123.88	123.71	123.50	123.25	122.98	122.51	122.04
农业供水限制线	124.95	124.55	124.11	124.84	129.10	128.78	128.00	128.00	127.06	127.06	126.40	125.71
汛限水位	130.50	126.00	126.00	126.00	130.50	130.50	130.50	130.50	130.50	130.50	130.50	130.50
兴利水位	130.50	130.50	130.50	130.50	130.50	130.50	130.50	130.50	130.50	130.50	130.50	130.50
设计洪水位	131.81	131.81	131.81	131.81	131.81	131.81	131.81	131.81	131.81	131.81	131.81	131.81
校核洪水位	137.20	137.20	137.20	137.20	137.20	137.20	137.20	137.20	137.20	137.20	137.20	137.20

在调度运行曲线图中，水位由低到高依次是死水位、生态补水限制水位、农业供水限制水位、农业供水保证水位、汛限水位、兴利水位、设计洪水位、校核洪水位。各调度分区依次为：死水位以下为停止供水区，此区域停止一切供水；死水位至生态补水限制水位之间，为保证城市供水区域，在此区域可保证城市供水，生态补水和农业供水均遭到破坏；生态补水限制线至农业补水限制线之间为保证生态补水和城市供水区，在此区域仅农业供水遭到破坏；农业供水限制线至汛限水位和兴利水位之间为保证农业供水区域，在此区域各用水户供水均能得到保证；兴利水位以上区域为调洪区。

按照调算原理，供水量考虑城市供水、农业供水和生态补水，根据确定的调度曲线，对卧虎山水库进行逐月调节计算，调节计算时考虑卧虎山水库蒸发损失量，渗漏损失量忽略不计；城市供水量按 5 万 m³/d 计（1825 万 m³/a）；农业灌溉面积按 2 万亩，灌溉水有效利用系数取 0.55；生态补水量只考虑当年 10 月至下一年 5 月，不考虑汛期 6—9 月，月补水量为 143 万 m³。调节计算结果见表 4-3-23。

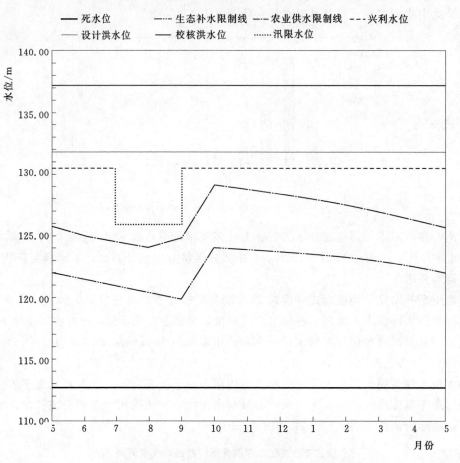

图 4-3-33 模式 2 卧虎山水库调度运行曲线图

表 4-3-23 模式 2 卧虎山水库调节计算结果表 单位：万 m³

水文年	来水量	蒸发损失量	计划供水量			实际供水量			缺水量			弃水量	月末蓄水量
			城市	农业	生态	城市	农业	生态	城市	农业	生态		
1965—1966	2209	257	1825	676	1140	1825	676	1140	0	0	0	1753	1562
1966—1967	6106	192	1825	669	1140	1825	77	1140	0	−592	0	1978	2455
1967—1968	2910	211	1825	673	1140	1825	0	1140	0	−673	0	0	2188
1968—1969	1481	171	1825	618	1140	1825	0	1140	0	−618	0	0	533
1969—1970	4048	153	1825	734	1140	1825	0	1140	0	−734	0	0	1462
1970—1971	1981	127	1825	658	1140	1825	0	1140	0	−658	0	0	350
1971—1972	8488	196	1825	727	1140	1825	727	1140	0	0	0	2733	2218
1972—1973	2404	162	1825	723	1140	1825	723	1140	0	0	0	0	770
1973—1974	5949	219	1825	742	1140	1825	742	1140	0	0	0	305	2487
1974—1975	8614	257	1825	748	1140	1825	748	1140	0	0	0	3287	3844
1975—1976	6535	214	1825	735	1140	1825	735	1140	0	0	0	3959	2505
1976—1977	3288	201	1825	719	1140	1825	719	1140	0	0	0	0	1908
1977—1978	4280	186	1825	722	1140	1825	722	1140	0	0	0	0	2315
1978—1979	16442	204	1825	730	1140	1825	730	1140	0	0	0	11421	3436
1979—1980	5476	245	1825	748	1140	1825	748	1140	0	0	0	2390	2563

续表

水文年	来水量	蒸发损失量	计划供水量			实际供水量			缺水量			弃水量	月末蓄水量
			城市	农业	生态	城市	农业	生态	城市	农业	生态		
1980—1981	7804	297	1825	607	1140	1825	607	1140	0	0	0	3401	3096
1981—1982	1246	211	1825	582	1140	1825	436	1140	0	-146	0	0	730
1982—1983	3613	100	1825	764	1140	1825	195	1140	0	-569	0	0	1082
1983—1984	2357	123	1825	480	1140	1825	0	1140	0	-480	0	0	350
1984—1985	8066	169	1825	582	1140	1825	582	1140	0	0	0	2253	2447
1985—1986	12848	249	1825	1033	1140	1825	1033	1140	0	0	0	6639	4409
1986—1987	1941	265	1825	771	1140	1825	29	1140	0	-742	0	0	3090
1987—1988	3550	256	1825	662	1140	1825	0	1140	0	-662	0	0	3418
1988—1989	1615	306	1825	589	1140	1825	0	519	0	-589	-622	0	2384
1989—1990	90	146	1825	756	1140	1825	0	0	0	-756	-1140	0	503
1990—1991	8129	170	1825	793	1140	1825	676	1140	0	-116	0	2813	2007
1991—1992	8132	251	1825	545	1140	1825	369	1140	0	-176	0	4146	2408
1992—1993	1154	137	1825	313	1140	1825	0	1140	0	-313	0	0	460
1993—1994	4821	157	1825	604	1140	1825	604	1140	0	0	0	0	1555
1994—1995	17572	210	1825	560	1140	1825	560	1140	0	0	0	12924	2467
1995—1996	8811	216	1825	647	1140	1825	647	1140	0	0	0	4880	2569
1996—1997	16743	184	1825	389	1140	1825	389	1140	0	0	0	12998	2775
1997—1998	1445	165	1825	305	1140	1825	305	1140	0	0	0	0	784
1998—1999	9166	356	1825	669	1140	1825	669	1140	0	0	0	1276	4683
1999—2000	1715	243	1825	618	1140	1825	558	1140	0	-60	0	0	2631
2000—2001	4747	287	1825	747	1140	1825	0	1140	0	-747	0	0	4125
2001—2002	2833	302	1825	590	1140	1825	0	1140	0	-590	0	0	3691
2002—2003	3	213	1825	574	1140	1825	0	1140	0	-574	0	0	515
2003—2004	6982	178	1825	682	1140	1825	629	1140	0	-53	0	136	3589
2004—2005	14595	180	1825	742	1140	1825	742	1140	0	0	0	11987	2310
2005—2006	12607	218	1825	747	1140	1825	747	1140	0	0	0	6025	4963
平均	5922	209	1825	658	1140	1825	418	1097	0	-240	-43	2373	2284

由表 4-3-23 可知，卧虎山水库多年平均来水量为 5922 万 m³，各水文年城市供水均能保证，年供水量 1825 万 m³，保证率均达到 97.6%；多年平均生态补水量 1097 万 m³，生态补水 2 年缺水，供水保证率 92.9%；多年平均农业供水量为 418 万 m³，农业灌溉 20 年缺水，供水保证率 50%；多年平均弃水量 2373 万 m³。

该模式卧虎山水库历年各月弃水量见表 4-3-24。

表 4-3-24　　　　　　　　　模式 2 卧虎山水库历年逐月弃水量表　　　　　　　　单位：万 m³

本文年	6月	7月	8月	9月	10月	11月	12月	1月	2月	3月	4月	5月	全年
1965—1966	0	833	683	236	0	0	0	0	0	0	0	0	1753
1966—1967	0	0	1584	394	0	0	0	0	0	0	0	0	1978
1967—1968	0	0	0	0	0	0	0	0	0	0	0	0	0

续表

本文年	6月	7月	8月	9月	10月	11月	12月	1月	2月	3月	4月	5月	全年
1968—1969	0	0	0	0	0	0	0	0	0	0	0	0	0
1969—1970	0	0	0	0	0	0	0	0	0	0	0	0	0
1970—1971	0	0	0	0	0	0	0	0	0	0	0	0	0
1971—1972	0	0	1467	1265	0	0	0	0	0	0	0	0	2733
1972—1973	0	0	0	0	0	0	0	0	0	0	0	0	0
1973—1974	0	0	0	305	0	0	0	0	0	0	0	0	305
1974—1975	0	0	2229	1058	0	0	0	0	0	0	0	0	3287
1975—1976	0	1331	916	1711	0	0	0	0	0	0	0	0	3959
1976—1977	0	0	0	0	0	0	0	0	0	0	0	0	0
1977—1978	0	0	0	0	0	0	0	0	0	0	0	0	0
1978—1979	0	6038	4104	1279	0	0	0	0	0	0	0	0	11421
1979—1980	0	979	900	511	0	0	0	0	0	0	0	0	2390
1980—1981	0	1232	1331	839	0	0	0	0	0	0	0	0	3401
1981—1982	0	0	0	0	0	0	0	0	0	0	0	0	0
1982—1983	0	0	0	0	0	0	0	0	0	0	0	0	0
1983—1984	0	0	0	0	0	0	0	0	0	0	0	0	0
1984—1985	0	0	1764	489	0	0	0	0	0	0	0	0	2253
1985—1986	0	929	2738	2973	0	0	0	0	0	0	0	0	6639
1986—1987	0	0	0	0	0	0	0	0	0	0	0	0	0
1987—1988	0	0	0	0	0	0	0	0	0	0	0	0	0
1988—1989	0	0	0	0	0	0	0	0	0	0	0	0	0
1989—1990	0	0	0	0	0	0	0	0	0	0	0	0	0
1990—1991	0	0	1937	876	0	0	0	0	0	0	0	0	2813
1991—1992	0	0	864	3282	0	0	0	0	0	0	0	0	4146
1992—1993	0	0	0	0	0	0	0	0	0	0	0	0	0
1993—1994	0	0	0	0	0	0	0	0	0	0	0	0	0
1994—1995	0	5066	6086	1773	0	0	0	0	0	0	0	0	12924
1995—1996	0	0	3261	1619	0	0	0	0	0	0	0	0	4880
1996—1997	0	3107	8684	1207	0	0	0	0	0	0	0	0	12998
1997—1998	0	0	0	0	0	0	0	0	0	0	0	0	0
1998—1999	0	0	0	1148	128	0	0	0	0	0	0	0	1276
1999—2000	0	0	0	0	0	0	0	0	0	0	0	0	0
2000—2001	0	0	0	0	0	0	0	0	0	0	0	0	0
2001—2002	0	0	0	0	0	0	0	0	0	0	0	0	0
2002—2003	0	0	0	0	0	0	0	0	0	0	0	0	0
2003—2004	0	0	0	136	0	0	0	0	0	0	0	0	136
2004—2005	0	4145	6166	1676	0	0	0	0	0	0	0	0	11987
2005—2006	0	0	1638	4153	89	145	0	0	0	0	0	0	6025
平均	0	577	1131	657	5	4	0	0	0	0	0	0	2373

由表 4-3-24 可以看出，在考虑汛限水位并预留生态补水的情况下，多年平均弃水量 2373 万 m³，主要集中在 7 月、8 月、9 月，另外当年 10 月至下一年 5 月各月考虑了生态补水量。弃水量和生态补水量都泄入卧虎山水库下游河道，多年月平均生态补水和卧虎山水库弃水量见表 4-3-25、图 4-3-34。

表 4-3-25　　　　　　　　模式 2 多年月平均生态补水和卧虎山水库弃水量计算成果表　　　　　单位：万 m³

项目	6 月	7 月	8 月	9 月	10 月	11 月	12 月	1 月	2 月	3 月	4 月	5 月	全年
生态补水	0	0	0	0	139	139	139	138	136	136	136	136	1097
弃水	0	577	1131	657	5	4	0	0	0	0	0	0	2373
合计	0	577	1131	657	144	143	139	138	136	136	136	136	3471

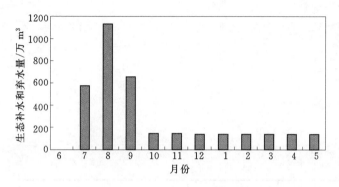

图 4-3-34　模式 2 多年平均各月生态补水和弃水量柱状图

（3）实施供水调整的调度模式（模式 3）。该调度模式考虑单独预留出卧虎山水库下游玉符河生态补水，同时考虑卧虎山水库现状各用水户用水量，考察在考虑预留生态补水的情况下的卧虎山水库下泄水量。调算时汛限水位与兴利水位重合，兴利水位 130.5m，相应库容为 6483 万 m³；死水位 112.7m，相应库容为 350 万 m³。

首先制定卧虎山水库调度曲线，方法同模式 2。经分析计算，模式 3 卧虎山水库调度运行曲线见表 4-3-26、图 4-3-35。

表 4-3-26　　　　　　　　　模式 3 卧虎山水库调度运行曲线计算成果表　　　　　　　　单位：m

调度线	6 月	7 月	8 月	9 月	10 月	11 月	12 月	1 月	2 月	3 月	4 月	5 月
死水位	112.70	112.70	112.70	112.70	112.70	112.70	112.70	112.70	112.70	112.70	112.70	112.70
生态补水限制线	122.04	121.52	121.01	120.46	119.89	124.00	123.88	123.71	123.50	123.25	122.98	122.51
农业供水限制线	125.71	124.95	124.55	124.11	127.38	129.21	128.78	128.41	128.00	127.55	127.06	126.40
汛限水位	130.50	130.50	130.50	130.50	130.50	130.50	130.50	130.50	130.50	130.50	130.50	130.50
兴利水位	131.81	131.81	131.81	131.81	131.81	131.81	131.81	131.81	131.81	131.81	131.81	131.81
设计洪水位	137.20	137.20	137.20	137.20	137.20	137.20	137.20	137.20	137.20	137.20	137.20	137.20
校核洪水位	112.70	112.70	112.70	112.70	112.70	112.70	112.70	112.70	112.70	112.70	112.70	112.70

在该模式调度运行曲线图中，汛限水位与兴利水位重合，调度分区同模式 2。

按照调算原理，供水量考虑城市供水、农业供水和生态补水，根据已制定的调度曲线，对卧虎山水库进行逐月调节计算，调节计算时考虑卧虎山水库蒸发损失量，渗漏损失量忽略不计；城市供水量按 5 万 m³/d 计（1825 万 m³/a）；农业灌溉面积按 2 万亩，灌溉水有效利用系数取 0.55；生态补水量只考虑当年 10 月至次年 5 月，不考虑汛期 6—9 月，月补水量为 143 万 m³。调节计算结果见表 4-3-27。

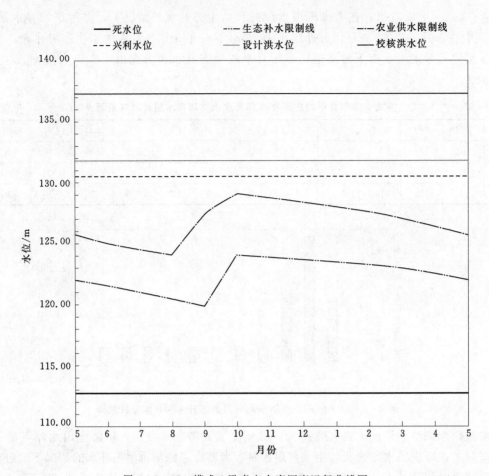

图 4-3-35 模式 3 卧虎山水库调度运行曲线图

表 4-3-27 模式 3 卧虎山水库调节计算结果表 单位：万 m³

水文年	来水量	蒸发损失量	计划供水量			实际供水量			缺水量			弃水量	月末蓄水量
			城市	农业	生态	城市	农业	生态	城市	农业	生态		
1965—1966	2209	326	1825	676	1140	1825	676	1140	0	0	0	0	3246
1966—1967	6106	258	1825	669	1140	1825	669	1140	0	0	0	1147	4311
1967—1968	2910	271	1825	673	1140	1825	673	1140	0	0	0	0	3312
1968—1969	1481	217	1825	618	1140	1825	618	1140	0	0	0	0	992
1969—1970	4048	166	1825	734	1140	1825	445	1140	0	−289	0	0	1464
1970—1971	1981	127	1825	658	1140	1825	0	1140	0	−658	0	0	352
1971—1972	8488	269	1825	727	1140	1825	727	1140	0	0	0	221	4658
1972—1973	2404	261	1825	723	1140	1825	723	1140	0	0	0	0	3112
1973—1974	5949	298	1825	742	1140	1825	742	1140	0	0	0	444	4610
1974—1975	8614	311	1825	748	1140	1825	748	1140	0	0	0	3910	5290
1975—1976	6535	283	1825	735	1140	1825	735	1140	0	0	0	3064	4777
1976—1977	3288	280	1825	719	1140	1825	719	1140	0	0	0	0	4100
1977—1978	4280	254	1825	722	1140	1825	722	1140	0	0	0	0	4438
1978—1979	16442	265	1825	730	1140	1825	730	1140	0	0	0	11355	5565
1979—1980	5476	335	1825	748	1140	1825	748	1140	0	0	0	1996	4997

续表

水文年	来水量	蒸发损失量	计划供水量			实际供水量			缺水量			弃水量	月末蓄水量
			城市	农业	生态	城市	农业	生态	城市	农业	生态		
1980—1981	7804	397	1825	607	1140	1825	607	1140	0	0	0	3400	5432
1981—1982	1246	324	1825	582	1140	1825	582	1140	0	0	0	0	2806
1982—1983	3613	188	1825	764	1140	1825	764	1140	0	0	0	0	2502
1983—1984	2357	178	1825	480	1140	1825	480	1140	0	0	0	0	1235
1984—1985	8066	231	1825	582	1140	1825	582	1140	0	0	0	624	4899
1985—1986	12848	282	1825	1033	1140	1825	516	1140	0	−516	0	8389	5594
1986—1987	1941	306	1825	771	1140	1825	0	1140	0	−771	0	0	4263
1987—1988	3550	293	1825	662	1140	1825	0	1140	0	−662	0	0	4555
1988—1989	1615	356	1825	589	1140	1825	0	1140	0	−589	0	0	2848
1989—1990	90	165	1825	756	1140	1825	0	446	0	−756	−695	0	502
1990—1991	8129	233	1825	793	1140	1825	676	1140	0	−116	0	299	4458
1991—1992	8132	352	1825	545	1140	1825	545	1140	0	0	0	4061	4667
1992—1993	1154	231	1825	313	1140	1825	313	1140	0	0	0	0	2311
1993—1994	4821	225	1825	604	1140	1825	604	1140	0	0	0	0	3338
1994—1995	17572	278	1825	560	1140	1825	560	1140	0	0	0	12605	4502
1995—1996	8811	284	1825	647	1140	1825	647	1140	0	0	0	4702	4714
1996—1997	16743	246	1825	389	1140	1825	389	1140	0	0	0	12751	5104
1997—1998	1445	253	1825	305	1140	1825	305	1140	0	0	0	0	3025
1998—1999	9166	375	1825	669	1140	1825	669	1140	0	0	0	3499	4683
1999—2000	1715	244	1825	618	1140	1825	500	1140	0	−118	0	0	2689
2000—2001	4747	289	1825	747	1140	1825	0	1140	0	−747	0	0	4181
2001—2002	2833	304	1825	590	1140	1825	0	1140	0	−590	0	0	3745
2002—2003	3	216	1825	574	1140	1825	0	1140	0	−574	0	0	566
2003—2004	6982	172	1825	682	1140	1825	682	1140	0	0	0	0	3730
2004—2005	14595	248	1825	742	1140	1825	742	1140	0	0	0	9668	4701
2005—2006	12607	234	1825	747	1140	1825	747	1140	0	0	0	8400	4963
平均	5922	264	1825	658	1140	1825	502	1124	0	−156	−17	2208	3689

由表 4-3-27 可知，卧虎山水库多年平均来水量为 5922 万 m³，各水文年城市供水均能保证，年供水量 1825 万 m³，保证率均达到 97.6%；多年平均生态补水量 1124 万 m³，生态补水 1 年缺水，供水保证率 95.2%；多年平均农业供水量为 502 万 m³，农业灌溉 12 年缺水，供水保证率 69%；多年平均弃水量 2208 万 m³。该模式卧虎山水库历年各月弃水量见表 4-3-28。

表 4-3-28　　　　　　　　卧虎山水库历年各月弃水量　　　　　　　　单位：万 m³

水文年	6月	7月	8月	9月	10月	11月	12月	1月	2月	3月	4月	5月	全年
1965—1966	0	0	0	0	0	0	0	0	0	0	0	0	0
1966—1967	0	0	760	388	0	0	0	0	0	0	0	0	1147
1967—1968	0	0	0	0	0	0	0	0	0	0	0	0	0
1968—1969	0	0	0	0	0	0	0	0	0	0	0	0	0

续表

水文年	6月	7月	8月	9月	10月	11月	12月	1月	2月	3月	4月	5月	全年
1969—1970	0	0	0	0	0	0	0	0	0	0	0	0	0
1970—1971	0	0	0	0	0	0	0	0	0	0	0	0	0
1971—1972	0	0	0	221	0	0	0	0	0	0	0	0	221
1972—1973	0	0	0	0	0	0	0	0	0	0	0	0	0
1973—1974	0	0	0	119	323	2	0	0	0	0	0	0	444
1974—1975	0	0	1834	1052	660	309	0	54	0	0	0	0	3910
1975—1976	0	264	916	1705	178	0	0	0	0	0	0	0	3064
1976—1977	0	0	0	0	0	0	0	0	0	0	0	0	0
1977—1978	0	0	0	0	0	0	0	0	0	0	0	0	0
1978—1979	0	5654	4104	1274	67	256	0	0	0	0	0	0	11355
1979—1980	0	592	899	505	0	0	0	0	0	0	0	0	1996
1980—1981	0	1155	1329	833	38	45	0	0	0	0	0	0	3400
1981—1982	0	0	0	0	0	0	0	0	0	0	0	0	0
1982—1983	0	0	0	0	0	0	0	0	0	0	0	0	0
1983—1984	0	0	0	0	0	0	0	0	0	0	0	0	0
1984—1985	0	0	141	483	0	0	0	0	0	0	0	0	624
1985—1986	0	865	2738	2969	1239	579	0	0	0	0	0	0	8389
1986—1987	0	0	0	0	0	0	0	0	0	0	0	0	0
1987—1988	0	0	0	0	0	0	0	0	0	0	0	0	0
1988—1989	0	0	0	0	0	0	0	0	0	0	0	0	0
1989—1990	0	0	0	0	0	0	0	0	0	0	0	0	0
1990—1991	0	0	0	299	0	0	0	0	0	0	0	0	299
1991—1992	0	0	784	3277	0	0	0	0	0	0	0	0	4061
1992—1993	0	0	0	0	0	0	0	0	0	0	0	0	0
1993—1994	0	0	0	0	0	0	0	0	0	0	0	0	0
1994—1995	0	4341	6086	1760	305	113	0	0	0	0	0	0	12605
1995—1996	0	2744	8684	1197	126	0	0	0	0	0	0	0	12751
1996—1997	0	0	2789	1615	299	0	0	0	0	0	0	0	4702
1997—1998	0	0	0	0	0	0	0	0	0	0	0	0	0
1998—1999	0	0	2211	1159	128	0	0	0	0	0	0	0	3499
1999—2000	0	0	0	0	0	0	0	0	0	0	0	0	0
2000—2001	0	0	0	0	0	0	0	0	0	0	0	0	0
2001—2002	0	0	0	0	0	0	0	0	0	0	0	0	0
2002—2003	0	0	0	0	0	0	0	0	0	0	0	0	0
2003—2004	0	0	0	0	0	0	0	0	0	0	0	0	0
2004—2005	0	1778	6166	1673	51	0	0	0	0	0	0	0	9668
2005—2006	0	0	1508	4153	2594	145	0	0	0	0	0	0	8400
平均	0	424	999	602	147	35	0	1	0	0	0	0	2208

由表 4-3-28 可以看出，在不考虑汛限水位并预留生态补水的情况下，多年平均弃水量 2208 万

m³，主要集中在 7 月、8 月、9 月、10 月，另外当年 10 月至下一年 5 月各月考虑了生态补水量。弃水量和生态补水量都泄入卧虎山水库下游河道，多年月平均生态补水和卧虎山水库弃水量见表 4-3-29 和图 4-3-36。

表 4-3-29　　　　模式 3 多年月平均生态补水和卧虎山水库弃水量计算成果表　　　　单位：万 m³

项目	6 月	7 月	8 月	9 月	10 月	11 月	12 月	1 月	2 月	3 月	4 月	5 月	全年
生态补水	0	0	0	0	139	139	139	139	140	143	143	143	1124
弃水	0	424	999	602	147	35	0	1	0	0	0	0	2208
合计	0	424	999	602	286	174	139	140	140	143	143	143	3332

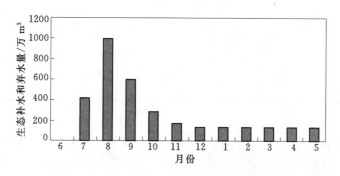

图 4-3-36　模式 3 多年平均各月生态补水和弃水量柱状图

（4）模式优选。

1）城市供水量。卧虎山水库主要供城区居民生活用水，此部分供水保证率较高，是应首先予以保证的水量，在供水次序上处于最高级别。调算时在考虑此部分供水的基础上，再向其他用户供水，因此，此部分水量 3 种模式均能保证。

2）农业供水量。模式 1 没有考虑预留出生态补水量，只考虑了城市供水和农业供水，该模式历年农业供水均能保证，保证率达到 97.6%；模式 2 考虑了预留生态补水，同时考虑了城市供水和农业供水，采用的卧虎山水库汛限水位低于兴利水位，该模式农业供水破坏较严重，保证率仅达到50%；模式 3 考虑了预留生态补水，同时考虑了城市供水和农业供水，采用的卧虎山水库汛限水位与兴利水位重合，该模式农业供水破坏程度明显低于模式 2，保证率仅达到 69%，可见提高汛限对于提高农业供水保证率起到了关键作用。3 种模式农业供需水情况比较见表 4-3-30。

表 4-3-30　　　　　　　　　3 种模式农业供需水情况比较表

模式	多年平均需水量 /万 m³	多年平均供水 量/万 m³	多年平均缺水 量/万 m³	缺水率/%	保证率/%
模式 1	658	658	0	0	97.6
模式 2	658	418	240	36.5	50
模式 3	658	502	156	23.7	69

3）生态补水量。卧虎山水库下游玉符河河道年生态需补水量 1140 万 m³，主要是当年 10 月至次年 5 月，每月需补水量 143 万 m³。模式 1 没有考虑卧虎山水库下游生态补水要求，生态补水量为 0；模式 2 考虑了生态补水要求，但是由于汛限水位较低，生态补水供水保证率为 93%；模式 3 考虑了生态补水要求，并提高了汛限水位，生态补水保证率得到相应提高，达到 95%。3 种模式生态补水情况比较见表 4-3-31。

表 4-3-31　　　　　　　　3 种模式生态补水情况比较表

模式	多年平均需水量/万 m³	多年平均供水量/万 m³	多年平均缺水量/万 m³	缺水率/%	保证率/%
模式 1	1140	0	1140	100	
模式 2	1140	1079	43	3.8	93
模式 3	1140	1124	17	1.5	95

4）弃水量。

3 种模式多年月平均弃水量见表 4-3-32 和图 4-3-37。

表 4-3-32　　　　　　　　3 种模式多年月平均弃水量成果表　　　　　　　　单位：万 m³

模式	6 月	7 月	8 月	9 月	10 月	11 月	12 月	1 月	2 月	3 月	4 月	5 月	全年
模式 1	10	733	1349	686	224	111	9	10	3	0	0	0	3136
模式 2	0	577	1131	657	5	4	0	0	0	0	0	0	2373
模式 3	0	424	999	602	147	35	0	1	0	0	0	0	2208

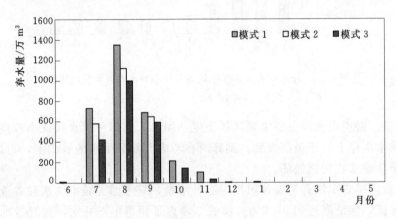

图 4-3-37　3 种模式多年月平均弃水量柱状图

由表 4-3-32、图 4-3-37 可以看出，3 种模式卧虎山水库弃水量均集中在 7—9 月，其水量模式 1＞模式 2＞模式 3，主要原因在于模式 1 没有考虑生态补水要求，卧虎山水库供水量较小，弃水量较大；模式 2 虽然考虑了生态补水要求，但汛限水位较低，造成弃水量大于模式 3；模式 3 考虑了生态补水要求，但提高了汛限水位，因此弃水量低于其他两种模式。

5）卧虎山水库入玉符河水量。

卧虎山水库入玉符河水量包括生态补水量和弃水量。3 种模式多年月平均卧虎山水库坝下入玉符河水量见表 4-3-33 和图 4-3-38。

表 4-3-33　　　3 种模式多年月平均卧虎山水库坝下入玉符河水量计算成果表　　　单位：万 m³

模式	6 月	7 月	8 月	9 月	10 月	11 月	12 月	1 月	2 月	3 月	4 月	5 月	全年
模式 1	10	733	1349	686	224	111	9	10	3	0	0	0	3136
模式 2	0	577	1131	657	144	143	139	138	136	136	136	136	3471
模式 3	0	424	999	602	286	174	139	140	140	143	143	143	3332

由表 4-3-33 和图 4-3-38 可以看出，3 种模式多年月平均卧虎山水库坝下入玉符河水量模式 1＜模式 3＜模式 2。这主要是因为模式 1 没有考虑预留出生态补水量，因此入玉符河水量小于其他两种模式，且此部分水量集中在汛期，其他月份基本无下泄水量；模式 2 与模式 3 比较，虽然模式 2 卧

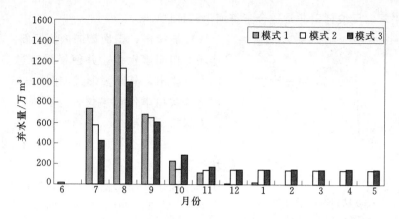

图 4-3-38 种模式多年月平均卧虎山水库坝下入玉符河水量柱状图

虎山水库入玉符河总水量较大,但是模式 2 主要是 7 月、8 月、9 月三个月入玉符河水量较模式 3 大,而其他枯水月份模式 2 卧虎山水库入玉符河水量均不大于方案 3,说明模式 3 对于卧虎山水库下游河道的生态补水效果要好于其他两种模式。综上所述,模式 1 虽然能够满足城市供水和农业供水要求,但是没有考虑生态补水,卧虎山水库对下游河道补水集中在汛期,其他月份基本无下泄水量,不能满足下游河道的生态需水要求;模式 2 虽然考虑了下游河道生态需水要求,但是由于汛限水位较低,对农业供水破坏程度较大;模式 3 通过提高水库汛限水位,在保证城市供水和生态补水的前提下,较模式 2 大大提高了农业供水保证率,降低了对农业灌溉用水户的影响。模式 3 综合考虑了各用水户的需水要求,提高了卧虎山水库的供水能力,在充分发挥水库的供水功能、提高水库的供水效益的基础上,可以满足下游河道的生态需水要求,对于下游河道的生态恢复将起到关键性作用。因此,模式 3 优于其他两种调度模式。

总之,卧虎山水库向玉符河中、下游实施生态补水的最佳调度模式是,将汛限水位提高到兴利水位,单独预留生态补水量,在维持现有城市供水规模的同时适当压缩农业供水量。

(五) 玉符河生态修复技术方案

1. 上游三川水土保持工程技术方案

玉符河流域上游三川是济南市泉群的最重要补给区,其水土保持及水源涵养能力历来备受关注。虽然现状水平下该区域林地覆盖率达到 49.86%,远高于济南市平均水平,但仍存在较大的水土流失面积。因此,继续加大上游水土流失治理力度,开展沟道及坡面防护建设,从而提高其保持土壤及水源涵养能力,对于改善玉符河流域生态环境、保障下游河道常年畅流具有十分重要的意义。

(1) 措施布局。玉符河上游地区坡面水土流失主要发生在坡耕地,其次是荒坡,治理的基本要求是沟坡兼治,形成坡面、沟道多层防护体系,在坡上部修建窄条梯田,栽植经济林,坡中部修建水平梯田,坡下部营造乔、灌林或混交林,主要是建设沟坡防治体系和沟道防治体系。沟坡防治体系是指:缓坡修梯田,陡坡造水平阶、鱼鳞穴,造林种草,兴建果园,形成以林草为主,工程措施和生物措施相结合的坡面防治体系;沟道防治体系是指:沟道从上游到下游,从毛沟到支沟,支沟到干沟,兴建谷坊、塘坝、拦河坝等蓄水工程,以抬高侵蚀基点,防止沟道下切,增加地表径流拦蓄量,形成以拦蓄工程与林草措施相结合的沟道防治体系。

(2) 反坡梯田工程技术。梯田是山区、丘陵区常见的一种基本农田,它因地块顺坡按等高线排列呈阶梯状而得名。梯田在水土保持方面的功能十分明显,可以增加土壤水分、防治水土流失,达到保水、保土、保肥的目的,同改进农业耕作技术结合,能大幅度地提高产量。在玉符河上游分布着不少的梯田,对于固持土壤、涵养水源发挥了重要的作用。梯田按断面形式可分为阶台式梯田和波浪式梯田两类,而阶台式梯田根据阶台坡向又可分为水平梯田、坡式梯田、反坡梯田和隔坡梯田 4 种。从增加拦蓄水量角度来看，反坡梯田非常适合玉符河上游地区。

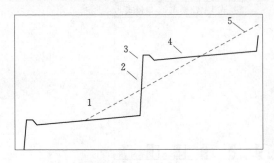

图 4-3-39 反坡梯田断面示意图
1—反坡角度一般不超过 2°；2—田坎；
3—地埂；4—田面；5—原地面

反坡梯田，田面微向内侧倾斜，反坡一般可达 2°，能增加田面蓄水量，并使暴雨时过多的径流由梯田内侧安全排出，其断面形式如图 4-3-39 所示。该类梯田适于栽植旱作与果树，是我国北方缺水地区重要的水土保持工程形式。

（3）梯级谷坊群工程技术。在沟道内层层布设谷坊类蓄水工程，在防治沟床上切、扩张的同时还可以做到"高水高用，低水低用，梯度开发"。谷坊的作用主要是：抬高侵蚀基准面，防止沟床下切；抬高沟床，稳定山坡坡脚，防止沟岸扩张及滑坡；减缓沟道纵坡，减小山洪流速，减轻山洪或泥石流灾害；使沟道逐渐淤平，形成坝阶地。谷坊根据所用的建筑材料，大致可分为土谷坊、干砌石谷坊、枝梢（梢柴）谷坊、插柳谷坊（柳桩编篱）、浆砌石谷坊、竹笼装石谷坊、木料谷坊、混凝土谷坊、钢筋混凝土谷坊、钢料谷坊等。玉符河上游水系繁多，可以采取就地取材的方式，广泛建筑谷坊。而从增加拦蓄水源的角度出发，应当尽可能地建设梯级谷坊群。

梯级谷坊群，就是对一条沟道自下而修筑多道谷坊，而且上一道谷坊的坝底与下一道谷坊的坝顶相平，如此，所有的谷坊就成为一个有机的整地，使固土、保水的效果更佳。其纵断面布置示意图，如图 4-3-40 所示。

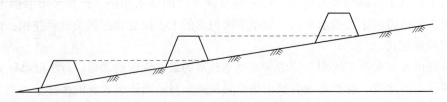

图 4-3-40 谷坊群纵断面布置示意图

（4）护基工程技术。玉符河上游降雨较为丰沛，容易引发山洪灾害，为保护陡坡沟道内修建的谷坊安全，还应进行必要护基工程建设。护基工程常与护坡工程联合建设，以加强沟道安全。在谷坊坝址以上的沟道两侧进行护基工程建设，主要目的就是为了保护谷坊在淤沙后的安全，防止山洪向沟道两侧冲刷。护基工程有多种形式，最简单的一种是抛石护基，即用比施工地点附近的石块更大的石块铺设至沟道护岸工程的基部进行护底，其石块间的位置可以移动，但不能暴露沟底，以保证基础免受洪水冲刷淘深，较耐用并有一定挠曲性，是较常用的方法。在缺乏大石块的地区，可采用梢捆或木框装石的护基工程。护基工程示意图如图 4-3-41 所示。

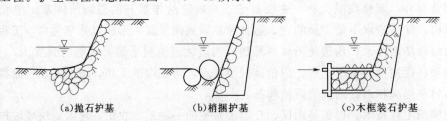

（a）抛石护基　　　（b）梢捆护基　　　（c）木框装石护基

图 4-3-41 护基工程示意图

（5）混交林营造工程技术。在建国初期，中国大部分地区开展了植树造林活动，为提高全国整体的森林覆盖率发挥了重要的作用。在玉符河上游地区，也分布着大面积该时期种植的侧柏林。但是，那时的造林，大多采用纯林方式，在生态功效、病虫害防治等方面存在诸多弊端。随人们对林地内在机理的认识，主张在有条件的区域按混交方式进行造林。对于玉符河上游现存的荒地、未利用地，在造林时应考虑采用混交方式开展。

混交林中的树种分为主要树种、伴生树种和灌木树种，按不同的树种进行搭配就可以组成多种类型；另外，也可以按树种特征分为针阔叶树种混交林、阴阳性树种混交林和乔灌木树种混交林。在混交方法上，有株间混交、行间混交、带状混交和块状混交等，玉符河上游地区可根据不同的立地条件选择适当的混交方法。事实上，济南市南部山区在造林树种选择上，当前已出现了众多的成功案例，如红叶谷将枫树与桐栌混交营造了美好的景观。不同的混交林方式如图4-3-42所示。

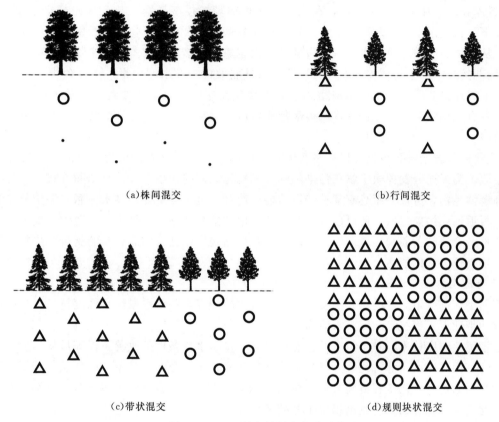

图4-3-42　混交林混交方式示意图

2. 卧虎山水库水质保护技术方案

卧虎山水库污染物质按来源可分为外源性污染物质和内源性污染物质，对前者主要是从库区外围考虑减少入库总量，对后者则通过在库区内利用化学、工程和生物等方法来实现自净。结合卧虎山水库实际情况，优选出以下水质保护技术。

（1）外源性污染物质的控制方法。

1）流域内面源污染实现总量控制，点源污染则要求集中处理后达标排放。实现流域内污废水的达标排放，从根本上截断外部输入源。相对于点源来讲，非点源污染不仅量大而且较难控制，可以通过控制农业总种植面积以及氮肥施用量，平衡氮、磷、钾的比例，有机肥还田，发展"微生物菌肥"和农业农田灌溉节水等方式加以控制（周锐，2008）。

2）土地处理技术。污水特别是生活污水中含有大量的氮、磷等营养物质，用污水通过慢速渗滤方式进行农业灌溉可以满足农作物和其他植物生长所必需的营养，同时也去除了污染物质。工艺流程如下：原污水—污水蓄水池—厌氧调节池—土地处理系统—排水井。该方法对氮、磷等污染物的去除效果较好，但是水力负荷一般较低，渗流速度慢。

3）恢复和重建滨岸带生态系统。一是建立环库湿地保护带，这是从迁移、转化途径上控制周边汇流区地表径流营养物入库的最后一道防线；二是恢复和重建滨岸水生植被，通过物理、生物阻滞作用促使污染物沉积并大量吸收营养盐；三是改造上游三川入库口生态与环境，充分发挥入库口自然净化作用。

（2）内源性污染物质的控制方法。

1）底泥疏浚技术。底泥疏浚是修复水库水质的一项有效技术，能够彻底去除积累在其中的有毒有害物质，但须注意防止底泥泛起以及底泥的合理处置，避免二次污染。

2）气体抽提技术。利用真空泵和井，在受污染库区诱导产生气流，将有机污染物蒸气，或者将被吸附的、溶解状态的或自由相的污染物转变为气相，抽提到地面，然后再进行收集和处理。

3）前置库技术。在上游三川支流，利用已有的库（塘）拦截暴雨径流，并先行给予净化处理。工艺流程如下：径流污水—沉砂池—配水系统—植物塘—湖泊。水生植物是前置库中不可缺少的主要组成部分，从水体和底质中吸收大量氮、磷满足生长需要，成熟后从前置库中去除被利用。

4）生物调控技术。生物调控技术是利用营养级链状效应，在水库中投入选择鱼类，吞食另一类小型鱼类，借以保护某些浮游动物不被小型鱼类吞食，而这些浮游动物的食物正是人们所讨厌的藻类。该技术具有处理效果好、工程造价低、运行成本低，不会形成二次污染等特点，还可适当提高水库的经济效益。

5）微生物修复技术。微生物可以将受污染水体中的有机物降解为无机物，对部分无机污染物如氨氮进行还原。为了充分发挥微生物在污染物降解和转化方面的作用，目前有两种方式：一是补充污染物高效降解微生物，可以使用具有某种特定功能的菌群；也可以从受污染水体和底泥中分离筛选后富集培养，再返回受污染水域；还可以利用基因工程菌的接合转移。二是为土著微生物提供合适的营养和环境条件。合适的营养和环境条件可以激活生长代谢缓慢或处于停滞状态的土著微生物，使其重新具有污染物高速分解的能力。

3. 骨干河道生态修复技术方案

对玉符河干流进行生态修复是其生态修复不可缺少的内容，包括水量优化调度技术、生态护岸工程技术、缓冲带建设工程技术和河流水质净化工程技术等。

（1）水量优化调度技术。骨干河道的生态修复第一步是水文条件的改善，保证最低的生态基流量是十分必要的。但是，由于北方地区大气降水呈现出年际、年内分配极其不均的特点，若要保障河道常年流水就必须通过必要的工程措施进行水量优化调度。玉符河上游地区水库众多，下游又建设了橡胶坝工程，为实施多工程的水量调度提供了基础条件。

玉符河基于骨干河道生态补水的多工程水量优化调度，总体上就是利用上游中、小型水库、塘坝等拦蓄水设施增加汛期蓄水总量，在骨干河道面临断流风险时补充生态用水。补水时，从卧虎山水库大流量放水至104国道橡胶坝，再利用人工子槽以生态基流输水至河口湿地。在此过程中，需要掌握动态的雨情、工情等信息，实施动态调度。

（2）生态护岸工程技术。岸坡防护生态工程技术遵循自然规律，它所重建的近自然环境除了满足以往强调的防洪工程安全、土地保护、水土保持等功能以及后来提倡的环境美化、日常休闲游憩外，同时还兼顾维护各类生物适宜栖息环境和生态景观完整性的功能。在防洪工程建设和安全管理与河流生态保护和修复间寻找一最佳的平衡点。就玉符河而言，以下几类护坡工程技术可以采用（赵良举，2005）。

1）抛石加植被护岸技术。此项技术可应用于玉符河河道较宽、水流平缓的河道处常水位以下的护坡中。该项技术施工简单，块石适应性强，已抛块石对河道岸坡河床的后期变形可作自我调整。块石有很高的水利糙率，可减小波浪的水流作用，保护河岸土体抵御冲刷侵蚀。但在水流长期作用下，部分石块会逐渐损失，因而需要进行经常性的维护加固。如果在抛石底部设置碎石或土工布反滤层，则可有效解决土体侵蚀和块石流失问题且具备促淤作用。对于玉符河干流中考虑防洪要求、且流水外力较大的岸线，这种处理方法的稳固性高、比较安全。根据具体情况，抛石护岸又可分为干砌石护岸、半干砌石护岸和石笼护岸等几种形式。干砌石护岸是指从堤脚下端开始，按由大到小的顺序向上垒砌石块，并在石缝间填土，种植适宜的水际植物，这种方法有利于鱼类和植物的生存，但是对流水的抵挡能力有限。在水流较为湍急的情况下，可采用半干砌石护岸，这种方法是用混凝土格子加固干砌石护岸的下部，使卵石一半被混凝土固定，另一半悬空，这样既能抵抗洪水的冲击，又能确保生物的生存。对于水流转弯或者是流水冲顶位置等冲击力特别大的岸线，则可采用抗冲刷力强的石笼。石笼是以耐久性强的铁丝笼内置石块而成，这种方法施工简单，对现场环境适应性强。但由于石笼空隙较大，必须要给其覆土或填塞缝隙，否则容易形成植物无法生长的干燥贫瘠环境。

　　2）天然材料织物护岸技术。对玉符河水流相对平缓、水位升降不太频繁的河道上水位以上可以应用。其做法是将防护结构分为两层，下层为混有草种的腐殖土，上层织物垫可用活木桩固定，并覆盖一层薄土。在薄层表土内撒播种子，并穿过织物垫扦插活枝条。而天然材料织物（垫）包括可降解的椰壳纤维、黄麻、木棉、芦苇、稻草等材料。这项技术结合了织物防冲固土和植物根系固土的作用，因而比普通草皮护坡具有更高的抗冲蚀能力。不仅可以有效减少土壤侵蚀，增强岸坡稳定性，而且还可起到减缓流速，促进泥沙淤积的作用。效果如图4-3-43所示。

图4-3-43　天然材料植物护岸效果图

　　3）生态型多孔植被混凝土护岸技术。生态型多孔植被混凝土是一种可生长植被的多孔混凝土。它不同于普通混凝土，由于在混凝土配比中基本没有细砂，空隙较大，因而具有透水性、透气性及类似土壤的呼吸功能，并能保证水分的正常蒸发和渗透，利于水体和土壤的物质能量交换，为植物、微生物的生长提供了适宜的空间。多孔混凝土既能保护堤岸防止侵蚀，又可在其表面直接或覆土播种草籽和小苗，由于其良好的透水性和透气性能够使这些植物舒适地生长，从而能形成自然生态型的河道护岸、护坡，对破坏了的生态环境进行修复和重建。多孔型植被混凝土具有贯通的空隙，使得河水与边坡、河床土壤之间的物质—能量交流得以保持，有益微生物和水生植物有了附着生长的空间，提高水体自净作用。对于玉符河河面窄、水流急处河道处，可应用此项技术，如图4-3-44所示。

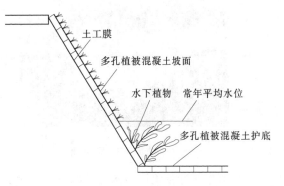

图4-3-44　多孔植被混凝土生态护岸

　　4）生态砖和鱼巢护岸。生态砖是使用无砂混凝土制成的一种岸坡防护块体结构，具有多孔透水性，适合植物的生长发育。鱼巢砖则是从鱼类产卵发育需求出发，应用混凝土、原木等材料所制成的构件或结构，主要用于河岸坡脚的防护。

　　生态砖和鱼巢砖具有类似的结构型式，常组合应用，如图4-3-45所示。该护岸技术适用于水流冲刷严重，水位变动频繁，而且稳定性要求高的河段和特殊结构的防护，如桥墩处和景观要求较高的岸坡防护。它不仅有助于抵御河道岸坡侵蚀，而且还能够为鱼类提供产卵栖息地。植物根系通过砖块孔隙扎根到土体中，能提高土体整体稳定性。在加固岸坡的同时，还兼有形成自然景观，为野生动物提供栖息地的功能。生态砖和鱼巢砖底部需铺设反滤层，以防止发生土壤侵蚀。可选用能满足反滤准则及植物生长需求的土工织物做反滤材料。

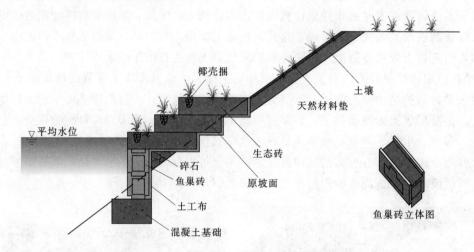

图 4-3-45　生态砖/鱼巢砖构建护岸示意图

　　5）丁字坝护岸。丁字坝是改变水流方向、防止岸线被水冲刷、诱导泥沙淤积、保护河床的水工构筑物，不但在防洪上可以发挥重要作用，而且在其周围还可形成泥沙淤积、深浅水区、洼地等复杂的生境，有利于物种的多样化，如图 4-3-46 所示。

　　6）亲水岸线建设。一般在达到景观水质的区域会设养鱼池作为生物检测点，在这些岸线处设置观景平台，人们可以观鱼、赏花，还可以设计供人们戏水用的清浅小溪，增加亲水的乐趣。可在景观优美的岸边设置栈桥式亲水岸线，临水架空的栈桥随水位高低不同而呈现错落有致的形态，并能接近水面和各种水生植物，既不破坏生态，又令人们充分领略到自然之美，同时还有科普教育的功能，如图 4-3-47 所示。

图 4-3-46　丁字坝

图 4-3-47　亲水岸线

　　（3）河岸缓冲带建设技术。长期以来，因受土地利用等因素的影响，河岸缓冲带的建设规划工作未引起足够的重视，特别是河流两岸集水区的林地。由于遭受农业的过度开发，大量使用化学肥料及农药，造成河流富营养化。同样，该类问题在玉符河流域也同样存在。

　　河岸缓冲带植物群落不仅会影响养分转化和泥沙滞留、预防河流水质污染，对栖息地、自然植物群落和动物群落也非常重要，可增加物理异质性及区域的生物多样性。因此，必须加强河岸缓冲带建设，特别要关注其宽度、长度、破碎度、优势植物种、植物分层数等。就玉符河而言，植物品种搭配最为重要。在此，仅结合河道横断面设计加以简要分析。

对于玉符河泥质部分的河床和河岸可采用天然植物措施，常水位以下配置沉水植物，如金鱼藻，增加水下生态景观和净化水质功能；常水位线以下至枯水位部分从深到浅分别种植挺水植物、浮水根生植物和漂浮植物，如荷花、睡莲、大藻、凤眼莲等。常水位线至洪水位线配置湿生植物如芦苇。洪水位以上配置中生植物，如垂柳、侧柏、苹果、桃、杏等，增加河道绿量，做到乔、灌草、相结合，高、中、低相配套，形成稳定高效的河道及缓冲带植物群落，改善河流廊道景观和生态功能（辛宏杰，2011），如图4-3-48所示。

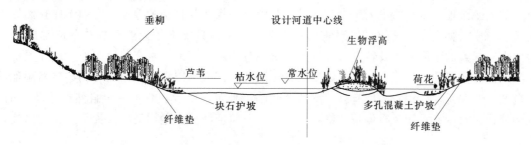

图4-3-48　玉符河缓冲带及横断面植物种类搭配图

（4）河流水质净化技术。对于水体污染的处理技术，目前国际上采用的技术主要有三类：一是物理方法，即通过工程措施，进行机械除藻、疏挖底泥、引水稀释等；二是化学方法，如加入化学药剂杀藻、加入铁盐促进磷的沉淀、加入石灰脱氮等；三是生物—生态技术，如人工湿地技术、河道直接净化法、土壤渗滤技术、稳定塘净化技术等。前两种方法或处理效果不明显，或投资较大，处理过程容易出现二次污染，因此，玉符河生态修复更适宜采用生物—生态方法。在河道内采取措施进行净化处理，消减污染物负荷的技术，主要包括河道生物接触氧化技术和人工浮岛技术。

河道生物接触氧化技术，是通过河道或支流内添加载体材料，为水中微生物、原生生物、藻类提供附着表面，同时为水体昆虫等提供活动或避难场所，起到改善水体生态系统状况，提高水体自净能力的作用。生物滤料是河道生物接触氧化技术中常用的一种载体材料，其生物膜构造如图4-3-49所示。

人工浮岛技术，也称生物浮床技术，就是以浮岛作为载体，将高等水生植物或改良的陆生植物种植到水面，通过植物根部的吸收、吸附作用和物种竞争机制，消减水体污染物，从而净化水质，并可创造适宜多种生物繁衍的栖息地环境，重建并恢复水生态系统，通过收获植物的方法将其搬离水体，改善水质。生物浮岛功能如图4-3-50所示。

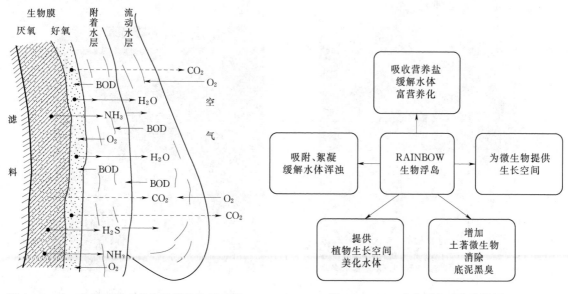

图4-3-49　生物滤料上的生物膜构造示意图　　　　图4-3-50　生物浮岛功能示意图

4. 河口湿地恢复设计方案

目前，国内很多城市依托各自的水源条件在城郊地区建设了赋有特色的人工湿地，取得了显著的生态和社会效益。玉符河入黄口处因历史上黄河倒灌等原因，目前已形成 883hm² 的低洼地（包括玉清湖及沉沙池），具备建设人工湿地的地形条件。如果玉符河能够顺利实现全年通水，则该区域既可以接纳上游来水提高当地生物多样性，又可以通过生态景观建设为周边群众营造休闲娱乐的环境。

所谓的人工湿地，就是指由人工参与建设、并由人为操作与控制的湿地，有别于在自然界中经过长时间天然形成完整生态系统的自然湿地。从广义上来说，只要不是天然形成的湿地都属于人工湿地。按照人工湿地的不同用途及特点可以将人工湿地分为农用湿地、水产养殖湿地、水库湿地、城市和工业湿地以及修复的自然湿地。其中修复的自然湿地，因人为因素的作用而有别于自然湿地成为人工湿地范畴，主要是在已消亡的原有自然湿地及其临近地点，或者在具备一定自然湿地条件的区域，进行湿地建设，对生态系统进行保护和修复。显然，玉符河河口湿地因需要人为采用补水措施，当属这一类。

湿地是一个运动着而非静止的生态系统，这个系统中包括了水文、生物地球学、生态系统动态及物种适应等一系列复杂的物理、化学、生物过程。要建立一个具有自我组织、自我维持以及自我设计能力的人工湿地生态系统，就必须要尊重湿地的生态过程。

对于人工湿地景观而言，在重视其景观形式的同时，首先要注重它作为一个生态系统的功能。因此，对人工湿地所进行的景观设计，除了要遵循景观设计的一般原则以外，更重要的是还必须遵循生态修复的基本规律。换句话说，人工湿地虽然是人为设计，但在其形态上应尽量模拟自然状态，以适应湿地生物系统的形态和生物分布格局（邹锦，2005）。以整体的和谐为宗旨，综合考虑多个因素，包括设计的形式与内部结构之间的和谐，以及它们与环境功能之间的和谐，才能实现生态的设计。

(1) 平面形态设计。自然的湿地有凹岸、凸岸、曲流、河心岛，有浅滩、沙洲与深潭的交替，它们既为各种生物创造了适宜的生境，又可减低水流速度、蓄洪涵水、削弱洪水的破坏力。玉符河口人工湿地的平面形态设计，也应当尽可能地保持自然的形态，做到以下 3 点（邹锦，2005）：

1) 岸线曲折有致，辅以山石、花木等，不作规整光滑之处理，岸线边缘应形成"四不像"形态，避免类似某些形象容易误导人的视觉联想，如图 4-3-51 所示。

2) 水面应有一个主要空间和几个次要空间组成，且以桥、洞涵等手段加以辅助，使水面显得灵动活泼，如图 4-3-52 所示。

图 4-3-51 配以山石、花木的曲折岸线

图 4-3-52 配以木桥的水面

3）在岸边主要观景点的视野范围内，岸线凹凸曲折变化应不少于三个层次，水面较大时可以湖心岛作为调节。

（2）剖断面形态设计。剖断面的形态设计对于湿地的生态多样性至关重要，应根据需要设计一定量的异质空间，设计一个能够常年保证有水的水道及可以应付不同水位、水量的人工湿地以对应丰水期和枯水期的不同水量。特别是玉符河河口区，既面临黄河汛期洪水倒灌的风险，又要面临枯水期上游来水断流的风险。因此，合理的剖断面设计至关重要。

因此在进行湿地设计时要非常注重对其剖断面的形态规划，尽量模拟自然湿地系统多样化的剖断面形态。一般来说，在设计中要注意形成交替的浅滩和深潭，即湿地底部的标高要有变化；尽可能不设或少设挡水的建筑或构筑物，以确保水流的连续性；水域到陆地间要确保有个过渡带，使不同水位的湿地都能接触到自然生态的边岸。

（3）植物配置设计。植物，是生态系统的基本成分之一，也是景观视觉的重要因素之一，植物的配置设计是人工湿地景观设计的重要一环。多种类植物的搭配，既要满足生态要求，做到对水体污染物处理的功能能够互相补充，同时又要注意主次分明，高低错落，形态、叶色、花色等搭配协调，以取得优美的景观构图。因此人工湿地生态景观设计在植物的配置方面，一是考虑植物种类的多样性搭配，二是考虑湿生植物的生态效益，以满足生态与美学两方面的要求。

水生植物的类型和品种非常多，由于各种水生植物原产地的生态环境不同，对水位的要求也有很大差异。根据它们的生态习性、适生环境和生长方式，可以把水生植物分为挺水植物、浮叶植物、沉水植物及岸边耐湿植物四类。其中挺水植物指茎叶挺出水面的水生植物，常见的有荷花、菖蒲等；浮叶植物指叶浮于水面的水生植物，常见的有睡莲、王莲、凤眼莲、红菱、金银莲花等；而沉水植物是整个植株全部没入水中，或仅有少许叶尖或花露出水面的，如金鱼藻、赫顿草、水马齿、青荷根、香蕉草等；岸边植物是指生长于岸边潮湿环境中的植物，有的甚至根系长期浸泡在水中也能生长，如垂柳、枫杨、水松、红树、水杉、萱草等。

植物的配置设计，从层次上考虑，是把灌木与草本植物、挺水、浮水和沉水植物等各种层次上的植物进行美学上的搭配设计；从功能上考虑，可采用发达茎叶类植物以有利于阻挡水流、沉降泥沙，选用发达根系类植物以利于吸收等的搭配。这样，既能保持湿地系统的生态完整性，带来良好的生态效果；在进行精心的配置后，或摇曳生姿，或婀娜多态的多层次水生植物还能给整个湿地的景观创造一种自然的美（李娟，2007），如图4-3-53所示。

（4）水岸空间设计。人工湿地是一个运动着的生态系统，复杂而多样化的生境是这个系统维持其平衡的必要条件。在这些多样化的生境中，异质空间是最为敏感而复杂的，其中岸边环境是湿地系统与其他环境的过渡，水岸边线就是一种非常重要的异质空间。因此，水岸空间环境的设计与处理，是人工湿地景观设计需要精心考虑的另一个方面。玉符河河口湿地建设完成后将成为省城最重要的生态区之一，在进行人工湿地景观设计时必须考虑多个因素，尤其是要注意

图4-3-53　水生植物搭配效果

以下的几个方面：①首先要满足预防与缓解洪水的要求，既能滞洪也能排洪；②采取蜿蜒曲折的指状交合式曲线，以提高湿地边界的边缘效益；③在建造材料的选择上以自然原生、能创造多孔隙空间的材料为主；④在满足周边群众休闲娱乐需求的前提下，尽可能减少人的活动对湿地生态与景观带来的破坏。

由于玉符河下游湿地以泥质岸线为主，可采取自然式缓坡护岸。具体来说，就是在坡面较缓、空间足够大的情况下，自然式缓坡护岸是理想的选择。这种方法是以岸边的湿地基质土壤与原有的平缓

坡地上的表土自然相接，现场表层土中富含植物种子、小虫和细菌等，也可根据设计意图，在土壤中加入引进的其他种子，使当地的生态系统迅速得到恢复，并形成陆生到水生的自然过渡。自然缓坡护岸如图4-3-54所示。

图 4-3-54　自然缓坡

总之，利用多自然化的手段对湿地的岸边环境进行生态的设计，就是要建立一个水与岸自然过渡的区域，使水面与岸呈现一种生态的交接，既能加强湿地的自然调节功能，又能为鸟类、两栖爬行类动物提供生活的环境，还能充分利用湿地与植物的渗透及过滤作用，从而带来良好的生态效应。并且从视觉效果上来说，这种过渡区域能带来一种丰富、自然、和谐又富有生机的景观。

（六）玉符河生态修复典型河段示范工程建设

1. 工程概况

根据济南市总体发展规划，玉符河将成为西城区、长清片区的分界线，从而具有城市景观功能。为此，实施玉符河生态修复，兴建防洪、蓄水、绿化、景观等工程，充分利用河道两侧的自然景观资源，通过隔离带、道路、河道等绿化开敞空间，形成城市绿化景观通廊具有重要意义。

2005年4月，位于104国道与京沪铁路间的玉符生态修复示范段工程正式开工建设，历时13个月，至2006年5月结束，总投资1294万元。该工程修复河段长1.2km、平均宽度130m，建设内容主要包括河道生态岸坡工程、河道底质处理工程、河岸缓冲带建设工程和橡胶坝工程。其中，文山橡胶坝位于卧虎山下游14km处，104国道交通桥上游100m，坝高2.0m、长130m，正常蓄水深2.0m。该工程建设，集景观、娱乐、环保为一体，一方面可利用京沪铁路向往往旅客展现济南市生态河道风景，另一方面又可以在枯水季节拦蓄部分上游来水，满足环境和生态用水的需要。

2. 生态示范工程建设

（1）橡胶坝工程。为增加雨洪水资源利用量，并营造人工水面景观效果，示范段工程建设了1座橡胶坝工程，如图4-3-55所示。该橡胶坝高2m，内压比1:1.3，内压水头2.6m，坝袋周长8.46m，橡胶坝底板为钢筋混凝土结构，厚0.6m，宽7.01m，底板下做浆砌石基础，坝后为钢筋混凝土结构消力池，池深0.5m，长10m，池后接M7.5浆砌石块海漫和10m的抛乱石防冲槽。

图 4-3-55　橡胶坝工程风貌

为方便管理，在河道大堤右岸设管理房，内设电动机、水泵、配电柜及开关阀门等橡胶坝工程为当地及下游地区生态用水提供了基础条件。该工程一次性最大蓄水量达20万 m^3，可以作为下游生态补水的重要蓄水水源。经观测，在没有来水补给情况下，秋季可保持水面景观100天左右。由于河道断面得到了整理，加上橡胶坝减缓了冲刷，示范段河床保持完好，河内长满杂草，水鸟开始栖息，生态得到改善。

（2）河道断面整治。示范段工程建设对原河道断面进行了整治。新设计河道断面采用梯形断面，防洪标准达 50 年一遇，设计流量 1656.4m³/s，达到其防洪要求。2006 年，橡胶坝成功经受汛期 130m³/s 洪峰考验。而在防洪基础上，沿河又设置迎水踏步、亲水平台等设施，并结合护坡、缓冲带等开展绿化建设。通过合理布置，使河道具有安全、休闲和亲水功能，营造人与自然和谐相处的氛围。工程建设前后断面如图 4-3-56 和图 4-3-57 所示。

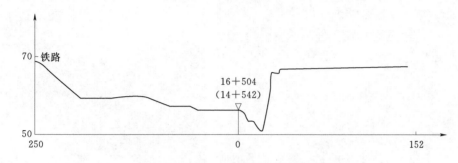

图 4-3-56 工程建设前断面示意图

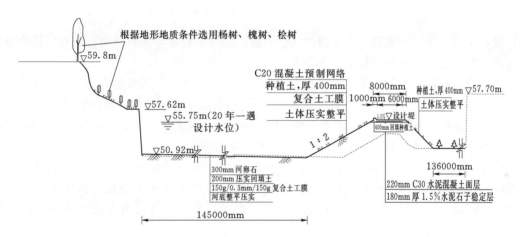

图 4-3-57 工程建设设计断面示意图

（3）生态护坡工程。示范工程建设前，河岸护坡是多为土质，由于河道常年断流，岸坡土质松软，稳定性能差，植物存活率较低，造成了较大的生态破坏。本工程建设采取抛石加生物的护坡技术，边坡铺设混凝土花格砖，内植人工草皮。每隔 200m 设置迎水踏步 1 处，为游客提供亲水便利。治理前后护坡状况对比如图 4-3-58 所示。

(a)治理前岸坡　　　　　　　　　　　　(b)治理后岸坡

图 4-3-58 护坡治理效果前后对比图

（4）河道底质处理。对于橡胶坝库区内河道底质的处理方式，示范工程在建设前就进行了研究。为了保持一定的水面规模，又不破坏河道本身的渗透性，最终采取了土工膜与黏土相结合的方案。具体来说，铺土工膜防渗450m，约6万 m^2，规格200g，上下各20cm保护层；其余段铺设黏土，厚度为40cm。该方案实施后，既满足了人工水面的景观要求，又保护了河道必要的渗透性，取得了良好的效果，如图4-3-59所示。

图4-3-59　工程后河道及蓄水情况

（5）景观工程建设。为增强示范工程的社会效益，结合工程建设内容及周边已有建筑资源，建设了多处景观工程，包括亲水休闲设施、湖心岛等。

亲水休闲设施的设置主要为满足人们在观景之余提供一个戏水、亲水的空间，包括休闲平台、亲水退台和迎水踏步。其中，休闲平台采用挑出式，平台板采用150厚C20现浇钢筋混凝土板，板下由600厚M7.5浆砌块石墩台支撑，墩台间距6000mm，板上采用400mm×400mm×40mm绛红色广场砖铺地，平台板外挑最宽处7.5m，平台板边加设花岗岩防护栏杆；亲水退台分两种形式，弧型退台由六级宽1000mm、高200mm的剁斧石宽台阶组成，最低处比休闲平台低1.2m；带花池台阶由两组宽380mm、高150mm的剁斧石台阶组成。中间为碎拼花岗岩板贴面花池，最低处比休闲平台低1.8m；迎水踏步建设，用于供广大游客近距离观赏水面，并可以与河道水流直接接触，河岸每隔200m建设一处。亲水休闲设施见图4-3-60所示。

图4-3-60　休闲平台与亲水退台

湖心岛的设置可以增加人工湖面的层次感。示范工程建设了一处人工湖心岛，主要运用生物浮床技术，以湖心岛作为载体，将高等水生植物或改良的陆生植物种植到水面，通过植物根部的吸收、吸附作用和物种竞争机制，消减玉符河水体污染物，从而达到净化水质的目的，并可创造适宜多种生物繁衍的栖息地环境。湖心岛实际效果如图4-3-61所示。

（6）缓冲带建设。在河岸两侧进行5～10m植被缓冲带建设，增加一定的观赏性，为生物栖息提供环境条件。主要树种有黑松、大叶女贞、龙柏、垂柳、五角枫、毛白杨、刺槐等；灌木类有榆叶梅、连翘、木槿、珍珠梅、迎春、金银木、胡枝子等；草种有结缕草、马尼拉、高羊茅、白三叶等。河岸缓冲带建设情况如图4-3-62所示。

图4-3-61　湖心岛景观

图4-3-62　河岸植被缓冲带状况

3. 经验总结与下一步计划

玉符河生态修复示范工程建设为该河今后实施全面修复积累了一定的经验，取得了良好的生态和社会效益。该工程的主要项目大多达到了优良等级，蓄水后的文山湖成为玉符河一道亮丽的风景线，河道的防洪能力大大提高、生态状况得到较大改观，在社会上产生良好反响。

（1）经验总结。玉符河生态修复示范工程建设的成功经验主要包括：

1）示范工程良好的选址对其综合效益的发挥起到十分重要的作用，利用104国道和京沪铁路，既展现了工程风貌，又向社会起到了很好的宣传、教育作用；

2）亲水设施的修建，体现了以人为本的宗旨，拉近了人与自然的距离，得到了社会各界的好评；

3）河道底质巧妙地处理实现了人与自然的双赢，示范段内部分底质实施土工膜防渗以营造水面景观，部分底质采取黏土层防护以保持其必要的渗透性，效果明显；

4）结合橡胶坝工程建设实现了雨洪水资源的利用，汛期可拦截洪峰尾水，再相机向下游补充生态用水，对下游河道及河口湿地的生态修复起到了积极作用。

（2）存在的不足。当然，示范段工程建设也存在一些不足之处，主要表现在两个方面：

1）河岸缓冲带建设总体规模偏小、植被配置欠丰富，未能完全起到恢复生物多样性的作用，如何调整河岸两侧土地利用结构以增大缓冲带面积是今后工作的重要内容之一；

2）护岸工程在材料选择及形式设计上需进一步丰富，而且在结合生境需求方面仍有不足，在河流水文条件得到明显改善之余，此项工作将尤显重要。

（3）下一步计划。针对存在的不足，建设单位将进一步对示范段工程进行完善，包括植物措施建设及休闲景观设施建设。

植物措施方面，适当扩建缓冲岸范围，提高树种多样性，包括常绿乔木、落叶乔木、常绿小灌木、落叶灌木、藤本植物、草花、地被、草坪等。

休闲景观设施方面，继续建设休闲广场、古桥遗址等景观节点。其中，休闲广场拟由圆弧系列图案组成；古桥遗址，位于104国道下游，最早建于民国时期，现已停用，该遗址的保护及修葺将进一步增加示范工程区人文景观效果，如图4-3-63所示。

示范工程建设完成后效果如图4-3-64所示。

图 4 - 3 - 63　古桥遗址人文景观效果图

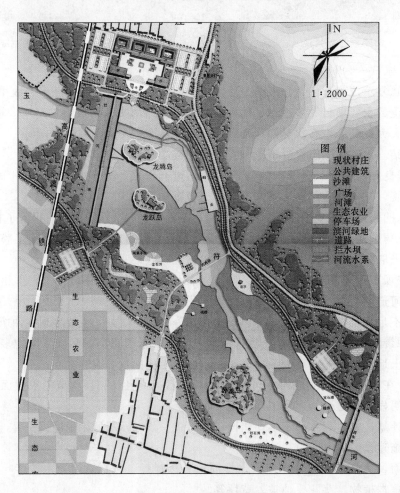

图 4 - 3 - 64　生态景观图

第五章　水质水量耦合模拟研究与面向咸淡水综合管理

　　滨海地区海水入侵含水层将引起地区性水质恶化，导致淡水资源短缺，同时引发土壤盐渍化及荒漠化等一系列生态环境问题，成为制约滨海地区经济社会可持续发展的重要因素。河通水量的减少、气候变化导致的海平面上升及人类活动影响使海水入侵形势愈发严峻。准确模拟及在不同情景下预测滨海地区海水入侵趋势对解决滨海地区水资源短缺与生态环境问题至关重要。在解决这一问题时，必须要考虑浓度等条件引起流体密度变化。因此，本研究基于地下水动力学理论，依托分布式时变增益模型（DTVGM），构建二维变密度地下水渗流溶质运移模块，重点模拟海水入侵过程。以黄河三角洲南部广饶县为例，探讨不同气候变化情景及人类活动影响下研究区未来 20 年海水入侵趋势，分析降水丰枯与节水规划共同作用下海水入侵面积差异，并综合利用监测数据和模拟结果进行现状及未来海水入侵风险灾害评价，为区域水资源合理高效利用、规划与管理，提供科学依据和技术支撑。

第一节　国内外海水入侵研究与进展

　　世界各国的滨海地区几乎都是人口高度密集区，全世界有一半的人口居住在滨海地区，而且 10 个大城市中就有 8 个位于滨海地区。大量的用水需求对地下水资源造成了巨大的压力含水层受到了废物和生活污水以及污染物淋滤的威胁，同时，地下水水位的降低又造成了地面沉降。在干旱和半干旱地区，地下水作为唯一的淡水资源，在用水高峰期（如旅游季节）面临的问题尤为严重（Post，2005）。2004 年，卡特里娜飓风和印度洋海啸引发海水入侵问题，继而产生一系列资源、环境和生态问题。海水入侵引起了世界广泛的关注，逐渐发展成为全球性的热点问题。与此同时，全球气候变化引起的海平面上升，人口的增加和经济的发展，污染物造成的水质恶化、河流补给减少等问题会造成海水进一步向内陆扩张，进而造成淡水资源的污染，对滨海地区人类生产、生活造成严重的影响。

　　目前，海水入侵理论和应用研究受到世界范围内诸多学者的广泛关注，准确定量描述咸淡水过渡带的溶质迁移转化规律，预报海水入侵动态发展，是当今水文地质领域非常重要的前沿方向，也是海岸带开发保护的重要基础研究，对滨海地区地下水保护有着重要现实意义（韩冬梅，2009）。

　　在研究如何建立准确可靠的海水入侵预测模型去定量评价海水入侵的发展趋势，必须要考虑浓度等条件引起流体密度变化，即建立变密度地下水渗流溶质运移模型。目前，在建立滨海地区海水入侵模型时并不考虑地表水与地下水的交互过程，只是简单地将降水量与降水入渗系数的乘积作为入渗补给，大大影响模型精度，因此滨海地区变密度地下水流溶质运移模型与分布式水文模型耦合模拟海水入侵趋势是一种很必要的尝试，也会是未来研究发展的主体方向。

　　（1）受到变密度驱动的水流过程在自然系统中起到非常重要的作用。流体力学中，流体被认为是一个与密度相关的有效连续介质，而密度是这种介质最重要的属性，其时空变化是密度驱使的流体问题中最基础的问题。在变密度系统中，有多种物理机制的流体模式，相关的数学模型中都存在着非定解现象，求解时伴随着波动和震荡（Diersch 和 Kolditz，2002）。在模型求解这种复杂系统时如果不考虑密度这一重要属性，就会影响结果精度甚至造成结果完全错误。

　　在所有密度驱使流体问题中，孔隙介质中变密度流与溶质运移受到了越来越多的关注。高浓度溶质对淡水水体的侵染已经成为最重要的环境问题，滨海地区海水入侵就是其中之一。滨海地区含水层有较特殊的水文地质特征，流动受浓度梯度的影响非常大（变密度流），由于淡水和咸水组成的差异，在混合区会形成不同的水质特征。由于处于地质活动强烈的环境，地下水类型通常受长时间地质作用（如海平面波动）的影响。

（2）地表水与地下水耦合模拟已成为国际水文水资源研究的热点。地表水与地下水的转化机制及耦合模拟，是水资源合理利用与有效管理的科学基础，也是当今"全球水系统项目（GWSP）"的重要前沿性问题之一。人类活动的影响，使得现代水循环已经不同于自然状态下的水循环模式，其变化给区域经济社会可持续发展和生态环境的保护带来极大挑战。随着全球变暖和极端天气事件的频繁发生，气候变化及其对区域水循环和水资源的影响也受到越来越多的关注。因此，探讨变化环境下的水循环与水资源演化规律，及其相关的资源环境问题，已逐渐成为当前国际水文水资源界研究的热点。

目前，国际上已提出许多关于水循环的大型科研计划，如国际地圈生物圈计划（IGBP）、世界气候研究计划（WCRP）、国际水文学计划（IHP）等，并相继实施了全球能量与水试验（GEWEX）、水循环的生物圈方面（BAHC）项目以及全球水系统项目（GWSP）等（夏军，2002，2009；胡立堂，2007；胡俊锋，2004）。这些项目分别以不同尺度研究水循环关键过程之间的联系与反馈机制和水循环系统的整体适应性问题。而地表水与地下水的转化机制及耦合模拟是其中一个重要方向。全面认识地表水和地下水转化机制，准确模拟地表水与地下水的交互转换过程，将两者作为一个整体循环系统，才能全面描述区域（或流域）水循环的动力过程，合理地评价、利用与有效管理水资源，并在变化环境下科学地评估和分析水循环系统的变化。

（3）滨海地区地下水溶质运移的研究既要考虑变密度又要考虑地表水地下水的相互作用。在滨海地区水文循环过程中，淡水水体经常会与变密度地下水流产生交互作用，例如干旱地区、河口或滨海地区。了解地表水地下水的交互问题对于进行高效的水资源管理起到至关重要的作用（Sophocleus，2002）。目前，大多数学者关注于地下水与河湖水交互作用（Winter，1999；Sophocleus，2002），地表水与地下水水力学（Winter，1999；Schubert，2002）或者生物地球化学的交互过程（Jacobs等，1988；Bourg和Bertin，1993；Dousson等，1997），而对在变密度流影响下的地表水与地下咸水交互所带来的影响研究较少。

传统的变密度渗流溶质运移模型例如河口或海水入侵模型不考虑地下水与地表水的交换，或是交换可以看作是一个简单的源汇项（Wang等，2003；Brown等，2003）。事实上在对河口或者滨海地区进行模拟时需要考虑变密度的情况，也同样需要考虑地表水与地下水渗流交换的情况，而大部分模型并不能同时满足条件，单纯的将两者分割开。Sophocleus（2002）在描述地表水地下水交互作用的综述中指出不考虑变密度在两者之间的作用在很多情况下显得过于简单甚至会影响结果的精度。基于此，本书选择将分布式水文模型与变密度地下水渗流溶质运移模型耦合，以提高河口以及滨海地区水循环及溶质运移过程模拟结果的准确性。

（4）开展黄河三角洲海水入侵模型研究具有重要的意义。滨海地区海水入侵研究具有重要的实际和理论意义。由于滨海地区经济的高速发展，对淡水资源的需求也越来越大，因而水资源短缺成为滨海地区的普遍问题。黄河三角洲位于环渤海经济圈和黄河经济带的交接地带，水资源问题成为该区域经济建设发展和生态环境保护的关键性制约因素。

黄河三角洲严峻的水资源与环境问题，成为国内外研究关注的热点。黄河三角洲地区多年平均降水量为554.5mm，人均占有水资源量仅为全国人均水平的12.32%，水资源供需矛盾十分突出。水资源时空分布不均，水资源优化配置和联合调度能力低，其供水水源过度依赖于黄河客水，地下淡水是三角洲地区非常宝贵的有限资源，而未来黄河来水量呈减少趋势，气候变化和海平面上升对三角洲地区淡水资源影响会愈来愈强烈，大大加速海水入侵并产生负面的生态效应，因此采取综合性的水资源管理对策来适应气候变化和海平面抬升对三角洲地区水循环的影响具有必要性和紧迫性。

黄河三角洲的水资源对气候变化非常敏感，水灾、旱灾、城镇化和生态多样性的损失都是潜在的威胁。本次研究重点在于变化环境下咸水对三角洲南部入侵的影响。三角洲的淡水基本上是以较薄的淡水透镜体形态浮在深度盐化的含水层之上，相当脆弱敏感，易受到气候变化的影响。同时，河流淡水供应量的减少、蒸发量的增加和海平面上升也会增加海水入侵及其对生态环境、农业和饮水供应的影响。虽然海水入侵机制方面的研究较多，但是本项研究旨在寻求定量确定特定区域范围内现状和未来几十年海水入侵的变化趋势，分析生态农业效应，从而提出适应性的管理对策。

一、密度驱动的流体问题

流体力学中，流体被认为是一个与密度相关的有效的连续介质，密度是其最重要的属性。流体的密度往往不是单一的，在一般情况下，流体是由多种具有不同密度的混合化学物质组成，因此液体密度相当于多种物质的总质量与总体积之间的比值。同时，液体密度还受到温度 T（温度上升，密度变大）和压力 P 的影响（在不考虑压缩性的前提下，压力越大，密度越大）。也就是说，密度是一种由热力学参数所决定的本构关系，是一种状态方程（Dentz 等，2006）。密度项在描述流体的物理方程中值得特别关注，是因为它的时空变化是密度驱使的流体问题中最基础的问题。从数学上来讲，这就是流体动量平衡方程中重力项（浮力项）中的变密度问题。在变密度的系统中，有多种物理机制的流体模式，相关的数学模型中都存在着非定解现象，求解时伴随着波动和震荡（Diersch and Kolditz，2002）。

同样在诸如纯黏性流体、大气流体、海洋流体、湖泊以及能源技术与天体物理等领域自然界或人类工程系统中，受密度驱动的流体过程起着极其重要的作用。另外，受密度驱动的流体过程也在地表-地下水文、地球物理、油藏岩石力学、地下核工程和材料等科学领域中广泛存在并得到了普遍应用。典型的应用包括高浓度盐度的污染物溶质运移，矿盐物质中放射性物质的释放，滨海地区由于高强度开采导致的海水入侵（Schelkes，2001；Herbert，1988，Custodio，1987），垃圾填埋场渗沥液的渗漏运移（Simmons 等，2002），工业废物处理与地热能源开采系统的设计（Ophori，2004；Yang 和 Edwards，2000），地球深度地热区的大尺度对流交换，冻土、雪层或岩浆中的对流交换，以及沉积成岩过程和干燥过程等（Taylor 等，2001）。

二、变密度地下水渗流与溶质运移模拟研究

变密度地下水渗流与溶质运移的模拟研究主要集中在井的升锥问题、滨海地区海水入侵问题、污染废物的处置问题以及大密度污染物的迁移等。

考虑咸淡水密度差异的数值模拟主要针对海水入侵问题。天然条件下，海岸带含水层中的淡咸水间维持一种平衡，气候变化海平面上升或者过量开采地下淡水都会打破咸淡水的水头差的平衡，从而使咸淡水界面向陆地一侧推进，发生海水入侵形成新的平衡（薛禹群，2007）。如何建立准确可靠的海水入侵预测模型是定量评价海水入侵的发展趋势，咸淡水过渡带的运移变化特征和有效防止海水入侵的关键科学问题（韩冬梅，2009）。

海水入侵问题的研究要追溯到 19 世纪末，Ghyben（1898）和 Herzberg（1901）在荷兰和德国分别独立给出计算咸淡水界面方法。近百年来，海水入侵模型研究经历了从理论假设到合理概化，从理想模型、室内实验模型到数值模型这一漫长的过程（李国敏，2005）。在《多孔介质流体动力学》和《地下水水力学》中，J. Bear 详细地讨论了稳定和移动界面的解析解，以及抽水井在咸淡水混溶界面上抽水时引起的升锥问题。1987 年，联合国教科文组织出版的由 Custodio 等所著的《滨海地区地下水问题》一书中详尽地阐述了海水入侵问题。1998 年，J. Bear 主编的《海水入侵滨海含水层—概念、方法和实践》出版，更加系统全面的描述海水入侵这一问题。

海水入侵模型按照咸淡水混合运移特性分为突变界面模型和过渡带模型两类。突变界面模型忽略咸淡水之间流体的动力弥散作用，海水和淡水看成互不混溶两种流体，存在一个突变界面。Hubbat

（1953）、Henry（1959）、Glover（1964）、Clumbus（1956）和 Kaskef（1967）等分别采用保形映射法、速度矢端曲线法、水力学法、裘布依假设近似法等，结合室内实验和野外实验研究模拟了稳定状态下咸淡水突变界面（李国敏，1996）。然而，突变界面模型是一种理想化模型，求解只能获得一种近似结果。海水和淡水是可混溶液体。当咸淡水之间水动力弥散相对重要并形成较宽的过渡带时，突变界面的假设就变得不再合适。对于这类问题要考虑过渡带的存在和对流-弥散作用，将其作为溶质浓度引起的密度变化问题加以研究。需要用两个方程加以描述。水流方程用来描述密度不断改变的液体的流动，对流-弥散方程用来描述地下水中溶质的运移。Henry（1964）运用过渡带耦合模型求得与海岸线正交的垂直断面上盐分浓度的解析解。Pinder（1970）将 Henry 问题转化为非稳定流问题，利用特征法求得咸淡水运移问题的第一个数值解，同时利用有限元方法，验证 Henry 模型。Huya-korn（1987）对三维变密度渗流溶质运移问题做了系统研究，推导出了各向异性介质中非均质流体在忽略局部加速度条件下的运动方程，建立滨海多层含水层中水位、密度和浓度相互作用的三维有限元模型。Galeati 和 Gambolat（1992）建立了考虑变密度潜水含水层咸淡水过渡带模型，并用欧拉-拉格朗日法求解，研究了意大利南部垂直剖面上的海水入侵过程。Graf and Simmons（2009）将变密度地下水流溶质运移模型用于模拟裂隙岩石中地下水溶质迁移过程，这也是变密度模型的新研究热点之一。

我国对滨海含水层海水入侵问题研究起步较晚，但随着国内在海水入侵的现状调查、基本理论探索、模型研制、预测预报和防止措施等方面取得的重大进展，我国的海水入侵研究已经从单一问题研究趋向于综合性研究，从简单的定性调查走向定量化和模型化。薛禹群（1991，1992）对变密度地下水流方程做了详细推导并于 1993 年首次在龙口—莱州地区建立了考虑密度变化的三维特征有限元模型，并预测开采条件下海水入侵和咸淡水过渡带的发展演化；陈崇希、李国敏等（1994，1996）学者利用 Leismann 和 Frind（1989）所提出的引入人工弥散量和加权方法建立了考虑密度、水头与浓度相互作用的三维有限元海水入侵模型，用于广西北海市涠洲岛的海水入侵模拟与分析；吴吉春（1996）等建立了反映水岩阳离子交换作用的海水入侵数学模型；蔡祖煌、马凤山等（1996，1997）对海水入侵基本理论进行研究，明确指出海水入侵经历静力学、渗流、渗流与弥散联立和渗流与弥散耦合 4 个阶段，同时指出过渡带溶质运移的两个动力条件，即海水和淡水的压强差和浓度差；成建梅等（1999，2003）建立了三维变密度带改进非线性特征有限元海水入侵数值模型，研究烟台夹河中下游地区海水入侵趋势和规律。陈鸿汉（2000）等考虑浓度变化对水流运动的影响推导了水动力-化学动力耦合的盐分运移对流-弥散方程，采用改进非线性特征有限元法求解高浓度溶质运移三维模型。李福林（2005）认为正确反映海水入侵的过程，须考虑浓度和密度差异条件下的水体流动，建立一个存在咸淡水过渡带以及浓度变化对流体速度影响的非均质对流-弥散模型。结合 Auslog 物探技术获取的地层资料，建立了莱州湾东岸滨海平原三维海水入侵模型。另外，随着核检测技术的发展，同位素技术也用于滨海地区海水入侵的研究中。韩冬梅、宋献方等（2008）学者利用同位素方法对我国北方滨海地区（莱州湾南部）区域水循环过程中地下水流动系统和海水入侵的机理问题进行研究。

目前，物探技术、遥感技术、同位素示踪技术和数值模拟等很多方法都被用来研究咸淡水之间相互作用，其中数值模拟是海水入侵定量化研究的最有效手段。但是建立可靠的海水入侵模型是个难点，也是滨海地区海水入侵模拟的一个前沿方向（韩冬梅，2009）。目前建立滨海地区海水入侵模型并不考虑地表水与地下水的交互过程，在做降水入渗补给等源汇项时仍是简单地使用降水入渗系数与实际降水的乘积，大大影响了模型的精度。滨海地区变密度地下水流溶质运移模型与分布式水文模型耦合模拟海水入侵趋势是一种很必要的尝试，也会是未来研究发展的主体方向。

三、地表水与地下水耦合模拟研究

地表水地下水耦合模型是融合地表水和地下水运动过程，同时考虑地表水和地下水模型耦合中细节问题的模型（胡立堂，2007），是研究变化环境下地表、非饱和带和饱和带之间非线性复杂关系的最合适的工具，在分析地表水与地下水相互作用中应用较广（Van Roosmalen L，2005）。

根据地表、地下计算单元之间及其与相邻单元的关系，可以将地表水和地下水耦合模型分为松散耦合型和紧密耦合型两大类（王蕊，2010）。

松散耦合类模型一般由概念性水文模型和地下水数值模型组成，借助于公共变量的转换和传输链接在一起。主要的集成方式有集总式概念性水文模型和地下水数值模型集成、分布式概念性水文模型和地下水数值模型集成，同时考虑河流和含水层的相互作用的集成模型。在松散耦合类模型中两模块在各时段独立运算，地表水模块以子流域或网格为计算单元，计算的补给量等作为地下水模拟的边界条件；地下水模块以网格为计算单元，根据提供的边界条件进行运算，并将公共参量反馈给地表模块进行下一时段的运算；整个计算过程循环迭代直到满足收敛标准。松散类耦合模型可以更综合利用水文气象与地质信息，完善模拟过程，但两模块在参数、计算单元划分等问题上的差异，给模型带来不确定性，因此在实际应用中有待进一步发展和完善。

紧密耦合类模型采取较严格的水动力学瞬变偏微分方程描述地表地下水文过程，应用数值分析建立相邻网格之间的时空关系，不同界面间的水量交换作为源汇项处理。在每时段各个模块联合计算。紧密耦合类模型具有较完整的物理基础，但需要大量参数和精度较高的驱动数据，模型建立和率定耗时，应用在面积较大的流域时面临着很多困难。

目前国外开发了许多分布式地表水与地下水耦合模型。其中，由丹麦、英国及法国共同在 SHE 模型基础上开发的 MIKE－SHE 模型（Andersen，2001）可以模拟水文循环中几乎所有重要过程，对地表地下水循环进行三维模拟，同时可以对污染物溶质运移过程模拟，实现地表-土壤-地下水运动的紧密型耦合。另外，分布式水文模型 SWAT 与三维地下水模型 MODFLOW 耦合集成的 SWAT-MOD（Perkins，1999；Nam，2008），不仅能模拟灌溉、施肥和耕作措施对农业生产和水资源利用的影响，而且能反映复杂含水层系统中地下水的动态。MODBRANCH 模型是美国地质调查局 USGS 将河道水文模型 BRANCH 与地下水三维模型 MODFLOW 耦合形成的，该模型主要用来模拟河道与地下水的交互关系（Swain，1994）。国内学者也对地表地下水交互耦合做了大量研究。李兰采用以各层净雨深为源汇项的坡面流、壤中流、地下径流对流扩散方程计算汇流，开发出 LL－Ⅱ分布式模型（李兰，2003）；裴源生等（2008）重点考虑平原区灌溉，由地表径流简化模型、一维土壤水模型和三维地下水模型耦合开发出 DWCM－PR 模型；除此之外，还有余钟波等（2008）开发的 HMS 模型；针对湖泊集水域建立的 WATLAC 模型（Zhang，2009；张奇，2007）；针对水资源管理建立的 WEAP 和 PGMS 集成模型（胡立堂，2009）等。

地表水与变密度地下水溶质运移耦合模型并不多见。Langevin 和 Swain（2005）利用二维地表水流与溶质运移模型 SWIFT2D（Leendertse，1971，1987）与三维变密度地下水流溶质运移模型 SEAWAT（Guo 和 Langevin，2002）耦合得到一个地表和地下水变密度溶质运移联合模拟模型，应用于美国佛罗里达州 Everglades 南部滨海湿地和邻近港湾地表、地下水流网和盐度分布的定量研究，并讨论不同水文过程对其影响。Massmann 和 Simmons（2006）定义了混合对流比率 M（Mixed convection ratio M）即一个表示水头差与厚度比值（$\Delta h/M$）和密度差异率之间（α）的比值的一维矩阵。研究表明，当 $M<1$ 时，随着 M 的值接近 1，地下咸水水流向地表淡水流补给的越多；当 $M>1$ 时，地下咸水不会补给地表淡水，同时咸淡水界面会随着两种水流密度变化的增大而下移。这仅仅是一个概念性模型与 FEFLOW（Diersch，2002）的一次耦合尝试，并没有实现真正的物理机制模型的耦合。Romanov 等（2006）将 SEAWAT 和 PHREEQC－2 联合用于滨海碳酸盐含水层咸淡水混合区的孔隙度变化研究。

表 5－1－1～表 5－1－5 列举了国内外地表地下水水量耦合、地表地下水溶质运移耦合、地下水渗流溶质运移耦合、地表水与变密度地下水渗流溶质运移耦合模型发展情况。

表 5 - 1 - 1 　　　　　　　　　　　　地表地下水水量耦合模型（国外）

模　　型	地表水模块	地下水模块
Freeze（1972）	1D Saint Venant 方程	3D Richards 方程
ModBranch（Swain and Wexler，1996）	1D 河道流 Saint Venant 方程（Branch Model）	3D 饱和流（Modflow）
MOGROW（Querner，1997）	1D 河道流（扩散波）近似 Saint Venant 方程（SIMWAT）	饱和 3D 流准三维方程，非饱和一维流（SIMGRO）
Bradford and Katopodes（1998）	二维垂直扰动 Navier - Stokes 方程	二维垂直 Richards 方程
Wetland Modflow module（Restrepo et al.，1998）	二维坡面流 近似 Saint Venant 方程	三维饱和流（modflow）
SWATMOD（Perkins and Sophocleous，1999）	SWAT 模型	MODFLOW（有限差分解法）
Daflow - Modflow（Jobson and Harbaugh，1999）	一维河道流（扩散波）近似 Saint Venant 方程（Daflow）	三维饱和流（modflow）
Lake - Aquifer Module（LAK3）（Merrit and Konikow，2000）	简单的湖泊质量守恒方程	三维饱和流（modflow）
Ecoflow（Sokrut，2001）	分布式水文模型（ECOMAG）	三维饱和流（modflow）
MIKE - SHE（Graham and Refsgaard，2001）	一维河道流＋二维坡面流 运动波方程近似 Saint Venant 方程	非饱和 Richards 方程
IWFM（DWR，2002）	地表产流采用 SCS 模型，湖泊、河流和地下水的转换以达西定律为基础	根系带、非饱和带土壤水分 1D 垂向运动方程，准 3D 地下水系统（Galerkin 有限元解法）
Morita and Yen（2002）	二维坡面流扩散波，近似 Saint Venant 方程	三维变饱和带的 Richards 方程
FTSTREAM（Hussein and Schwartz，2003）	一维河道流，运动波，近似 Saint Venant 方程	三维饱和流（FTWORK）
WASH123（Yeh and Huang）	一维河道流，二维坡面流	三维饱和流
Streamflow Routing Module（SFR1）（Prudic et al.，2004）	一维河道流，连续性方程	三维饱和流（modflow）
MODHMS（Panday and Huyakorn，2004）	一维河道流＋二维坡面流 扩散波方程近似 Saint Venant 方程	三维变饱和带的 Richards 方程
HSPF - MODFLOW（Ahmed Said，2005；Ross Mark，2005）	HSPF 模型	MODFLOW（有限差分解法）
IFMMike（DHI - WASY，2005）	MIKE 11	FEFLOW（有限元解法）
Gunduz and Aral（2005）	一维河道流（扩散波）近似 Saint Venant 方程	二维饱和地下水方程
Liang et al.（2007）	二维潜水方程	二维饱和地下水方程
GSFLOW（Markstrom et al.，2008）	确定性的分布式参数流域模型	三维饱和地下水方程（Modflow）
HEC - RA 与 MDOFLOW 耦合（Leticia B. Rodriguez，ect，2008）	1D 明渠 HEC - RAS（HEC River Analysis System）	MDOFLOW（有限差分解法）
IRENE（Katerina Spanoudaki 2009）	三维非稳定 Navier - Stokes 方程	二维饱和地下水方程

表 5-1-2　　　　　　　　　　地表地下水水量耦合模型（国内）

模　　型	地表水模块	地下水模块
新安江模型与地下水数值模型耦合（郝振纯，1992）	"四水"转化模型	2D 地下水数值模拟（有限差分解法）
四水转化模型与地下水数值模型耦合（谢新民，2002）	新安江模型	2D 地下水数值模拟（有限差分解法）
TPModel（王蕾，等．2006）	2D 坡面流（运动波方程），1D 河道流（运动波方程）	土壤上层为准 2D Richards 方程，下层为简化的 1D 垂向蓄水方程，饱和带为 3D 渗流数值模型
WAT-LAC（张奇，2007）	适合于湖泊集水域地表径流模拟系统	MODFLOW（有限差分解法）
干旱内陆河地区地表水和地下水集成模型（胡立堂，2008）	依据 BRANCH 的原理建立一维明渠流水量模型	根据连续性原理和达西定律，建立的三维饱和－非饱和地下水流模型
DWCM_PR（陆垂裕，2008）	重点考虑平原区灌溉的地表径流简化模型	一维土壤水模型和三维地下水模型
DTVGM-GWM（王蕊，夏军，2010）	DTVGM 模型	2D 地下水数值模拟（有限差分解法）

表 5-1-3　　　　　　　　　　地表地下溶质运移耦合模型

模　　型	地表水模型	地下水模型
InHM（Vanderkwaak，1999）	一维河道流＋二维坡面流运动波方程近似 Saint Venant 方程	三维变饱和带的 Richards 方程
DIVAST-SG（Sparks，2004）	二维潜水方程	二维饱和地下水方程
HydroGeoSphere（R. Therrien，E. A. Sudicky，2010）	二维 Saint Venant 方程	三维 Richards 方程＋三维饱和地下水流方程

表 5-1-4　　　　　变密度地下水流及溶质运移耦合模型（变密度过渡带模型）

模　　型	水流模型	溶质运移模型
SUTRA（Voss C，1984）	二维，三维地下水流模型	二维，三维地下水溶质运移模型
（Huyakorn，1987）	三维地下水流模型（模型改进）	三维地下水溶质运移模型
SHETRAN（J. Ewen，1996）	SHE	三维地下水溶质运移模型（有限差分法）
SEAWAT（Guo W，1998）	MODFLOW	MT3DMS
范家爵（1988）	三维变密度地下水流方程	一般的对流-弥散方程
薛禹群（1991）	三维变密度地下水流方程	三维溶质运移方程
李国敏（1994，1995）	人工弥散量和加权方法	
吴吉春（1996）	首次建立了反映水岩阳离子交换作用的海水入侵数学模型	
蔡祖煌，马凤山（1996，1997）	弥散是为与渗流对立的因素，两者间平衡的破坏与重建构成海水入侵发展全过程本质的理论	
成建梅（1999）	三维变密度对流-弥散水质数学模型	

表 5-1-5　　　　　　地表水变密度地下水流及溶质运移耦合模型

模　　型	地表水模型	地下水模型
FTLOADDS（C Langevin，2005）	SWIFT2D（Leendertse，1987）	SEAWAT

四、海水入侵风险评价综述

美国古典经济学家威雷特在 1901 年最早提出风险的概念，认为风险是关于不愿意发生的事件发生的不确定的客观体现。20 世纪初，美国经济学家奈特把风险与不确定性作了明确的区分，指出风险是可预测的不确定性。不论是当前的风险还是未来的风险都存在一定的统计规律。后来众多学者对风险分析和可靠性理论不断完善充实，并逐渐形成一门应用科学。目前没有一个明确的风险评价的定义，Robert（1999）提出的基于地学领域的风险评价概念，即风险评价（risk assessment）是对不良结果或不期望事件发生的几率进行描述及定量的系统过程。或者说，风险评价是对一特定期间内安全、健康、生态、财政等受到损害的可能性及可能的程度作出评估的系统过程。在风险分析理论发展的过程中，风险分析被应用到了包括机器设备维修、私人性质的交流（Han，2005）、银行管理（宋欣，2009）、医学（王卓，2010）、自然灾害、环境和生态（张翔，2009；梁艳，2009；但丽霞，2010）等领域。

气候变化以及地下水的过度开采已经在全球范围内产生诸如含水层疏干、地面沉降、海水入侵、地下水污染等众多问题，使得整个地下水系统处于风险之中。1998年，来自世界银行的水文地质专家Sergeldin（1998）在一篇关于水资源可持续发展问题的文章中首次提到了地下水开发风险问题。之后众多学者对这一问题展开了深入研究。Lee等（1994）提出了基于模糊集的方法来估计地下水污染对人类健康造成的风险，并评价了可能的补救措施；Goodrich和McCord（1995）应用蒙特卡罗方法考虑了地下水流和溶质运移过程中参数的不确定性，将模型输出结果应用于暴露评价；Chen（1996）建立了风险模型对地下潜水污染物运移进行风险分析和评价；Mills等（1996）发展了以保护人类健康为目的的基于风险的方法，评价了土壤中石油残留物的可接受水平；Bennett等（1998）利用基于蒙特卡罗方法的污染物运移模拟结果，开发了一种风险评价的综合模拟系统；Ashrafi（2005）建立地下水网格剖分模型，模拟了一个城市垃圾填埋场的地下水系统，对该填埋场潜在的地下水污染问题进行预测和风险评价。目前国内对地下水过量开采所产生的资源枯竭、地面沉降、植被退化、海水入侵等一系列生态环境地质问题的风险评价刚刚起步。李如忠等（2004）基于地下水具有的多种不确定性特征，运用未确知数学理论定义了水文地质参数盲数、未确知风险等基本概念。夏富强（2006）运用GIS技术，采用模糊综合评判法建立了黄河下游悬河决溢风险评价和多层次模糊综合评价模型，使黄河下游悬河不同空间位置的决溢风险得到了量化的评价。王磊（2009）运用突变理论对地下水开发风险进行评价。

滨海地区海水入侵风险评价属于地下水污染风险分析与评价研究中的一个分支，目前来讲国内外研究的成果不多，因此对于海水入侵风险评价的概念也并不统一。陈广泉等（2010）根据风险评价的概念和海水入侵灾害的特点，将海水入侵风险评价定义为对风险区内发生海水入侵的可能性及可能造成的损失进行定量化的分析与评估。张蕾等（2003）在GIS平台下，采用图层因素权重叠加的方法计算海水入侵灾害危险性评价指数，实现了海水入侵灾害危险性区划，这是目前国内最早的海水入侵风险评价。近三年，出现了许多关于海水入侵风险评价研究的成果（伏捷等，2009；赵锐锐等，2009；陈广泉等，2009；杜军等，2009；苏乔等，2010）。赵锐锐等（2009）在总结前人关于海水入侵危险性评价研究的基础上，提出了基于GIS的层次分析法和模糊综合评判法，并以深圳市宝安区为例建立了海水入侵危险性评价体系。伏捷等（2009）依据海水入侵的成因及影响因素，选取一定的自然和人为因子作为评价指标，在GIS技术的支持下，以千米网格为评价单元，基于海水入侵危险性指数SIHI的计算，对大连市海水入侵灾害危险性及空间分异特征进行综合评价。陈广泉等（2010）在GIS的基础上，利用加权综合评价法从危险性评价、易损性评价和防灾减灾能力评价三方面对莱州湾地区海水入侵风险进行综合评估。

第二节　流域地表水分布式水文模型（DTVGM）

1989—1995年，夏军通过分析世界不同地区60多个流域的实测水文资料，提出了与复杂的非线性Volterra泛函级数相等价的时变增益系统关系，并在此基础上发展了水文非线性系统的时变增益模型（Time Variant Gain Model，TVGM）（夏军，2002）。其概念为：降雨径流的系统关系是非线性的，其中重要的贡献是产流过程中土壤湿度（即土壤含水量）不同所引起的产流量变化。应用表明：TVGM 在受季风影响的半湿润、半干旱地区和中小流域应用效果较好。2005 年，王纲胜等将集总的 TVGM 推广为流域分布式时变增益模型（Distributed Time Variant Gain Model，DTVGM）（Wang 等，2009；王纲胜，2005）。2007 年，叶爱中等对 DTVGM 的地下径流和河道汇流计算等模块进行了改进与发展（叶爱中，2007）。2010 年，王蕊对原 DTVGM 中土壤水侧向流、土壤水对地下水的渗漏补给和潜水蒸发等模块进行了改进，并增加了河水深的输出以及对土壤水补给地下水"滞后效应"和水库调度的处理；同时增加了具有动力学机制的二维地下水渗流模块 GWM，并在海河流域上应用，取得了较好的效果（王蕊，2010）。2011 年，李璐等利用 GLUE 和贝叶斯等方法对 DTVGM 水文模块进行参数不确定性分析（Li 等，2011；李璐，2011）。同年，曾思栋将原有的以子流域为计算单元的分布式模型改为了以网格为单元的模型，从而避免了地表水与地下水耦合过程中降尺度的问题。

一、单元产流模型

在 DTVGM 模型中，产流发生在每个单元，在垂向上分为地表径流、壤中流和地下径流。地表产流采用非线性 TVGM 产流模式；土壤层在水平方向上产生壤中流，同时向下渗漏补给到地下水，土壤水总产流基于水量平衡方程和蓄泄方程建立；地下水的产流计算与土壤水产流类似，基于水量平衡方程和蓄泄方程建立。蒸散发同时发生在土壤层和潜水层，总蒸散发即为土壤蒸发与潜水蒸发之和。地表径流、壤中流和地下径流沿水力坡度最大的方向汇入河道，采用运动波汇流方法进行汇流计算。

DTVGM 单元产流模型结构如图 5-2-1 所示。

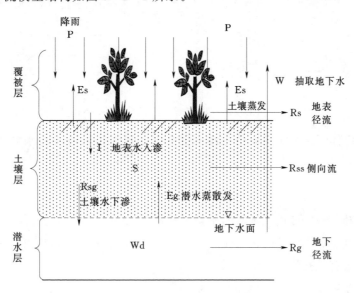

图 5-2-1 DTVGM 单元模型结构图

1. 地表水产流

单元地表水产流量根据时变增益非线性产流的概念按下式计算。

$$Rs_t = g_1 \cdot \left(\frac{S_t}{S_m}\right)^{g_2} \cdot P_t \qquad (5-2-1)$$

式中 Rs_t——t 时段单元地表产流量，mm；

      S_t——t 时段单元土壤含水量，mm；

      S_m——土壤饱和含水量，mm；

      P_t——单元降雨量，mm；

      g_1、g_2——时变增益因子的有关参数，其中，g_1 为土壤饱和后径流系数（$1 > g_1 > 0$），g_2 为土壤水影响系数（$g_2 > 1$）。

2. 土壤水产流

模型假设土壤中的水分在达到田间持水量以后，土壤水出流包括两部分：一部分从土壤剖面空隙流出形成侧向流，最终汇入河流，一部分在重力作用下垂向渗漏，最终补给浅层地下水。

王蕊（2010）所建立的耦合模型中，侧向流和土壤水对地下水的渗漏补给的计算方法如下：

当流域的土壤表层有很高的水力传导率并且浅层有一层不透水层或半透水层时，侧向流非常重要。在这样的系统中，降雨渗透到不透水层，水分在不透水层积聚形成一个饱和的水分区域，如静滞水位（悬着水位），这个饱和水分区域就是侧向流的水分来源。

耦合模型对侧向流的模拟改用了物理意义较明确的动力贮水泄流模型，它由 Sloan 等提出，Sloan 和 Moore 进行了进一步的总结和概化（裴铁璠，1998；Neitsch，2004）。该模型通过在整个山坡研究段上利用质量连续性方程建立。假设在山坡研究段上有一个 D_{perm} 深 L_{hill} 长的透水土壤层，在其下部为不透水层，如图 5-2-2 所示。山坡研究段的走向与水平线成 α_{hill} 夹角，饱和区域内侧向流的水流路径和不透水层平行，并且水力梯度等于底床坡度。

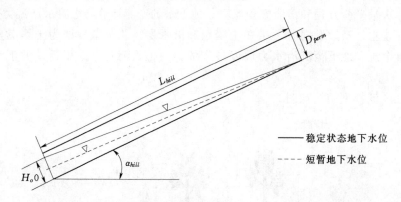

图 5-2-2　山坡研究段的概念性表示（Neitsch，2004）

从图可以看出：存储于山坡研究段每个单元面积稳定区域内的可排泄水分体积 SW_{excess}，计算公式如下。

$$SW_{excess} = \frac{1000 \cdot H_0 \cdot \varphi_d \cdot L_{hill}}{2} \qquad (5-2-2)$$

式中　SW_{excess}——饱和水分区域内可排泄的水量，mm；

　　　H_0——垂直山坡出口处的稳定流厚度，mm/mm，表示为总厚度的比值；

　　　φ_d——土壤有效孔隙度，mm/mm；

　　　L_{hill}——研究段坡长，m。

土壤有效孔隙度可以用下式计算。

$$\varphi_d = \varphi_{soil} - \varphi_{fc} \qquad (5-2-3)$$

式中　φ_{soil}——土壤层孔隙度，mm/mm；

　　　φ_{fc}——土壤层达到田间持水量时的孔隙度，mm/mm。

式（5-2-3）可转化为：

$$H_0 = \frac{2 \cdot SW_{excess}}{1000 \cdot \varphi_d \cdot L_{hill}} \qquad (5-2-4)$$

当土壤层的含水量超过田间持水量时，存储于土壤层中的可排泄水量如下。

$$SW_{excess} = \begin{cases} S_t - S_c & S_t \geqslant S_c \\ 0 & S_t < S_c \end{cases} \qquad (5-2-5)$$

式中　S_t——土壤含水量，mm；

　　　S_c——田间持水量，mm。

山坡出口处的净排出量即土壤层的侧向流为 Rss_t。

$$Rss_t = H_0 \cdot v_{lat} \qquad (5-2-6)$$

式中　v_{lat}——出口处的水流速度，mm/d。

出口处的水流流速定义如下。

$$v_{lat} = K_s \cdot \sin(\alpha_{hill}) \qquad (5-2-7)$$

式中　K_s——饱和土壤垂向渗漏率，mm/d；

　　　α_{hill}——山坡研究段的坡度。

因为 $\tan(\alpha_{hill}) \cong \sin(\alpha_{hill})$，所以式（5-2-7）可改为：

$$v_{lat} = K_s \cdot \tan(\alpha_{hill}) = K_s \cdot slp \qquad (5-2-8)$$

式中　slp——单位距离的高程，即模型输入的坡度，m/m。

把式（5-2-4）、式（5-2-5）和式（5-2-8）代入式（5-2-6）可以得到：

$$Rss_t = \frac{2 \cdot (S_t - S_c) \cdot K_s \cdot slp}{1000 \cdot \phi_d \cdot L_{hill}} \qquad (5-2-9)$$

式中　Rss_t——t 时段土壤水侧向流，mm；

其他变量意义同前。

3. 土壤蒸发

土壤蒸发过程按土壤水分的物理性质可分为三个阶段：在第一阶段，当土湿从饱和持水量变化到第一临界湿度（近乎田间持水量，其值决定于土壤性质和结构）时，在一定热能条件下，土壤蒸发率从最大可能值（等于潜在蒸散发）逐渐减小，但变化不大；在第二阶段，当土湿从第一临界值变化到第二临界值（近乎毛管断裂含水量），蒸发急剧减小；第三阶段，土壤干涸至第二临界湿度以下，蒸发逐渐停止（夏军，2002）。

傅抱璞基于土壤蒸发的物理过程描述和量纲分析法，解析地导出了一个适用于各阶段计算土壤蒸发的一般公式。

$$Es_t = \frac{Ep_t \cdot S_t}{S_c - S_f} \cdot \left\{ \frac{S_c}{[S_c^{n_2} + S_t^{n_2}]^{\frac{1}{n_2}}} - \frac{S_f}{[S_d^{n_2} + S_t^{n_2}]^{\frac{1}{n_2}}} \right\} \qquad (5-2-10)$$

式中　Es_t——t 时段土壤蒸发量，mm；

　　　Ep_t——t 时段蒸发能力/mm，可根据世界粮农组织（FAO）推荐的 Permam 公式或气象监测数据确定；

　　　S_t——t 时段土壤含水率，%；

　　　S_c——田间持水量；

　　　S_f——凋萎含水量；

　　　S_d——毛管断裂含水量指标，%；

　　　n_2——反映土壤性质和结构的模型参数。

初步分析表明：傅氏公式能较好描述三个不同蒸发阶段的物理过程，在理论上还可推证（夏军，2002）：

当 $S_c > S_t > S_d$ 时，有近似公式

$$Es_t = \frac{S_t - S_f}{S_t - S_f} \cdot Ep_t \qquad (5-2-11)$$

式中　S_t——t 时段土壤含水量，mm；

　　　S_c——田间持水量，mm；

S_f——凋萎含水量，mm；

其他变量意义同前。

当进一步忽略 S_f，则傅氏公式便简化为熟知的一层土壤蒸发模型，即

$$Es_t = \frac{S_t}{S_c} \cdot Ep_t \tag{5-2-12}$$

考虑到有作物与无作物的影响，DTVGM 模型采用：

$$Es_t = K_c \frac{S_t}{S_c} \cdot Ep_t \tag{5-2-13}$$

式中 K_c——蒸发权重系数，分析调试确定。

4. 潜水蒸发

潜水蒸发是地下水向土壤水和大气水转化的主要形式之一。从潜水蒸发的物理机制看，存在着稳定状态和非稳定状态的交互作用复杂性。在稳定状态下，潜水蒸发主要取决于两个特征：一个是气象特征因子，通常用水面蒸发能力近似描述；一个是输水特性，在实际计算中，通常用潜水埋深来近似描述。目前的研究发现，有作物生长条件下的潜水蒸发计算必需考虑农田蒸散发强度影响和蒸发状态交变作用问题，其中一个重要的状态参数是土壤含水率梯度变化。因为它可以大致反映土壤剖面上水势梯度特征，在稳定和非稳定蒸发状态变化中，起到控制参量作用（夏军，2002）。

DTVGM 中潜水蒸发仅取决于土湿和潜在蒸发。王蕊（2009）提出的 DTVGM-GWM 耦合模型中引入了新的地下水动力学模块，可以为地表单元提供随时空变化的潜水埋深，因此潜水蒸发计算中可考虑到潜水埋深的影响，改用如下公式模拟潜水蒸发：

$$Eg_t = K_c \cdot Ep_t \cdot \frac{S_m - S_t}{S_m - S_f} \exp[-\alpha \cdot d_t] \tag{5-2-14}$$

式中 Eg_t——t 时段潜水蒸发，mm；

$\quad d_t$——t 时段潜水埋深，各时段各计算单元的 d_t 由地下水模块提供；

$\quad \alpha$——与作物种类和土壤特性有关的参数，分析调试确定；

$\quad S_f$——凋萎含水量，mm；

其他变量意义同前。

从式（5-2-14）可看出：在稳定蒸散条件下，如土壤含水量很低接近于 S_f 时，Eg_t 主要取决于 Ep_t。若 d_t 趋于 0，则 Eg_t 趋于 Ep_t。若 d_t 趋于临界埋深，则 Eg_t 趋于 0；在非稳定蒸散发条件下，如较强降雨或灌溉之后，土壤土层含水量很高，渗漏补给地下水，尽管此时 Ep_t 很大，但从土水势角度分析 Eg_t 很小。

5. 地下水产流

将原 DTVGM 中地下水产流部分改为了以地下水动力机制为基础的二维产流模型。具体方法如下。

在不考虑水的密度变化的条件下，潜水在浅层含水层中的流动可使用二维偏微分方程描述为：

$$\frac{\partial}{\partial x}\left[K_x(h-b)\frac{\partial h}{\partial x}\right] + \frac{\partial}{\partial y}\left[K_y(h-b)\frac{\partial h}{\partial y}\right] + \varepsilon = \mu \frac{\partial h}{\partial t} \tag{5-2-15}$$

式中 h——潜水标高，m；

$\quad \mu$——给水度；

$\quad b$——潜水底板标高，m；

$\quad K_x$——沿行方向的渗透系数，m/d；

$\quad K_y$——沿列方向的渗透系数，m/d；

$\quad \varepsilon$——各种源汇项，主要包括开采量、深层渗漏、以及 DTVGM 提供的各时刻土壤层对潜水的渗漏补给、潜水蒸发等。

将浅层含水层划分为一个列间距为 Δx、行间距为 Δy 的网格系统，每个网格为一个计算单元，

含水层厚度为 $h_{i,j}-b_{i,j}$。图 5-2-3 表示以含水层内任一计算单元 (i,j) 及其相邻的四个计算单元，四个相邻计算单元的下标分别由 $(i-1,j)$、$(i+1,j)$、$(i,j-1)$、$(i,j+1)$ 来表示。

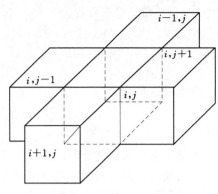

图 5-2-3 网格 (i,j) 及其相邻网格

以网格的中心位置为节点，节点所在水头值为各计算单元的水头，则式（5-2-15）的隐式有限差分格式可表示为：

$$T_{i+1/2,j}\frac{h_{i+1,j}^{n+1}-h_{i,j}^{n+1}}{\Delta x^2}-T_{i-1/2,j}\frac{h_{i,j}^{n+1}-h_{i-1,j}^{n+1}}{\Delta x^2}$$
$$+T_{i,j+1/2}\frac{h_{i,j+1}^{n+1}-h_{i,j}^{n+1}}{\Delta y^2}-T_{i,j-1/2}\frac{h_{i,j}^{n+1}-h_{i,j-1}^{n+1}}{\Delta y^2}+\varepsilon_{i,j}$$
$$=\mu_{i,j}\frac{h_{i,j}^{n+1}-h_{i,j}^n}{\Delta t} \tag{5-2-16}$$

其中，$T_{i-\frac{1}{2},j}$ 为单元 $(i-1,j)$ 与 (i,j) 间导水系数：

$$T_{i-\frac{1}{2},j}=\frac{T_{i-1,j}+T_{i,j}}{2} \tag{5-2-17}$$

$$T_{i,j}=K_{i,j}(h_{i,j}^t-b_{i,j}) \tag{5-2-18}$$

式中　i、j——计算单元行、列；

　n、$n+1$——时段；

　Δx、Δy——计算单元沿行、列方向的距离，m；

　　Δt——时间步长，d；

　$T_{i,j}$——导水系数，m^2/d；

　$K_{i,j}$——渗透系数；

　$b_{i,j}$——潜水底板标高；

其他变量意义同前。

式（5-2-15）加上相应的初始条件和边界条件，就构成了一个潜水流动体系的数学模型，GWM 以二维交替方向隐式差分法（ADI 法）求解该数学模型。

二、汇流模型

单元之间的汇流采用运动波模型（叶爱中，2007），运动波模型包括连续方程式（5-2-19）和运动方程式（5-2-20）。

$$\frac{\partial h}{\partial t}+\frac{\partial q}{\partial l}=r \tag{5-2-19}$$

$$S_f=S_0 \tag{5-2-20}$$

式中　h——径流水深，m；

　q——单宽流量，m^2/s；

　r——净入流量，m/s；

　l——坡面长度，m；

　t——时间，s；

　S_f——摩阻坡度；

　S_0——地表或河底坡度。

式（5-2-19）中 t 时段单宽流量为：

$$q_t=v_t \cdot h_t \tag{5-2-21}$$

式（5-2-21）中径流流速 v_t 可以用曼宁公式计算：

$$v_t=S_f^{\frac{1}{2}}h_t^{\frac{2}{3}}/n \tag{5-2-22}$$

式中　n——曼宁糙率系数。

将式（5-2-19）、式（5-2-22）代入式（5-2-21）整理得到：

$$q_t = \frac{1}{n} S_0^{\frac{1}{2}} h_t^{\frac{5}{3}} \qquad (5-2-23)$$

则断面流量 Q_t 为：

$$Q_t = q_t \cdot w \qquad (5-2-24)$$

式中　w——断面平均宽度，m。

流域中的汇流包括坡面汇流与河道汇流两部分。DTVGM 根据 DEM 由单流向法计算得到每个网格单元的流向、集水面积。对每个单元，根据集水面积是否超过给定阈值来判断该单元是坡面还是河道，然后假设不同的断面宽度进行求解。

（1）若计算单元为坡面，假设断面平均宽度 w 即是计算单元平均宽度 Δx。

综合式（5-2-23）、式（5-2-24）可得：

$$Q_t = \frac{1}{n} \Delta x^{-\frac{2}{3}} S_0^{\frac{1}{2}} A_t^{\frac{5}{3}} = \alpha \cdot A_t^{\beta} \qquad (5-2-25)$$

式中：$A_t = \Delta x \cdot h_t$，$\alpha = \frac{1}{n} \Delta x^{-\frac{2}{3}} S_0^{\frac{1}{2}}$，$\beta = \frac{5}{3}$。

（2）若计算单元为河道，假设河道宽度 w_t 随河水深度 h_t 成线性增加，即：

$$w_t = a h_t \qquad (5-2-26)$$

式中　a——与河道属性有关的参数。

综合式（5-2-23）、式（5-2-24）、式（5-2-26）可得：

$$Q_t = \frac{1}{n} a^{-\frac{1}{3}} S_0^{\frac{1}{2}} A_t^{\frac{4}{3}} = \alpha \cdot A_t^{\beta} \qquad (5-2-27)$$

式中：$A_t = a \cdot h_t^2$，$\alpha = \frac{1}{n} a^{-\frac{1}{3}} S_0^{\frac{1}{2}}$，$\beta = \frac{4}{3}$。

式（5-2-19）同时乘以断面平均宽度后，其差分形式为：

$$\frac{\Delta A}{\Delta t} + \frac{\Delta Q}{\Delta x} = r \cdot w \qquad (5-2-28)$$

在一个计算单元中为：

$$\Delta A \Delta x + \Delta Q \Delta t = R \cdot Area \qquad (5-2-29)$$

$$\Delta Q = Q_O - Q_I$$

$$\Delta A = A_t - A_{t-1}$$

式中　$Area$——计算单元面积，m^2；

　　　　R——净入流量，主要是净雨，m；

　　　　Q_I——流入单元的流量，m^3/s；

　　　　Q_O——流出单元的流量，m^3/s。

Q_I 等于汇入该单元的上游单元的流出量，Q_O 可由下式计算：

$$Q_O = \alpha \cdot \left(\frac{A_t + A_{t-1}}{2} \right)^{\beta} \qquad (5-2-30)$$

式（5-2-28）、式（5-2-29）、式（5-2-30）联立可得：

$$(A_t - A_{t-1}) = \left[Q_I - \alpha \cdot \left(\frac{A_t + A_{t-1}}{2} \right)^{\beta} \right] \frac{\Delta t}{\Delta x} + R \cdot \frac{Area}{\Delta x} \qquad (5-2-31)$$

采用牛顿迭代法求解方程式（5-2-31），令：

$$f(A_t) = \left[Q_I - \alpha \cdot \left(\frac{A_t + A_{t-1}}{2} \right)^{\beta} \right] \frac{\Delta t}{\Delta x} + R \cdot \frac{Area}{\Delta x} - A_t + A_{t-1} \qquad (5-2-32)$$

则函数 $f(A_t)$ 的导数为：

$$f'(A_t) = -\frac{\alpha\beta}{2} \cdot \left(\frac{A_t + A_{t-1}}{2}\right)^{\beta-1} \frac{\Delta t}{\Delta x} - 1 \qquad (5-2-33)$$

断面面积可采用牛顿迭代式表示为：

$$A_t^{(k)} = A_t^{(k-1)} - \frac{f[A_t^{(k-1)}]}{f'[A_t^{(k-1)}]} \qquad (5-2-34)$$

根据式（5-2-34）可求出断面面积 A_t，进而代入式（5-2-25）或式（5-2-27）算出坡面或河道单元在 t 时段的出流 Q_α。

另外，王蕊等（2010）在 DTVGM 中加入了水库调度模块，实现了单个水库和水库群调度，由于与本次研究无关因此不具体介绍。

第三节　变密度地下水流溶质运移模型

滨海地区海水入侵的准确模拟和预测对解决滨海地区水资源短缺与生态环境问题至关重要。建立准确可靠的海水入侵预测模型是定量描述海水入侵形势的有效手段，在进行咸淡水过渡带溶质运移变化特征分析中，必须要考虑浓度等条件引起流体密度变化。本章将基于地下水动力学理论，构建和开发二维变密度地下水流溶质运移模块，并对其进行验证。模块开发的主要方程、离散方法、数值算法和限制条件（初始条件、边界条件）如下。

一、变密度地下水溶质运移的数值方程与离散

1. 数值方程

总体对流-弥散水质模型在国内外诸多著作中都有详尽的描述（J. Bear，1972，1979，1999；王秉忱，1985；孙讷正，1989；薛禹群，2007），主要方程如下。

（1）对流-弥散方程（水动力弥散方程）。

$$\frac{\partial C}{\partial t} = div\left[\hat{D} \cdot \rho \cdot grad\left(\frac{C}{\rho}\right)\right] - div(C\vec{u}) + I \qquad (5-3-1)$$

（2）连续性方程（质量守恒方程）。

$$\frac{\partial P}{\partial t} = -div(\rho\vec{u}) \qquad (5-3-2)$$

（3）运动方程（Darcy 定律）。

$$\vec{u} = -\frac{k}{n\mu}(gradp + \rho g \cdot gradz) \qquad (5-3-3)$$

或写成分量形式

$$u_i = -\frac{k_{ij}}{n\mu}\left(\frac{\partial P}{\partial x_j} + \rho g\frac{\partial z}{\partial x_i}\right)(i,j = 1,2,3) \qquad (5-3-4)$$

（4）状态方程。

$$\rho = \rho(C,p) \qquad (5-3-5)$$
$$\mu = \mu(C,p) \qquad (5-3-6)$$

（5）相应的初始条件和边界条件。

C——溶质浓度；

P——流体压力；

ρ——水的密度；

μ——水的粘度；

$\hat{D}$——水动力弥散系数；

k——渗透率；

n——有效空隙率；

$\vec{u}$——平均孔隙流速；

I——源汇项。

在式（5-3-4）中采用了爱因斯坦求和约定。

该模型仅受等温条件和渗流服从 Darcy 定律的限制，无其余限制条件，其中：

1）多孔介质可以是非均质的或各向异性的。

2）流体可以是非均质的，ρ 和 μ 可以随溶质浓度 C 和压力 p 而变化。

3）区域的几何形状、初始条件和边界条件是任意的。

求解上述水动力弥散问题十分复杂。原因是：对流弥散方程中 $\hat{D}$ 依赖于 $\vec{u}$；运动方程中 $\vec{u}$ 依赖于 ρ 和 μ；状态方程和相应的初始条件边界条件中，ρ 和 μ 依赖于 C 和 p；对流弥散方程中的 C 又取决于 $\hat{D}$，ρ 和 μ。这些因素互相依赖，变量不能独立求解。

同样，在对流弥散方程中 $\hat{D}$ 依赖于溶质浓度 C 和黏滞系数 μ，是一个非线性偏微分方程系统。

上述的各变量之间互相依赖关系主要是 ρ 和 μ 取决于 C 和 p，因此可将该问题分为两类：

1）一般情况，ρ 和 μ 是 C 的函数，例如滨海含水层中的海水入侵问题。

2）示踪剂情况，ρ 和 μ 是常数且与 C、p 无关，当溶质浓度很低时，大多数情况满足此假设，例如地下水污染物的迁移问题。

对于海水入侵模型，海水的氯离子浓度相对淡水而言非常大，海水与淡水的密度也存在明显差异，当含水层厚度较大时，海水在密度驱使下的流动作用更加明显，因此只有同时考虑过渡带的存在及流体浓度变化对流体速度的影响，建立非均匀流体的对流－弥散模型才能正确地反映海水入侵的过程。

考虑水头、密度与浓度三者相互影响的可溶混咸淡水中溶质运移问题，需要由两个偏微分方程描述，一是考虑密度随浓度不断变化的液体流动，二是溶质（一般是氯离子）运移。

考虑密度不断改变的水流方程在剖分层面较平缓时表达式（Huyakorn 等，1987）：

$$\frac{\partial}{\partial x}\left(K_{xx}\frac{\partial H}{\partial x}\right)+\frac{\partial}{\partial y}\left(K_{yy}\frac{\partial H}{\partial y}\right)+\frac{\partial}{\partial z}\left[K_{zz}\left(\frac{\partial H}{\partial z}+\Psi C\right)\right]=\mu_s\frac{\partial H}{\partial t}+\varphi\cdot\Psi\frac{\partial C}{\partial t}-\frac{\rho}{\rho_0}\cdot q \qquad (5-3-7)$$

边界条件

$$H(x,y,z,t)\big|_{\Gamma_1}=\overline{H}(x,y,z,t)$$

$$H(x,y,z,t)\big|_{\Gamma_{2-1}}=z$$

$$K_{zz}\frac{\partial H}{\partial z}\bigg|_{\Gamma_{2-1}}=\varepsilon'-\mu_d\frac{\partial H}{\partial t}\bigg|_{\Gamma_{2-1}}$$

$$K_{zz}\frac{\partial H}{\partial z}\bigg|_{\Gamma_{2-2}}=0$$

式中　x、y、z——笛卡尔坐标轴；

t——时间；

H——参考水头（即折算为淡水的水头）；

K_{xx}、K_{yy}、K_{zz}——坐标轴方向的主渗透系数；

μ_s——单水贮水系数；

μ_d——重力给水度；

φ——孔隙率；

Ψ——密度耦合系数，$\Psi=\dfrac{\varepsilon}{C_s}$；

q——单位体积井流量，抽水时取正号；

Γ_1——第一类边界，渗流去的海水垂向接触界面；

Γ_{2-1}——潜水面边界；

Γ_{2-2}——零流量边界；

ε'——降雨入渗补给量或蒸发量。

可用一般的描述溶质运移的对流-弥散方程描述海水入侵模型中盐分的运移。

$$\frac{\partial}{\partial x}\left(D_{xx}\frac{\partial C}{\partial x}\right)+\frac{\partial}{\partial y}\left(D_{yy}\frac{\partial C}{\partial y}\right)+\frac{\partial}{\partial z}\left(D_{zz}\frac{\partial C}{\partial z}\right)-U_x\frac{\partial C}{\partial x}-U_y\frac{\partial C}{\partial y}-U_z\frac{\partial C}{\partial z}=\frac{\partial C}{\partial t} \qquad (5-3-8)$$

式中 D_{xx}、D_{yy}、D_{zz}——弥散系数张量分量；

U_x、U_y、U_z——溶液孔隙平均流速。

2. 数值方程的离散

本次研究在处理变密度水流的三维方程以及地下水变密度溶质运移方程时均采用 Crank - Nicolson 格式（中心差分）的有限差分法（FDM）求解。

（1）变密度水流的三维方程的离散格式。

$$\frac{1}{(\Delta x)^2}K_{i-\frac{1}{2},j,k}\cdot H^{n+1}_{i-1,j,k}+\frac{1}{(\Delta x)^2}K_{i+\frac{1}{2},j,k}\cdot H^{n+1}_{i+1,j,k}+\frac{1}{(\Delta y)^2}K_{i,j-\frac{1}{2},k}\cdot H^{n+1}_{i,j-1,k}$$

$$+\frac{1}{(\Delta y)^2}K_{i,j+\frac{1}{2},k}\cdot H^{n+1}_{i,j+1,k}+\frac{1}{(\Delta z)^2}K_{i,j,k-\frac{1}{2}}\cdot H^{n+1}_{i,j,k-1}+\frac{1}{(\Delta z)^2}K_{i,j,k+\frac{1}{2}}\cdot H^{n+1}_{i,j,k+1}$$

$$-\left[\frac{1}{(\Delta x)^2}K_{i-\frac{1}{2},j,k}+\frac{1}{(\Delta x)^2}K_{i+\frac{1}{2},j,k}+\frac{1}{(\Delta y)^2}K_{i,j-\frac{1}{2},k}+\frac{1}{(\Delta y)^2}K_{i,j+\frac{1}{2},k}\right.$$

$$\left.+\frac{1}{(\Delta z)^2}K_{i,j,k-\frac{1}{2}}+\frac{1}{(\Delta z)^2}K_{i,j,k+\frac{1}{2}}-\frac{1}{\Delta t}\mu_s\right]\cdot H^{n+1}_{i,j,k}$$

$$=-\frac{1}{\Delta t}\mu_s\cdot H^n_{i,j,k}+\varphi\cdot\psi\frac{\partial C}{\partial t}-\frac{\partial\psi C}{\partial z}-\frac{\rho}{\rho_0}\cdot q \qquad (5-3-9)$$

式中 n——时间；

其余符号意义同前。

将上式简化为：

$$AW\cdot H^{n+1}_{i-1,j,k}+AE\cdot H^{n+1}_{i+1,j,k}+AS\cdot H^{n+1}_{i,j-1,k}+AN\cdot H^{n+1}_{i,j+1,k}+AB\cdot H^{n+1}_{i,j,k-1}$$

$$+AT\cdot H^{n+1}_{i,j,k+1}-AP\cdot H^{n+1}_{i,j,k}=f_{i,j,k}$$

$$(5-3-10)$$

AW、AE、AS、AN、AB、AT 和 AP 均为系数，位置关系如图 5-3-1 所示。右端项 $f_{i,j,k}$ 包含浓度项和密度项（密度耦合系数 Ψ），这两项需联合溶质运移模型迭代求解，最后求出一个时间步长内方程组的解。

（2）地下水溶质运移方程的离散格式。在溶质运移方程空间离散化时，为克服对流项占优时引起的过量或者数值弥散的情况，在对流扩散方程中的对流项乘以一个适当的权因子，称为上游加权法。

对溶质运移的对流—弥散方程各分量离散，得：

$$\frac{\partial C}{\partial t}=\frac{C^{K+1}_{i,j}-C^K_{i,j}}{\Delta t} \qquad (5-3-11)$$

$$\frac{\partial}{\partial x}\left(D_{xx}\frac{\partial C}{\partial x}\right)\approx D_{i+\frac{1}{2},j,k}\frac{C^{n+1}_{i+1,j,k}-C^{n+1}_{i,j,k}}{(\Delta x)^2}-D_{i-\frac{1}{2},j,k}\frac{C^{n+1}_{i,j,k}-C^{n+1}_{i-1,j,k}}{(\Delta x)^2}$$

$$\frac{\partial}{\partial y}\left(D_{yy}\frac{\partial C}{\partial y}\right)\approx D_{i,j+\frac{1}{2},k}\frac{C^{n+1}_{i,j+1,k}-C^{n+1}_{i,j,k}}{(\Delta y)^2}-D_{i,j-\frac{1}{2},k}\frac{C^{n+1}_{i,j,k}-C^{n+1}_{i,j-1,k}}{(\Delta y)^2}$$

$$\frac{\partial}{\partial z}\left(D_{zz}\frac{\partial C}{\partial z}\right)\approx D_{i,j,k+\frac{1}{2}}\frac{C^{n+1}_{i,j,k+1}-C^{n+1}_{i,j,k}}{(\Delta z)^2}-D_{i,j,k-\frac{1}{2}}\frac{C^{n+1}_{i,j,k}-C^{n+1}_{i,j,k-1}}{(\Delta z)^2}$$

$$(5-3-12)$$

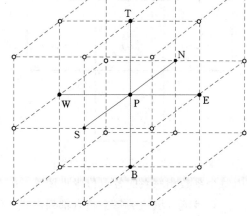

图 5-3-1 三维计算网格示意图

对流项的差分形式如下：

$$U_x \frac{\partial C}{\partial x} \approx \frac{1}{\Delta x} \{ U_{i+\frac{1}{2},j,k} [(1-\omega)C_{i,j,k}^{n+1} + \omega C_{i+1,j,k}^{n+1}] - U_{i-\frac{1}{2},j,k} [(1-\omega)C_{i-1,j,k}^{n+1} + \omega C_{i,j,k}^{n+1}] \}$$

$$U_y \frac{\partial C}{\partial y} \approx \frac{1}{\Delta y} \{ U_{i,j+\frac{1}{2},k} [(1-\omega)C_{i,j,k}^{n+1} + \omega C_{i,j+1,k}^{n+1}] - U_{i,j-\frac{1}{2},k} [(1-\omega)C_{i,j-1,k}^{n+1} + \omega C_{i,j,k}^{n+1}] \}$$

$$U_z \frac{\partial C}{\partial z} \approx \frac{1}{\Delta z} \{ U_{i,j,k+\frac{1}{2}} [(1-\omega)C_{i,j,k}^{n+1} + \omega C_{i,j,k+1}^{n+1}] - U_{i,j,k-\frac{1}{2}} [(1-\omega)C_{i,j,k-1}^{n+1} + \omega C_{i,j,k}^{n+1}] \}$$

$$(5-3-13)$$

式中：空间权因子 ω 等于 0.5 时为中心加权格式，取 0 或 1 为上游加权格式，取值取决于水流方向。

溶质运移离散格式如下：

$$\left[\frac{1}{(\Delta x)^2} \cdot D_{i+\frac{1}{2},j,k} - \frac{1}{\Delta x} \cdot \omega \cdot U_{i+\frac{1}{2},j,k} \right] \cdot C_{i+1,j,k}^{n+1} + \left[\frac{1}{(\Delta x)^2} \cdot D_{i-\frac{1}{2},j,k} + \frac{1}{\Delta x} \cdot (1-\omega) \cdot U_{i-\frac{1}{2},j,k} \right] \cdot C_{i-1,j,k}^{n+1}$$

$$+ \left[\frac{1}{(\Delta y)^2} \cdot D_{i,j+\frac{1}{2},k} - \frac{1}{\Delta y} \cdot \omega \cdot U_{i,j+\frac{1}{2},k} \right] \cdot C_{i,j+1,k}^{n+1} + \left[\frac{1}{(\Delta y)^2} \cdot D_{i,j-\frac{1}{2},k} + \frac{1}{\Delta y} \cdot (1-\omega) \cdot U_{i,j-\frac{1}{2},k} \right] \cdot C_{i,j-1,k}^{n+1}$$

$$+ \left[\frac{1}{(\Delta z)^2} \cdot D_{i,j,k+\frac{1}{2}} - \frac{1}{\Delta z} \cdot \omega \cdot U_{i,j,k+\frac{1}{2}} \right] \cdot C_{i,j,k+1}^{n+1} + \left[\frac{1}{(\Delta z)^2} \cdot D_{i,j,k-\frac{1}{2}} + \frac{1}{\Delta z} \cdot (1-\omega) \cdot U_{i,j,k-\frac{1}{2}} \right] \cdot C_{i,j,k-1}^{n+1}$$

$$- \left\{ \frac{1}{(\Delta x)^2} \cdot (D_{i+\frac{1}{2},j,k} + D_{i-\frac{1}{2},j,k}) + \frac{1}{(\Delta y)^2} \cdot (D_{i,j+\frac{1}{2},k} + D_{i,j-\frac{1}{2},k}) + \frac{1}{(\Delta z)^2} \cdot (D_{i,j,k+\frac{1}{2}} + D_{i,j,k-\frac{1}{2}}) \right.$$

$$+ \frac{1}{\Delta x} [(1-\omega) \cdot U_{i+\frac{1}{2},j,k} - \omega \cdot U_{i-\frac{1}{2},j,k}] + \frac{1}{\Delta y} [(1-\omega) \cdot U_{i,j+\frac{1}{2},k} - \omega \cdot U_{i,j-\frac{1}{2},k}]$$

$$+ \frac{1}{\Delta z} [(1-\omega) \cdot U_{i,j,k+\frac{1}{2}} - \omega \cdot U_{i,j,k-\frac{1}{2}}] - \frac{1}{\Delta t} \right\} \cdot C_{i,j,k}^{n+1} = \frac{1}{\Delta t} C_{i,j,k}^n + \frac{q_s}{\varphi} C_s$$

$$(5-3-14)$$

将上式简化为：

$$CW \cdot C_{i-1,j,k}^{n+1} + CE \cdot C_{i+1,j,k}^{n+1} + CS \cdot C_{i,j-1,k}^{n+1} + CN \cdot C_{i,j+1,k}^{n+1} + CB \cdot C_{i,j,k-1}^{n+1} + CT \cdot C_{i,j,k+1}^{n+1}$$

$$+ CP \cdot C_{i,j,k}^{n+1} = f_{i,j,k}$$

$$(5-3-15)$$

CW、CE、CS、CN、CB、CT 和 CP 均为系数。右端项 $f_{i,j,k}$ 为已知项，应用迭代法可以求得该代数方程组的解。

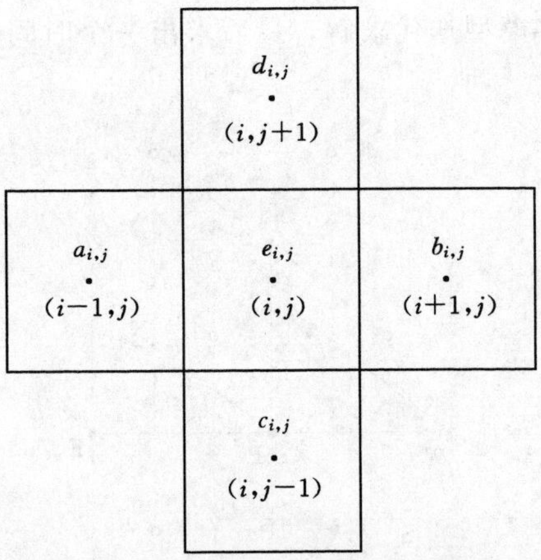

图 5-3-2　格点系数相关位置图

二、数值方程的算法及验证

Stone（1968）对全隐式差分方程提出了新的迭代解法——强隐式迭代解法，简称 SIP 方法。由于这种迭代方法利用解方程组对全部格点同时加以改进，迭代效率非常高，已经十分接近直接解法，因而也就更加有效。Trescott 等（1977）所做的比较研究表明：对于复杂的实际问题，SIP 方法明显优于其他的迭代方法。

1. 强隐式差分格式

将一般的全隐式差分方程写为以下的形式（二维）：

$$a_{i,j}H_{i-1,j} + b_{i,j}H_{i+1,j} + c_{i,j}H_{i,j-1} + d_{i,j}H_{i,j+1} + e_{i,j}H_{i,j} = f_{i,j}$$

$$(5-3-16)$$

这里略去水头关于时间的上标 $n+1$，与式（5-3-16）中每个系数相联系的各点位置见图 5-3-2，共五个格点，称式（5-3-16）为五点格式。

对渗流区域内的每个格点都列出式（5-3-16）并利用给定的边界条件，就得到一线性方程组

$$[K]H = F \qquad\qquad (5-3-17)$$

暂时设渗流区域为一矩形，划分成 $N \times M$ 个差分网格（图 5-3-3），格点号码按自左而右、由下而上的顺序编排，则由五点格式所确定的上式中的系数矩阵 $[K]$ 具有下列形式：

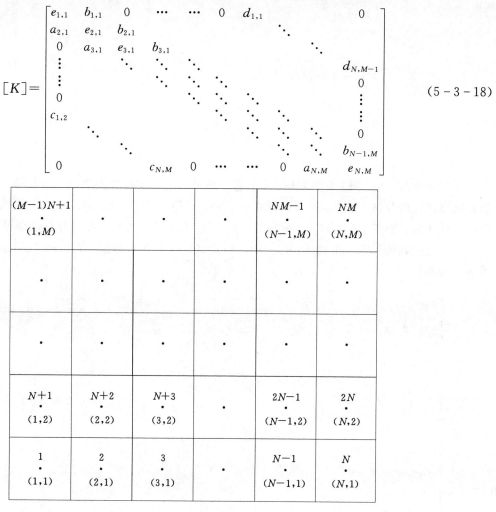

图 5-3-3　假设的矩形 2D 渗流区位置图

矩阵的第一行相当于对格点（1，1）列的方程，因为利用了边界条件，所以 $a_{1,1}$ 和 $c_{1,1}$ 都不出现，其他依此类推。可以看出，矩阵 $[K]$ 的非零元素全部集中在五条对角线上。此外，它还是一个对称的矩形。矩阵 $[K]$ 具有式（5-3-18）的形式是由格点号码的特殊编排方式所决定的。对于这样一个形状简单、高度稀疏的矩阵，在对它进行 LU 分解时，期望能分解成下列形式的 $[L]$ 和 $[U]$ 的乘积：

$$
[U] = \begin{bmatrix}
1 & \delta_{1,1} & 0 & \cdots & \cdots & 0 & \eta_{1,1} & & & 0 \\
& 1 & \delta_{2,1} & & & & & \ddots & & \\
& & 1 & \delta_{3,1} & & & & & & \\
& & & \ddots & \ddots & & & & \eta_{N,M-1} & \\
& & & & \ddots & \ddots & & & 0 & \\
& & & & & \ddots & \ddots & & \vdots & \\
& & & & & & \ddots & & \vdots & \\
& & & & & & & \ddots & 0 & \\
& & & & & & & & \delta_{N-1,M} & \\
0 & & & & & & & & & 1
\end{bmatrix}
\tag{5-3-20}
$$

下三角矩阵 $[L]$ 和上三角矩阵 $[U]$ 包含的非零元素的位置类似把 $[K]$ 沿主对角线分成两半。假若能做这样的分解，那么从 $[K]$ 得到 $[L]$ 和 $[U]$ 的计算量一定是很小，因为 $[L]$ 和 $[U]$ 也是高度稀疏的。事实上对 $[K]$ 分解得到 $[L]$ 和 $[U]$ 并不稀疏，使得计算量变得很大。

于是把问题倒过来，由式（5-3-19）和式（5-3-20）确定 $[L]$ 和 $[U]$ 的乘积，按照矩阵乘法的规则，有

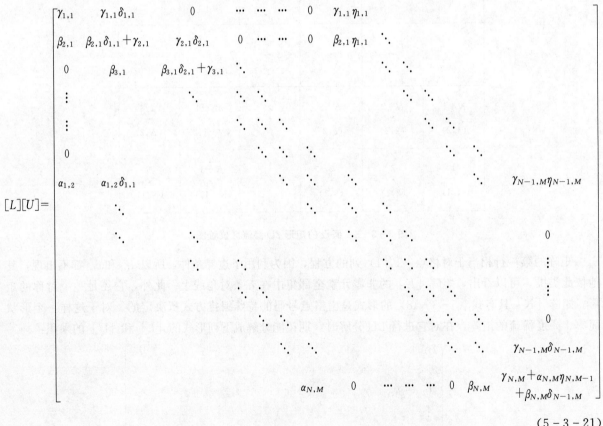

$$
\tag{5-3-21}
$$

式（5-3-21）的非零元素集中在七条对角线上，比 $[K]$ 多了两条非零元素对角线。假若对每个格点列的差分方程不用五点格式而是在形式上用七点格式，如式（5-3-22）：

$$
\hat{a}_{i,j}H_{i-1,j} + \hat{b}_{i,j}H_{i,j} + H_{i+1,j} + \hat{c}_{i,j}H_{i,j-1} + \hat{p}_{i,j}H_{i+1,j-1} + \hat{q}_{i,j}H_{i-1,j+1} + \hat{d}_{i,j}H_{i,j+1} + \hat{e}_{i,j}H_{i,j} = \hat{f}_{i,j}
$$

$$
\tag{5-3-22}
$$

与公式（5-3-22）的系数相关联的格点表示在图5-3-4中。由此形成的方程组设为

$$[\hat{K}]H=[\hat{F}] \qquad\qquad (5-3-23)$$

图 5-3-4 式（5-3-22）系数相关联的格点示意图。

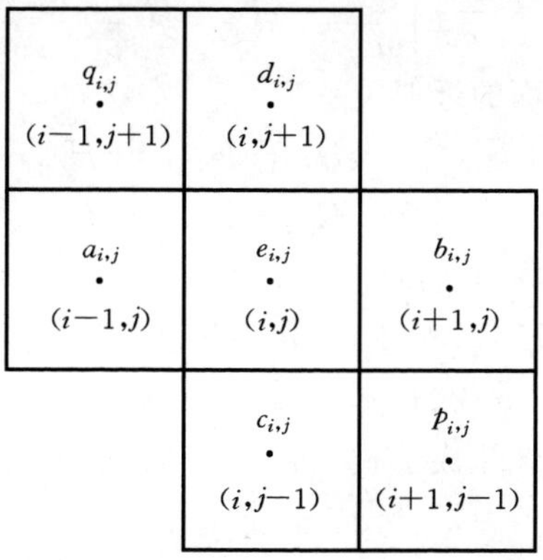

图 5-3-4 式（5-3-22）系数相关联
的格点示意图

其系数矩阵为

$$[\hat{K}]=\begin{bmatrix} \hat{e}_{1,1} & \hat{b}_{1,1} & 0 & \cdots & \cdots & 0 & \hat{d}_{1,1} & & 0 \\ \hat{a}_{2,1} & \hat{e}_{2,1} & \hat{b}_{2,1} & 0 & \cdots & 0 & \hat{q}_{2,1} & \hat{d}_{2,1} & \\ 0 & \hat{a}_{3,1} & \hat{e}_{3,1} & \hat{b}_{3,1} & & & & \ddots & \ddots \\ \vdots & & \ddots & \ddots & \ddots & & & & \hat{d}_{N,M-1} \\ \vdots & & & \ddots & \ddots & \ddots & & & \hat{q}_{N,M} \\ 0 & & & & \ddots & \ddots & \ddots & & 0 \\ \hat{c}_{1,2} & \hat{p}_{1,2} & & & & \ddots & \ddots & & \vdots \\ \ddots & \ddots & \ddots & & & & \ddots & \ddots & 0 \\ & \ddots & \ddots & \ddots & & & & \ddots & \hat{b}_{N-1,M} \\ 0 & & \hat{c}_{N,M} & \hat{p}_{N,M} & 0 & \cdots & 0 & \hat{a}_{N,M} & \hat{e}_{N,M} \end{bmatrix} \qquad (5-3-24)$$

2. 系数矩阵的近似因子分解

$$[\hat{K}]=[L][U] \qquad\qquad (5-3-25)$$

比较式（5-3-21）和式（5-3-24），可直接得到 $[\hat{K}]$ 的元素 $[L]$、$[U]$ 的元素之间的下列对应关系

$$\left.\begin{aligned} \hat{c}_{i,j} &= \alpha_{i,j} \\ \hat{p}_{i,j} &= \alpha_{i,j}\delta_{i,j-1} \\ \hat{a}_{i,j} &= \hat{\beta}_{i,j} \\ \hat{e}_{i,j} &= \gamma_{i,j}+\alpha_{i,j}\eta_{i,j-1}+\beta_{i,j}\delta_{i-1,j} \\ \hat{b}_{i,j} &= \gamma_{i,j}\delta_{i,j} \\ \hat{q}_{i,j} &= \beta_{i,j}\eta_{i-1,j} \\ \hat{d}_{i,j} &= \gamma_{i,j}\eta_{i,j} \end{aligned}\right\} \qquad (5-3-26)$$

另一方面，根据"七点"格式与"五点"格式之间的关系可以找到 $[\hat{K}]$ 与 $[K]$ 的关系。事实上，利用 Taylor 展开式并略去高阶项得

$$H_{i+1,j-1}=H_{i,j}+\frac{\partial H}{\partial x}\bigg|_{i,j}\Delta x-\frac{\partial H}{\partial y}\bigg|_{i,j}\Delta y \qquad (5-3-27)$$

因为

$$\left.\begin{array}{l} \dfrac{\partial H}{\partial x}\Big|_{i,j}\Delta x = H_{i+1,j}-H_{i,j} \\[3mm] \dfrac{\partial H}{\partial x}\Big|_{i,j}\Delta x = H_{i,j}-H_{i,j-1} \end{array}\right\} \tag{5-3-28}$$

所以由式（5-3-27）可得下面的近似关系

$$\left.\begin{array}{l} H_{i+1,j-1}=-H_{i,j}+H_{i+1,j}+H_{i,j-1} \\[2mm] H_{i-1,j+1}=-H_{i,j}+H_{i-1,j}+H_{i,j+1} \end{array}\right\} \tag{5-3-29}$$

将上式代入到式（5-3-16）中，得到

$$(\hat a_{i,j}+\hat q_{i,j})H_{i-1,j}+(\hat b_{i,j}+\hat p_{i,j})H_{i+1,j}+(\hat c_{i,j}+\hat p_{i,j})H_{i,j-1}$$
$$+(\hat d_{i,j}+\hat q_{i,j})H_{i,j+1}+(\hat e_{i,j}-\hat p_{i,j}-\hat q_{i,j})H_{i,j}=\hat f_{i,j} \tag{5-3-30}$$

这样就把式（5-3-22）近似地化成了式（5-3-16）的形式。与式（5-3-16）比较得

$$\left.\begin{array}{l} a_{i,j}=\hat a_{i,j}+\omega\hat q_{i,j} \\[2mm] b_{i,j}=\hat b_{i,j}+\omega\hat p_{i,j} \\[2mm] c_{i,j}=\hat c_{i,j}+\omega\hat p_{i,j} \\[2mm] d_{i,j}=\hat d_{i,j}+\omega\hat q_{i,j} \\[2mm] e_{i,j}=\hat e_{i,j}-\omega\hat p_{i,j}-\omega\hat q_{i,j} \end{array}\right\} \tag{5-3-31}$$

式中：ω 为松弛因子，目的是为了加快收敛速度。

在上式 $\hat p_{i,j}$ 和 $\hat q_{i,j}$ 前添加松弛因子 ω（$0<\omega<1$）。

$$\left.\begin{array}{l} \beta_{i,j}=\dfrac{\alpha_{i,j}}{1+\omega\eta_{i-1,j}} \\[4mm] \alpha_{i,j}=\dfrac{c_{i,j}}{1+\omega\delta_{i,j-1}} \\[4mm] \gamma_{i,j}=e_{i,j}-\alpha_{i,j}\eta_{i,j-1}-\beta_{i,j}\delta_{i-1,j}+\omega\alpha_{i,j}\delta_{i,j-1}+\omega\beta_{i,j}\eta_{i-1,j} \\[4mm] \delta_{i,j}=\dfrac{b_{i,j}-\omega\alpha_{i,j}\delta_{i,j-1}}{\gamma_{i,j}} \\[4mm] \eta_{i,j}=\dfrac{d_{i,j}-\omega\beta_{i,j}\eta_{i-1,j}}{\gamma_{i,j}} \end{array}\right\} \tag{5-3-32}$$

计算是按照从左而右、自下而上的顺序进行，则式（5-3-31）中的 $\delta_{i,j-1}$、$\delta_{i-1,j}$、$\eta_{i-1,j}$、$\eta_{i,j-1}$ 应作为已知，因为它们已经在左、下格的计算中被求出或者可根据边界条件定出。因此，借助式（5-3-32），对每个格点 (i,j) 都能由"五点"格式系数 $a_{i,j}$、$b_{i,j}$、$c_{i,j}$、$d_{i,j}$、$e_{i,j}$ 算出 $[L]$ 和 $[U]$ 的非零元素 $\alpha_{i,j}$、$\beta_{i,j}$、$\gamma_{i,j}$、$\eta_{i,j}$、$\delta_{i,j}$。矩阵 $[L]$ 和 $[U]$ 是 $[\hat K]$ 的因子分解，不是 $[K]$ 的因子分解，但 $[\hat K]$ 和 $[K]$ 很近似。到这里已经实现了对系数矩阵 $[K]$ 的近似因子分解。

松弛因子 ω 的确定通过以下公式：

$$\omega_L=1-\min\left[\dfrac{2(\delta x)^2}{1+\dfrac{K_{yy}(\delta x)^2}{K_{xx}(\delta y)^2}},\ \dfrac{2(\delta y)^2}{1+\dfrac{K_{xx}(\delta y)^2}{K_{yy}(\delta x)^2}}\right] \tag{5-3-33}$$

其中

$$\delta x=\dfrac{\Delta x}{\text{区域的宽度}}$$

$$\delta y=\dfrac{\Delta y}{\text{区域的长度}}$$

SIP 迭代对 ω 的值并不敏感，ω 一般大于 0.92，在 $[0.92，0.95]$ 之间（Peric，1995）。

3. 强隐式迭代解法

解方程组 $[K]H=F$ 等价于解方程组

$$[\hat K]H=F+([\hat K]-[K])H \tag{5-3-34}$$

这一方程组左端的系数矩阵 $[\hat{K}]$ 已有 LU 分解，且 $[L]$ 和 $[U]$ 均为稀疏矩阵，因此很容易求解，但因式（5-3-34）的右端也含有未知的水头 H，所以只能用迭代解法，将式（5-3-34）改写为下列形式

$$[\hat{K}]H^{m+1}=F+([\hat{K}]-[K])H^m \tag{5-3-35}$$

式中　H——右上角的指数表示迭代的次数，两端同减 $[\hat{K}]\,H^m$，得

$$[\hat{K}](H^{m+1}-H^m)=F-[K]H^m \tag{5-3-36}$$

或者

$$[\hat{K}]\xi^{m+1}=R^m \tag{5-3-37}$$

其中

$$\xi^{m+1}=H^{m+1}-H^m \tag{5-3-38}$$

$$R^m=F-[K]H^m \tag{5-3-39}$$

迭代的过程是：已知 H^m，可由式（5-3-39）决定 R^m，以此作为式（5-3-40）的右端项，解方程组求得 ξ^{m+1}，再由式（5-3-38）解出 H^{m+1}，如此重复迭代直到收敛为止。收敛的准则采用下式

$$\max_{i,j}|H_{i,j}^{m+1}-H_{i,j}^m|<\varepsilon \tag{5-3-40}$$

其中 ε 是足够小的正数。

上述迭代过程主要工作是解方程式（5-3-37），$[\hat{K}]$ 已有 LU 分解，所以在解方程时很容易求解，只需一个前推回代的过程。

4. 前推回代工程

顺次解方程组

$$[L]V=R^m \tag{5-3-41}$$

和

$$[U]\xi^{m+1}=V \tag{5-3-42}$$

其中 V 是中间解

$$V_{i,j}=\frac{R_{i,j}^m-\alpha_{i,j}V_{i,j-1}-\beta_{i,j}V_{i-1,j}}{\gamma_{i,j}} \tag{5-3-43}$$

$$\xi_{i,j}^{m+1}=V_{i,j}-\eta_{i,j}V_{i,j+1}-\delta_{i,j}V_{i+1,j} \tag{5-3-44}$$

式（5-3-43）和式（5-3-44）为中间值 V 和 ξ^{m+1} 的表示方法，这样就能顺利的解出 $[L]$ 和 $[U]$，从而求解整个方程。

实际含水层区域不一定是矩形，但一定可以采用矩形区域将其覆盖，用两组平行线划分成矩形网格，在这些矩形网格中可分成内格点、靠近边界的格点和外格点三类。这样就可以运用 SIP 方法求解。

5. SIP 算法验证

算例 1

在 200m×200m 的区域上（浓度为 0），北部和西部隔水，东部和南部边界有稳定的浓度为 1mg/L，且地下水为稳定流动，孔隙平均流速为 0.005m/d，流动方向平行于 X 轴并与 X 方向相反。$\Delta X=\Delta Y=20$m，$\Delta t=5$d。总时段为 2000d。共 400 个步长，$DL=10$，$DT=1$（采用陈崇希、李国敏等编著的《地下水溶质运移理论及模型》"求矩形含水层中地下水溶质运移二维 ADI 交替隐式差分算例"）。

$$\begin{cases}\dfrac{\partial C}{\partial t}=D_L\dfrac{\partial^2 C}{\partial x^2}+D_T\dfrac{\partial^2 C}{\partial y^2}-u\dfrac{\partial C}{\partial x} & 0\leqslant x(y)\leqslant 200 \\[2mm] C(x,y,0)=0 & 0\leqslant x(y)\leqslant 200 \\[2mm] C(200,y,0)=1 & 0\leqslant y\leqslant 200 \\[2mm] C(x,200,0)=1 & 0\leqslant y\leqslant 200\end{cases}$$

区域剖分分辨率为 20m×20m，共 100 个网格。剖分网格与初始浓度场图见图 5-3-5。

图 5-3-5 有限差分网格剖分图及初始浓度场图

表 5-3-1 和表 5-3-2 是时间为 500 天时分别用 ADI 算法和 SIP 算法算出的区域浓度场分布结果。可以看出两结果稍有不同，但是仅在小数点后第三位开始略有不同，并不影响计算精度。这些差别也主要是计算方法不同引起的。图 5-3-6 为图化的输出结果。

表 5-3-1　　　　　　　　　　　　ADI 算法时间为 500 天时浓度场计算结果

ADI 算法：Time＝500d										
0.0000	0.0000	0.0000	0.0000	0.0000	0.0001	0.0006	0.0055	0.0364	0.1767	1.0000
0.0000	0.0000	0.0000	0.0000	0.0000	0.0001	0.0007	0.0057	0.0375	0.1805	1.0000
0.0000	0.0000	0.0000	0.0000	0.0000	0.0001	0.0007	0.0057	0.0376	0.1805	1.0000
0.0000	0.0000	0.0000	0.0000	0.0000	0.0001	0.0007	0.0057	0.0376	0.1805	1.0000
0.0000	0.0000	0.0000	0.0000	0.0000	0.0001	0.0007	0.0057	0.0376	0.1805	1.0000
0.0000	0.0000	0.0000	0.0000	0.0000	0.0001	0.0007	0.0057	0.0376	0.1805	1.0000
0.0000	0.0000	0.0000	0.0000	0.0000	0.0001	0.0007	0.0057	0.0376	0.1805	1.0000
0.0001	0.0001	0.0001	0.0001	0.0001	0.0002	0.0008	0.0058	0.0377	0.1806	1.0000
0.0049	0.0062	0.0064	0.0065	0.0065	0.0065	0.0071	0.0121	0.0437	0.1854	1.0000
0.2144	0.2556	0.2617	0.2624	0.2624	0.2625	0.2630	0.2672	0.2922	0.3912	1.0000
1.0000	1.0000	1.0000	1.0000	1.0000	1.0000	1.0000	1.0000	1.0000	1.0000	1.0000

表 5-3-2　　　　　　　　　　　　SIP 算法时间为 500 天时浓度场计算结果

SIP 算法：Time＝500d										
0.0000	0.0000	0.0000	0.0000	0.0000	0.0001	0.0006	0.0054	0.0359	0.1749	1.0000
0.0000	0.0000	0.0000	0.0000	0.0000	0.0001	0.0007	0.0057	0.0375	0.1804	1.0000
0.0000	0.0000	0.0000	0.0000	0.0000	0.0001	0.0007	0.0057	0.0376	0.1805	1.0000
0.0000	0.0000	0.0000	0.0000	0.0000	0.0001	0.0007	0.0057	0.0376	0.1805	1.0000
0.0000	0.0000	0.0000	0.0000	0.0000	0.0001	0.0007	0.0057	0.0376	0.1805	1.0000
0.0000	0.0000	0.0000	0.0000	0.0000	0.0001	0.0007	0.0057	0.0376	0.1805	1.0000
0.0000	0.0000	0.0000	0.0000	0.0000	0.0001	0.0007	0.0057	0.0376	0.1805	1.0000
0.0001	0.0001	0.0001	0.0001	0.0001	0.0002	0.0008	0.0058	0.0377	0.1806	1.0000
0.0042	0.0061	0.0064	0.0065	0.0065	0.0065	0.0071	0.0121	0.0437	0.1854	1.0000
0.1908	0.2523	0.2613	0.2623	0.2624	0.2625	0.2630	0.2672	0.2922	0.3912	1.0000
1.0000	1.0000	1.0000	1.0000	1.0000	1.0000	1.0000	1.0000	1.0000	1.0000	1.0000

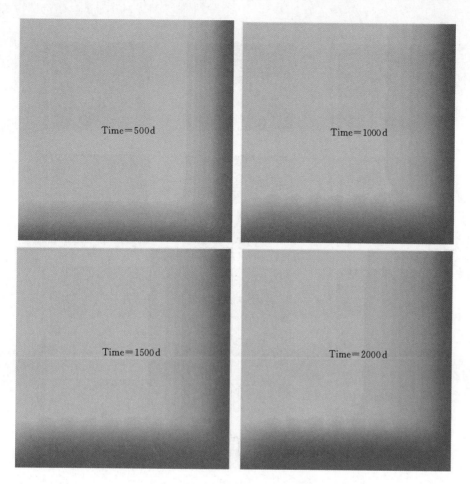

图 5-3-6 SIP 算法实例验证图

算例 2

作者对三维 SIP 算法也进行了编程验证，作为变密度三维渗流溶质运移模型开发的基础条件，算例如下。利用 SIP 算法计算三维拉普拉斯方程：将边长为 1 的立方体剖分成 $20 \times 20 \times 20 = 8000$ 的网格，$\Delta x = \Delta y = \Delta z = 0.05$；网格的初始值均为 0；立方体的下边、左边和后边的边界条件均为零通量边界，即 $U(0,Y,Z) = U(X,0,Z) = U(X,Y,0) = 0$；立方体的上边、前边和右边的边界条件分别为 $U(X,Y,1) = X \times Y$，$U(1,Y,Z) = Y \times Z$，$U(X,1,Z) = X \times Z$，（来自 J. H. Ferziger 和 M. Peric 的著作《Computational Methods for Fluid Dynamics》，2002）

$$\frac{\partial^2 U}{\partial x^2} + \frac{\partial^2 U}{\partial y^2} + \frac{\partial^2 U}{\partial z^2} = 0$$
$$U(0,Y,Z) = U(X,0,Z) = U(X,Y,0) = 0$$
$$U(X,1,Z) = X \times Z; U(X,Y,1) = X \times Y; U(1,Y,Z) = Y \times Z$$
$$U(X,Y,Z) = X \times Y \times Z$$

方程离散格式如下：

$$\frac{1}{(\Delta x)^2} \cdot U_{i-1,j,k} + \frac{1}{(\Delta x)^2} \cdot U_{i+1,j,k} + \frac{1}{(\Delta y)^2} \cdot U_{i,j-1,k} + \frac{1}{(\Delta y)^2} \cdot U_{i,j+1,k} + \frac{1}{(\Delta z)^2} \cdot U_{i,j,k-1}$$
$$+ \frac{1}{(\Delta z)^2} \cdot U_{i,j,k+1} - 2 \cdot \left[\frac{1}{(\Delta x)^2} + \frac{1}{(\Delta y)^2} + \frac{1}{(\Delta z)^2} \right] \cdot U_{i,j,k} = 0$$

利用 SIP 迭代求解结果如图 5-3-7 和图 5-3-8 所示。

图 5 - 3 - 7　SIP 算法验证 3D 切片图（从左到右从上到下 z 为 1～21）

注：横坐标为 1～21，间隔为 1；纵坐标为 0～1，间隔为 0.1

图 5-3-7 中从左到右从上到下 21 张图分别表示 $z=1$，21 时的切片图。图 5-3-8 表示的是其三维立体图［顶角格点坐标为 $U(20,20,20)$］，两图能清楚地反映出算法的有效性，即在立方体的最上端边长 $x=1$、$y=1$、$z=1$ 时数值最大，其余内部格点值按照离最上端远近距离均匀分布。

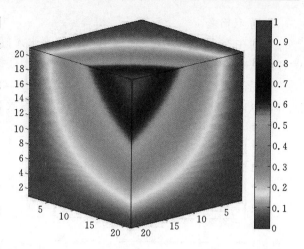

图 5-3-8　SIP 算法 3D 三维验证图

三、模型的验证

1. 模型的计算流程图

计算的核心部分包括三次迭代：变密度地下水渗流迭代、溶质运移迭代以及包含两者的整体迭代。首先以任意浓度场（一般选为初始浓度场）带入渗流方程通过迭代求解下一时刻的水头分布和速度分布，利用求得的速度分布在溶质运移模型中迭代求解同一时刻的浓度分布，然后比较求出的浓度分布和开始假设带入的浓度分布，如果小于给定误差则用求出的浓度分布作为下一时刻求解渗流方程的已知项，如果大于给定误差则继续迭代这一时刻直到收敛为止。变密度地下水流溶质运移模型计算流程如图 5-3-9 所示。

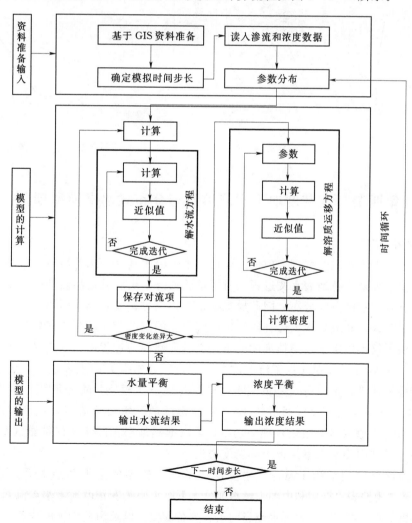

图 5-3-9　变密度地下水流溶质运移模型计算流程图

2. 亨利问题

亨利在 1964 年提出了一个承压含水层海水入侵的近似解析解。许多数值计算程序都以该问题作为评测基准。本文以亨利问题作为简单算例，验证模型求解的有效性。亨利问题具体描述如下：

封闭区域长 2m，高 1m，宽 1m；填充介质均质各向同性，渗透系数为 864m/d，有效孔隙度 0.35，纵向弥散和横向弥散度均为零，分子弥散系数为 1.62925m²/d；右侧边界为海水边界，海水浓度 35kg/m³，海水密度 1025.35kg/m³，左侧为给定流量边界，流量为 5.702m³/(d·m)，上下边界隔水；注入水浓度为零，初始浓度为零，淡水密度 1000.35kg/m³。数值模型将研究区域剖分 21 列、10 层，剖分网格为边长 0.1m 的正方形（图 5-3-10）。其水位、浓度模拟结果见图 5-3-11 和图 5-3-12，可以看出，因咸水和淡水的水位、密度和浓度的差异，咸水向淡水入侵的效果非常明显。

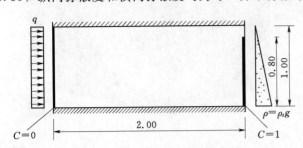

图 5-3-10　滨海承压含水层海水入侵问题
（亨利问题）的定义

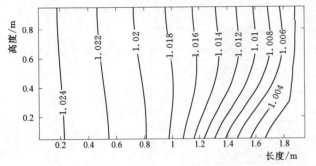

图 5-3-11　亨利问题参考水头等值线分布

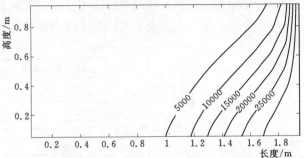

图 5-3-12　亨利问题的浓度等值线分布（mg/L）

第四节　变密度地下水流溶质与分布式水文模型耦合

一、耦合模型的结构

传统变密度地下水流溶质运移耦合模型处理地下水补给尤其是降水补给时非常简单，通常采用降水量乘以降水入渗系数来代替地表水文过程。对于试验场等小尺度且地形岩性相对简单的研究区，由于已知降水入渗补给参数的空间分布，因此模拟结果可以满足精度要求。而对于具有复杂地形、地貌和地层的大尺度研究区，获取降水入渗补给系数空间分布的难度较大，分辨率较低，且其地表水文过程复杂，这种方法不仅难以满足模型精度的要求，而且在建模的过程中增加不必要的工作量。在将分布式水文模型 DTVGM 的计算单元由子流域改进为网格后，本研究的地表地下部分选择相同大小的网格分辨率进行模拟计算，可以有效避免因水文模型与地下水模型尺度不匹配而带来的降尺度问题（水文模型尺度大，地下水模型尺度通常较小）。将变密度地下水流溶质运移模型与以网格为单元的 DTVGM 模型（包含土壤水运动模块）耦合之后，可以准确地模拟降水入渗补给（基流量），从而有效解决传统地下水模型中降水入渗量带来的精度损失。

图 5-4-1 为耦合模型结构示意图，主要反映了耦合模型的上下两层关系。分布式水文模型 DTVGM 包含上部二维地表水结构和中部土壤水部分。下层主要是变密度地下水渗流溶质运移模型，反映的是基于物理机制的三维变密度地下水流场的水头分布变化，以及由此带来的速度分布变化，进而影响的溶质运移模型中的浓度分布变化，及其导致的密度分布变化的整体过程。浓度场的改变又影响了下

一个时间步长的水头变化，这种循环影响过程反映了一个完整的地下水流运动和浓度的迁移变化过程。

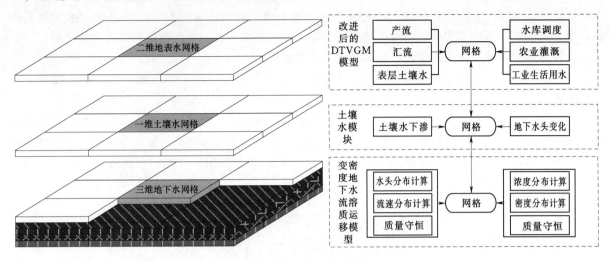

图 5-4-1　耦合模型结构示意图

图 5-4-2 表示变密度地下水流溶质运移模块与 DTVGM 分布式水文模型地表水模块耦合后模型的整体结构。本次研究中 DTVGM 主要模拟计算网格上降水产流过程、工业、农业及生活用水等；地下水渗流溶质运移模块主要模拟潜水在单元间的流动、潜水位的动态变化、地表水与地下水间的补给或排泄以及由变密度地下水流动引起的地下水溶质运移过程。DTVGM 的地表水模块为地下水水量水质模块提供更为精确的降水补给等源汇项，地下水水量水质模块为地表水模块提供更为精确的潜水埋深、地下径流、开采量空间分布信息。

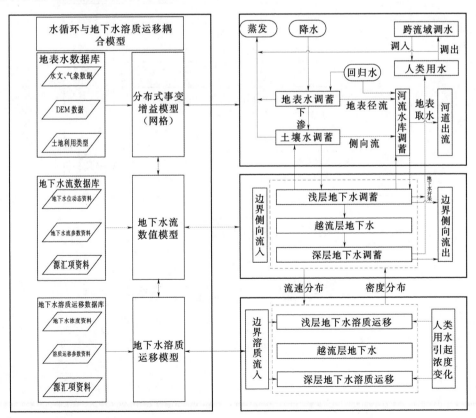

图 5-4-2　DTVGM 地表水与地下水流溶质运移耦合模型结构图

　　耦合模型各个模块均分为输入、计算、输出三部分，如图5-3-9和图5-4-3所示。输入包括水文模型中的水文、气象数据；地下水流模型中的源汇项、初始水头分布、边界条件、水文地质参数；地下水溶质运移模型中的初始浓度分布、边界浓度、弥散系数、溶质密度等溶质运移参数。

　　计算模块中，按照网格逐单元、逐时段进行迭代模拟。

　　（1）DTVGM产流模块模拟降雨入渗、蒸散发、坡面产流等过程，并为地下水流模块提供土壤层渗漏补给。

　　（2）变密度地下水渗流模型受到分布式水文模型提供的土壤入渗进行地下水流场运算，计算方法采用强隐式有限差分，计算出时间步长内的水头分布，同时计算出该时刻的流速分布传递给溶质运移模型；溶质运移模型同样采用强隐式有限差分（上游加权），计算出该时刻的溶质浓度分布，同时计

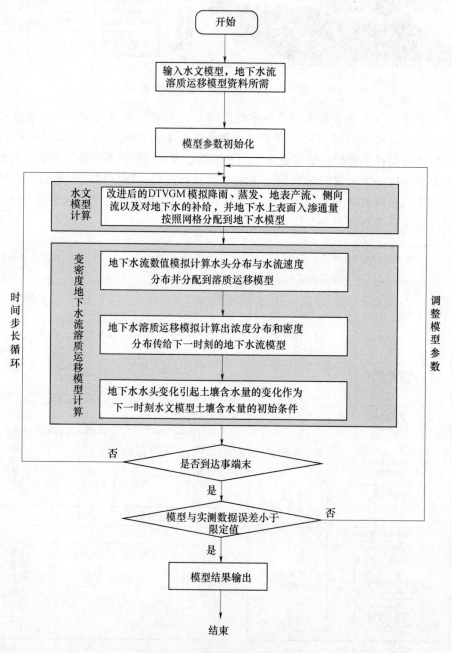

图 5-4-3　耦合模型计算流程图

算出由于浓度分布变化产生的密度分布变化，传递给地下水渗流模型，为下一个时间步长的计算做准备。

（3）变密度地下水渗流溶质运移模块将计算出的潜水位转化为分布式水文模型所需要的潜水埋深，供 DTVGM 水文模块在下一时段计算潜水蒸发。

计算结束后，模型可输出出口断面的流量过程，流域水循环要素及地下水水位、流速、与溶质浓度的时空分布。

二、模型的建立

由于受到资料限制，研究只能通过松散式耦合实现地表水地下水的联合模拟，主要原因有以下几点：

（1）研究区域不匹配。水文模块虽然是以网格为研究单元，但是研究区域整体要求必须为一个完整流域，本次研究范围为小清河流域。而地下水的研究范围较小，本文注重于黄河三角洲南部广饶县海水入侵的研究，故研究区域不一致。水文模型大，地下水溶质运移模型小。

（2）研究区资料不匹配。如果将地下水范围扩大至小清河流域会有以下问题。首先是地下水资料无法满足，水位和浓度资料除广饶县和其东部寿光市外并无其他区域资料；其次由于着重于海水入侵的研究，将范围扩至小清河流域便失去意义。如果将地表水研究范围仅限定在淄河流域，资料仅有广饶县气象资料，无法满足水文模型资料要求；同时小清河流域的最后一个水文站点不在淄河流域之内，这也是研究区比较特殊的一点，水文模型无法率定和验证。

基于以上两点原因，本次研究采用松散式耦合，即在小清河流域进行水文模拟，利用已掌握的 4 个水文站和 3 个流量站的资料进行月尺度模型的率定和验证，月尺度水文模型仅考虑产流过程而忽略了汇流过程，这样就可以将率定好的水文模型在地下水研究区内的入渗量作为地下水模型的输入项之一替代降水入渗系数求出的入渗，从而进行地下水渗流与溶质运移（海水入侵）的模拟。

1. 数据准备

本研究搜集的主要资料见表 5－4－1。

表 5－4－1　　　　　　　　　　　模型主要收集资料

信息类型	详细类别	特　征　描　述
基础地理信息	数字高程模型 DEM	分辨率 90m×90m，重采样为 500m×500m 作为剖分网格
	河网图	小清河流域河网图（Shp 图件）
	灌区分布图	小清河流域麻湾灌区分布图及利用地表水、地下水分别灌溉量
	土地利用图	广饶县土地利用图 1km×1km
	土壤类型图	广饶县土壤类型矢量图 1：100 万
	高程图	广饶县高程等值线图
气象及雨水情信息	温度、辐射	1961—2009 年小清河流域 3 个气象站多年的最高最低气温、辐射日资料
	雨量站	1961—2009 年小清河流域 4 个气象站月降水、蒸发资料
	河道水文站	1983—2009 年小清河流域 2 站点月径流资料；1965—1978 年 1 站点月径流资料
	水库、闸坝	淄河水库年调水量、库底渗漏量以及 2006—2009 年三级坝址月水位资料
	水文地质图	东营市水文地质图
地下水信息	地下水观测井	2001—2009 年广饶县 21 眼地下水观测井日尺度水位资料
	地下水水质	广饶县 2005 年 4 月和 2009 年 4 月两次海水入侵氯离子浓度调查数据；2010 年 10 月野外调查氯离子浓度数据
	水文地质分区	广饶县南部研究区水文地质分区渗透系数、给水度、弥散系数

续表

信息类型	详细类别	特　征　描　述
地下水信息	地下水开采	2000—2009 年广饶县各乡镇工业、农业、生活用水量以及相对应的地表地下水用水量
	边界侧向补给	广饶县南部山前多年平均侧渗补给量
报告		淄河水库工程地质勘查报告
		2009 年广饶县水环境现状调查报告
		东营市地质勘查成果汇编（1997—2005）
		黄河三角洲南部地下水人工调蓄报告书

2. 模型主要参数

耦合模型中主要的一些参数见表 5 - 4 - 2。

表 5 - 4 - 2　　　　　　　　　　　耦合模型主要参数表

参数	含　　义	单　位	取值范围	备　　注
g_1	地表径流产流系数	—	0~1	自动优化结合人工优化
g_2	地表径流产流指数	—	1~5	自动优化结合人工优化
S_c	土壤田间持水量	%	10~35	自动优化结合人工优化
S_m	土壤饱和含水量	%	20~50	自动优化结合人工优化
K_c	蒸发权重系数	—	0~1	自动优化结合人工优化
K_s	饱和土壤垂向渗漏率	m/d	0.001~24	自动优化结合人工优化
K_g	地下水出流系数	—	0~1	自动优化结合人工优化
S_0	初始含水量	%	0	不灵敏，直接设置
S_f	凋萎含水量	%	12	不灵敏，直接设置
S_{min}	最小土壤含水量	%	9	不灵敏，直接设置
φ	孔隙度	—	0.10~0.35	人工优化，根据有关资料微调
μ	潜水层给水度	—	0.04~0.15	人工优化，根据有关资料微调
K	潜水层水平方向渗透系数	m/d	1~20	人工优化，根据有关资料微调
ω	溶质运移方程对流项空间权重因子	—	0~1	选择中心加权取值 0.5
ρ_s	最大密度	kg/m³	1025.35	直接设置
ρ_0	淡水密度	kg/m³	1000.35	直接设置
C_s	相对于最大密度 ρ_s 的浓度	kg/m³	35	直接设置
D_l	横向弥散系数	m	10~25	人工优化，根据有关资料微调
D_t	纵向弥散系数	m	1~2.5	人工优化，根据有关资料微调

3. 小清河流域

（1）研究区概况。小清河横贯鲁中腹地，北临被称为"地上悬河"的黄河，南依泰沂山地。西起济南市郊玉符河东堤睦里闸，东流经历城、章丘等县，至寿光县羊角沟镇以东注入渤海莱州湾，全长 237km（含羊口港以下 21km）。流域面积 10572km²，约占全省面积的 1/15，包括济南、惠民（滨州）、淄博、东营、潍坊 5 市（地）的历城、章丘、邹平、高青、桓台、周村、张店、淄川、临淄、博山、益都、博兴、广饶、寿光 18 个县（区）。

小清河流域地处平原山丘交界地带，地形较复杂，各支流下游至小清河干流之间主要由山前冲积洪积扇和黄河冲积平原所组成，多为湖泊洼地，如图 5 - 4 - 4 所示。流域地势由南向北倾斜，地面坡降由 1/500，逐渐减小为 1/1500～1/3000。沿岸的支流绝大部分从南岸注入，形成极不对称的羽状水系。一级支流有 20 条，主要有韩仓河、巨野河、绣江河、杏花河、孝妇河、胜利河、乌河、淄河、塌河、预备河等。小清河流域的地质构造，属于华北陆台的一部分。在主要支流的上游山区，岩石主要有片麻岩、花岗岩和石灰岩，其中上寒武纪和奥陶纪石灰岩分布较广。中游分布着石炭—二叠纪地层及侏罗纪碎屑岩类地层。北部平原区为第四纪沉积层。在胶济铁路以北的冲积洪积扇和古河道带，覆盖着较厚的卵石、砂砾层，富水性强，是山东省地下水资源较丰富的地区之一。

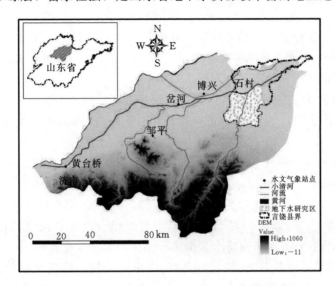

图 5-4-4　小清河流域 DEM 及水文气象站点图

　　流域气候冬冷夏热、四季分明，降雨时空分布不均。流域水资源总的来看比较缺乏。不论从流域内的人均占有量还是亩均占有量，均低于全省水平，更远远低于全国水平。

　　小清河上游连接省城济南，中游贯连淄博、潍坊，下游紧接东营，流域是省内重要的工业生产基地，也是主要的粮棉生产区之一。流域地理位置优越，干流与铁路、公路相交，形成了良好的水陆联运条件，为小清河流域的开发提供了良好的基础条件。流域人口密度大，经济发展迅速，逐渐成为山东省中北部地区经济社会发展的水利命脉。

　　(2) 小清河流域资料分析。气候变化背景下，人们越来越关注气象和水文过程中所表现的周期变化和非线性过程，具有多种周期的气温、降水、径流等序列的长程相关性可以延续几年甚至几十年 (Kalra and Ahmad, 2011)。探讨气象水文序列的周期和长程相关性，在理论上可以深化对气象水文过程非线性动力机制的认识，在实际应用中对于发展新的气象水文预测模型以及不同时间尺度数据系列插值具有重要的指导意义 (宋润柳, 2011)。

　　小清河流域的降水、径流资料相关情况见表 5-4-3。

表 5-4-3　　　　　　　　　　小清河流域水文气象站资料情况

站名	站性质	东经	北纬	资料年限
济南站	气象站	117°1′	36°67′	1956—2010 年
邹平站	气象站	117°73′	36°89′	1959—2009 年
博兴站	气象站	118°13′	37°14′	1956—2009 年
广饶站	气象站	118°40′	37°5′	1961—2009 年
黄台桥站	径流站	117°5′	36°70′	1956—2009 年
岔河站	径流站	117°93′	37°7′	1983—2007 年
石村站	径流站	118°38′	37°14′	1956—1978 年

1) 小清河流域降雨径流小波分析。小波分析方法是一种信号时频局部分析的方法，其特点是通过时频变化突出信号在某些方面的特征，具有时频多分辨功能（杨建国，2005；王文圣，2005）；由于水文要素的周期变换很复杂，变化周期不固定，且在同一时段中又包含各种时间尺度的周期变化，表现出多时间尺度的特征。因此利用小波分析方法的伸缩和平移等运算功能对函数或信号序列进行多尺度细化分析，研究不同尺度（周期）随时间的演变情况，成为研究气象要素长期变化的十分重要的工具，为进一步进行水文计算和水文模型模拟预报奠定基础，将开辟一条崭新的途径（牛存稳，2004）。

具体的小波分析方法在许多书籍和文献中均有提及（李淼，2011；王文圣，2004），这里不做详细介绍。本次采用 Morlet 小波变换求得实部和模平方来研究小清河流域降水、径流的周期波动特征，同时求出小波方差来确定降水和径流的主周期。

a. 基本资料预处理。为了将序列 1 年的自然周期滤去，在进行小波变换前，要通过求距平的方法对资料进行预处理（卢文喜，2010），因此，在计算时采用的资料序列为距平后序列。

b. 降水小波分析。图 5-4-5 表示小清河流域黄台桥、邹平和博兴三个地区降水小波实部和模平方的时频分布，上图表示实部，下图表示模平方。上图中，实线表示正位相，即实部大于等于 0；虚线表示负位相即实部小于 0。三幅图都十分清晰地显示了小波变换系数的实部波动特征，具体反映在三个区域降水偏多和偏少交替变化的特性。由图可知，三个地区降水波动周期显示出高度的一致性。均在 350～450 个月（30～37 年）和 150～200 个月（12～17 年）尺度波动十分明显，正负位相交替出现，可明显观察到在计算时域内降水量偏多、偏少的波动变化；图 5-4-5 的下图为三地区经过 Morlet 小波变换后模平方时频分布图，其中模的大小表示特征时间尺度信号的强弱状况。图中，信号的强弱分布在不同时间尺度各不相同，350～500 个月的时间尺度表现最强，震荡中心为 450 个月（33 年）左右，并且贯穿整个计算时域，是影响未来该地区降水量的主要时间尺度。邹平地区 100

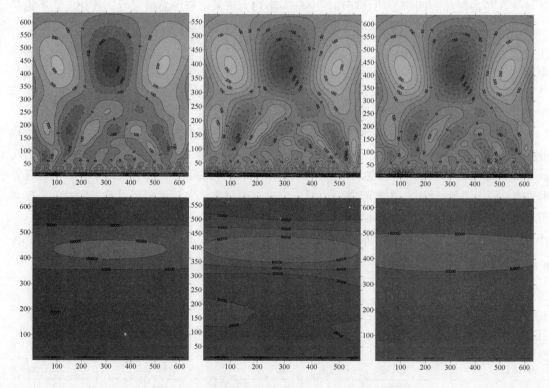

图 5-4-5　小清河流域三地降水小波实部、模平方系数时频分布图

（上为实部，下为模平方；左到右依次为黄台桥、邹平、博兴）

～250 个月的时间尺度也较强，震荡中心为 150 个月，主要发生在 200 个月（1976 年）之前和 450 个月（1997 年）之后。由以上分析可知，小清河流域月降水量在整个时间域内受 350～450 个月，局部地区受到 150～200 个月这两个时间尺度波动变化影响，见表 5-4-4。

c. 径流小波分析。图 5-4-6 表示小清河流域黄台桥、岔河和石村三站径流小波实部和模平方的时频分布，上图表示实部，下图表示模平方。小波实部系数图中，黄台桥、岔河、石村三站径流波动特征各不相同。黄台桥径流分别在 120 个月（10 年）、180 个月（15 年）、350～450 个月（30～37 年）三个不同时段呈现波动特征，其中 350～450 个月波动最为剧烈。岔河径流为 70～120 个月（6～10 年）；石村径流在 140～160 个月（12～14 年）左右尺度波动十分明显；小波模平方图中清晰的印证了实部图的特征，黄台桥径流震荡中心在 450 个月、180 个月和 120 个月，前者贯穿始终，后两者分别发生在 300 个月（1981 年）之前和 400 个月（1990 年）之后。同时可以看出，黄台桥降水和径流波动周期表现一致，均为 350～450 个月。岔河径流震荡中心在 100 个月左右，主要发生在 100 个月（1991 年）之后；140～160 个月在石村径流的模平方图中贯穿始终，表现了强烈的波动特征，见表 5-4-4。

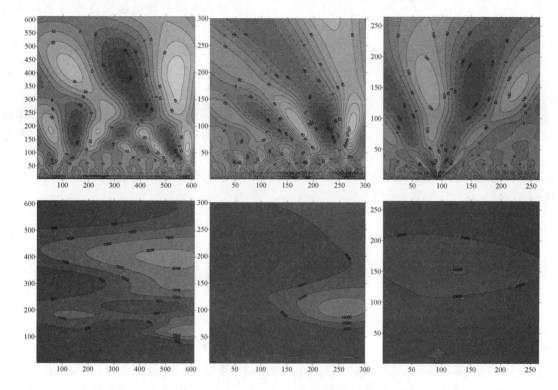

图 5-4-6 小清河流域三站径流小波实部、模平方系数时频分布图

（上排图片为实部，下排图片为模平方；左到右依次为黄台桥、岔河、石村）

表 5-4-4 小清河流域降水、径流小波分析

站 点		震荡中心	发生时段	主周期
降水/月	黄台桥	450	贯穿整个时域	432（36 年）
				181（15 年）
	邹平	450	贯穿整个时域	392（33 年）
		150	1976 年之前和 1997 年之后	168（14 年）
	博兴	450	贯穿整个时域	420（35 年）
				180（15 年）

站　　点		震荡中心	发生时段	主周期
径流 /月	黄台桥	450	贯穿整个时域	409（32 年）
		180	1981 年之前	176（15 年）
		120	1990 年之后	126（10.5 年）
	岔河	100	1991 年之后	114（9.5 年）
	石村	150	贯穿整个时域	153（13 年）

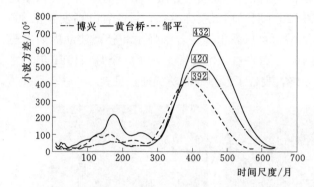

图 5-4-7　小清河流域降水小波方差

d. 时间序列的主要周期分析。利用小波系数计算序列的小波方差；以小波方差 Var 值为纵坐标，时间尺度为横坐标绘制小清河流域降水和径流小波方差图，见图 5-4-7 和图 5-4-8。小波方差反映了波动的能量随尺度的分布，通过小波方差图可以确定降水量序列存在的主要时间尺度，即主周期。由图 5-4-7 可看出黄台桥、邹平、博兴的降水小波方差的主要峰值分别出现在 432 个月（36 年）、392 个月（33 年）和 420 个月（35 年），说明各地降水分别在上述时间段的周期振荡最强，为第一主周期。另外三地区均有第二主周期的出现（图中峰值），分别为黄台桥 181 个月（15 年），邹平 168 个月（14 年）和博兴 180 个月（15 年）。这同时说明小清河流域降水第一主周期在 390～432 个月（33～36 年），第二主周期在 168～180 个月（14～15 年）。

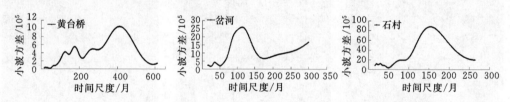

图 5-4-8　小清河流域径流小波方差

图 5-4-8 为小清河流域岔河、黄台桥、石村径流小波方差图。由图可知黄台桥径流主周期为 409 个月（34 年），第二和第三主周期分别为 176 个月（15 年）和 126 个月（10.5 年）；岔河径流主周期为 114 个月（9.5 年）；石村径流主周期为 153 个月（13 年）。由于黄台桥站降水径流资料较长，因此可以用其判断降水径流的小波周期关系的一致性。黄台桥站降水主周期在 432 个月即 36 年左右，径流主周期为 409 个月即 34 年左右，说明该地区降水径流周期具有较好的一致性。

2）小清河流域降雨径流的长程相关性分析。

a. 去趋势波动法。20 世纪 90 年代，Peng 等（1994）在对 DNA（脱氧核糖核酸）结构进行研究时发现分子链结构的变化特性表现出长程相关性特征，且相关性服从幂律（power-law）特征；两者都具有明显的分形结构特征等，因此提出了一种全新的研究时间序列波动长程相关性的"消除趋势的波动分析法"（Detrended Fluctuation Analysis，简记为 DFA），随后这一方法在自然科学和社会科学领域如心率动力学分析、长期天气预报、云层结构分析以及金融时间序列分析得到了广泛的应用。具体研究方法如下：

第一步：计算时间序列 $\{X_i, i=1, 2, \cdots, N\}$ 的累积离差：

$$Y(i) = \sum_{k=1}^{i} (X_k - \overline{X}) \quad (i = 1, 2, \cdots, N) \tag{5-4-1}$$

第二步：把 $Y(i)$ 分成 N_s 个不重叠的等间隔 s 的区间 v，其中 $N_s \equiv \mathrm{int}[N/s]$。

第三步：对于每个区间 v，用最小二乘法拟合数据，得到局部趋势。滤去该趋势后的时间序列记为 $Y_s(i)$，表示原序列与拟合值之差：

$$Y_s(i) = Y(i) - P_v(i) \tag{5-4-2}$$

$P_v(i)$ 为第 v 区间的拟合多项式，若拟合的多项式采用的是线性的、二次的、三次的，甚至是更高阶的多项式，则分别记为 DFA、DFA2、DFA3 等。

第四步：计算每个区间滤去趋势后的方差：

$$F^2(v,s) = \frac{1}{s} \sum_{i=1}^{s} Y_s^2[(v-1)s+i] \quad (v = 1, 2, \cdots, N_s) \tag{5-4-3}$$

第五步：对非零实数 q，定义序列的 q 阶波动函数为：

$$F_q(s) = \left\{ \frac{1}{N_s} \sum_{v=1}^{N_s} \left[F^2(s,v)^{\frac{q}{2}} \right] \right\}^{\frac{1}{q}} \tag{5-4-4}$$

当 $q = 2$ 时，$F_q(s)$ 为标准 DFA 波动函数。

当 $q = 0$ 时，波动函数为：

$$F_0(s) = \exp \left\{ \frac{1}{2N_s} \sum_{v=1}^{2N_s} \ln[F^2(s,v)] \right\} \tag{5-4-5}$$

第六步：确定波动函数的标度指数。由 $F_q(s) \propto s^{h(q)}$，推得：

$$\log_{10} F_q(s) = \log_{10} C + h(q) \log_{10} s \tag{5-4-6}$$

式中 C——常数；

$h(q)$——标度指数。

b. 小清河流域降水和径流的长程相关性分析。对于具有长程相关性的序列，使用 DFA 方法，将 $F(q)$ 和 q 分别取对数，就可以作出一条曲线，而它的斜率就是标度指数 a，标度指数并不是一个恒定的值。随着时间尺度发生变换或者是由于背景趋势场的影响，往往在不同的时间尺度上会出现不同的标度指数，从而会出现拐点（郜建华和薛惠文，2011）。为了揭示该流域降水、径流波动的统计特征，对 $\log_{10} F(s)$ 和 $\log_{10} s$ 进行了分段拟合，从而获取不同时间尺度的标度指数。

图 5-4-9 和图 5-4-10 分别为小清河流域黄台桥、邹平、博兴三地降水与黄台桥、岔河、石村三站径流 DFA2 的标度指数拐点图。由图可以看出该流域无论是降水还是径流 DFA2 曲线都存在一个比较明显的拐点。这是由于在实际观测的时间序列中，序列的相关关系标度指数并不总是一个恒定的值，往往由于数据本身的相关关系特性，随着时间尺度发生变换或者背景趋势场变化的影响，不同的时间尺度上会有不同的标度指数。将拐点左侧斜率也就是标度指数设为 a_1，右侧斜率定义为 a_2。对于小清河流域三地降水来讲，在 $\log_{10}(s) = 1.204$，即 16 个月左右有明显的拐点（图 5-4-10）。当时间尺度小于 16 个月时，流域内三地降水标度指数 a_1 分别为 1.35、1.504、1.389。值全部大于 1。表明该流域三地降水序列均为非线性序列。所以根据 Hurst 指数与 DFA 指数在小时间尺度的关系 $H = F_2(s) - 1$，可以得到该流域三地的 Hurst 指数在步长小于 16 个月的小时间尺度上分别为 0.35、0.504、0.389。所以对于黄台桥和博兴来讲，降水的波动特性表现为非持续性，即该流域两地降水的变化趋势与现有序列相反。而邹平 Hurst 指数在 0.5 附近，表明邹平的降水序列更倾向于不相关或短程相关。当时间尺度大于 16 个月时，流域内三地降水标度指数 a_2 分别为 0.266、0223、0.205，说明降水序列是非持续的，变化趋势相反。同样，对小清河流域三站径流序列进行 DFA2 分析（图 5-4-11）。可以看出岔河径流拐点出现在 1.146 即 14 个月左右，而黄台桥和石村站径流拐点出现在 1.23 即 17 个月左右。对径流进行分段拟合得出当时间尺度小于 14 个月（岔河）和 17 个月

（黄台桥、石村）时，标度指数分别为黄台桥 1.516，岔河 1.830，石村 1.896。Hurst 指数分别为 0.516、0.83 和 0.896，逐步变大，黄台桥径流呈现不相关特性，而岔河和石村径流呈现长程相关性。在时间尺度大于 14 个月（岔河）和 17 个月（黄台桥、石村）时，三站径流均具有长程相关性。

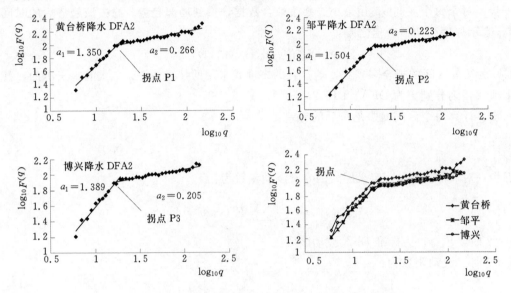

图 5-4-9　小清河流域降水 DFA 标度指数拐点分析

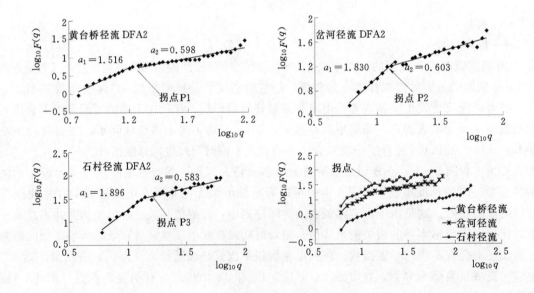

图 5-4-10　小清河流域径流 DFA 标度指数拐点分析

　　由以上分析可以看出小清河流域降水的标度指数特征与径流的标度指数特征并没有正相关的关系，该流域内降水是否具有长程相关性并不能决定径流是否具有相应的长程相关性。因为径流序列是由降水和其他诸如土壤含水量、植被覆盖、河道形状等流域特征参数所共同作用的结果。在图 5-4-11 中可以看到岔口和石村径流标度指数 a_1、a_2 的一致性，但是和黄台桥站径流在标度指数 a_1 上的差异。Gupta 等（1996）解释了在降水空间变异，河网结构与洪水关系，以及降水—地形—径流等方面这种统计上的自相似性（尺度不变性）。黄台桥站位于小清河流域的上游，而岔河、石村两站位于流域的中下游。上游和中下游地区有着不同的拓扑和河网结构，这种不同的结构特性可能导致其不同的尺度特性。

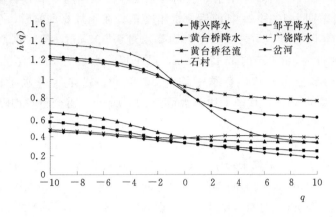

图 5-4-11　小清河流域降水、径流序列 $h(q)$—q 关系曲线

图 5-4-11 中给出了小清河流域降水、径流序列的 $h(q)$ 值与 q 值关系图。当 q 从 -10 到 $+10$ 变化时，黄台桥、岔河、石村径流原始序列的 $h(q)$ 分别从 1.2167、1.2358、1.3707 递减到 0.7757、0.5986、0.3324。黄台桥、邹平、博兴站降水原始序列的 $h(q)$ 分别从 0.6536、0.5504、0.4522 递减到 0.34、0.2465、0.1794。这些序列的 $h(q)$ 并非单一常数，表明该流域的降水和径流序列均存在显著的多重分形特征。而广饶县降水在 q 从 -10 到 $+10$ 变化时 $h(q)$ 值变化不大，则说明该区降水序列表现为单分形特征。

4. 黄河三角洲南部广饶县

（1）研究区概况。

1）研究区地理位置与经济概况。研究区位于小清河以南的广饶县区域，地理坐标为东经 $118°17'04''\sim118°40'23''$，北纬 $36°56'09''\sim37°13'50''$，面积 635km^2。东邻寿光市，西毗博兴县，南接青州市和淄博市临淄区。

研究区现辖有大王、广饶和大营等 12 个乡镇，人口超 50 万，经济以农业经济为主。区内自然条件优越，土质肥沃，光热资源充足，适宜农业多层次、高效益开发，是黄河三角洲重要的粮棉基地，具有巨大的农业生产发展潜力。2014 年实现生产总值 GDP 超过 704 亿元；人均生产总值 144777.57 元；地方财政收入 40 亿元；全社会固定资产投资 160.0 亿元；城镇居民人均可支配收入 30172 元；农民人均纯收入 13000 元；研究区广饶县综合实力在全省 30 强和全国县域经济基本竞争力百强的位次稳步前移，入围全国中小城市综合实力百强、全国最具区域带动力中小城市百强。

2）地形地貌。研究区地处泰沂山北麓山前冲积平原和黄河冲淤积平原的交迭地带，地势由西南倾向东北，西南部最高高程海拔 28m，东北部最低为 2m，绝大部分地区的地面高程在 3.5～20m 之间，坡降为 0.48‰。

区内地貌主要为淄河冲积而成，微地貌形态分为古河道缓岗、缓平坡地和洼地。古河道缓岗主要分布在南部小张乡的张郭—杨赵寺，大王镇的大王桥—韩桥和西部花园乡的前安王—石村镇东关一带，走向多为南北向，高程 10～27m，地面坡降 1‰左右。洼地介于古河道缓岗之间，主要分布在西营乡的西营洼和大王镇的央上洼，其地势平缓低洼。

3）气象。区域地处暖温带，属温带季风型大陆性气候，雨热同季，大陆性强，大陆度 66.4，寒暑交替，四季分明。春季为 3—5 月，气温回暖快，降水少，风速大，气候干燥。夏季为 6—8 月，气温高，湿度大，降水集中，气候湿热。秋季为 9—11 月，气温急降，雨量骤减，天高气爽。冬季为 12 月至次年 2 月，雨雪稀少，寒冷干燥。境内历年平均日照时数为 2234.0h，年日照极值 2881.4h。历年平均气温 12.6℃，年平均最高气温 18.8℃，年平均最低气温 6.8℃。极端最高气温 41.9℃，极端最低气温 -23.3℃，最大冻土深 580mm。多年平均风速 2.9m/s，实测最大风速 28m/s。多年平均降水量564.2mm，多集中在6—9月，全年主导风向为东南风。风向随季节有明显变化，吹东南风，晚秋多吹西北风。常年始霜期为10月21日前后，常年终霜日在4月6日前后，全年无霜期190d左右。

区域内降水年内和年际分布不均匀，多年平均降水量为597mm，年降水量在400～900mm的年份占80%，最大年降水量为1964年的1142.6mm，最小年降水量为1965年的351.7mm，两者的变幅为790.9mm；降水季节分布不均，春季平均为80.8mm，占全年降水量的14%；夏季平均为379.0mm，占全年降水量的63%；秋季平均降水量为114.0mm，占全年平均降水量的19%；冬季平均降水量为23.3mm，占全年降水量的4%。经过统计，春季降水100mm以上的年份约五年一遇，1983年为最大降水量216.0mm，最少降水量是1961年，仅为23.8mm，两者差值为192.2mm，由此可见，一般初春降水量少，春末降水量多；夏季各月的降水量最多的是7月，其次是8月，降水量最少的是6月；降水量在350mm以上的年份大约是两年一遇，在500mm以上的大约是五年一遇，1964年为最大降水量765.6mm，1968年的降水量最小为178.3mm，两者之间相差587.3mm；秋季降水量最多的月份为9月，10月次之，11月最少，其中1961年降水量最大为274.0mm，最小为1981年的22.8mm，降水差251.2mm，其中降水量在100mm以上的年份大约为两年一遇；冬季是一年中降水量最少的季节，1968年降水量最大，为69.5mm，1967年最小，为1.9mm，两者相差67.6mm；降水量在30mm以上的年份大约是三年一遇，降水量小于10mm年份大约是四至五年一遇。广饶县月降水量见图5-4-12。

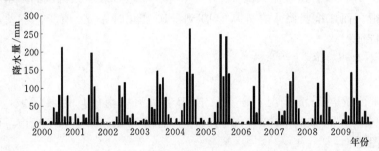

图5-4-12 广饶县2000—2009年月降水量

区内年均蒸发量是2032mm，其中年最大蒸发量为1961年的2477.7mm，年最小蒸发量为1964年的1586.0mm，年蒸发量在1900mm的年份占67%，一年四季中，蒸发量最大的是春季，平均蒸发量为745.1mm，占年蒸发量的37%；其次是夏季，平均蒸发量为728.9mm，最少的是冬季，平均蒸发量178.0mm，仅占年蒸发量的9%。

4）水文。广饶县境内有大小河流12条，分属小清河和支脉河两大水系。小清河、淄河、裙带河、阳河、淄水河和预备河、雷埠沟、芦清沟为小清河水系；支脉河、广北新河、武家大沟、小河子为支脉河水系。

小清河源于济南诸泉，经历城、章丘、邹平、博兴等县市区入境，经石村、大营和码头等乡镇，于寿光市羊口镇注入渤海莱州湾，广饶境内流长34km，流域面积585km²，防洪流量360m³/s，流向自西向东，多年平均入境流量5.597亿m³；小清河原是一条排洪、灌溉、船运和生活用水的多功能河道，目前由于河水污染已基本失去供水价值，但经1996年小清河综合治理后，水质情况有所好转。

淄河源于莱芜市原山，经博山、青州、临淄等市区入境，经李鹊、西营、稻庄、大营和西刘桥等乡镇入小清河，境内流长37.8km，最大行洪能力为768m³/s，为南北流向；淄河是一条季节性河道，1956—1979年平均入境流量1.038亿m³，1980年以后因上游建库拦蓄和气候偏旱，已没有入境天然径流，下游干涸，长年排放工业废水。

阳河源于青州市五里镇西南山区，在大王镇苏庙村南入境，穿大王镇中部入塌河，区内流长14.6km，流域面积26km²，行洪能力130m³/s，原为季节性河流，南北流向，现常年排放上游工业废水。

裙带河源于临淄鼎足山下，另一源头在青州市夹涧村南，经大王、西营和稻庄入塌河，境内流长

17km，流域面积 174.1km²，行洪能力 50m³/s，南北流向，现已干涸。

预备河源于博兴县麻大湖，在北贾村入境，横穿广饶中部石村、颜徐、大营、西刘桥和大码头等乡镇，是灌排两用河道，境内流长 26.5km，行洪能力 81m³/s，流向自西向东；自 1986 年二干十二支引黄过清工程建成后，成为小清河以南引黄灌溉的主动脉。

支脉河发源于高青县前池村吉池沟，流经博兴县，在花官乡司田村西北入境，再经陈官、丁庄两乡于县盐场北入渤海，境内流长 48.2km，流域面积 554km²，行洪能力 649m³/s，流向自西向东，是北部灌溉和渔业的重要水源。

广北新河系人工河，1979 年 4 月施工，西起陈官乡斜里村南，东至丁庄乡郭王村北入群众沟向北入支脉河，全长 12.4km，流域面积 80km²。

渑水河旧称渑水，源于旧临淄城西，后入博兴县境。区内流长 3.8km，深 3～5m，行洪能力 15m³/s，近年来，除汛期外平时无水。

（2）区域地质。

1）区域地质构造。广饶县在大地构造单元上隶属于华北坳陷区。中、新生代以来，经过多次构造运动，区内出现了多个次级构造单元，见图 5-4-13。近东西向的齐河—广饶断裂穿过本区花园乡申盟亭、颜徐镇政府和大码头乡的新村。近南北向的昌乐—广饶断裂经西营乡军屯子在广饶县城西北与齐河—广饶断裂相接。齐河—广饶断裂将基地划分为两个二级构造单元，北盘下降为辽冀台向斜，研究区位于其三级构造单元济阳坳断区内。南盘上升，为鲁西台背斜，昌乐—广饶断裂将鲁西台背斜划分为两个三级构造单元，西盘上升为鲁西隆断区，东盘下降为昌淮坳断区，这些断裂构造形成了研究区的构造骨架和基底基本轮廓，控制着新生界地层的发育。自中生代末期，特别是新生代喜马拉雅运动以来，区内的构造运动以沉降为主，接受了巨厚的新生界沉积物，形成老第三纪、新第三纪和第四纪地层。

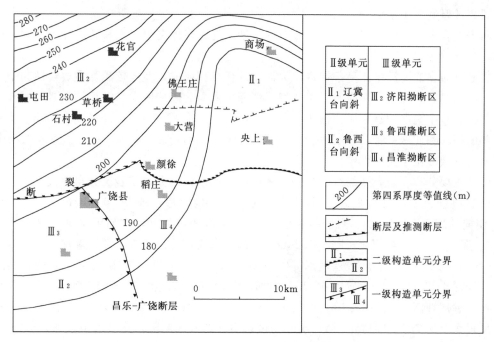

图 5-4-13 基地构造及第四系等厚度图

2）区域地层。广饶县属中、新生界的沉降区，太古界的花岗片麻岩狗城区内沉积地层的基地。古生界沉积了寒武系、奥陶系、石炭系、二叠系的海陆相白云质灰岩、灰岩、砂岩和页岩。中生界沉积了中下侏罗系陆相砂岩、页岩与煤层，上侏罗系至白垩系的火山碎屑岩和红色砂岩、泥岩。新生界地层为河湖相及山前冲洪积层,厚度数千米,主要为第三纪沉积物。第三系沉积物岩性为砂岩、泥岩、炭质页岩、油页岩等碎屑岩。目前水文地质孔仅揭露上第三系组上段,沉积物一般成固结状,结构致密。岩性为灰色、黄褐色粉质黏土、黏土为主,含钙核及锰质钙核,砂层主要为中细砂及中粗砂,砂层底部普遍有卵砾石,成分以灰岩为主。

第四系松散岩类地层由南向北厚度逐渐增大。其厚度在研究区南部为180m左右,向北增加到230m左右。其具体特征为:

下更新统(Q1):以冲洪积及湖积为主,厚度60~90m,自南向北由薄变厚,岩性以浅灰、棕黄色粉质黏土为主,夹有4~6层细砂和中砂,单层厚度4~6m。

中更新统(Q2):以冲积为主,厚度50~70m,岩性以浅灰、棕黄色粉质黏土及粉土为主。夹有2~4层中砂和中细砂,单层厚度1~6m。

上更新统(Q3):以冲积为主,厚度50~60m,岩性以黄、黄褐色粉质黏土及粉土为主。夹有2~3层中砂和中细砂,单层厚度1~10m。

全新统(Q4):以冲积和海积为主,厚度20~35m,岩性变化大,一般上部为灰黄色粉土,部分地区为粉砂,中部为棕黄、青灰色淤泥质粉土活粉质黏土,底部为土黄色粉土和粉砂或粉细砂互层。

(3)区域水文地质。

1)含水层组埋藏条件。研究区位于淄河冲洪积扇的前端,为典型的山前冲洪积平原水文地质单元。区内埋深60m以上的含水层组的主要岩性是细砂、粉砂和粉土,其中砂层夹于粉土和粉质黏土之间,呈叠瓦状自南向北倾斜,颗粒由南向北、自下而上由粗变细。

根据地层资料分析,含水层组在水平方向呈带状富集于西部的小张乡—张官庄—甄庙以西地区和东部的军屯子—梧村—颜徐镇—书房刘以南地区,走向为近南北向,累计厚度大于25m。在甄庙—颜徐镇—东水磨以北地区,以及含水层富集区之间的李鹊乡—梧村—大王镇一线以南地区,含水层较少,含水层累计厚度多小于20m。

在垂向上,含水层中的粉土厚度大,分布广。砂层呈透镜体夹于粉土和粉质黏土之间,自上而下分为三层。

第一层砂分布在淄河沿岸,呈条带状,为淄河近代沉积而成,埋藏较浅,主要岩性为中砂、细砂和粉细砂,结构松散,颗粒自南向北由粗变细,埋深由南向北逐渐增大。根据钻孔资料可知,砂层累计厚度3~5m,其中南部的赵家庄和杨庄一代,砂层埋深1.0~6.0m,累计厚度3~5m,主要岩性为中砂。中部的梧村和北城一带,砂层埋深4.5~13.7m,累计厚度2.1~4.3m,主要岩性为中细砂和细砂。目前第一层砂位于包气带中。

第二层砂主要分布在研究区的东西两侧,其中在研究区的东部,该砂层分布在大王桥—西李以北的地区。第二层砂由南向北倾斜,主要岩性为粉砂,结构松散,埋深10~35m,累计厚度1.0~8.0m,自南向北埋深逐渐增大,厚度逐渐变薄。根据钻孔资料可知,在研究区的西侧,其南部的小张村,砂层埋深19.49~23.75m,厚度4.26m;中部的东安德、东花园,砂层埋深23.0~32.5m,厚度3.2~3.6m;北部的西厢村,砂层埋深33.0~34.3m,厚度1.3m。在研究区的东侧,其南部的大王桥,砂层埋深11.2~17.3m,厚度6.1m;中部的北城,砂层埋深23.5~31.4m,厚度7.97m;北部的后燕村,砂层埋深29.2~33.2m,厚度4.0m。第二层砂的厚度在东部较大,其中在北城至高庙一带,厚度最大,达7.8~12.3m。第二层砂为区内主要的取水层段,其渗透系数 $K=5.2m/d$,给水度 $\mu_d=0.059$。由于地下水位下降,目前该砂层在东安德—孟集—大王一线以南的地区已基本疏干。

第三层砂分布在长行官庄—孟集—阁李以南的南部地区。砂层由南向北倾斜,主要岩性为中砂、细砂和粉细砂,结构松散,颗粒较粗,富水性较好。砂层埋深29.0~42.0m,厚度1.5~6.4m,自南向北埋深逐渐增大。根据钻孔资料可知,在研究区的西侧,其南部的小张村,砂层埋深29.0~31.0m,厚度2.0m;中部东花园、东安德,砂层埋深30~39m,厚度5.6~6.4m;北部尹蔡—阁李砂层埋深 34～42m，厚度 2.2～4.0m。在研究区的东侧，其南部的李璩，砂层埋深 37.5～39.3m，厚度 1.8m。向北至长行官庄，砂层埋深为 29.2～31.8m，厚度 2.6m。第三层砂在研究区的西部分布面积较大，厚度也较大。第三层砂是区内浅层地下水主要取水段。其渗透系数 $K=10.5m/d$，给水度 $\mu_d=0.10$。

第三层砂以下为一较连续的黏性土层，其顶板埋深 40.0～42.0m，岩性主要为粉质黏土，其间夹有粉土层。其中在东南部大王一带粉土层所占比例较大。这一连续的黏性土层构成了浅层地下水含水层的隔水底板。

综上所述，区内浅层含水层主要分布在东、西两个含水层富集区内，岩性为细砂、粉砂和粉土。其中砂层多为透镜体，呈叠瓦状由南向北倾斜，累计厚度 6～12m，由南向北由厚变薄，由粗变细。垂向上砂层可分为三层。第一层沿淄河分布，厚度 3～5m，埋深多小于 20m，目前已疏干。第二层埋深 10～35m，厚度多为 3～6m，主要岩性为粉砂。由于地下水位下降，该砂层也已经全部疏干。第三层砂埋深 29～42m，厚度 2～6m，主要岩性为中砂、细砂和粉细砂。

2）地下水补给、径流、排泄条件。地下水补给和排泄，是决定地下水循环的两个基本环节，是地下径流形成的基本因素，补给来源和排泄方式的不同，以及补给量和排泄量的时空变化，直接影响到地下径流过程以及水量、水质的动态变化。地下水的补给、赋存、径流、排泄随分布位置、季节和含水层埋深不同而变化。

本区浅层地下水主要补给源为大气降水入渗和农田灌溉入渗，其次为河道侧渗和地下水侧向径流补给。但由于流经区内的淄河不仅经常断流，而且往往作为排污渠道排放污水，对地下水没有补给反而造成污染。自 20 世纪 80 年代以来，由于地下水的过量开采，地下水位持续下降，随着地下漏斗的不断扩大，降水和河流的渗透补给量减小，南部地区地下水侧向径流成为主要补给源。

浅层地下水在 1975 年以前处于补排平衡状态，地下水动力场基本为天然状态。排泄以人工开采为主，南部地区地下水位标高 20m 左右，向北逐渐变为 2m 左右。地下水自南向北径流，部分在小清河排泄补给河水，大部分向北部区外径流运动。全区总的水力坡度为 0.68‰，其中颜徐以南地下水力坡度较大，为 0.8‰。1975 年以后，由于浅层地下水超采，地下水位不断下降，逐渐在花园、稻庄一带形成地下水降落漏斗，改变了地下水自南向北径流排泄的天然流场。目前地下水流向在花园、稻庄两个降落漏斗中心的南部仍为自南向北径流，在其背部则改变为由北向南，即向漏斗中心径流，水力坡度在 5‰左右。

在 20 世纪 80 年代以前，区地下水位较浅，一部分地下水以径流的形式向区外和小清河排泄，一部分以人工开采和垂直蒸发形式排泄。现在，淡水区水位埋深多大于 20m，地下水排泄主要为人工开采，小部分在枯水期向小清河排泄。在咸水区地下水排泄仍以蒸发排泄为主。径流以水平运动为主，流向由南向北，动态类型为入渗—蒸发型。

天然状态下中深层地下水的补给主要为南部地下水水平侧向径流补给，流向由南向北，径流速度缓慢，并以径流方式向下游排泄。目前人工开采已成为其主要的排泄方式，局部地区因集中长期开采，地下水位大幅度下降，形成降落漏斗，漏斗周边的地下水向漏斗中心径流运移。中深层地下水动态变化主要受人为因素影响，水位埋深 17m，且呈持续下降趋势。

深层地下水含水层组补给主要接受南部鲁中山区地下水的远距离水平侧向径流补给，流向由南向北，流速缓慢，排泄主要为人工开采。区内深层地下水动态主要受人工开采的影响，水位埋深 25m，且呈持续下降的趋势。目前已形成了以县城和大王镇为中心的两个深层地下水降落漏斗。

3）区域水资源开发利用概况。研究区水资源由两部分构成：一是当地水资源，多年平均 1.4312 亿 m^3，其中地表水资源量 0.7947 亿 m^3，浅层地下淡水资源量 0.6683 亿 m^3，深层承压淡水水资源量 0.2101 亿 m^3，重复计算量 0.1019 亿 m^3，研究区水资源年均可利用量 0.8378 亿 m^3。二是客水资源，由两部分组成：河流入境流量，主要有小清河、淄河三条骨干河流，小清河多年平均入境水量

5.6 亿 m³，淄河多年干枯，已没有天然径流；引黄水量，研究区所在广饶县引黄能力已达 30m³/s，实际年均引黄水量 8000 余万 m³。

受季风气候影响，降水主要发生在夏季，汛期（6—9 月）降水量占全年的 65%～85% 左右，因此，容易形成冬春旱和夏秋涝的自然灾害特点，导致河道汛期和非汛期枯水的汛涝规律，而降水量的年际剧烈变化，又容易造成特大旱年和特大涝年。

研究区水文地质条件和水系分布南北不同，水资源空间分布也有差异，南部井灌区浅层及深层地下水相对储存丰富，水质良好，取水便利，供水稳定。但持续干旱缺水和多年过量开采地下水，导致淄河、阳河、织女河有河无水，有水皆污。地下水位持续大幅度下降，从而引发了海水入侵等环境问题。研究区北部浅层地下水为微咸水和咸水，仅深层承压淡水可被利用，资源量有限，补给困难。

本区地下水开发利用历史悠久，开发利用程度较高。1949 年前已利用砖、土井进行地下水的开采，共同 4990 眼土井，896 部水车，4328 件简易提水工具，拥有 2.09 万亩的灌溉面积。20 世纪 50 年代后开始施工机井开采地下水，扩大了井灌面积，并有机井出现。到 60 年代初，区内砖井和土井达到 296 眼、机井 135 眼，达到了 11.03 万亩的井灌面积。由于机井的不断增加，砖土井逐渐被淘汰，而地下水位也在不断下降。80 年代初，研究区机井量为 5637 眼，井灌面积达到 33.7 万亩。到 80 年代中期，机井发展到 6601 眼，井灌面积增加到 33.94 万亩，占宜井地区面积的 93.4%。90 年代中期研究区内机井总数约为 8600 眼，其中浅井约 8200 眼，中深井及深井 356 眼，井灌区机井密度 23.4 眼/km²。本区浅层地下水具有埋藏浅、补给条件好、易更新、易开采的特点，是当地农业和生活用水的重要水源，目前因大量开发地下水而形成超采区，降落漏斗面积达 355km²；区内地下水开采分为浅层、中深层和深层三个层段，其中以浅层地下水开采为主。

浅层地下水开采区分布在石村、稻庄、颜徐（部分地段）及其以南的浅层淡水分布区。1986—1996 年年均开采量 8279.2 万 m³。浅层地下水的开采主要用于农业灌溉，在西部和南部部分地区有少量浅层地下水用于农村人畜用水。浅层地下水的开采量与降水量成反比。开采时间与农作物需水期相同，主要开采期为 3—6 月。

中深层地下淡水在区内广泛分布，其开采区主要分布在北部的码头乡、西刘桥乡、大营乡和颜徐镇（部分地段）等浅层咸水分布区和稻庄镇、石村镇、广饶镇和大王镇等工业发达地区。目前区内中深井约 300 眼，其中集中开采地段为草桥油区（开采量约 100 万 m³/a）和县城区（开采量约 200 万 m³/a），其开采具有持续集中的特点，开采强度较大，并形成了稳定的开采降落漏斗。其余开采量分散在区内的有关乡镇，其开采具分散性和季节性，开采强度小，没有形成稳定的降落漏斗。中深层淡水主要用于工业用水和城乡生活用水，小部分用于农灌。工业用水井开采时间较长，开采强度较大，并随着工业的发展，呈逐年递增趋势。生活用水开采井一般每天开采 2～3h，开采时间短。农灌井一般旱季抽水，使用率较低。

深层淡水在区内广泛分布，其开采集中在草桥油区和大王镇造纸厂两个水源地，年开采量稳定，分别为 300 万 m³ 和 365 万 m³，形成了两个稳定的开采降落漏斗。深层地下水开采不受季节、降水等因素影响，开采井深 400～500m。

研究区整个井灌区位于小清河以南的广饶、李鹊、大王镇和石村镇的西南部、稻庄镇的南部，属于麻湾灌区的一部分，水利基础设施日益完善，机井拥有量 9615 眼，引黄干渠有预备河、十二支、大寨沟。本区的水资源开发以地下水开发为主，仅在北部沿预备河的石村镇、大营乡和颜徐镇引用地表水；根据 2002—2008 年水资源公报资料，多年平均开采量达 9935 万 m³，其中浅层地下水 7205 万 m³，深层地下水 2730 万 m³。浅层地下水总补给量为 6511.3 万 m³，可利用量为 6185.7 万 m³，取 0.9 的开采系数，得可开采量为 5860.2 万 m³，而实际开采量达 7205 万 m³；中、深层承压水年补给量（侧向补给量和弹性释水量）为 1984.26 万 m³，而实际开采量达 2730 万 m³。浅层地下水和深层地下水已严重超采，并形成超采漏斗。根据统计，研究区内多年平均径流量 6499 万 m³，10%、

50%、75%、90%、95%保证率条件下的径流量分别为 8934 万 m³、6190 万 m³、4977 万 m³、4084 万 m³、3573 万 m³。

（4）地下水动态类型及特征。地下水水位动态变化，实际是含水层中地下水资源量变化的一种反映，地下水水位的上升或下降，直接反映了地下水补给与消耗量的变化（方樟，2007；冯波，2010）。当含水层的补给水量大于排泄量时，储水量增加，地下水水位上升；反之，补给量小于排泄量时，储存量减少，水位下降。地下水水位监测指标，即地下水埋深或水位，可以反映区域地下水水力坡度，从而显示地下水流场，成为判断海水入侵发展动态的重要依据。地下水水位监测目前多采用传统的人工测量法及遥测法。

依据山东省水利厅地下水观测资料，研究区现有地下水长期观测井 21 眼，分布及编号如图 5-4-14 所示。依据该资料，选择典型观测井数据进行相关分析，几眼井均为基本井，地下水类型均为潜水。

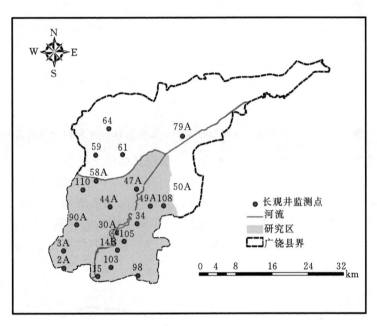

图 5-4-14　广饶县地下水长观井分布图

1）年内动态变化。地下水位动态变化是受多种因素综合影响的结果，在地下水位埋藏深度比较小的地段，除地形、地貌、含水层岩性外，主要受气象、水文及人类活动的影响。在地下水位埋藏深度比较大的地段，气象、水文因素的影响相对较小（路政，2011）。气象因素对于地下水动态的影响主要表现在降水补给、蒸发排泄对地下水位的影响。研究区降水集中在 6—9 月，可占全年总降雨量的 65%～85%。研究区北部地下水位埋深浅，因此蒸发量较大，而蒸发强度以 5、6 月最大，冻结期 11 月至翌年 3 月蒸发度最小。上述特点控制着地下水的季节动态。人为因素的影响主要表现在研究区的南部，有城镇生活用水的集中开采、工业集中开采以及农村生活用水及农田灌溉开采。根据影响地下水水位动态的主要控制因素划分地下水动态类型，结合研究区水文地质条件和地下水位埋深情况，本区第四系地下水动态类型主要为：降水入渗—蒸发型和径流—开采型。

降水入渗—蒸发型主要分布在研究区地下水位埋深较浅的北部地区，地下径流相对滞缓，地下水位随着蒸发量的增大及气温的升高而有明显的下降，并随着干旱季节延长而缓慢下降，地下水位年变幅不大，年内水位变化多具一峰一谷特征，如图 5-4-15 所示。

由于研究区南部地下水位埋藏深，年内水位变化已不受蒸发影响，降水影响滞缓，而主要受开采影响，其动态类型为径流、渗入开采型。一般年初水位缓慢上升，至 3 月达到一年当中的最高水位；

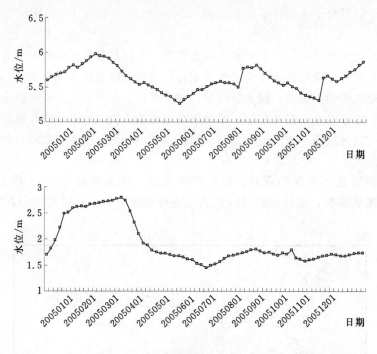

图5-4-15 花官乡58A和石村乡110观测井2005年年内动态曲线

自3月中、下旬随气温回升，普遍开采地下水春灌，水位开始迅速下降，5、6月开采量最大，水位降幅大，出现年内最低水位；进入7月，降水量增大，开采减小，水位又逐渐回升，但由于水位埋藏深，包气带增大，降水入渗途径增大，水位恢复缓慢，往往出现丰水期水位低于枯水期的情况。秋天，降水骤减，开采地下水造成又一次水位下降过程，但幅度较枯水期小，随后水位缓升，一直到翌年3月（于治通，2006）。年内水位变化规律为升—降—升—降—升的变化，见图5-4-16。

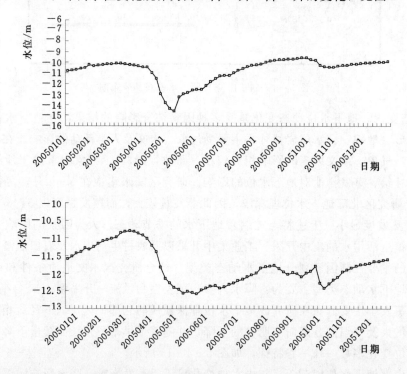

图5-4-16 西营乡14B和大王镇陈官庄105观测井2005年年内动态曲线

综上所述，地下水动态因时因地而异，其动态特征真实反映了地下水补给、径流、排泄条件及其与水文地质条件之间的关系，对地下水开采、灌区引水灌溉等人类活动敏感。

2）年际动态变化。由于淄河水库从 2004 年就拦蓄上游下泄水，从 2006 年 10 月正式蓄水，故本书选取 2000—2009 年典型地下水长观井的观测数据研究年际动态变化，从研究区内代表性观测井地下水位动态曲线图可以看出：本区北部地下水开采量小，地下水多年动态变化不明显，主要随着降水量的变化，地下水位略有起伏，见图 5-4-17；而在南部地下水开采量集中，开采强度大，开采时间长的区域，降水入渗补给途径长，到达含水层所需时间长、降水入渗补给量小而缓慢，说明开采对动态水位为主要影响。浅层水位多年动态的最主要特征是由于超采造成水位持续下降，开采量愈大，水位下降越快，降幅愈大，见图 5-4-18。但是水库周围地下水观测井变化明显，随着水库蓄水，地下水位恢复很快，涨幅最高 15m，直至稳定，见图 5-4-19。

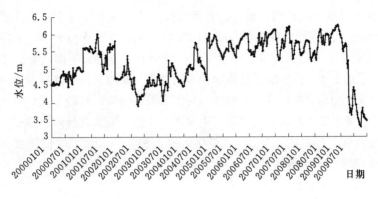

图 5-4-17　58A 观测井地下水多年动态变化

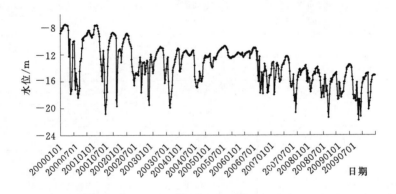

图 5-4-18　105 观测井地下水多年动态变化

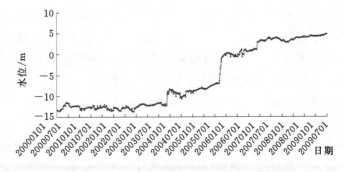

图 5-4-19　30A 观测井地下水多年动态变化

（5）地下水化学特征。区内浅层地下水分为淡水区和海水入侵区两种水化学条件区。

浅层淡水分布在石村—颜徐—稻庄以南的地区，地下水的 pH 值为 7.0～8.5 之间，矿化度一般为 0.6～0.8g/L，其中靠近城镇和排污和的地段受污水入渗的影响矿化度偏高，一般为 1.0～1.3g/L。地下水中的阳离子以 Ca^{2+}、Mg^{2+} 为主，阴离子以 HCO_3^- 为主。地下水水化学类型自南向北依次为 $HCO_3^- - Ca^{2+}$ 型、$HCO_3^- - Mg^{2+}$ 和 $HCO_3^- - Na^+$。其中，$HCO_3^- - Ca^{2+}$ 型水主要分布在南部的小张乡、西营乡、大王镇和花园乡的南部，面积较大。$HCO_3^- - Mg^{2+}$ 型水主要分布在石村镇、城关镇、花园乡的北部和大王镇的南部。$HCO_3^- - Na^+$ 型水仅分布在稻庄镇南部的庞项一带的小面积地区。

海水入侵区水化学特征：浅层海水入侵区分布在东北部的大营、西刘桥和大码头乡一带，地下水的 pH 值多大于 8.0，矿化度 3～5g/L，主要水化学类型为 $Cl^- - Na^+$ 型。在淡水区与咸水区之间的颜徐、稻庄一带为咸淡水过渡带，其宽度约 2km，地下水的 pH 值为 7.5～8.0，矿化度 1～3g/L，地下水化学类型为 $Cl^- - Na^+$ 型。

（6）研究区海水入侵现状及监测。研究区井灌区浅层地下淡水资源丰富，且开发利用程度高，自 1975 年开始大量开采地下水，即发现海水入侵，1976 年以来，地下水位大幅度下降，导致海水入侵加剧（马凤山，1996）；由于长期超量开采地下水引起区域地下水位持续下降，形成了以花园、稻庄为中心的降落漏斗，改变了地下水自南向北径流排泄的水动力场，花园、稻庄降落漏斗中心南部仍为自南向北径流，而其北部则改变为由北向漏斗中心径流，地下水采补失衡，打破了咸、淡水动力平衡，导致北部咸水向南推进，咸、淡水界面不断向南推移，引发海水入侵；根据统计，颜徐镇、稻庄镇北部累计入侵面积（包括原有海侵歼灭区）达 $6714km^2$，年均入侵面积 $1158km^2$，入侵速度 105m/a，每年有 40 多眼机井报废，近千亩农田丧失灌溉条件，并给当地人畜用水及工农业生产带来了严重影响。广饶县海水入侵情况统计见表 5 - 4 - 5。

表 5 - 4 - 5 　　　　　　　　　　广饶县海水入侵情况统计表

年份	入侵面积 /km^2	累积值 /km^2	年均入侵速度 /(m/a)	年均入侵面积 /(km^2/a)
1976—1979	3.9	3.9	48	0.99
1979—1986	6.2	10.1	72	1.44
1986—1989	10.3	20.4	127	3.43
1989—1995	37.65	58.05	231	6.28
1995—2002	10.55	68.6	56	1.51
2002—2004	2.03	70.63	—	1.02
2004—2005	1.53	72.16	—	1.53

5. 基于耦合模型的海水入侵验证

（1）空间和时间离散。利用 ArcGIS 对已有的小清河流域 90m×90m 的 DEM 数据进行重分类，形成 500m×500m 的 DEM，输出 asc 文件，共得到 97020 个网格，其中有效格点 49977 个。利用研究区边界对小清河流域格点进行切割，得到有效格点 2040 个，研究区有效范围 $510km^2$。

DTVGM 地表水模块模拟小清河流域模拟期为 1980—2009 年，采用月尺度模型计算，只考虑产流过程，忽略汇流过程。变密度渗流与溶质运移模块模拟期为 2005 年 4 月 11 日到 2009 年 4 月 11 日，以每个月为一个应力期，以一天为一个时间步长，共 48 个应力期，1461 个时间步长。

将水文模块计算得到的月土壤水入渗量平均分配到日地下水入渗量，计算每天的地下水水头与溶质浓度，而地下水计算结果按照月尺度输出，可得出每月一个水位值和浓度值。

（2）变密度地下水流溶质运移模型准备。

1）初始条件。在进行变密度流场与溶质运移模拟时要求初始流场和初始浓度场的时间一致，因此根据实测资料确定的 2005 年 4 月 11 日含水层的流场和浓度场为模型的初始流场和初始浓度场，见图 5-4-20 和图 5-4-21。

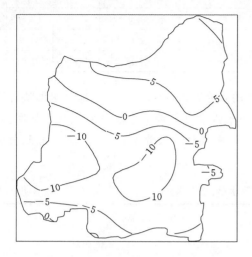

图 5-4-20　研究区初始流场图

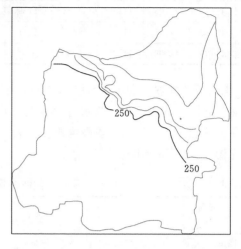

图 5-4-21　研究区初始浓度场图

2）边界条件。模拟区北边界为海水入侵歼灭区，定义为第一类边界给定水头边界和给定浓度边界，水头根据边界上观测井按照月平均值输入，浓度则按照采样化验值和实测资料分段给出。由 2000—2009 年流场图可知水流方向由南北向中部两个降落漏斗流动，可将西部和东部边界概化为隔水边界，即零通量边界，南部边界定为二类边界，即流量边界，多年平均侧向补给量为 366.81 万 m³/a。浓度场西、东、南部均为零通量边界。边界条件示意图如图 5-4-22 所示。

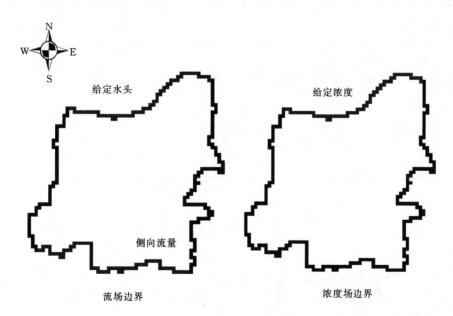

图 5-4-22　地下水模型边界

淄河水库为河道型水库，2006 年 10 月正式蓄水，之后水库下渗常年补给地下水使水库周边地下水位抬高。在处理淄河水库渗漏量这一问题时，利用水库常年水位月观测值代替渗入量，故将水库概化为给定水头边界。水库月水位观测值见表 5-4-6。另外，淄河水库每年从黄河调水，而淄河沿河河道自上个世纪 90 年代便常年无水，因此不考虑沿程河道的补给量。

表 5 - 4 - 6 　　　　　　　　　　　　　淄河水库三级坝水位情况 　　　　　　　　　　　　　　单位：m

月份 年份	1	2	3	4	5	6	7	8	9	10	11	12
2007	11.75	12.03	11.66	11.34	11.9	11.77	10.77	10.24	9.85	12.00	11.61	11.83
2008	12.33	12.15	11.79	11.87	12.1	11.3	11.47	11.25	12.11	12.21	11.6	11.72
2009	11.23	12.09	11.29	10.61	11.70	11.85	11.30	10.55	12.07	11.42	10.84	11.92

　　3）源汇项的处理。潜水含水层主要接受大气降水的入渗补给，由 DTVGM 地表水模块计算得到的入渗量代替降水入渗系数与降水量的乘积。另外要考虑人类抽取地下水灌溉后灌溉水的回渗补给。而排泄主要来自于人工开采。农业灌溉量见表 5 - 4 - 7，灌溉分配系数见表 5 - 4 - 8，灌溉分区图和灌区图见图 5 - 4 - 23 和图 5 - 4 - 24。

表 5 - 4 - 7 　　　　　　　　　　　　2005—2009 年农业灌溉水量（地下水） 　　　　　　　　　　单位：万 m³

年份 乡镇	2005	2006	2007	2008	2009
广饶镇	2120	2200	2200	500	700
大王镇	1500	1600	1600	1800	1900
李鹊镇	1180	1250	1250	1400	1500
稻庄镇	660	700	700	350	400
石村镇	1000	1200	1200	450	450
西刘桥	310	300	300	80	80

表 5 - 4 - 8 　　　　　　　　　　　　　　　灌 溉 分 配 系 数 表

月份	1	2	3	4	5	6	7	8	9	10	11	12
系数	0.018	0.021	0.079	0.193	0.098	0.141	0.102	0.005	0.161	0.12	0.047	0.015

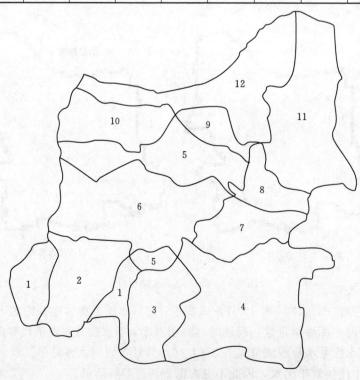

图 5 - 4 - 23 　灌溉分区图

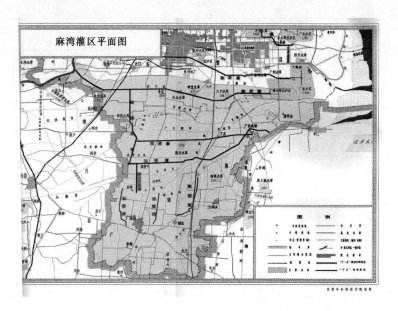

图 5-4-24 麻湾灌区平面图（模拟区全区属于麻湾灌区）

根据广饶县地下水开采资料和数据，确定研究区 2005—2009 年地下水资源开采量见表 5-4-9，工业用水开采点位见图 5-4-25。

表 5-4-9　　　　　　　　研究区六乡镇 2005—2009 年地下水资源开采量表　　　　　　　单位：万 m³

乡镇	年份	工业用水	城乡生活	农业用水
广饶镇	2005	600	365	2120
	2006	600	360	2200
	2007	600	360	2200
	2008	300	110	500
	2009	300	136	700
大王镇	2005	2820	320	1500
	2006	2900	300	1600
	2007	2900	300	1600
	2008	3200	310	1800
	2009	3260	151	1900
李鹊镇	2005	280	30	1180
	2006	280	40	1250
	2007	280	40	1250
	2008	60	50	1400
	2009	60	78	1500
稻庄镇	2005	205	40	660
	2006	210	50	700
	2007	210	50	700
	2008	400	50	350
	2009	400	62	400

续表

乡镇	年份	工业用水	城乡生活	农业用水
石村镇	2005	900	100	1000
	2006	850	100	1200
	2007	850	100	1200
	2008	150	60	450
	2009	150	75	450
西刘桥乡	2005	—	5	310
	2006	—	35	300
	2007	—	35	300
	2008	30	50	80
	2009	30	55	80

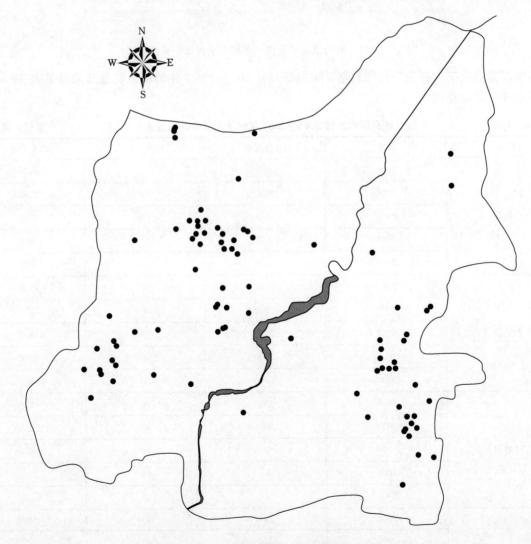

图 5-4-25　工业用水、生活用水井点位

4）参数分区及取值。根据含水层成因时代、岩性特征、岩石的水理性质进行分区，划分为 11 个参数区，参数分区见图 5-4-26 和图 5-4-27。

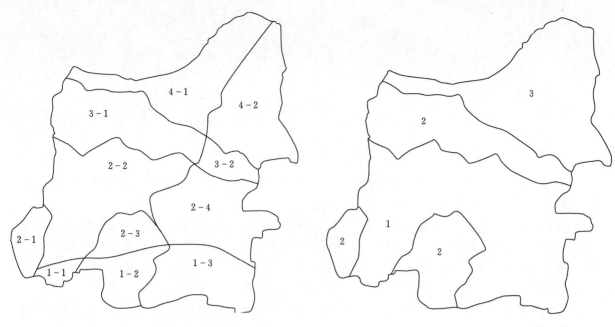

图 5-4-26 地下水渗流模拟参数分区图　　　图 5-4-27 地下水溶质运移参数分区图

　　参数初值参考以往研究成果（鲁北平原地下水资源综合评价研究报告，山东省地矿局第二水文地质队，1985；黄河三角洲水工环地质综合勘查报告，山东省地矿局第二水文地质队，1998；黄河三角洲南部地下水人工调蓄试验普查报告书，山东省地矿局第二水文地质队，2000），并结合人工调整给定。参数初始值见表 5-4-10 和表 5-4-11。

表 5-4-10　　　　　　　　　　模 拟 参 数 表

分区	渗透系数/(m/d)	给水度	分区	渗透系数/(m/d)	给水度
1—1	12	0.1	2—4	7.82	0.124
1—2	11.24	0.1	3—1	6.25	0.06
1—3	10.26	0.124	3—2	6.45	0.06
2—1	8.10	0.085	4—1	3.81	0.046
2—2	7.35	0.085	4—2	4.5	0.05
2—3	8.62	0.07			

表 5-4-11　　　　　　　　　　溶质运移相关参数表　　　　　　　　　　单位：m

参数分区	纵向弥散系数 D_l	横向弥散系数 D_t	参数分区	纵向弥散系数 D_l	横向弥散系数 D_t
1	25	2.5	3	10.5	1.05
2	18.6	1.86			

（3）耦合模型验证。

1）DTVGM 地表水模块模型率定及验证。

本书用 Nash 效率系数 R^2、相关系数 r 和相对误差 ERR 来对模型的模拟效果进行检验。

$$R^2 = 1 - \frac{\sum_{i=1}^{n}(EST_i - REC_i)^2}{\sum_{i=1}^{n}(REC_i - \overline{REC})^2} \qquad (5-4-7)$$

$$r = \frac{\sum\limits_{i=1}^{n}(REC_i - \overline{REC})(EST_i - \overline{EST})}{\sqrt{\sum\limits_{i=1}^{n}(REC_i - \overline{REC})^2 \sum\limits_{i=1}^{n}(EST_i - \overline{EST})^2}}$$

（5－4－8）

$$ERR = \frac{\left|\sum\limits_{i=1}^{n}EST_i - \sum\limits_{i=1}^{n}REC_i\right|}{\sum\limits_{i=1}^{n}REC_i} \times 100\%$$

（5－4－9）

其中以上各式中 REC_i 为实测流量过程，EST_i 为模拟流量过程，$\overline{REC}$ 为实测流量过程的均值，$\overline{EST}$ 为模拟流量过程的均值，n 为模拟的时段数。

模型效率主要取决于 Nash 效率系数 R^2，可以衡量模型模拟值与观测值之间的拟合度，Nash 系数 R^2 越接近于 1，表明模型效率越高。相关系数 r 可以评价实测值与模拟值之间的数据吻合程度，$r=1$ 表示非常吻合，当 $r<1$ 时，其值越小说明数据吻合程度越低。相对误差 ERR 可以评价总实测值与总模拟值之间的偏离程度，ERR 值越小，说明模拟值越接近实测值。

本次模拟采用 DTVGM 月模型进行模拟，以 1980—2009 年为率定期和验证期，水文站流量过程、地表径流拟合结果如图 5－4－28 和图 5－4－29 所示。

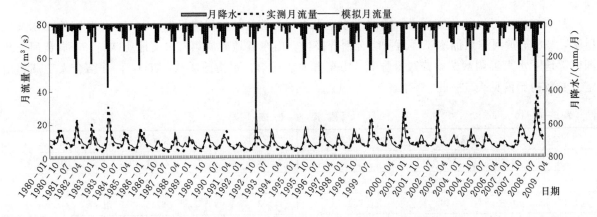

图 5－4－28　1980—2009 年黄台桥水文站实测与模拟月流量过程对比图

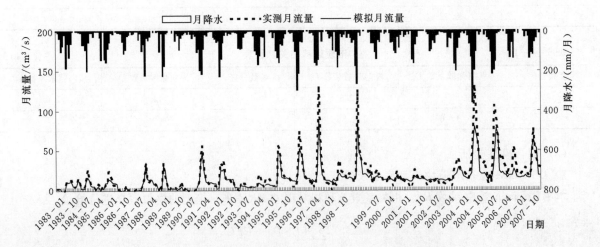

图 5－4－29　1983—2007 年岔河水文站实测与模拟月流量过程对比图

表 5 - 4 - 12　　　　　　　　　　　　部分站点率定期模拟结果

评价标准	效率系数	相对误差/%	相关系数
黄台桥站	0.74	0.30	0.86
岔河站	0.81	6.4	0.93

由表 5 - 4 - 12 可知,黄台桥站与岔河站月流量模拟的效率系数达到 0.74 和 0.81,相关系数分别为 0.86 和 0.93,说明模型月流量过程的模拟能力基本可靠;黄台桥站模拟相对误差仅为 0.3%,其位于小清河流域上游,因此模型水量平衡的模拟精度高,下游的岔河站模拟相对误差较大,达到6.4%,但两个水文站模拟的水量平衡误差均较小,验证了模型的水量平衡模拟精度较高。从流量过程来看,黄台桥站模拟的枯季流量仅在 1991 年之前比实测值略高,1991 年之后峰值和枯季流量模拟值与实测值吻合度非常高;岔河站模型模拟的峰值比实测流量低,说明模型对于峰值模拟能力有待提高。总体来说,DTVGM 水文模块月尺度的模拟与实测流量过程的趋势基本吻合,满足流域尺度水资源管理的需要。

2)变密度地下水渗流模型的识别和验证。

2005 年 4 月 11 日到 2009 年 4 月 11 日进行模型的识别验证,从而确定模型水文地质参数和含水层边界性质的变化。广饶县水位观测点位置见表 5 - 4 - 13。识别验证后的观测井模拟值实测值对比图见图 5 - 4 - 30,水流流场拟合情况见图 5 - 4 - 31 和图 5 - 4 - 32。

表 5 - 4 - 13　　　　　　　　　　　广饶县水位观测点位置

站点	东经	北纬	位　置
4	617254.69	4093694.5	小张乡张郭村东北 50m
3A	617203.54	4097394.1	小张乡苏家东 100m
14B	629072.92	4097566.6	西营乡耿集东南
15	624703.45	4091950.5	西营乡李琚村西 50m
30A	629016.54	4101266.2	稻庄镇邢家村东南 250m
44A	627449.83	4106793.3	颜徐乡肖家村内
58A	624403.88	4112298.6	花官乡草南村中
59	624321.96	4117848.2	花官乡古东村南 20m
64	627198.20	4123442.1	陈官乡杨斗村
79A	643500.43	4121854.2	丁庄乡三岔村东 100m
105	630528.10	4099439.1	大王镇陈官庄南 200m
108	639306.40	4106980.5	西刘桥乡西雷村中
110	621468.37	4110405.6	石村乡甄庙村东南 300m
34	633436.48	4103185.1	稻庄镇郝家村东 200m
47A	633319.65	4110584.5	大营乡粮所院内
49A	636342.24	4106932.1	西刘桥乡供销社院内
50A	640757.65	4108854.9	大码头乡马二村中
61	630242.40	4117937.7	花官乡洛程村西 100m
90A	620092.11	4102985.1	花园乡水利站
98	633611.39	4092086.1	大王镇前刘村东南 1950m
103	627644.93	4093844.5	西营乡水利站西南 10m
107	622998.4005	4104843	广饶镇闫李村

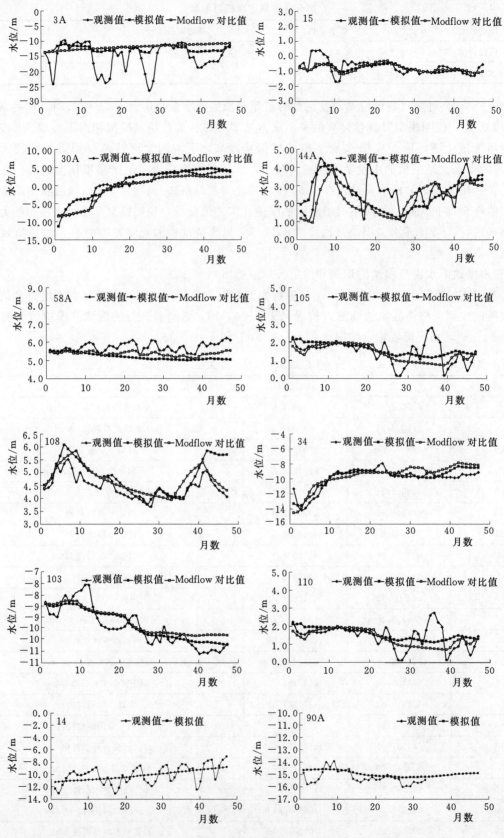

图 5 - 4 - 30（一） 观测井模拟值与实测值对比图

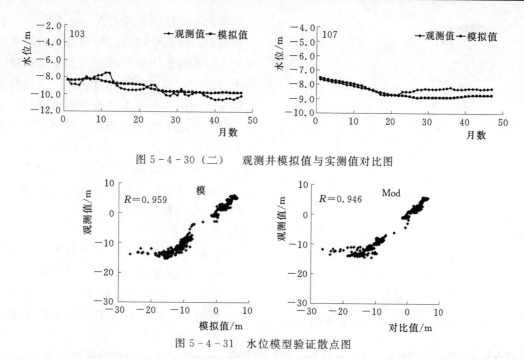

图 5-4-30（二）　观测井模拟值与实测值对比图

图 5-4-31　水位模型验证散点图

图 5-4-30 为观测井模拟值与实测值对比图，同时利用 Modflow 中变密度地下水渗流溶质运移模型 SEAWAT 按照相同条件（同参数，同边界条件，同补径排条件等）输入得到的模拟值，进一步验证变密度地下水流溶质运移模块的适用性。由图可以看出，除了 3A 观测井之外其余拟合均较好，与 SEAWAT 计算出的结果也基本一致，既检验了模块的适用性，同时也表明整体模型拟合较好。

图 5-4-31 左图为模型模拟所有长观井模拟值与实测值散点图，右图为 Modflow 模拟所有长观井模拟值与实测值散点图。可以看出两个模型拟合均较好，相关系数分别为 0.959 和 0.946。对计算出的地下水水位与实测水位拟合误差进行统计，表明水位拟合误差小于 1.0m 的结点占已知水位结点数的 83% 以上。

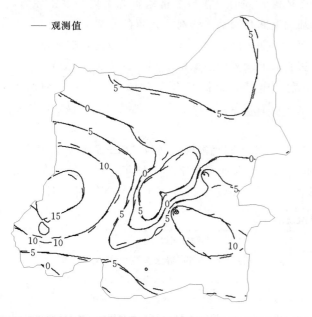

图 5-4-32　研究区含水层验证期地下水流场拟合图（2009 年 4 月）

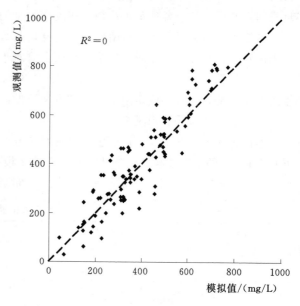

图 5-4-33　溶质运移模型验证散点图

——观测值

图 5 - 4 - 34　2009 年 4 月氯离子浓度等值线对比图

从水头流场图比较来看，见图 5 - 4 - 32，水位拟合的总体趋势较好，特别是模拟的水位等值线分布状态能够反映出该地区的真实情况，说明含水层结构、边界条件的概化、水文地质参数的选取是合理的，所建立的数学模型能较真实地刻画出研究区地下水系统特征。观测井点的波动误差来源是开采量的面源定义方式。大量的农用井，其单井开采量随时间的变化无完善的计量统计，因此定义为以乡镇为单元的面状开采，以开采模数定义，故难以细致"描述"局部点的精确变化。

3）地下水溶质运移模型的识别和验证。由于受到水质观测资料的限制（仅掌握 2005 年 4 月和 2009 年 4 月两次海水入侵普测 Cl⁻ 浓度水质数据），溶质运移模型验证采用散点图来验证。由图 5 - 4 - 33 和图 5 - 4 - 34 可以看出，模拟值和观测值拟合相对较好，相关系数 R^2 为 0.836，个别点存在一定误差，主要是原始数据获取的问题，包括取样点每次取样位置的变化、水质化验的误差以及开采井用水的随意性等。但总体上模拟的结果与实际相符，表明模型的预测较为可靠。

第五节　不同情景下未来海水入侵趋势预测

未来海水入侵的演化趋势可能受到多种因素的影响：一方面是未来气候变暖引起海平面上升，打破原有的咸淡水浓度平衡；另一方面是降水、蒸发、地下水开采等多种因素共同影响，导致区域地下水水头重新分布，从而改变流速分布，最终影响溶质浓度；同时，在最严格水资源管理制度主导下，政府制定并开始执行各项节水规划，在改变水量的基础上间接影响未来海水入侵的趋势。

考虑到本研究区在东营市南部的广饶县，与黄河三角洲入海口（海岸线）距离较远，故在进行海水入侵数值模拟以及预测时忽略了海平面上升对于研究区海水入侵的影响。

本章根据以上几个影响因素制定了 12 种预测方案，模拟了未来 20 年（2010－2030 年）海水入侵的变化趋势，并最终确定最丰和最枯方案下的海水入侵面积差距，为政府合理规划提供科学依据。

一、海水入侵预测方案

本次预测采用表 5 - 5 - 1 中的 12 种方案，方案 1～6 采用不同气候模式情景"SERS a1b、a2 和 b1"下 GCM 预估的未来气候变化条件，方案 7～12 根据不同降水保证率确定丰平枯年降水，同时在方案 1～12 中，分别叠加地下水现状开采和规划开采的影响。预测时间段为 2009 年 4 月至 2030 年 4 月。

表 5 - 5 - 1　　　　　　　　　　　海水入侵模拟预测方案

方案	模型运行时间	预测方案设计
1	2009.4—2030.4	地下水开采量按照现状开采，降水预测按照方案 a1b 情景
2	2009.4—2030.4	地下水开采量按照现状开采，降水预测按照方案 a2 情景
3	2009.4—2030.4	地下水开采量按照现状开采，降水预测按照方案 b1 情景
4	2009.4—2030.4	地下水开采量按照广饶县规划目标，降水预测按照方案 a1b 情景
5	2009.4—2030.4	地下水开采量按照广饶县规划目标，降水预测按照方案 a2 情景
6	2009.4—2030.4	地下水开采量按照广饶县规划目标，降水预测按照方案 b1 情景

续表

方案	模型运行时间	预测方案设计
7	2009.4—2030.4	地下水开采量按照现状开采，降水预测按照50%降水保证率情景
8	2009.4—2030.4	地下水开采量按照现状开采，降水预测按照75%降水保证率情景
9	2009.4—2030.4	地下水开采量按照现状开采，降水预测按照90%降水保证率情景
10	2009.4—2030.4	地下水开采量按照广饶县规划目标，降水预测按照50%降水保证率情景
11	2009.4—2030.4	地下水开采量按照广饶县规划目标，降水预测按照75%降水保证率情景
12	2009.4—2030.4	地下水开采量按照广饶县规划目标，降水预测按照90%降水保证率情景

根据最严格的水资源管理制度的有关要求，广饶县对未来10年该县的水资源开采利用做了明确的规划（表5-5-2）。2013年工业生活用水和农业用水的地下水利用效率达到66%，2015年达到68%，到2020年达到70%，根据这一规划目标到2025年和2030年可能达到72%。工业用水重复利用率在2013年、2015年和2020年分别为80%，82%和85%，2025年和2030年按照2020年不变。

表5-5-2 广饶县工农业生活用水节水目标

指标	2013年	2015年	2020年	2025年	2030年
农业灌溉水有效利用系数	0.66	0.68	0.7	0.72	0.72
工业用水重复利用率/%	80	82	85	85	85
生活人均综合用水量/(L/人·日)	121	122	130	130	130

二、气候情景介绍

气候模式能够预估未来气候变化，是目前最常用的方法。2008年，国家气候中心将参与IPCC第四次评估报告的20多个不同分辨率的全球气候系统模式（GCM）模拟结果经过插值降尺度计算，统一到同一分辨率下，利用简单平均方法进行多模式集合，制作成一套1901—2099年月平均资料，并对其在东亚地区的模拟效果进行了检验（国家气候中心，2008）。本研究中的未来气候情景数据采用了上述资料中2010—2030年共21年的月降水资料，研究在目前开采状态下，未来2015年和2020年研究区在不同气候变化情景下的海水入侵变化趋势。

2007年气候变化政府间研究小组IPCC发布了第四次评估报告，相对于IPCC前3次评估报告，IPCC第四次评估报告在观测能力、模式运用、模拟改进、对不确定性范围更广泛的认识等诸多方面取得了较好进展。在第四次报告的温室气体排放情景特别报告SRES（specail report on emission scenarios）中采用了六个排放情景，依照排放强度从高至低分别为A1FI、A2、A1B、B2、A1T和B1，如图5-5-1所示。

A1的示意线和情景组合描述了一个经济快速发展的未来世界，全球人口在世纪中叶达到顶峰后开始下降，新的以及更高效的技术被迅速采用。随着区域间人均收入差异的大幅度减小，基本活动主题主要表现为地区间的融合增加，能力建设增强，以及文化和社会间增加的交互作用。A1的情景组群可以形成三个组合，他们描述了能源系统中技术变化的可能方向。三个A1组合可以根据它们的侧重点不同加以区别：化石能源为主（A1FI）、非化石能源为主（A1T）及所有资源平衡协调利用（A1B）（平衡协调是指不过分依赖于某一种特定的能源资源，并能以相似的速率对所有的能源供给和最终利用技术予以更新）。

A2的示意线与情景组合描述了一个组成非常不均一的世界，主要主题是自给自足以及地方性的保护。区域之间的生产力非常缓慢地趋于一致，进而导致持续性人口增长。经济的发展主要是地区主导性的，人均经济的增长和技术更新的变化较其他示意线缓慢且零散。

B1的示意线和情景组合描述了一个均衡发展的世界。与A1系列具有相同的人口，人口峰值出

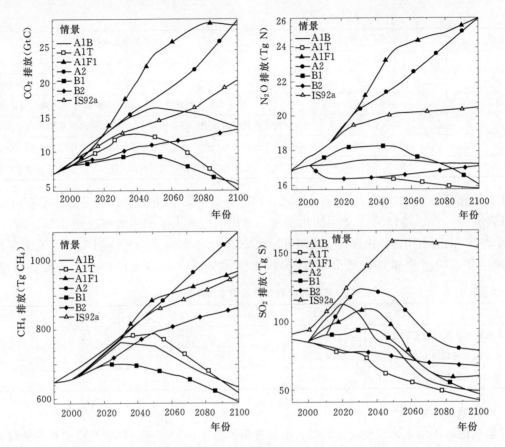

图 5-5-1 IPCC 报告温室气体排放情景（CO_2、CH_4、N_2O、SO_2）

现在 21 世纪中叶，随后开始减少；不同的是，经济结构向服务和信息经济方向快速调整，材料密度降低，引入清洁、能源效率高的技术。其基本点是在不采取气候行动计划的条件下，在全球范围更加公平地实现经济、社会和环境的可持续发展，代表着中等排放情景。

B2 的示意线和情景组合描述了一个重点集中与经济、社会和环境持续发展的地方性方案。随着低于 A2 速率的持续性全球人口增长，经济发展则处于中等水平，与 B1 和 A1 相比，技术变更的速度缓慢且种类增多。当然，情景也趋向于环境保护和社会公平性，但主要强调地方和区域性水平的层次。

1. 未来气候条件下温度与降雨量分析

根据国家气候中心 GCM 集成预估结果，在 A1B、A2、B1 不同情景下广饶县未来降雨量和温度如图 5-5-2 所示。

三种情景条件下降水量的预测均表明未来广饶县的降水量均呈现上升趋势。但是不同情景下变化率略有不同，A1B 和 A2 情景下降雨量增加的趋势较明显，预测值也相对较高。B1 情景预测值相对较低，但年降水总量总体相差不大，作为地下水模型的输入项时对模拟结果影响较小。A1B 和 A2 情景下温度增加的趋势比较明显，而 B1 情景预测值相对较低。

由图 5-5-3 可以看出，GCM 历史模拟值与实测值相比整体趋势吻合度较高，然而降雨量峰值的预测存在较大差别，实测降雨量在 7—9 月峰值相对较大，而 GCM 模拟的结果相对平缓。这是由于本次采用的三种情景降雨量是国家气象局预测的广饶县的平均值，因此与实测的雨量站点的资料相比存在一定的差距，其次 GCM 的模拟结果在一定程度上均化了年内降水过程的波动。然而由于本书重在预测海水入侵的多年变化趋势，因此采用 GCM 预估的结果对模型进行驱动仍是可信的。

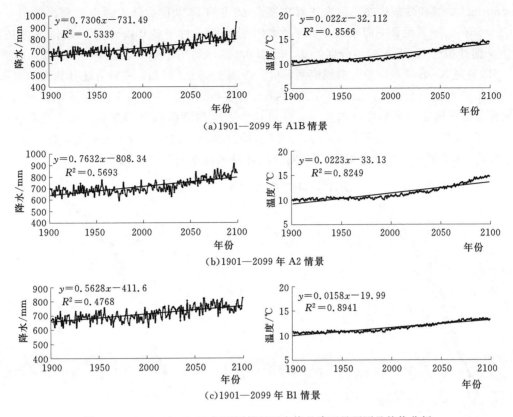

(a)1901—2099 年 A1B 情景

(b)1901—2099 年 A2 情景

(c)1901—2099 年 B1 情景

图 5-5-2　1901—2099 年不同情景下广饶县降雨量预测及趋势分析

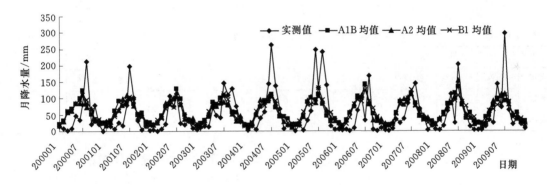

图 5-5-3　A1B～A2～B1 情景下预测值与实测值拟合情况

2. 不同保证率条件下的降雨选择

选择 50%（丰水年）、75%（平水年）和 90%（枯水年）降水保证率下的降水作为未来该区降水情景。确定典型年份的方法如下。

表 5-5-3　　　　　　　　广饶县丰、平、枯水年降水频率拟合

年降水量频率拟合	50%丰水年	75%平水年	90%枯水年	KS 检验值
Gamma 曲线拟合	663.72	517.53	406.28	0.107
Lognormal 曲线拟合	649.97	513.52	415.38	0.087
常规排序方法	642.9（1987 年）	506.3（1965 年）	409.7（1986 年）	

在方案 7～12 中需要得到研究区 50%、75%和 90%降水保证率下的年降水量。利用 Gamma 曲

线和 Lognormal 曲线和常规排序三种方法对广饶县 49 年年降水量做降水频率拟合，见图 5-5-4，计算 50%、75%、90% 保证率即丰水年、平水年和枯水年条件下的年降水量。Gamma 方法和 Lognormal 方法曲线拟合 K-S 检验值分别为 0.107 和 0.087，均小于样本数为 49 年的 95% 的置信区间（0.190），即通过 K-S 检验，拟合曲线模型可信。由表 5-5-3 可知，三种方法计算出的丰水年、平水年和枯水年降水量相差不大，最大的 50% 年降水量差 20mm 左右，最小的 90% 年降水量差 6mm，因此认为常规排序确定丰平枯年降水量的方法可信。本次预测模拟采用常规排序方法得出的 50%、75% 和 90% 年降水量作为预测降水量，每月的降水量按照相对应的典型年来分配，即丰水年为 1987 年，平水年为 1965 年，枯水年为 1986 年。对应的月降水量见表 5-5-4。

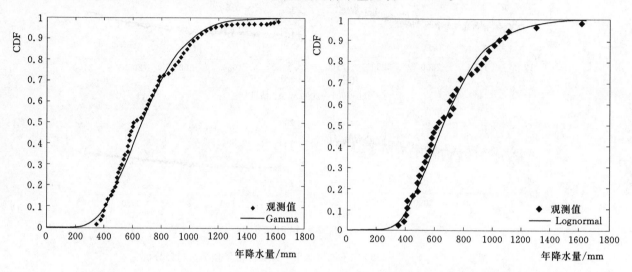

图 5-5-4 广饶县 1961—2009 年降水频率拟合

表 5-5-4　　　广饶县丰水年、平水年、枯水年典型年月降水量分布　　　单位：mm

典型年	1 月	2 月	3 月	4 月	5 月	6 月	7 月	8 月	9 月	10 月	11 月	12 月	总降水
丰水年	11.9	2.1	3.1	41.8	32.2	179.1	135.5	158.0	15.2	41.2	22.6	0.2	642.9
平水年	1.5	36.9	12.1	105.3	11.6	16.0	132.1	120.0	15.0	5.8	49	1.0	506.3
枯水年	0.4	3.3	12.4	6.2	11.1	112.9	97.6	129.3	3.4	20.4	1.8	10.9	409.7

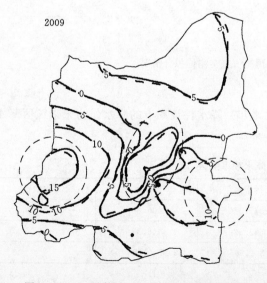

图 5-5-5 研究区 2009 年地下水位流场图

三、未来情景下海水入侵情况

1. 未来情景下研究区海水入侵趋势

图 5-5-5～图 5-5-7 为研究区现状年（2009 年）未来近期（2015 年）和远期（2030 年）地下水流场变化。由图可以看出，研究区中部淄河水库周围（虚线椭圆处）由于水库渗漏补给地下水，地下水水位逐年上升，5m 等值线不断扩大。研究区西部花官乡和东部大王镇由于常年地下水超采很早就形成了两个大漏斗，2009 年西部花官乡地下水漏斗中心水位高程大约在 -15m 左右而大王镇地下水漏斗中心水位高程大约在 -13m 左右；到 2015 年和 2030 年花官乡中心漏斗区地下水 -15m 等值线不断扩大，并且有 -20m 地区出现；研究区东部大王镇地下水开采集中，地下水开采量大，到 2015 年漏斗中心地下水高程在

－20m左右，有少部分地区到－25m左右，到2030年－20m线和－25m线区域都会进一步扩大。

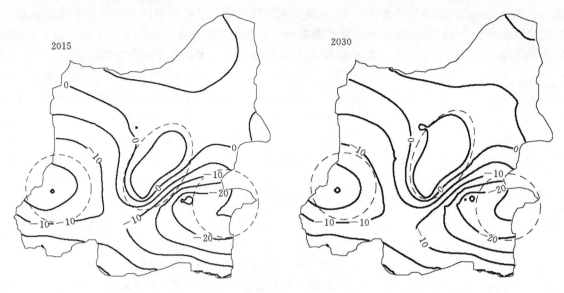

图5-5-6　研究区2015年地下水位流场图　　　　　图5-5-7　研究区2030年地下水位流场图

地下水位流场3D效果图可以更明确看出地下水的变化过程，见图5-5-8。2009年4月淄河水

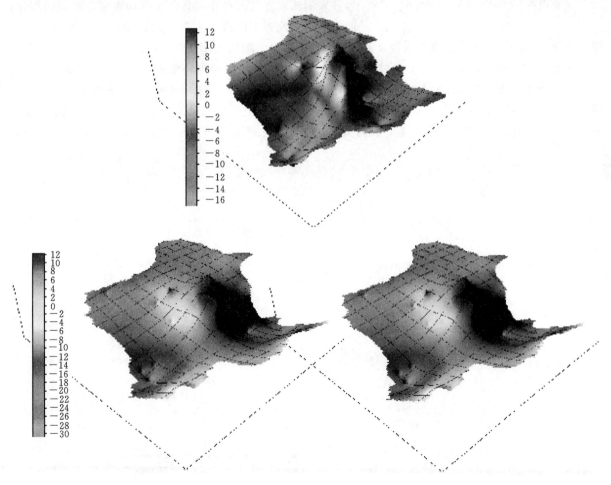

图5-5-8　研究区2009年、2015年和2030年地下水位流场3D效果图

库附近地下水由于水库渗漏形成一个上突型的水球体，由于水库投入使用不久，水库渗漏水量不多，故仅仅形成一个陡峭的水球体，而未来 20 年随着水库渗漏量的不断增加，上突型的水球体也从 2009 年的陡峭形逐渐变平缓，周边地下水水位不断抬升。研究区西部花官乡和东部大王镇则由于工业地下水超采各形成了一个地下水漏斗，在未来 20 年漏斗范围逐渐增大，高程也会逐渐降低。

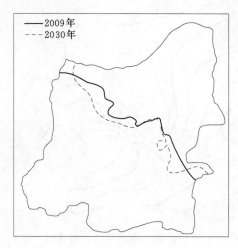

图 5-5-9 研究区 2009 年与 2030 年研究区海水入侵线图（Cl⁻ 250mg/L）

图 5-5-9 为研究区 2009 年和 2030 年海水入侵线图（Cl⁻ 250mg/L）。由图可知，由于气候变化与人类开采地下水等因素影响，相比 2009 年海侵线，研究区 2030 年西北地区和东部地区海侵线南移，其中西部花官乡入侵 5.55km²，东部大王镇入侵 3.13km²。累计入侵 8.68km²。中部地区海侵线基本不变，主要原因是淄河水库渗漏常年补给地下水，从而有效地防止海水入侵。

2. 未来情景下研究区单点地下水位与溶质浓度过程线

图 5-5-10 给出了单点位置，主要包括 58A、110 和 34 三个观测井以及淄河水库北部、花官乡漏斗中心和大王镇漏斗中心这六个位置（图中黑线圈出）。由图 5-5-10 和图 5-5-11 给出了方案 4 和方案 11 两种方案上述 6 个单点的地下水水位和 Cl⁻ 浓度过程线图。可知未来 20 年除了 34 号井和淄河水库北部点外，其余 4 点均表现出相同的规律，即水位下降同时 Cl⁻ 浓度上升，这是由于地下水位下降造成咸淡水水头差，从而加剧海水入侵，造成 Cl⁻ 浓度上升。淄河水库北部点则由于淄河水库下渗补给地下水导致周边地下水水头上升，淡水水头高于咸水水头，从而抑制海水入侵，Cl⁻ 浓度下降，淄河水库北部点 Cl⁻ 浓度下降幅度大约 20mg/L。而 34 号观测井较为特殊，未来 20 年该点地下水水位下降大约 1.5m，Cl⁻ 浓度下降了大约 40mg/L。出现这种情况主要是由于 34 号井离淄河水库较近，淄河水库渗入地下的水可以快速补给该点，同时大王镇工业用水开采使该点地下水流向漏斗中心，在 20 年

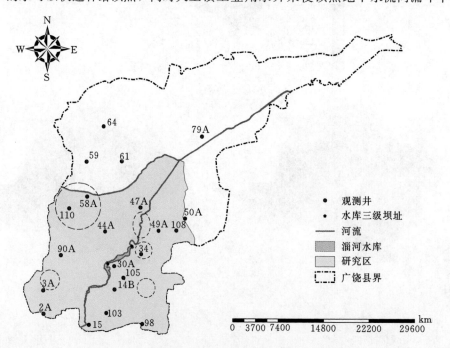

图 5-5-10 预测地下水流场和 Cl⁻ 浓度单点位置图

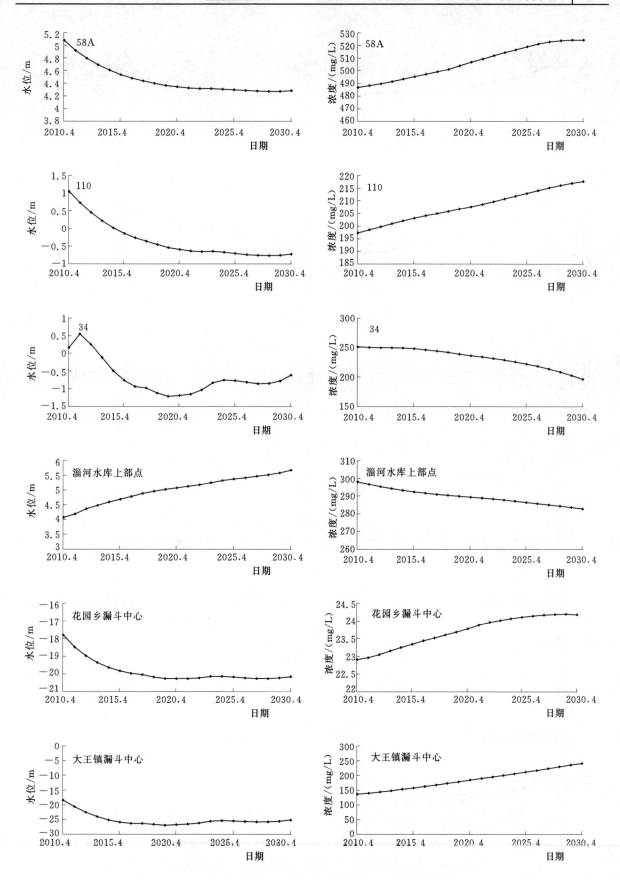

图 5-5-11　方案 4 情境下研究区地下水流场和 Cl⁻ 浓度单点过程线图

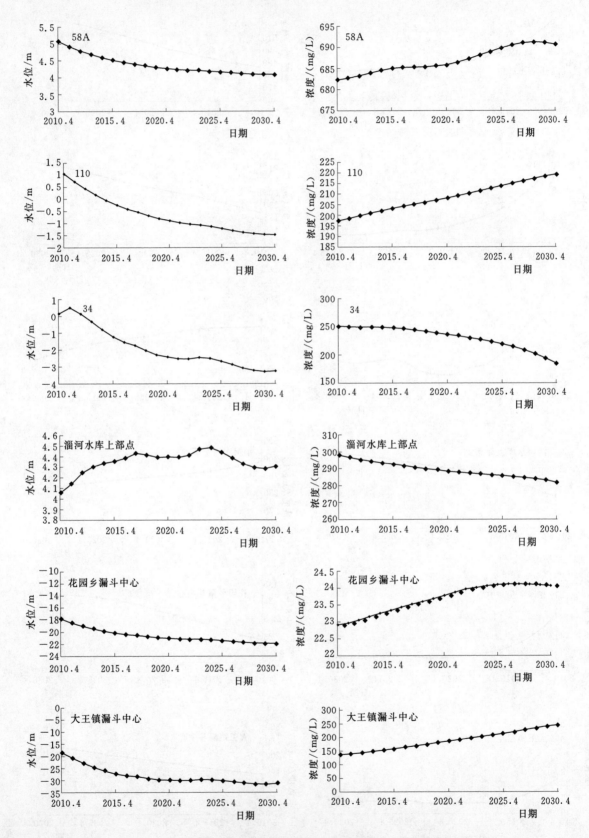

图 5-5-12　方案 11 情境下研究区地下水流场和 cl⁻ 浓度单点过程线图

中相对达到一个补排平衡,所以地下水高程仅仅下降1.5m。在20年中水头基本保持不变使得咸淡水头差保持稳定,有效抑制了海水入侵,cl⁻浓度下降。两个方案对比来看,方案4和方案11地下水开采都是按照广饶县规划目标开采,降水方案4按照气候模式情景A1B,方案11按照75%降水保证率情景。由图可知,未来20年,两种方案各点地下水水位下降(上升)差别约为1—2m,Cl⁻浓度上升(下降)差别约为10mg/L。造成这种差别的原因主要是两种方案的降水补给不同,气候模式A1B条件下的多年平均降水量(730mm)和38%降水保证率的情景相同(722.4mm),属于丰水年的情景,故该方案的地下水水位高程要高于方案11,Cl⁻浓度也低于方案11。

3. 不同保证率方案对比

本节着重讨论不同方案情景下不同的地下水流场对于海水入侵的最终影响。挑选地下水高程0m线作为研究对象,其原因是0m高程线为海水基准面高程,同时0m高程线在研究区与判断是否发生海水入侵的250mg/L Cl⁻浓度线位置相近,能够更直观的讨论地下水水位对海水入侵的影响。

图5-5-13为方案8和方案11情况下研究区2009年(现状年)、2015年(近期)和2030年(远期)的地下水0m高程线,图5-5-63为两种方案的Cl⁻浓度为250mg/L的海水入侵线。图中虚线椭圆处标明了两种方案的差别,对比仍然按照2009年现状开采地下水的方案8,采用节水规划的方案11(降水都为75%的降水保证率)。0m等水位线在研究区西北部。中部和东部都有明显的差别。未来20年,方案11的地下水0m线更加靠南,这表明研究区内大于0m的范围增大(图5-5-13),节水规划起到明显的作用。同时,由于水位差别造成咸淡水高程差的不同使得海水入侵线位置也不同。

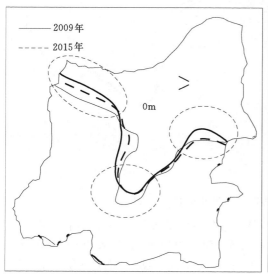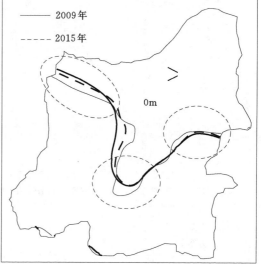

图5-5-13 方案8和方案11情景下地下水水位0m高程线

4. 最丰最枯方案的确定以及相对应的海水入侵情况

本节内容主要是在设定的12种预测方案中选择最丰与最枯方案,并探讨两者对应的海水入侵情况,预测出两种方案海水入侵实际的入侵面积差距。

图5-5-15中显示的是方案7~方案12六种方案研究区2030年地下水水位0m线。在50%、75%和90%不同降水保证率情况下0m线有较明显的区别(图5-5-15左),特别是研究区西北部和东部。相同保证率情况下,结合节水规划与现状年开采的地下水0m线也不同(图5-5-15右),节水规划情景下,0m水头向南移动,研究区东部地区尤为明显。在地下水过度开采较严重的化官乡和大王镇,节水规划方案下的0m线(方案10~方案12)相比现状开采方案地下水0m线最大南移分别为0.88km和4.04km。

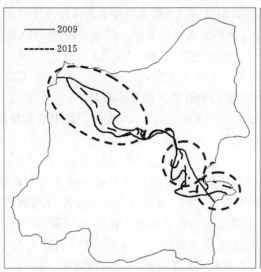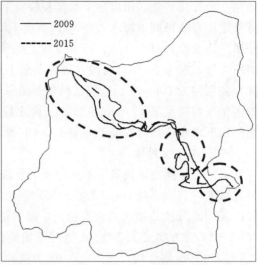

图 5-5-14 方案 8 和方案 11 情景下海水入侵线（250mg/L Cl⁻ 浓度线）

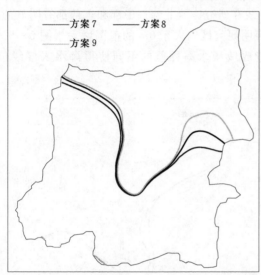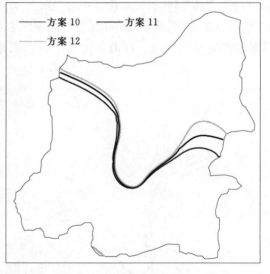

图 5-5-15 方案 7～方案 12 情景下 2030 年地下水水位 0m 线

图 5-5-16 方案 8 和方案 12 2030 年
地下水 0m 线对比图

同时对方案 1 和方案 10，方案 7 和方案 11，方案 8 和方案 12 研究区 2030 年地下水 0m 线进行对比研究（图 5-5-16～图 5-5-18）。研究结果表明几种方案的 0m 线完全重合，这说明对于方案 1 和方案 10 来讲，气候模式方案与 50％降水保证率的情况下结合广饶县节水规划方案的效果相同；对于方案 7 和方案 11 来讲，50％降水保证率且无节水规划方案与 75％降水保证率同时采用节水规划方案的效果相同；对于方案 8 和方案 12 来讲，75％降水保证率且无节水规划方案与 90％降水保证率同时采用节水规划方案的效果相同。这就为确定不同情景海水入侵范围提供了基础。即海水入侵最严重的情况是方案 9，即采用 90％降水保证率且不采取广饶县节水规划措施；海水入侵最轻的情况应该是方案 4，即气候模式 A1B 情景下的降水同时采用广饶县节水规划。

图 5 - 5 - 17　方案 7 和方案 11 2030 年
地下水 0m 线对比图

图 5 - 5 - 18　方案 1 和方案 10 2030 年
地下水 0m 线对比图

图 5 - 5 - 19 和图 5 - 5 - 20 给出了方案 4 和方案 9 情况下研究区 2030 年地下水水位 0m 等值线和海水入侵线（250mg/L Cl⁻ 浓度线）。他们分别代表了最优情况和最差情况下的地下水水位和海水入侵的情况。从图 5 - 5 - 20 可以清楚地看到两种情况海水入侵的差别，经过测量，方案 4 比方案 9 海水入侵减少 $19.14km^2$。

图 5 - 5 - 19　方案 4 和方案 9 2030 年
地下水 0m 线对比图

图 5 - 5 - 20　方案 4 和方案 9 2030 年
海水入侵线范围图

第六节　不同情景下海水入侵风险灾害评价与管理

一、海水入侵风险灾害评价的概念

风险评价是对不良结果或不期望事件发生的几率进行描述及定量的系统过程。或者说，风险评价是对一特定期间内安全、健康、生态、财政等受到损害的可能性及可能的程度作出评估的系统过程（Robert，1999）。根据风险评价的概念和海水入侵灾害的特点，陈广泉等（2010）将海水入侵风险评价定义为：对风险区内发生海水入侵的可能性及可能造成的损失进行定量化的分析与评估的过程。

二、灾害风险评价指标体系

1. 评价方法

在进行海水入侵风险灾害评价时主要运用以下 3 种方法。

（1）海水入侵风险评价指标权重确定。在计算海侵风险评价时权重主要采用层次分析法（Analytic Hierarchy Process，AHP）。层次分析法是根据评价因子两两相对重要性比较构造判断矩阵，从而综合确定各因子权重，以确定不同指标对同一因子的相对重要性。

（2）基于 GIS 的栅格属性空间分析。这部分主要包含以下三个步骤：①对评价因子数据进行插值分析，制作各因子专题图。内插分析是对矢量点数据进行内插产生栅格数据，每个栅格的值根据其周围（搜索范围）的点值计算；②按评价体系标准对专题图进行重分类，重分类是基于原有数值，并对原有数值重新分类整理，从而得到一组新值并输出；重分类一般包括新值替代、旧值合并、重新分类和空值设置四种基本类型；③对重分类后的栅格图按因子权重进行栅格运算得出评价分区图，栅格运算是指两个以上层面的栅格数据系统以某种函数关系作为复合分析的依据进行逐网格运算，从而得到新的栅格数据系统的过程。

（3）加权综合评价法。综合考虑各个因子对总体对象的影响程度，把各个具体指标的优劣综合起来，用一个数量化指标加以集中，表示整个评价对象的优劣。因此，这种方法特别适合于对技术、决策或方案进行综合分析评价和优选，是目前最为常用的计算方法之一（张会，2005）。加权综合评价法的计算公式为

$$V_j = \sum_{i=1}^{n} W_i \cdot D_{ij} \tag{5-6-1}$$

式中 V_j——评价因子的总值；

W_i——指标的权重；

D_{ij}——对于因子 j 的指标 i 的归一化值；

n——评价指标个数。

2. 评价指标权重的确定

按照各因子的性质和相对影响程度进行量化，并计算其权重。计算采用目前地质灾害评价中常用权重计算方法—层次分析法。

层次分析法（AHP）是对一些较为复杂、较为模糊的问题作出决策的简易方法，它特别适用于那些难于完全定量分析的问题。它是美国运筹学家 T. L. Saaty 教授于 70 年代初期提出的一种简便、灵活而又实用的多准则决策方法。

层次分析法评估因子判断矩阵见表 5-6-1。由层次分析法得到的各因子权重值见表 5-6-2。

表 5-6-1 层次分析法评估因子判断矩阵

标度值	含水层结构	地质背景	地下水开采	土地利用类型	土壤类型	氯离子浓度值	地下水水位
含水层厚度	1	3	1/2	3	3	1/2	1/2
地质背景	1/3	1	1/4	1	1	1/4	1/4
地下水开采	1	3	1	3	3	1/2	1/2
土地利用类型	1/3	1	1/3	1	1	1/4	1/4
土壤类型	1/3	1	1/3	1	1	1/4	1/4
氯离子浓度值	2	4	2	4	4	1	1
地下水水位	2	4	2	4	4	1	1

表 5 - 6 - 2　　　　　　　　　　　　　　　　评 估 因 子 权 重 值

评估因子	含水层厚度	地质背景	地下水开采	土地利用类型	土壤类型	氯离子浓度值	地下水水位
权重	0.15	0.07	0.15	0.07	0.07	0.245	0.245

3. 评价因子选取

影响海水入侵的因素主要有自然和人为两个方面，其中自然因素是其发生和发展的基础，而人为因素则起着触发、催化的作用（赵锐锐等，2009）。自然因素又包括地质、气象和地理环境因素。评估因子的选择是海水入侵危险性评价的关键，在对海水入侵影响因素研究的基础上（赵健，等，1996；李福林，等，1996；徐向阳，2003；张蕾，等，2003；苏乔，等，2009；陈广泉，等，2010），结合研究区的实际情况，确定影响广饶县海水入侵的自然和人为因素主要有以下 3 种：

（1）地质因素。地质条件决定了海水入侵方式、类型和发生强度。广饶县含水层结构分为三层含水层。单一含水层区分布在甄庙—颜徐—东水磨以北地区以及李鹤乡—梧村—大王一线以北地区主要为砂、粉土、粉质黏土；二层含水层主要为粉土和粉质黏土；三层含水层分布在小张乡—张官庄—甄庙以西地区和军屯子—梧村—颜徐—书房刘以东地区，主要为中砂、细砂、粉细砂。

滨海地区透水层和构造裂隙的存在是海水入侵灾害形成和发展的地质基础。海水入侵的方式受地质条件制约：如发育于第四纪沉积物分布区和裂隙发育均匀密集区的"面状"入侵，沿古河道深入的"指状"入侵，沿发育稀疏的构造裂隙或断裂带发育的"脉状"入侵和沿岩溶系统发育的"树枝状"入侵等多种形式（姜文明，李新运，1994）。广饶县发生海水入侵的滨海平原区地层主要为第四纪松散沉积物，透水能力强，地下淡水与海水之间缺乏稳定的隔水层。当地下水位长期处于海面以下时，海水通过含水层迅速向内陆入侵，形成海水入侵灾害。由于地质背景是非量化指标，无法用具体数据表达，但由于不同岩性的海岸透水性存在差异，对海水入侵灾害的影响程度也不同，根据海岸的地质背景将海岸地质特征划分为基岩、泥沙互层、粉砂和砂 4 级。

地下水条件包括了地下水水质和地下水水位两个方面。地下水氯离子质量浓度反映了当前研究区内海水入侵（地下水咸化）的程度，也将对今后的海水入侵趋势产生影响。地下水水位反映了海水入侵的水动力场，是海水入侵的驱动力来源。

（2）气象因素。在降雨条件下，地下水得到地表水的补给，水位上升，海水入侵则相对不易发生。因此，进行海水入侵危险性评价时应考虑不同地区降雨的影响。但是，由于本研究区范围较小，雨量差异不大，因此评价时未考虑降雨量大小的影响。尽管如此，研究中仍充分考虑了由于表层岩性、地貌和土地利用类型不同，对大气降雨入渗至地下含水层产生作用的不同，将降雨对海水入侵危险性的影响综合到地层岩性、土地利用（图 5 - 6 - 1）和土壤类型（图 5 - 6 - 2）这 3 个评估因子中，没有单独考虑降雨量因子，以确保因子之间相对独立。

（3）人为因素。人为因素主要包括地下水开采和土地利用类型。地下水开采是海水入侵的主要诱发因素。土地利用类型在一定程度上反映了人类活动的剧烈程度及对地下水水量、水质的破坏程度。

综上所述，根据研究区具体情况，选取了含水层结构、地下水氯离子质量浓度、地下水水位、地质背景、地下水开采、土地利用类型、土壤类型 7 个评估因子。

4. 评价步骤

海水入侵风险灾害评价步骤如下：首先从定性和定量的角度出发，建立海水入侵风险评价的指标体系，并对其进行权重计算和量化；在此基础上，运用 ArcGIS 空间分析方法对各因子进行叠加分析，采用加权综合评价法，通过栅格运算得到海水入侵灾害风险评价值并绘制成图。

5. 风险等级划分

由于海岸带灾害地质环境系统的复杂性，其风险并不具有绝对的含义。常用的分级方法为逻辑信息分类法和特征分类法（李培英等，2007）。本文中采用 4 级逻辑分类体系，将海水入侵灾害风险划

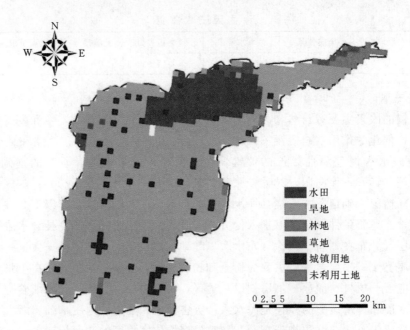

图 5-6-1 广饶县土地利用类型图

水田
旱地
林地
草地
城镇用地
未利用土地

0 2.5 5   10   15   20 km

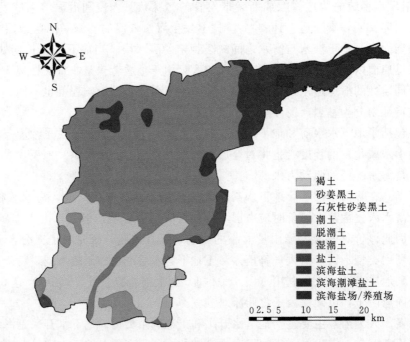

图 5-6-2 广饶县土壤类型图

褐土
砂姜黑土
石灰性砂姜黑土
潮土
脱潮土
湿潮土
盐土
滨海盐土
滨海潮滩盐土
滨海盐场/养殖场

0 2.5 5   10   15   20 km

分为 4 级：即低风险、中等风险、较高风险和高风险。分级标准是根据野外勘测、调查，结合相关规范综合确定的，具体划分方案见表 5-6-3。

表 5-6-3 海水入侵风险等级划分

评估因子	低风险 I	中等风险 II	较高风险 III	高风险 IV
含水层厚度/m	<2	2~5	5~9	>9
地质背景	基岩	粉质黏土	粉砂	砂
地下水开采/(m³/d)	<200	200—500	500—1000	>1000
土地利用类型	水田	旱地、林地、草地	城镇用地	未利用土地

续表

评估因子	低风险 I	中等风险 II	较高风险 III	高风险 IV
土壤类型	褐土	黑土	潮土	滨海盐土
氯离子浓度值/(mg/L)	<250	250—500	500—1000	>1000
地下水水位/m	0—6	—6—0	—12—（—6）	<—12

三、海水入侵风险灾害现状评价

图5-6-3为计算出的广饶县海水入侵现状风险评价图。该图只给出了研究区的风险情况，这是由于研究区的北部大部分地区已经属于海水入侵的歼灭区，几乎所有含水层已被海水侵染，故在确定风险程度的时候不作考虑。由图可以看出高危险区和较高危险区主要分布在研究区东北部和中北部，这是由于广饶县紧邻寿光市，而处于潍北平原的寿光市海水入侵比较严重，同时此处还有古卤水存在，因此相邻区处于高危险和较高危险区。研究区北部有一部分为中等风险区，主要由于研究区边界是小清河，小清河在汛期河道有水，这时会暂时补给地下水抬高该区地下水水位，从而防止海水快速入侵。另外，从地质条件来讲，该区含水层薄，透水性差，因此综合确定研究区小清河附近为中等危险区。研究区中部为淄河水库，由于水库下渗补给地下水使得该区地下水高程保持在一个较高的位置，因此淄河水库附近属于低风险区。淄河水库的西部和东部由于存在两个大漏斗，并且该区含水层以粗砂为主，富水性较好，故一旦发生海水入侵的情况速度会非常大，因此这些地区同属于中等风险区。

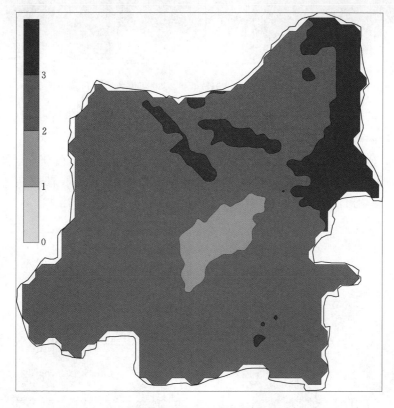

图5-6-3　广饶县海水入侵现状风险评价图（2009年）

四、未来情景海水入侵风险灾害评价

确定了海水入侵最枯方案（方案9）和最丰方案（方案4）之后，未来情景海水入侵风险灾害评价则根据上述两种方案作出最枯和最丰方案下的海水入侵的风险灾害评价。

图5-6-4表示最枯方案情景下2015年和2030年海水入侵风险灾害评价图。最枯方案情境下，研究区北部地区除了小清河河道沿线之外大部分地区均处于较高风险和高风险。并且相对于2009年

较高风险和高风险区域明显扩大，几乎覆盖研究区北部，到 2030 年面积增加 57.25km²。这表示在最枯条件下，按照现状开采，未来 20 年由于地下水补给不足和人类活动不断的影响，整个北部地区会处于海水入侵的极度风险，侵染速度和程度会不断加快、加强。2030 年高风险区比 2015 年高风险区面积增加 21.75km²，说明如果该区持续干旱（90% 降水保证率），高风险地区将随着时间的推移不断扩大。研究区中部淄河水库由于不断地补给地下水，位于其附近的低风险区面积随着时间增长而增大，到 2030 年增加 2.5km²。

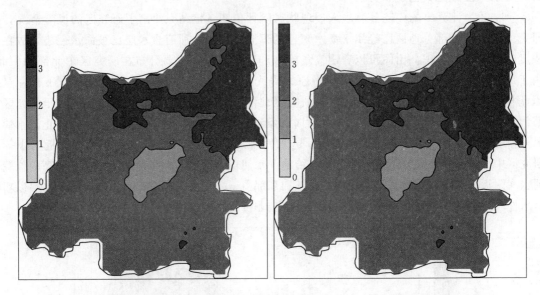

图 5-6-4　最枯方案（方案 9）2015 年和 2030 年海水入侵风险灾害评价图

　　图 5-6-5 表示最丰方案情景下 2015 年和 2030 年海水入侵风险灾害评价图。相比 2009 年，研究区北部地区较高风险和高风险区域明显减少，到 2030 年，面积减少 50.25km²，2030 年比 2015 年面积减少 16.5km²，这是由于充足的雨水补给地下水有效防止海水入侵，使研究区北部大部分地区由 2009 年的较高和高风险区变为了中等风险区。中部地区淄河水库周围低风险区的范围也随着时间推移不断扩大，到 2030 年增加 18km²，起到了河道型水库防止海水入侵的作用。

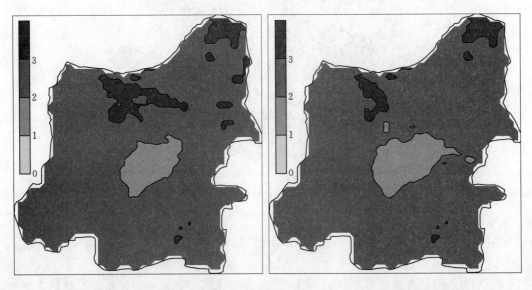

图 5-6-5　最丰方案（方案 4）2015 年和 2030 年海水入侵风险灾害评价图

研究区现状和未来不同方案情况下风险等级区域面积统计结果见表 5-6-4。

表 5-6-4　　　　　　　　　　　　　最丰最枯方案风险等级区域面积　　　　　　　　　　　　单位：km²

方案	年份	低风险	中等风险	较高风险和高风险
现状	2009	24	414.5	71.5
方案 4（最丰）	2015	29.5	442.75	37.75
	2030	42	446.75	21.25
方案 9（最枯）	2015	25.5	377	107
	2030	26.5	354.75	128.75

第六章　变化环境下水循环机理与水生态过程实验平台建设

山东省水资源短缺、水生态损害、水环境污染问题日益严重，已成为山东省经济和社会可持续发展的"瓶颈"制约。随着气候变化和工业化、城镇化、信息化和农业现代化的进程加快，水资源和水环境的承载力面临更大的考验，也使山东面临的水问题变得更为复杂。水是生命之源、生产之要、生态之基。河川之危，水源之危，是生存环境之危，民族存续之危。水安全不仅关系到防洪安全、供水安全、粮食安全，而且关系到经济安全、生态安全、国家安全。

基础研究是揭示规律的根本，以前对基础试验站点、研究试验基地建设不够重视，"十一五"以来，山东省重点开展了以山东水科学技术研究试验（雪野）基地为中心的辐射全省的观测研究试验网络，以逐步形成山东水利科研的合力。这些将会在山东省的水土流失治理、工程建设、水安全保障等问题中发挥很好的技术支撑作用，也有利于突破山东省水安全保障面临的瓶颈——水循环机理与水生态过程问题。

第一节　山东省水利试验基础设施与建设的现状

早在 20 世纪 50—60 年代，山东省水利部门就组织建设了一批试验站点，如王旺庄水文泥沙实验站、打渔张地下水观测站、马家楼子潮位观测站、六户水利土壤改良试验站、位山水文实验站、德州灌溉试验站、禹城水文地质测验站、郓城洼地改造试验站、宁阳井灌试验站、沂水水土保持试验站等 20 余处；60 年代初期，各地在冶源灌区灌溉试验站、章丘绣惠渠灌区灌溉试验站基础上，临沂专区又新建了塘崖灌溉试验站（后改名小埠东灌区灌溉试验站），打渔张灌区建立了位家灌溉试验站（又名打渔张灌区灌溉试验站），"文化大革命"期间灌溉试验一度中断。改革开放后，又新建昌邑县峡山灌区、龙口市北邢家灌区、莱芜市雪野灌区、平邑县唐村灌区、长清县石马灌区、菏泽市刘庄灌区、庆云县马东灌区、金乡县涞河灌区、陵县抬头寺水均衡试验区、诸城县青墩灌区、微山县鲁桥镇水稻控制湿润灌溉等 11 处灌溉试验站。1979 年 9 月，山东省按照不同地形、地貌和水土流失状况，在全省先后建立了 6 个水土保持试验点，其中鲁中南山区建立了蒙阴县孟良崮、曲阜县红山、临朐县辛庄、泰安县卧龙峪等 4 处水土保持试验站，胶东丘陵区建立了文登县马格庄水土保持试验点，平原风沙区建立了莘县王奉水土保持试验站。上述试验站建设和运行，为山东省灌溉排涝、水土保持、水资源的开发利用和管理保护、水利工程规划建设提供了宝贵的基础技术资料和成果依据。50 年代末打渔张引黄灌溉实验成果至今仍在使用，旱涝碱综合治理技术至今不过时，并编入了高校教材；"六五""七五"期间主要农作物高产省水灌溉试验成果仍是现在灌区改造、水库除险加固中依据的主要成果；"三水"转化等试验站研究的成果至今还在水资源评价中发挥作用；水土保持、水工模型试验成果在山东省的水土流失治理和工程建设中发挥了很好的技术支撑作用。

进入 20 世纪 90 年代之后，对基础试验站点、研究试验基地建设不够重视，不仅没有建设投入，也没有运行投入，试验点和基地建设进入低谷，仅有少数站点勉强维持运行。"十一五"以来，山东省依托申请的一批重大科研项目，结合水利大投入、大建设、大发展的机遇，先后依托省水科院申请了多个科研平台，如山东省水资源与水环境重点实验室、水资源可持续利用泰山学者岗位、山东省灌溉试验中心站、山东省水利工程建设质量与安全检测中心站、中欧水资源交流平台、水利部科技推广中心山东省推广工作站等，但这些平台，没有专门的场地和试验空间、试验设施不全，无法集中、综合地开展试验研究与中试、示范、展示等试验研究工作。

为解决山东省面临的复杂水问题，通过科技创新，采用系统的、科学的方法和手段，多学科联合、多技术融合、多种平台协作无疑是最佳的途径。因此，面对水资源短缺、水生态损害、水环境污染的严峻形势，参考国内外先进经验，贯彻落实中央治水新思路，支撑和保障全省经济社会持续健康发展和生态文明建设的新要求，满足人民群众的新期待，解决水利科技创新基地和高端人才严重滞后的"短板"，迫切需要建设水科学技术研究试验基地。

山东省现有的科研实验平台包括：7个农业节水灌溉试验站（山东省灌溉试验中心站、青岛市大沽河灌溉试验站、山东省聊城市位山灌区灌溉试验站、山东省小埠东灌区灌溉试验站、山东龙口市王屋灌区灌溉试验站、莱芜市雪野灌区口镇灌溉试验站和山东桓台县农业综合节水重点试验站）；3个水资源与水环境试验站（龙口市地下水试验研究站、莱州市海水入侵监测点和博兴县地下水位监测点）；2个水保试验站（山东省莱芜市栖龙湾观测试验场和聊城市位山灌区观测试验站）。

新建的山东水科学技术研究试验（雪野）基地作为中心基地，通过整合省内已有的各类科研平台，并与省内现有的试验站等联网，最终形成以雪野基地为中心辐射全省的观测研究试验网络，逐步形成山东水利科研的合力。试验基地网络图，如图 6-1-1 所示。

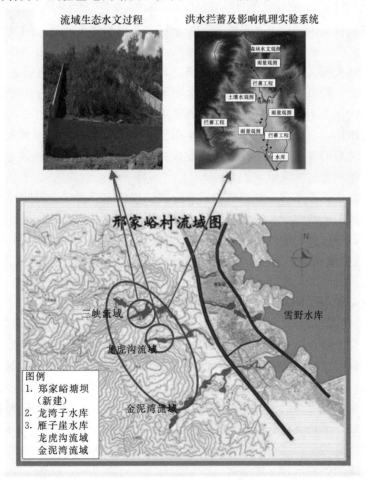

图 6-1-1 试验基地网络图

第二节 山东省水循环实验基础研究面临的问题

从国内外水利科研基地建设情况可以看出，国际上发达国家都十分重视试验基地建设，我们国家起步较晚但发展很快，黑龙江、浙江、江西等 10 多个省均加大投资力度，建设了一批具有地方特色的试验基地，影响力逐年提高，创新能力显著增强。相比较而言，山东省在水利科研基地建设方面已处于明显落后，这和山东省经济大省、水利大省的地位极不对应，水利科技创新后劲明显不足，对解决山东省今后复杂的水问题极为不利，主要存在如下几个方面的问题：

（1）一是对基地建设重视程度不够，现申请的创新平台"帽子"很大，但无试验基地支撑。由于科学试验是基础性、战略性的工作，近期效益低，因此在实际工作中往往被忽视，在规划建设过程中，需要试验成果的时候才感觉到重要，遇到难题时认为很急需，但事后往往被忽视；山东省申请了山东省水资源与水环境重点实验室、水资源可持续利用泰山学者岗位、山东省灌溉试验中心站、中欧水资源交流平台、水利部科技推广中心山东省推广工作站等平台，这些已申请的平台，体现了该省在已有成果和人才队伍方面的优势，确实山东省有些专业领域在国内很有影响，如农业节水、海水入侵生态防治、北方土石山区水土保持、黄河三角洲水资源适应性管理等方面处于全国的领先地位，但这些来之不易的平台，仅依托了水科院 1000 多平方米的实验室，依托了不足 20 亩地的中试基地，依托了几个重大科研项目的临时试验点。没有研究创新基地的支撑，这些"帽子"会逐步成为空壳，有些平台难以为继。

（2）研究试验基地投资少，设备水平落后。近十年来，山东省水利投入明显加大，但研究试验基地的基础性投入微乎其微，初步统计，近十年专项投入不超过 300 万元，由于投入太少，造成综合试验基地缺失，无法开展大型、综合、系统的试验研究，一些实用技术无法进行展示，对人才的引进和培养也带来了不利影响；同时，山东省承担了一大批国家科技支撑、国际合作等重大项目，因无科学试验的基地，不仅完成任务困难，形成创新科技成果更困难；与其他省份相比，与经济文化强省建设和水利大发展的形势相比，山东省水利科技创新体系不够完善，这与山东水利大省的地位极不相符，也不能适应现代水利发展的需求。由于没有基地支撑，也申请不到一些专项建设经费支持，分散的、临时试验站点随着课题结题试验就结束了。

（3）水利科技创新体系不完善，各类试验站点分散、建设和管理理念落后，尚未形成试验研究合力，基于顶层设计的核心基地建设、区域试验站点的建设缺乏统一的规划和布局，基础性研究、应用基础研究、应用研究、开发研究的分工、力量布局不科学、不合理，创新体系中的基地依托"大脑缺失，四肢无力"，基地和试验站点的信息化程度低，效率不高，试验精度差，试验设施落后。各站点缺乏统一管理和整合，一个站点主要为一个项目、一个团队服务，造成试验能力、管理水平参差不齐，力量分散。目前，省内保存的各类水利试验站点以及新建立的科研平台仍相对孤立、分散，没有形成一个综合的研究试验核心，试验数据、资源未能实现全面的共享，也难以形成试验研究的合力。

（4）试验观测数据不够连续，缺少高水平的科研成果。解决山东省突出的水问题，需要进行长期连续的观测与试验，没有长时间的资料积累，就不能研究水科学规律，不能出规范，出不了大成果；山东省的水资源、农村水利、水土保持、水环境与水生态等公益性研究领域，由于基础性、公益性强，无法靠市场机制来保持定点的连续观测。因缺乏综合的试验平台，多年来观测试验获得的成果数据既分散又缺乏连续性，无法支撑长期连续的科学研究，大大降低了山东省科研成果的推广应用价值，也是成果转化率不高的原因之一，而山东省的水资源管理、河道治理、灌区改造、小农水重点县建设等对长系列试验成果的需求却非常迫切。

目前水循环机理和水生态过程在自然和半自然状态下研究的水文规律和技术方法，并不能真实反映当前条件下的变化。已规划与布设的水文实验站主要集中在径流、蒸发、雨量及测验技术方法等方面，实验内容相对单一，不能满足对目前洪涝灾害、水资源短缺、水污染和水生态等问题研究需要。因此迫切需要建设具有生态水文、城市水循环、水环境与水生态要素全过程室内实验室与野外试验场相结合的实验基地。

在此背景下，山东省水利厅主持并委托山东省水利科学研究院开展了山东省水利综合试验基地的建设。试验基地的建设将对山东省水安全保障面临的基础瓶颈的水循环机理与水生态过程问题，重点开展实验与模拟综合研究。项目区流域图见图6-2-1。

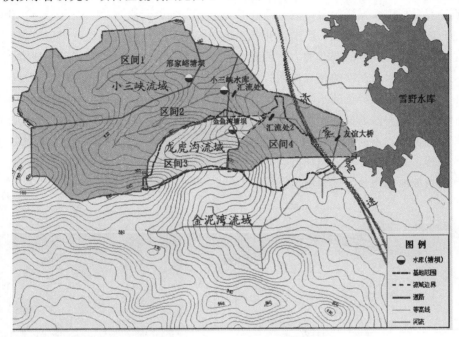

图 6-2-1 项目区流域图

第三节 水安全实验基础研究建设与规划

目前水循环机理和水生态过程在自然和半自然状态下研究的水文规律和技术方法，并不能真实反映当前条件下的变化。已规划与布设的水文实验站主要集中在径流、蒸发、雨量及测验技术方法等方面，实验内容相对单一，不能满足对目前洪涝灾害、水资源短缺、水污染和水生态等问题研究需要。因此迫切需要建设具有生态水文、城市水循环、水环境与水生态要素全过程室内实验室与野外试验场相结合的实验基地。在此背景下，山东省水利厅主持并委托山东省水利科学研究院开展了山东省水利综合试验基地的建设。试验基地的建设将对山东省水安全保障面临的基础瓶颈的水循环机理与水生态过程问题，重点开展实验与模拟综合研究。

一、水循环与生态水文实验

瞄准国际地球科学水循环生物圈方面及其环境生态影响的科学前沿，结合山东省需求和实验室建设提出创新发展战略性和前沿性目标，开展流域水循环和生态水文过程及流域水资源综合管理的基础实验研究创新。吸取国内外生态水文实验和流域综合管理的经验，采用先进的实验观测仪器，建设一个自动化程度高、观测全面、精度高的坡面降雨径流和生态水文过程的长期观测和实验基地。

1. 流域生态水文过程研究

坡面植被状况与水的关系极为密切，植被可增强局地水分小循环而减弱区域水文大循环，改变了水文循环的方向与速率，并影响到水量平衡各要素间的数量关系，进而影响到流域产水量和水资源评价。流域生态水文过程研究正是基于上述原因，以流域为平台，以植被与水的关系为核心，以水文过程监测为主，研究植被是如何影响到水文循环的各个环节，其相互作用关系及响应时间及强度等。具体实验研究内容包括："土壤-植被-大气"（SVAT）界面过程研究；流域水量转化模式与量化研究；植被与水互馈作用的尺度效应研究；土地利用覆被变化的流域水文过程响应的情景分析；流域生态水文模型的研制。

2. 坡面物质迁移过程

坡面物质迁移是指以水循环为载体的物质迁移，包括泥沙、元素（C、N、P等）、化学物质（营养盐、污染物）的迁移。土壤侵蚀、土地退化和由此引起的河道、湖泊淤积，不但直接影响到径流的水质，而且也影响流域对径流的调节能力。因此，在生态水文的实验研究中，必须研究水循环与泥沙循环的耦合关系，研究水与泥沙的相互作用，将以水循环为载体的各种形式的物质迁移统一在流域水系统的框架中，建立有中国特色的水与物质循环理论。具体研究内容包括：坡面系统中水沙、化学物质的耦合与相互作用；泥沙通量和元素通量（C、N、S、P）对全球气候变化和人类活动的响应；不同土地利用和土地覆被、不同作物结构、不同灌溉技术条件下农田水分养分运移规律、作物耗水规律、水肥耦合过程、农田水分养分循环过程等。图 6-3-1 和图 6-3-2 分别为坡面降雨径流试验场平面设计示意图及坡面降雨径流试验场示意图。

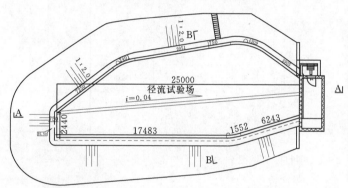

图 6-3-1　坡面降雨径流试验场平面设计示意图　　图 6-3-2　坡面降雨径流试验场示意图

3. 综合管理虚拟现实系统

流域是自然水循环的基本单元，也是水资源开发利用、水环境保护和水资源合理配置和高效利用的基本系统。气候变化以及人类活动对流域水循环过程影响的响应规律和机理，包括流域水文-生态过程、水循环泥沙物理过程以及随水迁移的点源与非点源污染物质的化学过程、土壤侵蚀与输移过程的规律和机理，是国际水文科学研究的前沿和热点。基于虚拟现实的流域综合管理是水资源可持续利用的手段和保证，是解决我国水问题特别是缺水地区水危机的有效途径，有极大的需求。流域综合管理虚拟现实系统可进行不同需水管理的情景分析，为山东解决水问题提供科学依据。具体研究内容包括：流域综合管理虚拟现实技术；生产、生活、生态共享的流域综合管理模式；现状与未来水资源开发利用工程、土地利用变化、城市化对流域水循环和水资源的影响机理；生态需水观测与评价；河流湖泊的生态多样性研究；变化环境下流域综合管理的不同情景与响应对策分析。

4. 实验设备和设施建设

建立水循环与生态水文实验小流域和实验坡面，配套的流域生态水文要素观测、数据自动采集和处理系统。

主要实验设备：自动气象站、地下水位测量系统、土壤水分取样器、标准雨量桶、土壤水分自动测量系统、便携式土壤呼吸测量系统、土壤氮循环监测系统、树木茎干截流测量系统、数字植物冠层分析系统、一体化涡动协方差系统、七层梯度观测系统、大孔径闪烁仪、蒸渗仪系统、河流断面流量、水位和水质测量系统等。

在基地内布设气象站、大型陆（水）面蒸发、植被蒸腾、土壤水分监测系统、地下水位水质监测系统、环境生态观测系统，开展区域水循环过程、下垫面蒸散发、水分贮存能力、径流量变化及对周边农业生产影响的观测试验，研究小流域水循环及生态过程和规律。具体包括以下设施：

（1）常规自动气象站。对研究区内气候进行全天候连续监测，传感器包括降水、雪深、大气压、风速、风向、太阳辐射、空气温度、相对湿度等常规参数。

为便于对比观测，规划在基地内安装 5 处陆地多功能自动气象站（图 6-3-3），其中龙虎沟流域 3 处，金泥湾流域 1 处，小三峡流域 1 处。龙虎沟流域 3 处，分别安装在金鱼湾塘坝上游山坡的阳坡和阴坡各 1 处（具体位置见水土保持观测场），下游现代农业高效节水研究试验区 1 处。水面安装浮标式常规气象站 2 处，分别在金鱼湾塘坝和湿地处。

（2）蒸发蒸腾观测。

1）水面、陆面蒸发观测设施：按国家标准建设 E601 型水面蒸发器（图 6-3-4）、20m² 蒸发池及陆面蒸发设施（图 6-3-5）。水面、陆面蒸发观测设施（图 6-3-6）安装在现代农业高效节水研究试验区。

图 6-3-3　陆地气象观测

图 6-3-4　水面气象观测

图 6-3-5　水面蒸发观测设施

图 6-3-6　陆面蒸发观测设施

2）蒸渗仪（图 6-3-7）：主要用来研究水文循环中的下渗、地表径流和地下径流、蒸散发等过程，包括陆地土壤蒸渗仪和湿地地下水生态观测蒸渗仪两种。陆地蒸渗仪安装在现代农业高效节水研究试验区（土壤蒸渗仪 12 套），湿地地下水生态观测蒸渗仪布置在人工湿地水位变动带（图 6-3-8）。

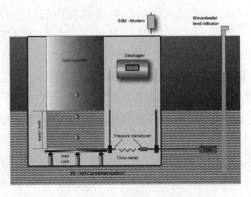

图 6-3-7　陆地土壤蒸渗仪　　　　　图 6-3-8　湿地生态观测蒸渗仪

3）植被蒸发蒸腾作用观测、植物生理生态监测（图 6-3-9）：植被的蒸发蒸腾量是发生在土壤、植被、大气复杂的系统体系内的连续循环过程，是水分运移的关键环节。植物生理生态监测系统由数据采集器、植物茎流传感器、植物生长传感器、植物叶绿素荧光监测单元、植物根系监测单元、智能土壤水分传感器、气象因子传感器等组成，可自动监测植物生长状态、植物胁迫生理生态、植物水分利用等及与土壤水分和气象因子的相互关系、植物根际及土壤呼吸测量、植物茎流叶温监测等。

图 6-3-9　植被蒸发蒸腾、生理生态监测

为便于选择不同区域和不同植被类型进行对比研究，规划在本区域内安装 20 处植被蒸发蒸腾、植物生理生态观测点，其中金泥湾流域 3 处、小三峡流域 3 处、龙虎沟流域 15 处。

农作物蒸发蒸腾作用观测、生理生态监测见现代农业高效节水研究试验区。

（3）地表径流观测及水质监测（图 6-3-10～图 6-3-12）。结合在基地内新建及改建的 10 处河道拦蓄工程，7 处桥涵、湿地和其他景观水系建设，对其水文及水生态影响效应进行观测和对比研究。

图 6 - 3 - 10　流量测量设施

图 6 - 3 - 11　水位、流速自动测量设备

图 6 - 3 - 12　景观水系控制断面

1）河道拦蓄工程地表径流观测：在河道拦蓄闸坝处建设规则过水断面，布设流速、水位自动监测设备，观测各闸坝处过水流量及水位。规划金泥湾流域出口断面 1 处、小三峡流域出口断面 1 处、龙虎沟流域 10 处，雪野湖入口处 1 处。

2）桥涵及其他过水断面地表径流观测：在基地内共新建桥涵 7 处，布设流量监测设备，其他景观水系处建设三角或梯形堰。

3）水位观测：在金鱼湾塘坝和湿地处及拦河闸处安装水位自动观测设备，共 12 处。

4）水质监测（图 6 - 3 - 13）：在金鱼湾塘坝和人工湿地处安装浮标式水质自动监测设备，监测内容包括浊度、溶解氧、电导率、pH 值酸碱度、浊度、叶绿素、蓝绿藻、若丹明 WT 等指标，水质监测设备可与水面气象站放于同一浮标上。

图 6 - 3 - 13　水质测量探头

（4）土壤水观测。基地范围内以丘陵山区为主、岩性主要为强风化-中风化花岗岩，表层土壤较少。结合金鱼湾塘坝下游现代农业高效节水研究试验区开展土壤含水量、土壤电导率，土壤入渗量、土壤水势以及土壤热通量、土壤水气通量、地温等方面连续监测工作，对灌溉效果进行监测、水分和养分流失的测定和控制、植物有效水利用、水

平衡分析研究（图6-3-14）。

图6-3-14　土壤水观测仪器

（5）地下水动态实时监测研究。基地范围内以丘陵山区为主，一般无地下水赋存条件，只在现代农业高效节水研究试验区或较深风化层及构造破碎带处有地下水存在。规划流域下游靠近雪野湖入湖口附近设置监测井5眼，安装设备自动监测地下水位、水质及水温变化情况；在高效农业节水研究试验区布置9眼水质分层监测（取样）井，监测农业活动对地下水质的影响；选择在构造破碎带处打深井1眼，安装分层监测设备自动监测不同层位地下水位、水质及温度变化情况（图6-3-15和图6-3-16）。

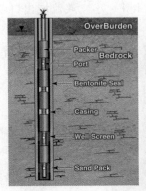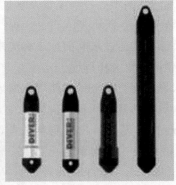

图6-3-15　分层监测示意图及监测探头

（6）生态环境观测站。除上述几种水文循环参数外，基地范围内还需要对反映大气－植被－地表水－土壤－地下水之间的生态环境变化的其他参数进行监测，主要包括太阳总辐射、直接辐射、散射辐射、太阳辐射收支平衡，长、短波辐射、太阳紫外辐射及光合有效辐射；区域点、面降雨总量、降水动能、雨滴谱、降水相态、水汽浓度及湿度、温度、全类型降水、酸雨监测，植被指数、植被光

图 6-3-16　水质分层监测（取样）井

谱、波文比参数、梯度观测；区域三维风、碳通量、二氧化碳、负氧离子以及反映扬尘与雾霾天气的视程能见度、PM10、PM2.5、PM1、大气气溶胶浓度、臭氧变化量、二氧化硫、二氧化氮等的连续监测；从而获得各种陆地生态系统与大气之间二氧化碳、水分、热量、氮等物质的传输和能量交换及不同下垫面的边界层能量、辐射、多种物质交换、阻尼和扰动相关数据，为气候变化、湿地生态、植被生态、农田生态、气候生态、大气污染、光合作用、酸雨、作物改良与生长监测、生态环境提供科学依据（图 6-3-17～图 6-3-28）。

图 6-3-17　湿地生态环境监测　　　　图 6-3-18　通量观测　　　　图 6-3-19　辐射观测

图 6-3-20　波文比测量　　　　图 6-3-21　梯度观测　　　　图 6-3-22　雨雾滴谱仪

图 6-3-23　土壤碳通量测量　　　　图 6-3-24　全自动太阳辐射　　　　图 6-3-25　全类型降水监测

图 6-3-26 降雨自动采样器　　　　图 6-3-27 水源涵养监测　　　　图 6-3-28 面雨量雷达站

（7）数据采集系统。上述所有实时自动监测采集的数据，均采用 GSM 或 CDMA 的无线传输方式发送到基地水模拟与信息化工程试验大厅的计算机上，存储于在基于 GIS 的管理信息系统中。

二、洪水拦蓄及影响机理实验系统

开展室外小流域洪水拦蓄的实验模拟研究，并通过比较实验，对比有无河道拦蓄建筑物、不同流域植被下垫面条件对洪水过程的影响，评价小流域洪水拦蓄能力和效果，研发小流域洪水拦蓄技术。

1. 主要研究内容

结合当地地形，在河道内，修建合适的拦蓄建筑物，拦蓄山区径流，采用科学先进的拦蓄技术，建设完善的梯级开发蓄水工程，提高雨洪资源的拦蓄能力，串联三条流域来水，形成集拦蓄、灌溉、供水、生态、旅游等多功能的水系调控网络，提高基地供水能力。

2. 实验设备和设施建设

建立两个对比小流域观测试验系统，观测雨洪、径流、土壤水、地下水和下垫面变化等要素，配套自动控制、数据自动采集和处理系统。主要实验设备：气象观测、地下水位测量系统、土壤水分取

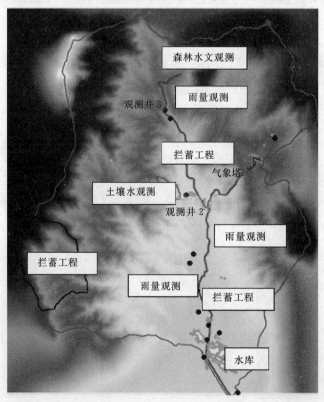

图 6-3-29 小流域洪水拦蓄与人类活动影响机理试验场示意图

样器、土壤水分自动测量系统、树木茎秆截流测量系统、数字植物冠层分析系统、一体化涡动协方差系统、七层梯度观测系统、大孔径闪烁仪、河流断面流量、水位和水质测量系统等。图 6-3-29 为小流域洪水拦蓄与人类活动影响机理试验场示意图。

三、城市雨洪与水环境实验系统

开展室内外水环境实验模拟研究，建立城市雨水、排水与河道水环境综合耦合仿真模型，结合监测系统的监测成果，分析不同路段、不同雨量、不同雨强、不同历时降雨形成污染的主要成分及产生原因，研究不同 LID 措施对城市污染物降解能力影响规律。探讨城市非点源污染的最佳管理（BMP）技术与 LID 技术，以人工生物滞留单元为研究对象，为城市非点源污染治理及雨水资源利用提供技术支持。

1. 主要研究内容

开展城市水循环基本规律的实验研究，利用监测系统的监测成果，集中研究不同规划布局、绿化水平、建筑物高度、建筑物密度等对降雨、土壤水、地下水、蒸发等要素的影响。结合人工模拟降雨平台，利用河流系统研究不同下垫面条件下（混凝土、沥青、普通土路等）降雨-入渗-产流的关系，应用变坡土槽实验系统，开展土壤侵蚀和产沙的实验研究，应用大型有机玻璃垂直实验土柱，研究在不同雨量、历时对入渗过程的影响。探讨城市非点源污染的主要 LID 措施，以人工生物滞留单元为研究对象，结合山东主要城市的降雨径流的频率分析及污染特征开展对生物滞留系统的水文过程和污水净化机制，以及池内植物的耗水特性的研究，主要内容包括：

（1）通过人工模拟试验，研究生物滞留池的水文过程与特征，量化生物滞留池在削减都市暴雨径流洪峰和延长径流时间，收集雨水资源中的运用效果。

（2）研究生物滞留池（生态滤沟、雨水花园、人工湿地等技术）净化城市径流的机理过程，通过水质的输入和输出的对比，量化不同 LID 措施对污染物的去除能力和效果。

（3）通过对池体内土壤水分的监测，结合同时期的气象资料，研究池体内植物的耗水量、耗水系数，描绘系统的水循环过程，为系统的实际应用管理提供科学支持。

（4）结合城市的自然和社会状况，提出适合该地区的经济有效的绿色 BMP 与 LID 技术。

2. 实验室设施和设备建设

建立人工降雨城市径流模拟实验室一座，建立以城市固化河道为主，河道沿岸模拟城市的不同下垫面（混凝土、沥青、普通土路等）建立的实体模型，LID 措施（生态滤沟、雨水花园）的试验设施及配套的自动控制、数据自动采集和处理系统。主要实验设备：人工降雨喷嘴，翻斗式雨量计，大型造波系统，多功能测桥，激光地形扫描仪，声学多普勒流速剖面仪，有机玻璃垂直土柱和水平土柱、土壤要素自动分析仪、时域反射仪（TDR）、高速冷冻离心机、自动采集土壤水仪、土壤参数测定仪、饱和导水率测定仪、土样采样器（盒）、土壤水势温度自动监测系统等设备。图 6-3-30 和图

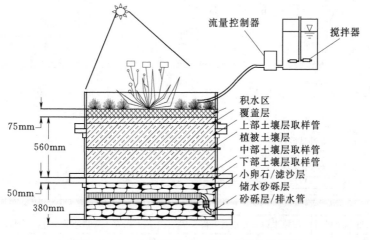

图 6-3-30 LID 措施之一的生态滤池示意图

6-3-31分别为LID措施之一的生态滤池和人工湿地示意图。

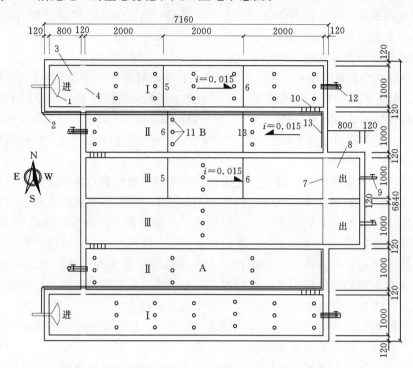

图6-3-31 LID措施之一的人工湿地示意图（单位：mm）

四、咸水-淡水相互作用机理实验系统

建设室内咸水-淡水相互作用机理实验系统，研究滨海地区咸水-淡水相互作用机理与模型参数。

1. 主要研究内容

分析潮汐作用及海水与入海洪水过程、地下水的相互影响过程，阐明河口地貌形成和演化规律，为滨海地区变化环境下的地表水、地下水进行联合数值模拟提供模型参数的验证。

2. 实验室设施和设备建设

室内咸水-淡水相互作用机理实验系统包括人工降雨、河道、地下水和小型人工造波系统，模拟潮汐作用及海水与入海洪水过程、地下水的相互影响过程，包括配套的自动控制、数据自动采集和处理系统。主要实验设备：人工降雨、河流断面流量、水位和水质测量系统、地下水水位和水质测量系统、土壤水分取样器、土壤水分自动测量系统、海口潮流、波浪和温度等测量仪器。图6-3-32为流域水循环与咸水-淡水相互作用机理实验系统示意图。

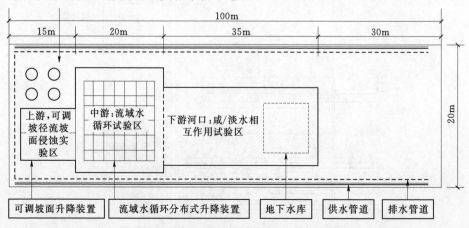

图6-3-32 流域水循环与咸水-淡水相互作用机理实验系统示意图

五、野外监测系统建设

1. 雨量监测

（1）站点布置。

a. 雨量观测场。建设 25m×25m 雨量观测场 1 处。

b. 以雨量观测场为中心，在整个流域内布设 12m×12m 雨量观测场。

c. 在不同规划布局、绿化水平、建筑物高度、建筑物密度选取典型代表点建 4m×6m 雨量观测场。

（2）监测方式及内容。25m×25m 雨量观测场内安置普通雨量器和翻斗式雨量计，采取自动和人工相结合的方式进行雨量观测，并配有自动雨水采集器收集雨水，安置 E-601 蒸发器监测蒸发量，雨滴谱仪，融雪雨量计，水汽通量塔，风向、风速仪、剪草机。

12m×12m 和 4m×6m 雨量观测场内安置普通雨量器和翻斗式雨量计，采取自动和人工相结合的方式进行雨量观测，配备自动雨水采集器收集雨水，安置 E-601 蒸发器监测蒸发量，选取代表性站点分别安装融雪雨量计、风向、风速仪、剪草机。

（3）数据传输和存储。采用 YDJ-Ⅱ型数传仪，仪器输入来自翻斗式雨量计的降雨信号，并按照预先设定的要求，自动向控制中心前置机和水情分中心通信处理机传送数据。仪器可通过有线电话线路和 GSM/GPRS 两种信道传输数据，可设定为有线或无线优先，在通信过程中根据数据传输情况自动切换两个信道。在机房安置数据接收转发软件，新建专门的数据库进行雨量数据的存储。

2. 水位、流量监测

（1）站点布置。实验站水位、流量监测，根据实验研究需要，形成完整的小流域水文实验站站网体系。

（2）监测方式及内容。采用定点（岸站）自动在线监测与定时人工监测相结合的方式进行河流水位流量的监测。地下水水位、水温采用定点自动在线监测。

在监测断面安置雷达水位计，入库口及总控制断面布设量水堰槽和也为变送器，并安置摄像头和监视器，对地下水观测井安置地下水遥测系统，配置 ADCP、手持 GPS、雷达测速仪、电波流速仪、全站仪、便携式计算机、摄像机、数码相机和绘图仪。全面监控流域河道的水位流量和地下水水位动态变化。

（3）数据传输和存储。对于自动在线监测获得的数据，通过配置服务器、工作站、液晶大屏幕、绘图仪、网络打印机、交换机、路由器等硬件，开发数据库、监控等软件，建立具有数据自动存储、传输、接收、处理、分析、查询等综合功能的数据集成系统，实现远程监测水位数据、实时数据接收、处理、入库、报表自动生成等功效。

对于人工监测获得的数据，通过人工录入进入数据集成系统，实现数据入库存储、自动处理、报表自动生成等功效。

3. 水文气象监测

（1）站点布置。

a. 建设水文气象实验场。

b. 在流域范围内布设自动气象站。

（2）监测方式及内容。在水文气象试验场内建设 20m² 蒸发池 1 处，蒸渗实验观测场 1 处，场地铺设草皮后安装水汽通量塔 1 处，风速风向塔 1 座，地中蒸渗观测室及配套设施 1 套，包括雨量、蒸发、地温和风向风速观测仪器。采取仪器自动监测和人工观测相结合的方式对流域内不同区域的水文气象要素进行实时监测。

（3）数据传输及存储。监测仪器自动向控制中心前置机和水情分中心通信处理机传送数据。仪器可通过有线电话线路和 GSM/GPRS 两种信道传输数据，可设定为有线或无线优先，在通信过程中根据数据传输情况自动切换两个信道。在机房安置数据接收转发软件，新建专门的数据库进行雨量数据的存储。

4. 水环境监测

（1）站点布置。设施水环境监测断面，其中包括水质自动监测断面。

（2）监测方式及内容。采用自动在线监测、岸站监测、移动监测、卫星遥感监测等相结合的方式对布设断面的水环境进行监测。

常规监测项目为水温、pH 值、溶解氧、高锰酸盐指数、化学需氧量、五日生化需氧量、氨氮、总磷、总氮、铜、锌、氟化物、硒、砷、汞、镉、铬（六价）、铅、氰化物、挥发酚、石油类、阴离子表面活性剂、硫化物、粪大肠菌群、叶绿素 a、透明度；地表水选测项目为电导率、悬浮物、亚硝酸盐氮、硝酸盐氮、硫化物、总铬、总硬度、钙、镁、铁、锰、细菌总数、总大肠菌数、氧化还原电位、游离二氧化碳、侵蚀性二氧化碳、氯化物、硫酸盐、总碱度、碳酸盐、重碳酸盐、矿化度、凯氏氮、总氰化物、溶解性总固体、部分有机物。

水质自动监测站监测项目为常规五项多参数（水温、pH 值、电导率、溶解氧、浊度）、高锰酸盐指数、氨氮、总磷、总氮、TOC、叶绿素 a、藻类、水位、风速风向、波浪等项目监测。

底质常规监测项目为 pH 值、氧化还原电位、沉积物、砷、汞、铬、铅、镉、铜、总磷、总氮；选测项目为锌、硫化物、有机氯农药、有机磷农药、有机物。

（3）数据存储和传输。实验室对样品进行统一管理，对化验进行统一安排，对数据进行审核发布。应用地理信息系统技术，使管理人员能够方便地对各种河道水环境信息进行可视化管理。

5. 泥沙监测

（1）站点布置。

a. 河流悬移质泥沙含沙量、悬移质泥沙颗粒级配、底床沉积泥沙颗粒级配监测，站点布设与水位、流量监测断面相同。

b. 水下地形变化测量，沿主河道水流流向每 2km 布设 1 个断面。

（2）监测方式及内容。采用定点定时人工移动监测的方式进行河流上游的悬移质泥沙含沙量、悬移质泥沙颗粒级配、底床沉积泥沙颗粒级配、水下地形变化和泥沙的监测。

（3）数据存储、传输。将人工移动监测和岸站人工监测获得的泥沙或水下地形测量数据，通过人工录入进入数据集成系统，实现数据入库存储、自动处理、报表自动生成等功效。

6. 水生态监测

（1）站点布置。主要根据河流不同时期的生态环境结构，设立水生态监测站点 6 个（其中 4 个站开展实时监测工作，配备实时在线生态监测仪器设备），流动监测站点 1 个（应急监测）。常规监测站点主要进行定期采集样品，现场在线监测分析等工作。流动监测站点的设置主要是用于应急监测，如在水质剧烈变化、水华爆发等情况下进行。

（2）监测方式及内容。以小流域水生态系统为监测对象，开展水生态系统结构与功能的综合监测。采取遥感监测与地面监测相结合，定点监测与流动监测相结合方式开展工作。以枯水期河道为定点监测范围，站点与水文、水环境监测站点同步；以不同水情期河流面积为依据，以枯水期河道为轴线均匀布设不同水情期监测站点。购置水质等比例采样器、底泥采样器、叶绿素测定仪、藻类监测仪、水生生物采样及配套处理设备等进行现场的监测和采集。新建水生态实验室，购置实验台、边台（存放显微镜、解剖镜等）、通风橱、细菌操作台和配套设施（水、电、气等）等。

（3）河流水生态系统结构时空分异特征监测。在充分利用与生态环境监测相关的水文、气象站点监测资料基础上，城市河流水文生态实验站主要监测水生生物及其生境要素。主要包括监测断面或监测点的基础信息，鱼类资源信息，水生生物群落结构及功能状况信息，沿岸带微生境结构及功能状况信息。

7. 人类活动调查与监测

（1）水土保持措施调查。开展实验流域水土流失状况及其变化、水土保持措施及其效果的调查分析，为流域产、汇沙和产、汇污计算、面源污染防治、水文水生态实验方向与方式的调整提供基本依据。

（2）土地利用变化调查。通过对区域土地利用变化调查，掌握各种利用方式的土地面积变化幅度与速度及其相互转化关系，作为实验流域水环境、水生态变化规律研究的根据。

（3）水资源利用监测与调查。重点进行水资源平衡（取水、耗水、排水水量与水质）监测与调查，准确掌握用水状况与发展规律，为水资源管理提供科学根据。

第四节　山东省莱芜雪野水循环水安全试验基地的建设

一、基地建设背景

多年来，山东水利改革和发展取得了重大成就，防洪减灾能力显著提高，城乡供水保障能力明显增强，农村水利建设取得明显成效，山东省骨干水网和区域水网初具规模，水生态与水环境修复取得了新进展，水资源管理与节水型社会建设取得重大突破，为全省经济社会持续发展提供了有力支撑。

但是，山东省水资源短缺的状况将长期存在，洪涝、干旱威胁仍然是心腹大患，水生态退化和水环境污染的状况没有根本性的变化，水土流失特别是人为水土流失现象依然严重，城市及乡村水源地污染风险加大、供水管网建设落后、水质监测能力不足和应急供水能力较低导致水安全保障频频亮起红灯。面对经济可持续发展、生态文明建设和水安全保障的新需求、气候变化新特征、水环境恶化的新挑战、人民群众对民生水利发展的新期待、现代水利发展新形势，山东省迫切需要建设一个高起点、高水平、高标准的科研创新平台来研究和破解山东面临的突出水问题。

山东省委、省政府在贯彻《中共中央国务院关于加快水利改革发展的决定》（中发〔2011〕1号）的实施意见中，明确提出"健全水利科技创新体系，进一步加大水利科技投入力度，加强基础研究和技术研发，力争在水资源管理、水生态保护和水文监测、节约用水、海水淡化等重点领域、关键环节和核心技术上实现新突破。实行工程带科研、产学研相结合，建设水利综合试验基地，全面提升水利工程、设施装备和管理手段的现代化水平"。要"加强水利科技创新能力建设，开展水利科技创新平台、节水研发中心和科技研究推广示范基地建设，建立健全水利科技研发、推广与技术服务体系"，把水利综合试验基地建设作为在"十二五"期间大力推进科技创新的重点行业建设内容。

二、实验基地的基本情况

拟建的山东水科学技术研究试验（雪野）基地位于莱芜市雪野水库西邻，距济南60km、距济莱高速公路雪野出口约10km，在济南1小时都市圈内。交通十分便利，有利于向全省辐射，从而发挥综合试验基地的社会宣传和示范推广作用。基地处半湿润大陆性季风气候区，区内以山地丘陵地貌为主，微地貌发育明显，林草覆盖率60%，植被品种丰富，自然环境条件十分优越。莱芜市相关部门充分考虑基地建设需要，已完成了水、电、暖、讯、网等相关配置设施的建设和规划工作，基础条件十分优越。这些条件为基地未来长远发展提供了可靠的支撑环境。雪野水库的地理位置图如图6-4-1所示。

三、雪野水库实验基地功能分区及规划

1. 实验基地功能分区

基地总体规划，从水资源与水环境研究、水生态流域保护与修复、农业节水试验示范、水土保持试验示范、水利科研模型试验和检测中心等研究方向入手，努力建成国内一流的国家级水利综合试验基地。

按照承担的功能任务布设以及建设内容，规划"四区一室"，即流域水资源与水生态研究试验区、

图 6 - 4 - 1　雪野水库的地理位置图

低影响开发研究试验区、现代农业高效节水研究试验区、北方土石山区水土保持研究试验区、水利综合实验室。其中水利综合实验室又包括水模拟与信息化工程试验大厅、水利新材料新技术检测实验室和综合楼。基地总体规划的"四区一室"的功能分区见表 6 - 4 - 1。

表 6 - 4 - 1　　　　　　　　　　山东水科学技术研究试验（雪野）基地功能分区表

序号	功能分区	主要建设内容
1	流域水资源与水生态研究试验区	河道水文径流参数观测场站；河道拦蓄综合利用示范；水生态修复示范工程；生态湿地建设示范
2	低影响开发研究试验区	城镇雨洪资源综合利用示范工程、雨洪水收集净化及利用工程、屋面雨水综合利用工程、屋顶绿化、下凹式绿地、渗透地面
3	现代农业高效节水研究试验区	蒸渗场、大型廊道测坑试验场、盆栽试验场、标准气象场；低山丘陵区高效节水灌溉试验、雨养农业试验、半旱地农业试验、保护地栽培试验展示、粮食作物高效节水试验、再生水灌溉试验
4	北方土石山区水土保持研究试验区	自然坡面水土流失观测场、标准径流小区、控制站、坡耕地坡面治理示范
5	水利综合实验室	
(1)	水模拟与信息化工程试验大厅	城市防洪模拟；水工模型试验；降雨径流试验；海水入侵室内模拟试验；水处理试验；水土及植物生理试验；信息展示厅
(2)	水利新材料新技术检测实验室	农村饮水安全检测；节水设备材料检测；新技术试验；新材料检测试验
(3)	综合楼	水利部科技推广中心山东省推广工作站，省水利技术推广中心、中欧水资源交流平台；院士工作站，山东省首批博士后创新实践基地，博士后科研工作站，泰山学者岗位，信息交流平台

2. 实验基地工程规划

山东水科学技术研究试验（雪野）基地，规划总面积 1142.0 亩。基地将建成"四区一室"为基础的试验研究基础设施，建设科学试验、示范、检测、科普等综合性研究试验基地 1 处，形成 4 个研究试验示范区，试验示范区总面积 1076.88 亩，水利综合实验室建筑物总面积 17351.1m²。

（1）流域水资源与水生态研究试验区。建成水文径流参数观测站 10 处，水生态修复示范工程 1 处，生态湿地建设示范 1 处，水文循环观测系统 1 套。

（2）低影响开发研究试验区。建设屋面雨水收集系统、屋顶绿化示范、下凹绿地示范、渗透地面示范等。

（3）现代农业高效节水研究试验区。大型廊道测坑试验区 1 处，盆栽试验场 1 处，蒸渗场 1 处，标准气象场 1 座，低山丘陵区高效节水灌溉试验区面积 $17724m^2$，雨养农业试验示范区 $7292m^2$，半旱地农业试验示范区 $5098m^2$，保护地栽培试验展示区 $3108m^2$，粮食作物高效节水灌溉试验区 $5338m^2$，再生水灌溉实验区 $1264m^2$，园林喷灌设备展示区 $1800m^2$，精准灌溉与自动控制信息化系统 1 套。

（4）北方土石山区水土保持研究试验区。自然坡面水土流失观测场 4 处，标准径流小区 20 个，小流域卡口站 3 处，坡耕地坡面治理示范工程 $4.54hm^2$，模拟降雨水土流失试验系统 1 套。

（5）水利综合实验室建筑物及实验平台。水模拟与信息化工程试验大厅、水利新材料新技术检测实验室和综合楼等建筑物总面积 $17351.1m^2$。水模拟与信息化工程试验大厅的实验平台包括：远程监控管理信息平台、精密实验水槽实验平台、水工模型试验量测系统、降雨径流模拟仿真系统；水利新材料新技术检测实验室的实验平台包括：水泵检测平台、节水灌溉设备检测系统、水质检测试验平台、水土及植物生理实验平台、水工高分子材料实验平台、非常规水利用实验平台。

（6）水系生态示范。河道生态护岸示范 $1678m$；新建金鱼湾塘坝等拦蓄建筑物示范 10 处，总蓄水量为 11.52 万 m^3；桥梁 4 处；规划湿地面积 $3708m^2$；风光电示范工程 1 处；绿化面积 $19.32hm^2$。形成水土保持绿化、拦蓄建筑物、河道生态护岸和湿地等山水林田湖生态示范体系。

（7）自动化监控信息平台。该平台为开放式综合信息管理平台，总体分为信息采集层、数据传输层、数据资源层、应用服务支撑层及应用层。采集及共享的信息内容分为三个部分：第一部分为国内外高层次平台信息网；第二部分为省内试验站点的联网；第三部分为基地内的各平台信息联网。

（8）风光电示范。风光电示范工程主要包括风光互补发电系统、提水系统、输水管道系统、高位蓄水池及栈桥建设。电站设计提水强度 $32m^3/h$，输水管道全长约 $1550m$ 高位蓄水池 5 个，调蓄水量 2.1 万 m^3，铺设电缆长 $400m$。

（9）基础设施。新建道路 $10645m$，田间蓄水池 5 座，水处理系统 1 套，供水主管道 $2000m$。绿化面积 $19.32hm^2$。

3. 实验基地应用与展望

基地建设以"节水优先、空间均衡、系统治理、两手发力"的治水思路为指导，目标是把基地建设成集科学研究、中间试验、示范推广、学术交流、人才培养、科普教育、科研和生态修复等于一体、多学科领域技术集成显效、地域特色突出、国内一流、国际先进的国家级水利科技综合试验平台。并积极整合现有试验研究平台，成为山东省水利科技创新体系的核心，争取建成为水利部或国家级的科技创新平台。基地自规划起多次咨询国内外高水平的专家学者，积极跟踪国内外研究前沿，适应山东"两区一圈一带"及济莱协作区同城化步伐，运用更加先进完善的设施设备，采用更加系统综合的技术方法，开展更加缜密可靠的试验研究，为解决山东突出水问题，推动现代水利示范省建设、水生态文明建设，最严格水资源管理制度的实施，保障水安全和经济社会的可持续发展，提供更加有力的科技支撑。

通过基地建设，期望能够达到以下目标：

（1）形成防洪、抗旱减灾技术体系，为山东省防洪安全提供成套技术和装备，逐步消除全省人民的心腹大患。

（2）研究水资源的承载力及水资源的循环规律，水安全保障技术，水资源的开发、利用、节约、保护技术，节水技术和机制等，以缓解水资源供需矛盾，破解水资源的"瓶颈"制约。

（3）研究以流域为单元，以水土保持建设为依托，以山水林田湖为生命共同体的生态环境建设技术、水生态修复和治理技术，形成基于新型城镇化发展的低影响开发综合技术，建成典型生态示范工程，为生态山东建设提供新技技术。

（4）重点研究水环境承载力、城市污废水资源化利用、农村面源污染防治、供水特别是饮水安全的相关技术，深入研究水环境污染防治和纳污能力、城市水循环、水源地保护、污水和再生水利用、饮用水处理技术和工艺、水安全监测等先进技术，为水环境健康安全、生物多样性保护、人类健康提供保障。

（5）着力研究节水问题，为推进新型城镇化和农业现代化发展提供技术支撑，全面建设节水型社会。

（6）研究现代水网建设和运行管理技术，以及水利新理念、新思路、新方法，新技术、新材料、新设备、新工艺、新仪器等，直接为全省水利工程建设和管理提供服务，全面提高水利科技含量和成果转化率。

（7）建设水利科技创新体系，为提升水管理水平提供示范样板。全面提升创新能力，建设一支高素质科技创新队伍。

第七章　山东省水安全保障的对策与建议

水是生命之源、生态之基，既不可或缺又无以替代，是经济社会和人类发展所必须的资源要素、生态条件和安全保障。山东省是我国水资源严重短缺的省份之一。当前山东省水资源安全形势依然十分严峻，水资源短缺、水灾害威胁、水生态恶化等问题尚未根本改变。随着社会经济的发展和人民生活水平的提高，水资源安全保障的压力日趋增加，为了促进水资源的可持续利用，支撑和保障全省的水资源安全，结合山东实际，提出以下对策与建议。

第一节　加快完善水系网络化建设及实时监测系统

坚持高起点、高标准规划建设现代化水网体系的原则，按照建设现代化水网或智能型水网的要求，继续完善山东省骨干水网建设，并积极完善配套局域水网。依托南水北调、胶东调水"T"形骨干工程，连通"两湖六库、七纵九横、三区一带"（简称 T30 工程），形成省级水网构架，同时建设市、县的局域水网，通过河、湖、库和输水线路的连通，逐步构建起城乡统筹、蓄泄兼顾、功能完备的现代化智能型水网，全面提升区域防洪减灾、供水保障和生态保护能力。

同时，按照"布局合理、全面覆盖、传输快捷、运转高效"的原则，合理规划布局覆盖全省的水资源信息监测站点，逐步形成省、市、县三级互联互通、信息共享的水资源监测网络及实时监控系统，加强对市、县界水文断面和水库、湖泊、灌区地表水监测，水功能区控制断面水质监测，以及饮用水水源地、规模以上取水户在线监测，逐步构建完整的水质水量监测网络。利用监测网络，搭建水利信息化管理平台，加快推进水资源管理应用系统建设，促进水利现代化早日实现。

第二节　全面推进最严格水资源管理制度的实施

根据经济社会发展的新形势及保障水安全的新要求，要以提高水资源利用效率和效益为核心，以制度创新为动力，以水资源利用观念和方式的转变引导和推动经济结构的调整、发展方式的转变和经济社会发展布局的优化。要以实行最严格水资源管理制度为总抓手，依法对各类水资源实行统筹管理调度，全面推行用水总量、用水效率和水功能区限制纳污"三条红线"控制管理。

要实行最严格水资源管理制度，围绕水资源的配置、节约和保护，明确水资源开发利用红线，严格实行用水总量控制；明确用水效率控制红线，坚决遏制用水浪费；明确水功能区限制纳污红线，严格控制入河排污总量。主要包括以下几个方面（2011，刘晓云）：

（1）建立最严格水资源管理制度指标控制体系，科学合理制定用水总量、用水效率、水功能区限制纳污控制指标及其管理目标、任务和执行措施，制定和实施控制指标的监督考核办法；

（2）科学划定地下水位、工程可供水量、水功能区纳污警戒线，建立地下水位、工程可供水量、水功能区纳污预警管理体系，提出预警管理的目标、方法和实施步骤，保障城乡供水安全和水生态安全；

（3）建立现代化的水文、水资源管理信息系统，加强对取用水量、水功能区的监测（刘晓云 2011）。

主要任务三个：

（1）建立用水总量控制管理制度。需要严格水资源规划管理，严格建设项目水资源论证和取水许可制度，建立用水总量控制与年度用水控制管理相结合的制度，实行跨行政区域河流、水库水量分配方案制定与水量调度，以及建立水资源转让机制。

（2）建立用水效率控制管理制度。以提高用水效率为目标，建立区域用水效率控制指标体系，用水效率控制指标体系包括万元 GDP 取水量、万元工业增加值取水量、农业节水灌溉率等，分别用来考核区域总体用水效率、工业用水效率及农业节水水平。

（3）建立水功能区限制纳污能力控制管理制度。制定水功能区限制纳污控制指标，既要考虑水资源保护和水生态修复的要求，又要结合当前经济社会发展实际，同时区分不同的水域功能要求，对保护区和饮用水源区采取更严格的纳污控制措施，保障用水安全和水生态安全。

总体目标是建立科学的水资源管理制度，使水资源得到合理配置，用水效率和效益显著提高，水生态环境明显改善，水安全保障能力显著增强。

第三节　大力加强水生态文明建设

水生态文明的核心理念是"人水和谐"，就是人类社会与自然水体相互协调的良性循环状态，即在不断改善自然水体自我维持和更新能力的前提下，加强水资源保护，使其能够为人类生存和经济社会的可持续发展提供长久的支撑和保障。

《水利部关于加快推进水生态文明建设工作的意见》已经明确了水生态文明建设的五大目标：一是最严格水资源管理制度有效落实，"三条红线"和"四项制度"全面建立；二是节水型社会基本建成，用水总量得到有效控制，用水效率和效益显著提高；三是科学合理的水资源配置格局基本形成，防洪保安能力、供水保障能力、水资源承载能力显著增强；四是水资源保护与河湖健康保障体系基本建成，水功能区水质明显改善，城镇供水水源地水质全面达标，生态脆弱河流和地区水生态得到有效修复；五是水资源管理与保护体制基本理顺，水生态文明理念深入人心。

其中推进水生态系统保护与修复作为核心内容有以下要求：

（1）确定并维持河流合理流量和湖泊、水库及地下水的合理水位，保障生态用水基本需求，定期开展河湖健康评估。对重要生态保护区、水源涵养地、江河源头区和湿地重点保护，综合运用调水引流、截污治污、河湖清淤、生物控制等措施，推进生态脆弱湖和地区的水生态修复。加快生态河道建设和农村沟塘综合整治，改善水生态环境。

（2）严格控制地下水开采，尽快建立地下水监测网络，划定限采区和禁采区范围，加强地下水超采区和海水入侵区治理。

（3）推进水土保持生态建设，加大重点区域水土流失治理力度，加快坡耕地综合整治，积极开展生态清洁小流域建设，禁止破坏水源涵养林。

（4）合理开发农村水电，促进可再生能源应用。

（5）建设实用与美观的亲水景观，工程和非工程措施并行，为人民群众提供优美的居住环境。

济南市是水利部确定的全国第一个水生态文明建设试点城市。按照"一核、两带、三区、六廊、九点"的生态格局，构建水管理、水供用、水生态和水文化"四大水利体系"，提升水生态自然文明、用水文明、管理文明和意识文明"四个文明"，加快形成"河湖连通惠民生，五水统筹润泉城"，实现"泉涌、湖清、河畅、水净、景美"的总体目标。

通过一年的试点建设，水资源配置格局初步形成。河湖湿地水生态系统质量状况得到改善，水功能区达标率明显提高，全社会水资源节约保护意识不断增强。

第四节　广泛开展节水型社会建设

大力推进全社会综合节水，建设节水型社会，发展农业节水技术，不仅要强化节水灌溉工程建设，还要通过农作物结构调整、农艺节水、提高节水管理水平等来挖掘农业节水潜力，充分利用土壤水资源，发展灌溉农业、半旱地农业和旱地农业。工业节水方面，积极发展环境友好型工业，按照循环经济要求推广循环生产模式，遵循减量化、再利用、资源化的原则，依托工业园区实现集聚生产、集中治污、集约发展，加强水资源高效、循环利用技术应用，加快行业节水技术改造，着力推动工业内部循环用水，倡导和鼓励多利用中水和微咸水，力争达到零排放。城乡生活和公共服务业节水采取以集中供水为主并与分散供水相结合的方式，推行分质供水，减少管网漏失，推广节水器具和小区雨水利用。通过全社会的全面节水，不断提高用水效率。

要充分发挥市场对资源配置的基础性作用，通过综合采取法律、行政、经济、科技和宣传教育等手段，全面推进"体系完整、制度完善、设施完备、高效利用、节水自律、监管有效"的节水型社会建设。

主要包括以下方面：

（1）转变用水方式，促进经济发展方式的转变。坚持因水制宜、量水而行，积极推行需水管理，通过水资源的优化配置、高效利用和有效保护，抑制不合理的用水需求，提高水资源利用效率；源头控制与末端控制相结合，以节水促减排，减少废污水排放量，改善水环境和生态恶化的状况；提高自主创新能力，把创新作为推动节水型社会建设的根本动力，充分发挥科技的先导作用，依靠科技进步，全面提高水资源利用效率和效益；以水资源利用方式的转变引导和推动经济结构的调整、发展方式的转变和经济社会发展布局的优化。

（2）科学用水，全面提高用水效率和效益。走内涵式发展的路子，实行全社会、全方位节约用水，按照区域外调入水、地表水、地下水的用水顺序，协调好生活、生产和生态用水，逐步实现分质供水、循环利用、优水优用，全面提高用水效率和效益。

（3）合理布局，突出区域建设重点。在统筹规划的基础上，结合区域的水资源配置方案以及跨设区的市、跨县（市、区）的河流及边界水库的水量分配方案，明晰各级行政区域的用水总量，实施用水总量控制和定额管理；根据区域水资源条件、承载能力以及经济社会发展状况，合理布局，确定不同区域节水型社会建设重点和发展方向，合理安排各类节水工程和节水措施，突出区域重点。

（4）制度创新，严格水资源管理。逐步建立完善促进水资源高效利用的体制、机制，规范各行业用水行为，实现水资源的有序开发、有限开发、有偿开发和高效利用，全面推进节水型社会建设。

（5）政府主导，鼓励社会共同参与。发挥政府的宏观调控和主导作用，将节水型社会建设纳入区域国民经济和社会发展规划，把节水型社会建设控制性指标作为区域经济社会发展的"硬约束"，强化政府对节水型社会建设的指导，具体落实相关节水措施；落实各级政府和用水行业的节水减排目标责任，建立绩效责任考核制度；逐步形成全社会广泛自觉参与节水型社会建设的良好风尚。

山东省节水型社会建设的主要任务，是健全以水资源总量控制与定额管理为核心的水资源管理体系，完善与水资源承载能力相适应的经济结构体系，完善水资源优化配置和高效利用的工程技术体系，完善公众自觉节水的行为规范体系，建立高效的节水型社会建设管理运行机制。

通过全社会的全面节水，山东省全省平均水资源使用效率不断提高。本书采用每立方米用水量的经济产出量来衡量用水效率。1995 年山东省的水资源使用效率只有 12.42 元/m³，然而 2010 年山东省的水资源使用效率达到 85.25 元/m³，每立方米用水量的产出效益增加了 72.83 元，增长了约 5.9倍，年均增加量为 4.85 元/m³。其中，山东省 2002 年来开展节水型社会的建设，全省水资源使用效率得到极大的提高。1995—2001 年间水资源使用效率年均增加量只有 1.98 元/m³，2002—2010 年间水资源使用效率年均增加量高达 6.77 元/m³，实施节水型社会建设以来的水资源使用效率年均增加量增长了 2.4 倍。

第五节 建立健全水安全保障法律法规体系

《水法》规定国家对水资源实行流域管理与行政区域管理相结合的管理体制，虽然大大提高了水资源管理的水平和效率，但在实际情况中，仍然存在一些问题。我们仍然需要充分发挥政府在保障水安全中的领导作用，建立部门间联动工作机制，形成工作合力。例如，近些年国家积极实施"河长制"，即由各级党政主要负责人担任"河长"，负责辖区河流污染治理和水管理，从管理体制上落实到每条河流的管理。进一步强化水资源统一管理，推进城乡水务一体化。建立政府引导、市场推动、多元投入、社会参与的投入机制，鼓励和引导社会资金参与。完善水价形成机制和节奖超罚的节水财税政策，鼓励开展水权交易，运用经济手段促进水资源的保护和节约，探索建立以重点功能区为核心的水安全保障机制。制定水安全保障工作评价标准和评估体系，完善有利于保障水安全的、体制及机制，逐步实现水安全保障工作的规范化、制度化。

1. 建立顺畅的水资源管理体制

我国现行的水资源分散管理体制存在许多弊病，水的开发是国家投资，用水却是无政府状态，造成了用水浪费、水体污染、产业布局不合理等现象。在水资源利用和水环境保护方面也是分散管理，难以贯彻水量水质管理并重的原则。这种分散管理体制还有碍水资源和地区经济社会的协调发展，致使水土污染加重、水环境遭受破坏。虽然水利部是水行政主管部门，但各部门和各地区沟通协调不畅，难以形成合力，缺少一个统一的权威机构在各行业（农业、工业、生活、生态等）、地区之间进行协调、平衡和最终决策。

水源需要集中管理，使得我们可以按照自然规律和经济规律科学地用水和治水，而且做到信息分享，统一决策。部门之间由于分工不明确，摩擦时有发生，如城市防洪基础设施由城建部门负责，而责任多部门均有；在污染治理方面，环保部门负责污染源管理，而水利部门负责水质管理。要使各部门各司其职，责任明确，减少在城市防洪、地下水开采、污染防治、生态保护等方面存在的碰撞，避免不应有的浪费和损失。

2. 建立清晰的水资源产权关系

所有权、使用权和经营权三权混淆，以使用权、经营权管理代替所有权管理。国家所有权受到条块的多元分割，国家作为国有资源所有者代表的地位模糊，各个利益主体之间的经济关系缺乏协调，造成权益纠纷迭起。

所以需要明确产权关系，避免发生在水资源开发利用中用使用者的权益挤占所有者的权益，用地方或部门权益挤占国家利益，用资源的经济效益挤压生态环境效益。避免各个行为主体为了自身利益，一哄而上，盲目开发，造成水资源严重浪费。

3. 建立健全的水资源法律法规

虽然国家和地方政府颁布了一系列的法律法规、规章制度来管理水资源的开发利用、节约和保护，但是我们仍需要解决一些深层次的问题，如流域统一管理与行政区域管理结合的问题、流域机构作用与地位问题、生态环境用水问题、水资源产权问题、水权（水资源使用权、排污权等）的转让问题等。要有效落实相关配套法规条文，同时提高其可操作性和执行情况。另一方面，要有专门的监督机构和有力的监督措施，杜绝有法不依、执法不严的情况的发生。

第六节 加强应对气候变化水资源适应性管理

随着人口的增长和经济社会的发展，人类对水资源的需求急剧增加，水资源不足、旱涝灾害以及水环境和生态问题已成为人类经济和社会发展的主要制约性因素。山东省是资源型缺水的大省，人均水资源占有量不到全国人均占有量的1/6，仅为世界人均占有量的1/25。且在时间和空间上分布不均匀，加上经济社会的快速发展与水环境恶化，使得山东省水资源短缺的矛盾十分突出。也面临着湿地萎缩，海水入侵，地下水漏斗等一系列问题，受全球气候变化和人类活动的影响，未来山东省水资源问题面临更大的不确定性，这为水资源的可持续利用和管理带来新的挑战。

因此应该大力开发水资源适应性管理综合评估工具，帮助评估气候变化对水资源的影响并综合研究项目的适应性管理问题。以确定由于气候和（或者）经济社会变化对发展规划所造成的潜在影响；对气候变化可能给投资发展带来的影响进行分析，提出可能需要采取的适应性对策以确保投资达到预期效果，包括对适应性对策进行经济成本效益分析；根据一系列适当的决策标准对不同适应性对策进行分析评估，以确定优先对策，同时需要对气候的影响进行持续监测，还要维持水资源部门内部的灵活性以便应对潜在的变化。

气候变化影响下的水资源适应性管理主要遵循以下原则（夏军，2008）。

（1）全面性：气候变化可能不是发展目标中最重要的限制因素，但将其纳入规划过程，便于全面考虑所有风险。

（2）一致性：适应未来气候变化的根本在于提高应对气候变化的能力。因此，只有对未来气候变化的准确预估才能确保正在实施的对策与未来的气候变化协调一致。

（3）实用性：适应性管理要对目前的灾害提出解决措施，减少灾害风险；同时要适应未来变化，避免新的灾害发生。

（4）灵活性：由于未来气候变化存在极大的不确定性，管理措施应根据未来潜在的气候变化幅度留有余地，并能做出灵活的应对。

（5）可量化性：对气候变化影响的适应性管理要进行定量化或半定量化分析，以确定能够降低气候变化脆弱性的发展规模。

气候变化对水资源的影响存在许多不确定性，因此，未来需要加强气候变化对水资源问题的基础研究与实践：结合山东省流域综合规划，针对各个流域气候变化对水资源影响的问题，进一步加强研究，为综合规划提供政策依据；关注气候变化对流域生态系统的影响，共同探讨影响的关键阈值问题；加强重点区域和综合性研究，分析研究气候变化对各流域水资源影响的历史过程，探讨其中的规律，以减少对未来预估的不确定性。

近50年来华北地区气候趋于干暖，造成水分严重亏缺从根本决定了水资源日益紧张的现状。近几年来持续干旱和异常的气候事件，给华北地区社会、经济发展带来了十分严重的影响。2000年，为解天津燃眉之急，政府决定从山东引黄河水北上天津。这是自1972年开始，第六次引黄入津。2001年春季，华北出现大范围严重干旱，农业损失严重。2002年山东省遭受百年不遇的大旱严重造成了该省工业、农业和渔业的巨大损失，人民生活受到了影响。南四湖作为我国北方最大的淡水湖群，其淡水资源曾经占山东省的六分之一，2002年湖区内大部分水域干涸，鱼类、鸟类濒临灭绝，水产资源几乎丧失殆尽。同时，与其相关的运输、旅游、餐饮也都不同程度的受到严重影响。

第七节　加强科技创新的支撑

水安全关系到社会经济的发展乃至人民的生命财产安全，山东省当前面临水资源短缺、水污染、水生态退化和水灾害的多重水危机的挑战。面对复杂的水问题和水危机，山东省水安全保障基础平台、科技支撑能力建设与制度创新严重不足，影响其应对和缓减水危机的能力。

目前的陆地水系统及水资源观测分散在各个有关部门和行业，缺乏统一的陆地水系统和水资源变化的监测、水危机的预警预报及风险管理系统，不能满足全省和重点区域水资源安全保障的基础信息支撑与预警预报要求。现有的水资源规划大多是由部门制定的开发利用规划，缺乏水资源安全保障的长远战略规划。水利水电建设，特别是跨流域调水等特大型工程，对大尺度的水循环系统及自然生态系统产生极大的扰动，天然水循环规律有很大的改变，其中许多科学问题需要深入研究，一些深层次的影响和后果亟待科学论证。这方面的基础研究比较薄弱，投资和支持不够，重大水利水电工程的科学论证亦感不足。

首先要加强对重大水问题的科学研究。例如，变化环境下的陆地水循环规律、山东水系统与水资源安全科学前沿问题、山东省及其重点区域经济社会发展的需水规律与需水预测、山东省水资源安全观察与战略研究等，建议加强对重大水问题科学研究的投入和政策支持，对重大水利水电工程，特别是大范围跨流域调水以及对水资源及环境影响巨大的大型工程，除了坚持做好环境影响评价等工作外，应打破部门限制，组织多学科交叉研究，加强对水系统及水循环的影响研究工作及后果定量模拟分析等论证工作。为减缓工程项目对生态环境的不利影响，建立"适水发展"模式，建议实施施工程建设项目水资源评价与过程管理的制度（夏军，2008）。

同时，要加强水安全保障科技基础平台及科技支撑能力建设，加强对重大水问题的科学研究和重大水利工程的科学论证。加强国家水安全保障科技基础平台及科技支撑能力建设，加强对重大水问题的科学研究和重大水利工程的科学论证；建议实施山东省水安全科技基础平台建设——陆地水循环及水资源观测研究平台，建设以山东水科学技术研究试验（雪野）基地为中心的辐射全省的观测研究试验网络，以逐步形成山东水利科研的合力。加强水安全保障的科技支撑能力建设，解决山东省水资源开发利用中存在的深层次科技支撑问题，为山东省的水安全保障发挥很好的技术支撑作用。

参 考 文 献

［1］ 白春阳，石东伟．非线性规划在数学建模中的应用［J］．科技信息，2011，(29)：167-168.

［2］ 包为民．水文预报（第三版）［M］．北京：中国水利水电出版社，2007.

［3］ 蔡祖煌，马凤山，海水入侵的基本理论及其在入侵发展预测中的应用［J］．中国地质灾害与防治学报，1996，7（3）：1-9.

［4］ 柴晓玲，郭生练，彭定志，等．IHACRES 模型在无资料地区径流模拟中的应用研究［J］．水文，2006，(2)：30-33.

［5］ 柴晓玲．无资料地区水文分析与计算研究［D］．武汉大学，2005.

［6］ 陈崇希，李国敏．地下水溶质运移理论及模型［M］．北京：中国地质大学出版社，1996.

［7］ 陈风琴，耿福源，赵莹，等．城市河流生态系统修复［J］．中国人口·资源与环境，2010，20（3）：365-367.

［8］ 陈广泉，徐兴永，彭昌盛，于洪军，苏乔．莱州湾地区海水入侵灾害风险评价［J］．自然灾害学报，2010，19（2）：103-112.

［9］ 陈荷生，宋祥甫，邹国燕．利用生态浮床技术治理污染水体［J］．中国水利，2005：50-53.

［10］ 陈鸿汉，王新民，张永祥，等．潍河下游地区海咸水入侵动态三维数值模拟分析［J］．地学前缘，2000，7（增刊）：297-304.

［11］ 陈俊旭，夏军，洪思，等．水资源关键脆弱性辨识及适应性管理研究进展［J］．人民黄河，2013，35（9）：24-26.

［12］ 陈俊旭，夏军，等．水资源脆弱性评估的 RESC 模型及其在东部季风区的应用［J］．应用基础与工程科学学报，2014.

［13］ 陈庆伟，刘兰芬，孟凡光，等．筑坝的河流生态效应及生态调度措施［J］．水利发展研究，2007，7（6）：15-17，36.

［14］ 陈绍金．水安全概念辨析［J］．中国水利，2004，(17)：13-15.

［15］ 陈喜．平原区"四水"转化数值计算模型研究技术报告，2004.

［16］ 陈兴茹．国内外河流生态修复相关研究进展［J］．水生态学杂志，2011，32（5）：122-128.

［17］ 陈云浩，李晓兵，史培军，等．北京海淀区植被覆盖的遥感动态研究［J］．植物生态学报，2001，25（5）：588-593.

［18］ 陈志凯．中国水利百科全书：水文与水资源分册［M］．北京：中国水利水电出版社，2004.

［19］ 成建梅．滨海多层含水系统海水入侵三维水质模型及其应用［D］．中国地质大学（武汉），1999.

［20］ 池宏康．沙地油蒿群落覆盖度的遥感定量化研究［J］．植物生态学报，2000，24（4）：494-497.

［21］ 初勇吉．济南市历城区防洪体系现状分析与对策［D］．山东大学，2013.

［22］ 邓辅唐，孙珮石．人工湿地净化滇池入湖河道污水的示范工程研究［J］．环境工程，2005，23（3）：29-32.

［23］ 邓红兵，王青春，王庆礼，等．河岸植被缓冲带与河岸带管理［J］．应用生态学报，2001，12（6）：951-954.

［24］ 邓洁，魏加华，邵景力．河渠与地下水相互转化耦合模型研究进展［J］．南水北调与水利科技，2008，6-10.

［25］ 狄成斌．济南市保泉综合技术研究［D］．山东大学，2007.

［26］ 丁玲，李碧英，张树深．海岸带海水入侵的研究进展［J］．海洋通报，2004，23（2）：82-87.

［27］ 董哲仁，孙东亚．生态水利工程原理与技术［M］．北京：中国水利水电出版社，2007.

［28］ 董哲仁．生态水工学的理论框架［J］．水利学报，2003，(1)：1-3.

［29］ 董哲仁．河流保护的发展阶段及思考［J］．中国水利，2004，(17)：16-17，32.

［30］ 董哲仁．河流健康评估的原则与方法［J］．中国水利，2005：17-19.

［31］ 董哲仁．河流形态多样性与生物群落多样性［J］．水利学报，2003，11：1-6.

［32］ 董哲仁．河流治理生态工程学的发展沿革与趋势［J］．水利水电技术，2004，35（1）：39-41.

［33］ 董哲仁．水利工程对生态系统的胁迫［J］．水利水电技术，2003，(7)：1-5.

［34］ 杜剑．山东省三大流域水资源紧缺程度研究［D］．山东师范大学，2010.

［35］ 杜金辉．山东省水环境承载力研究［D］．山东大学，2007.

[36] 杜贞栋，等．山东省水资源可持续利用研究 [M]．郑州：黄河水利出版社，2013．

[37] 方建，杜鹃，徐伟，等．气候变化对洪水灾害影响研究进展 [J]．地球科学进展，2014，29 (9)：1085 - 1093．

[38] 方樟．松嫩平原地下水脆弱性研究 [D]．吉林大学，2007．

[39] 封富记，杨海军，于智勇．受损河岸生态系统近自然修复试验的初步研究 [J]．东北师大学报（自然科学版），2004．

[40] 冯波．下辽河平原地下水可更新能力及水量实时预报模型研究 [D]．吉林大学，2010．

[41] 伏捷，李永化，张戈，张华．大连市海水入侵灾害危险性评价 [J]．海洋开发与管理，2009，26 (9)：39 - 42．

[42] 甘永生．树立新型成本管理观念提高企业成本管理水平 [J]．财会月刊，2007，(3)：5 - 7．

[43] 高强，张艳，单哲．山东省城市化发展的问题及对策 [J]．中国海洋大学学报（社会科学版），2008，6：27 - 31．

[44] 高强，张艳，单哲．山东省城市化发展的问题及对策 [J]．中国海洋大学学报：社会科学版，2008，(6)：27 - 31．

[45] 高彦华，汪宏清，刘琪璟．生态恢复评价研究进展 [J]．江西科学，2003，21 (3)：168 - 174．

[46] 邬建华，薛慧文．对云量的长程相关性研究 [J]．北京大学学报（自然科学版），2011，47 (4)：613 - 618．

[47] 格桑，苏雪燕，普布卓玛．降水距平百分率在西藏干旱判定中的验证 [J]．西藏科技，2009 (2)：60 - 62．

[48] 巩振茂，张文娟，李福林．玉符河流域生态调查及生态系统干扰评价 [J]．水利水电技术，2009，2：9 - 12．

[49] 郭清华，山东省中小型河流综合治理水环境效应研究——以牟汶河综合治理为例 [D]．山东农业大学，2012．

[50] 郭维东，裴国霞．水力学 [M]．北京：中国水利水电出版社，2005：447 - 451．

[51] 郭永龙，武强，等．中国的水安全及其对策探讨 [J]．安全与环境工程，2004，11 (1)：43 - 45．

[52] 韩冬梅．基于环境同位素及水化学的莱州湾海水入侵机理研究 [D]．北京：中国科学院地理科学与资源研究所，2009．

[53] 韩宇平，阮本清．区域水安全评价指标体系初步研究 [J]，环境科学学报，2003，23 (2)：267 - 272．

[54] 郝振纯．地表水地下水耦合模型在水资源评价中的应用研究 [J]．水文地质工程地质，1992，19 (6)：18 - 22．

[55] 何旭升，鲁一晖，章青．河流人工强化净水工程技术与净水护岸方案 [J]．水利水电技术，2005，36 (11)：26 - 29．

[56] 洪思，夏军，严茂超，等．气候变化下水资源适应性对策的定量评估方法 [J]．人民黄河，2013，35 (9)：27 - 29．

[57] 洪阳．中国 21 世纪的水安全 [J]．环境保护，1999 (10)：29．

[58] 胡健伟．基于 DEM 的 GIUH 的应用研究 [D]．河海大学，2005．

[59] 胡立堂，王忠静，Robin W，等．改进的 WEAP 模型在水资源管理中的应用 [J]．水利学报，2009，40 (2)：173 - 179．

[60] 胡立堂，王忠静，赵建世．地表水和地下水相互作用及集成模型研究 [J]．水利学报，2007，38 (1)：54 - 59．

[61] 胡立堂．干旱内陆河地区地表水和地下水集成模型及应用 [J]．水利学报，2008，39 (4)：410 - 418．

[62] 胡良军，邵明安．论水土流失研究中的植被覆盖度量指标 [J]．西北林学院学报，2001，16 (1)：40 - 43．

[63] 胡业翠．基于适宜性评价的山东省土地资源空间分析及其优化配置研究 [D]．山东农业大学，2003．

[64] 胡盈惠．论快速城市化进程中的城市内涝治理 [J]．公共安全，2011，2：6 - 8．

[65] 黄国如．利用区域流量历时曲线模拟东江流域无资料地区的日径流过程 [J]．水力发电学报，2007，(4)：29 - 35．

[66] 黄凯，郭怀成，刘永，等．河岸生态系统退化机制及其恢复研究进展 [J]．应用生态学报，2007，18 (6)：1373 - 1382．

[67] 黄平，赵吉国．流域分布型水文数学模型的研究及应用前景展望 [J]．水文，1997，17 (5)：5 - 10．

[68] 黄平，赵吉国．森林坡地二维分布型水文数学模型的研究 [J]．水文，2000，20 (4)：1 - 4．

[69] 季明川．山东风暴潮灾及减灾对策 [J]．中国减灾，1993，3 (1)：39，40 - 42．

[70] 季新民，周玉香．谈山东省水旱灾害及防治 [J]．山东水利，2000，8：7 - 8．

[71] 贾绍凤，张军岩，张士锋．区域水资源压力指数与水资源安全评价指标体系 [J]．地理科学进展，2002，(6)：538 - 545．

[72] 贾仰文，王浩，倪广恒，等．分布式流域水文模型原理与实践 [M]．北京：中国水利水电出版社，2005．

[73] 贾仰文，王浩，彭辉．水文学及水资源学科发展动态 [J]．中国水利水电科学研究院学报，2009，7 (2)：81 - 86．

［74］ 姜德娟，李志，王昆．1961—2008 年山东省极端降水事件的变化趋势分析［J］．地理科学，2011，31（9）：1118 - 1124.

［75］ 姜德娟，李志，王昆．1961—2008 年山东省极端温度事件时空特征分析［J］．科技导报，2011，29（1）：30 - 35.

［76］ 姜文明，李新运．莱州湾地区海水入侵与相关因子研究［J］．山东师范大学学报（自然科学版），1994，9（4）：58 - 61.

［77］ 蒋屏，董福平．河道生态治理工程：人与自然和谐的实践［M］．北京：中国水利水电出版社，2003.

［78］ 蒋业放，张兴有．河流与含水层水力耦合模型及其应用［J］．地理学报，1999，54（6）：526 - 533.

［79］ 焦桂梅．无资料地区水文数据反演及方法研究［D］．中国科学院寒区旱区环境与工程研究所，2006.

［80］ 郎惠卿，林鹏，陆健健．中国湿地研究和保护［M］．上海：华东师范大学出版社，1998.

［81］ 李大成，吕锡武，等．受污染湖泊的生态修复［J］．电力环境保护，2006（1）：47 - 49.

［82］ 李福林，张保祥．海（咸）水入侵概念及水化学判断指标研究［J］．海水入侵灾害防治研究．1996：35 - 43.

［83］ 李福林．莱州湾东岸滨海平原海水入侵动态监测与数值模拟研究［D］．青岛海洋大学，2006.

［84］ 李国敏，陈崇希．海水入侵研究现状与展望［J］．地学前缘．1996，3（1 - 2）：161 - 168.

［85］ 李国敏，陈崇希．涠洲岛海水入侵模拟［J］．水文地质工程地质，1995，5：1 - 6.

［86］ 李国敏．海岛地下淡水资源开发利用与海水入侵防止［A］．见：中国地质调查局编．海岸带地质环境与城市发展论文集［C］．北京：中国大地出版社，2005.

［87］ 李红霞．无径流资料流域的水文预报研究［D］．大连理工大学，2009.

［88］ 李娟．人工湿地环境设计的艺术语言表达——以三洲田人工湿地环境的艺术设计创作实践为例［D］．华中科技大学，2007.

［89］ 李兰，钟名军．基于 GIS 的 LL - 2 分布式降雨径流模型的结构［J］．水电能源科学，2003，21（4）：35 - 38.

［90］ 李森，夏军，陈社明，孟德娟．北京地区近 300 年降水变化的小波分析［J］．自然资源学报，2011，26（6）：1001 - 1011.

［91］ 李明传．水环境生态修复国内外研究进展［J］．中国水利，2007，11：25 - 27.

［92］ 李楠，任颖，顾伟宗，陈艳春．基于 GIS 的山东省暴雨洪涝灾害风险区划［J］．中国农学通报，2010，26（20）：313 - 317.

［93］ 李培英，杜军，刘乐军，等．中国海岸带灾害地质特征及评价［M］．北京：海洋出版社，2007.

［94］ 李如忠，汪家权，钱家忠．地下水允许开采量的未确知风险分析［J］．水利学报，2004.

［95］ 李如忠，汪家权，钱家忠，等．基于盲数理论的地下水允许开采量计算初探［J］．地理科学，2004，24（6）.

［96］ 李睿华，管运涛，何苗．河岸混合植物带改善河水水质的现场研究［J］．环境工程学报，2007，1（6）：60 - 64.

［97］ 李向心，武周虎，等．人工湿地污水处理研究与进展［J］．青岛建筑工程学院学报，2004，25（4）.

［98］ 李兴德，颜宏亮，马静．李浩宇．污染河流生态修复研究进展［J］．2011，17（8）：4 - 6.

［99］ 李致家，谢悦波．地下水流与河网水流的耦合模型［J］．水利学报，1998，（4）：43 - 47.

［100］ 梁金光．山东省水资源现状与可持续利用对策研究［D］．山东农业大学，2005.

［101］ 梁艳．长江嘉陵江重庆段多环芳烃污染状况及风险评价［D］．重庆大学，2009.

［102］ 刘昌明，李道峰，田英，等．基于 DEM 的分布式水文模型在大尺度流域应用研究［J］．地理科学进展，2003，22（5）：437 - 447.

［103］ 刘昌明，王中根，等，HIMS 系统及其定制模型的开发与应用［J］．中国科学 E 辑，2008，38（3）：350 - 360.

［104］ 刘昌明，郑红星，王中根，等．流域水循环分布式模拟［M］．郑州：黄河水利出版社，2006.

［105］ 刘昌明，郑红星，等．基于 HIMS 的水文过程多尺度综合模拟［J］．北京师范大学学报（自然科学版），2010，46（3）：268 - 273.

［106］ 刘春涛．山东省城市化发展战略及配套政策研究［D］．中国海洋大学，2009.

［107］ 刘敦训．山东省近 50 年海洋气象灾害特征分析［J］．海洋预报，2006，23（1）：59 - 64.

［108］ 刘光莲．河口湿地公园景观需水量及置换周期研究［D］．山东建筑大学，2010.

［109］ 刘国安．山东沿岸历史风暴潮探讨［J］．青岛海洋大学学报，1989，19（3）：20 - 27.

［110］ 刘华．近 50 年中国降水和温度的统计分析和海洋对其影响初步研究［D］．中国海洋大学，2009.

[111] 刘纪远. 中国资源环境遥感宏观调查与动态研究 [M]. 北京：中国科学技术出版社，1996：7-15.

[112] 刘继永. 玉符河生态修复技术研究 [D]. 山东大学，2008.

[113] 刘全中. 人工湿地系统水质净化技术的工艺研究 [J]. 给水排水，2001，27（8）：35-36.

[114] 刘帅. 山东省水资源保护规划研究 [D]. 山东大学，2009.

[115] 刘苏峡，刘昌明，赵卫民. 无测站流域水文预测（PUB）的研究方法 [J]. 地理科学进展，2010，29（11）：1333-1339.

[116] 刘苏峡，夏军，莫兴国. 无资料流域水文预报（PUB计划）研究进展 [J]. 水利水电技术，2005，36（2）：9-12.

[117] 刘晓云，孟云锋，刘敬. 德州市实行最严格水资源管理制度探讨 [J]. 山东水利，2011，3：35-36.

[118] 刘云俊，译. 滨水自然景观设计理念与实践 [M]. 北京：中国建筑工业出版社，2004.

[119] 刘治春. 山东省矿产资源有偿使用问题研究 [D]. 大连理工大学，2009.

[120] 刘卓颖. 黄土高原地区分布式水文模型的研究与应用 [D]. 清华大学，2005.

[121] 柳林，安会静. 中小河流洪水预报的难点与解决方案探讨 [J]. 海河水利，2013，5：51-53.

[122] 卢德生. 四水转化关系研究 [J]. 水利学报，1993，（12）：49-54.

[123] 卢文喜，陈社明，等. 基于小波变换的大安地区年降水量变化特征 [J]. 吉林大学学报（地球科学版），2010，40：121-127.

[124] 陆垂裕，裴源生. 适应复杂上表面边界条件的一维土壤水运动数值模拟 [J]. 水利学报，2007，38（2）：136-140.

[125] 路政. 淄河下游河道型水库防治咸水入侵的数值模拟研究 [D]. 济南大学，2011.

[126] 栾居军. 聊城市8·9防汛救灾工作启示与思考 [J]. 山东水利，2010，（11-12）：47-49.

[127] 罗辉. 南水北调改善南四湖水流水质特性及湖滨带控污技术研究 [D]. 河海大学，2006.

[128] 罗辉. 山东省水资源优化配置与南水北调东线工程研究 [D]. 合肥工业大学，2009.

[129] 罗扬. 苏州河上游河岸缓冲带植被模式的研究 [D]. 华东师范大学，2008.

[130] 马凤山，蔡祖煌，等. 广饶县海（咸）水入侵灾害防治的水文地质环境研究 [J]. 工程地质学报，1996，4（3）：30-33.

[131] 马凤山，蔡祖煌，海水入侵机理及其防治措施 [J]. 中国地质灾害与防治学报，1997，8（4）：16-22.

[132] 倪晋仁，崔树彬，李天宏，金玲. 论河流生态环境需水 [J]. 水利学报，2002，（9）：14-19.

[133] 倪新美. 山东省水资源承载力研究 [D]. 山东大学，2007.

[134] 牛存稳，张利平，夏军. 华北地区降水量的小波分析 [J]. 干旱区地理，2004，27（1）：66-70.

[135] 裴源生，赵勇，张金萍，等. 广义水资源高效利用理论与核算 [M]. 郑州：黄河水利出版社，2008.

[136] 彭高辉，夏军，马建琴，等. 黄河流域干旱频率分布及轮次数字特征分析 [J]. 人民黄河，2011，33（6）：3-5.

[137] 彭红春，李海英，深振西. 国内生态恢复研究进展 [J]. 四川草原，2003，3：1-4.

[138] 齐春三，仲崇旺，高华. 21世纪初山东省防洪减灾体系建设要点 [J]. 山东水利，2001，3：10-11.

[139] 邱冰. 变化环境下水资源脆弱性评估理论方法及其应用研究 [D]. 中国科学院大学，2013.

[140] 任立良，刘新仁. 基于数字流域的水文过程模拟研究 [J]. 自然灾害学报，2000，9（4）：45-52.

[141] 山东省地矿局第二水文地质队. 黄河三角洲南部地下水人工调蓄试验普查报告书 [R]. 2000.

[142] 山东省地矿局第二水文地质队. 鲁北平原地下水资源综合评价研究报告 [R]. 1985.

[143] 山东省地矿局第二水文地质队. 黄河三角洲水工环地质综合勘查报告 [R]. 1998.

[144] 山东省发展和改革委员会、山东省水利厅. 山东省水资源综合规划 [R]. 2007.

[145] 山东省淮河流域综合规划报告 [R].

[146] 山东省黄河流域综合规划报告 [R].

[147] 山东省水利厅. 2004—2013年山东省水资源公报 [R].

[148] 山东省水利厅. 山东省节水型社会建设"十二五"规划 [R]. 2011.

[149] 山东省水利厅水土保持处、山东省水利科学研究院. 加强水生态建设对策研究 [R]. 2009.

[150] 山东省水资源综合规划总报告. [R].

[151] 山东省土地利用总体规划（2006—2020年）[R].

[152] 水利部国际合作与科技司. 河流生态修复技术研讨会论文集 [M]. 北京：中国水利水电出版社，2005.

[153] 水利部水利水电规划设计总院. 全国水资源综合规划水资源调查评价. 全国水资源综合规划系列成果之一.

北京，2004.

[154]　司莲花，潘月红. 山东省城市化发展问题分析 [J]. 科技经济市场，2009 (6)：84-86.

[155]　宋海亮，吕锡武. 利用植物控制水体富营养化的研究与实践 [J]. 安全与环境工程，2004, 11 (3)：35-39.

[156]　宋润柳，于静洁，刘昌明. 基于去趋势波动分析方法的土壤水分长程相关性研究 [J]. 水利学报，2011, 42 (3)：315-322.

[157]　宋欣. 我国商业银行风险评价研究 [D]. 江苏大学，2009.

[158]　苏乔，于洪军，徐兴永，姚菁，易亮. 莱州湾南岸海水入侵现状评价 [J]. 海岸工程，2009, 28 (1)：9-14.

[159]　苏乔，于洪军，徐兴永，姚菁. 莱州湾南岸海水入侵风险评价初探. Chinese Perspective on Risk Analysis and Crisis Response (RAC-2010)：387-391.

[160]　孙东亚，董哲仁，许明华，等. 河流生态修复技术和实践 [J]. 水利水电技术，2006, 37 (12)：4-7.

[161]　孙东亚，董哲仁，赵进勇. 河流生态修复的适应性管理方法 [J]. 水利水电技术，2007, 2：57-59.

[162]　孙讷正. 地下水流的数学模型和数值方法 [M]. 北京：地质出版社，1981.

[163]　孙讷正. 地下水污染——数学模型和数值方法 [M]. 北京：地质出版社.1989.

[164]　孙青言. 济南市区水资源供需分析及合理配置研究 [D]. 山东大学，2011.

[165]　孙时轩. 造林学 [M]. 北京：中国林业出版社，1993.

[166]　孙毅，赵静. 山东省编制三大流域防洪规划简介 [J]. 山东水利，2000, 8：6-7.

[167]　陶理志. 生态护坡在城市防洪堤的应用 [J]. 人民长江，2007, (3)：80-82.

[168]　田贵全，李晶. 山东省地表水生态环境现状调查与评价 [J]. 水资源保护，2004, 06：46-48, 55-70.

[169]　田静，阎雨，陈圣波. 植被覆盖率的遥感研究进展 [J]. 国土资源遥感，2004, 1 (59)：1-5.

[170]　佟金萍，王慧敏. 流域水资源适应性管理研究 [J]. 软科学 2006, 20, 59-61.

[171]　拓光学. T采油厂建设工程项目招标规范化管理研究 [D]. 西安石油大学，2012.

[172]　汪恕诚著. 资源水利——人与自然和谐相处 [M]. 北京：中国水利水电出版社，2003.

[173]　王成超. 山东省城市化问题浅析 [J]. 国土与自然资源研究，2004, (2)：3-4.

[174]　王德波，程绍杰，严汝文. 山东黄河治理及防灾对策 [J]. 水利建设与管理，2002, 1：46-48.

[175]　王芳，梁瑞驹，杨小柳，等. 中国西北地区生态需水研究 (Ⅰ) ——干旱半干旱地区生态需水理论分析 [J]. 自然资源学报，2002, 17 (1)：1-4.

[176]　王纲胜. 分布式时变增益模型理论与方法研究 [D]. 中国科学院地理科学与资源研究所. 2005.

[177]　王虹，刘丽，孙琳. 诸城市洪涝灾害分析及防洪减灾对策 [J]. 山东水利，2009, 7：69-70.

[178]　王轲道. 山东省水旱灾害及减灾措施 [J]. 临沂师范学院学报，2000, 22 (6)：61-62, 65.

[179]　王蕾，倪广恒，胡和平. 沁河流域地表水与地下水转换的模拟 [J]. 清华大学学报（自然科学版），2006, 46 (12)：1978-1981.

[180]　王蕾. 基于不规则三角形网格的物理性流域水文模型研究 [D]. 清华大学，2006.

[181]　王礼先. 水土保持工程学 [M]. 北京：中国林业出版社，2000.

[182]　王明泉，张济世，程中山. 黑河流域水资源脆弱性评价及可持续发展研究 [J]. 水利科技与经济，2007, (02)：114-6.

[183]　王全荣. 海域地表水与地下水相互作用下水量与水质运移规律数值模拟研究 [D]. 中国地质大学，2010.

[184]　王蓉. 人工湿地在河涌生态修复中的发展应用 [J]. 重庆科技学院学报（自然科学版），2007, 9 (3)：122-124.

[185]　王蕊，王中根，夏军. 地表水和地下水耦合模型研究进展 [J]. 地理科学进展，2008, 27 (4)：37-41.

[186]　王蕊. 分布式地表水与地下水耦合模型及其在海河流域的应用研究 [D]. 武汉大学，2009.

[187]　王薇，李传奇. 河流廊道与生态修复 [J]. 水利水电技术，2003, 34 (9)：56-58.

[188]　王文君，黄道明. 国内外河流生态修复研究进展 [J]. 水生态学杂志，2012, 33 (4)：142-146.

[189]　王文圣，丁晶，李跃清. 水文小波分析 [M]. 北京：化学工业出版社，2005.

[190]　王文圣，丁晶，向红莲. 水文序列周期成分和突变特征识别的小波分析法 [J]. 工程勘测，2003, (1)：31-35.

[191]　王文圣，赵太想，丁晶. 基于连续小波变换的水文序列变化特征研究 [J]. 四川大学学报（工程科学版），2004, 36 (4)：6-9.

[192]　王晓莉，赵兴淼，王可磊. 山东省海河流域防洪建设探讨 [J]. 水利规划与设计，2010, 5：34-35.

[193]　王志良，李伟伟. 游程分布在河南省安阳地区旱涝问题中的应用研究 [J]. 安徽农业科学，2010, 38 (19)：

10194 - 10196.

[194] 王卓.医疗风险评价指标体系研究 [D].天津大学,2010.

[195] 温存,高阳,高甲荣,陈子珊,刘瑛.河溪近自然治理技术及其评价方法 [J].中国水土保持科学,2006, S1:39-44.

[196] 吴阿娜,杨凯,车越,等.河流健康状况的表征及其评价 [J].水科学进展,2005,16(4):602-608.

[197] 吴阿娜.河流健康状况评价及其在河流管理中的应用 [D].华东师范大学,2005.

[198] 吴吉春,薛禹群、张志辉.海水入侵含水层中水—岩间的阳离子交换的实验研究 [J].南京大学学报(自然 科学版),1996,32(1):71-76.

[199] 吴绍洪,赵宗慈.气候变化和水的最新科学认知 [J].气候变化研究进展,2009,5(3):125-133.

[200] 武强,孔庆友,张自忠,等.地表河网-地下水系统耦合模拟Ⅰ:模型.水利学报,2005,36(5):588-592, 597.

[201] 武强,徐军祥,张自忠,等.地表河网-地下水系统耦合模拟Ⅱ:应用实例 [J].水利学报,2005,36(6): 754-758.

[202] 夏军,邱冰,潘兴瑶,等.气候变化影响下水资源脆弱性评价方法及其应用分析 [J].地球科学进展,2012, 27(4):443-451.

[203] 夏富强.黄河下游悬河决溢风险评价 [D].新疆大学,2006.

[204] 夏会龙,吴良欢,等.有机污染环境的植物修复研究进展 [J].应用生态学报,2003,14(3).

[205] 夏继红,严忠民.国内外城市河道生态型护岸研究现状及发展趋势 [J].中国水土保持,2004,(3):20-21.

[206] 夏军,Thomas Tanner,任国玉,等.气候变化对中国水资源影响的适应性评估与管理框架 [J].气候变化研 究进展,2008,4(4):215-219.

[207] 夏军,黄浩.海河流域水污染及水资源短缺对经济发展的影响 [J].资源科学,2006,28(2):2-7.

[208] 夏军,李森,李福林,等.海平面上升对山东省滨海地区海水入侵的影响 [J].人民黄河,2013,35(9):1 -7.

[209] 夏军,苏人琼,何希吾,黄铁青.中国水资源问题与对策建议 [J].中国科学院院刊,2008,23(2):116 -120.

[210] 夏军,谈戈.无资料地区水文研究的途径探讨 [Z].北京:2004.

[211] 夏军,王纲胜,谈戈,等.水文非线性系统与分布式时变增益模型 [J].中国科学 D 辑,2004,34(11): 1062-1071.

[212] 夏军,左其亭.国际水文科学研究的新进展 [J].地球科学进展,2006,21(3):256-261.

[213] 夏军.气候变化背景下流域水资源的脆弱性评估与适应对策研究 [C].发挥资源科技优势保障西部创新发展 ——中国自然资源学会2011年学术年会论文集(下册).2011.

[214] 夏军.水文尺度问题.水利学报 [J],1993,(5):32-37.

[215] 夏军.水文非线性系统理论与方法 [M].武汉:武汉大学出版社,2002.

[216] 夏军.水文非线性系统识别方法的探讨 [J].水利学报,1982,(1):1-9.

[217] 谢五三,田红.安徽省近50a干旱时空特征分析 [J].灾害学,2011,26(1):95-98.

[218] 谢新民,唐克旺,尹明万.华北平原区地表水与地下水统一评价的二元耦合模型研究.水利规划设计,2002, (3):33-37.

[219] 辛宏杰.小清河上游段生态恢复技术研究 [D].山东大学,2011.

[220] 熊立华,郭生练.分布式流域水文模型 [M].北京:中国水利水电出版社,2004.

[221] 徐菲,王永刚,张楠,孙长虹.河流生态修复相关研究进展 [J].生态环境学报,2014,23(3):515-520.

[222] 徐化成.景观生态学 [M].北京:中国林业出版社,1996.

[223] 徐向阳,高学平.模糊数学在海水入侵地下水水质评价中的应用 [J].水利学报.2003(8):64-69.

[224] 徐志侠.河道与湖泊生态需水研究.2005,3.

[225] 徐宗学,孟翠玲,赵芳芳.山东省近40年来的气温和降水变化趋势分析 [J].气象科学,2007,27(4):387 -393.

[226] 薛禹群,谢春红,吴吉春,海水入侵研究.水文地质工程地质 [J].1992.19(6):29-33.

[227] 薛禹群,谢春红,吴吉春,龙口-莱州地区海水入侵含水层三维数值模拟 [J].水利学报,1993(11):20 -33.

[228] 薛禹群,谢春红.地下水数值模拟 [M].北京:科学出版社,2007.

［229］ 薛禹群，谢春红，吴吉春，等．海水入侵、咸淡水界面运移规律研究［M］．南京：南京大学出版社，1991.

［230］ 唐道江，叶守泽．工程水文学［M］．北京：中国水利水电出版社，2000.

［231］ 杨大文，李翀，倪广恒，等．分布式水文模型在黄河流域的应用［J］．地理学报，2004,1（59）：143-154.

［232］ 杨桂山．中国沿海风暴潮灾害历史变化及未来趋向［J］．自然灾害学报，2000,9（3）：23-30.

［233］ 杨建国．小波分析及其工程应用［M］．北京：机械工业出版社，2005.

［234］ 杨京平，卢剑波．生态恢复工程技术［M］．北京：化学工业出版社，2002.

［235］ 杨立彬．基于河流健康的渭河流域水资源合理配置研究［D］．西安理工大学，2007.

［236］ 杨罗．山东省水旱灾害变化规律分析及减灾对策建议［J］．山东水利，2000,2：12-13.

［237］ 杨文和，许文宗．以人为本、回归自然，实践生态治河新理念［J］．水利规划与设计，2006,1：23-25.

［238］ 杨志峰，等．生态环境需水量理论、方法与实践［M］．北京：科学出版社，2003.

［239］ 杨志勇．基于概率描述的宏观尺度空间均化流域水文模型研究［D］．博士学位论文北京：清华大学，2007.

［240］ 叶爱中．变化环境下流域水循环模拟研究［D］．武汉大学，2005.

［241］ 叶守泽，詹道江．工程水文学［M］．北京：中国水利水电出版社，2003.

［242］ 应聪慧，韩玉玲．浅论植物措施在河道整治中的应用［J］．浙江水利科技．2005,9（5）：49-53.

［243］ 于治通．莱州湾南岸淄河下游咸水入侵调查与研究［D］．中国海洋大学，2006.

［244］ 余钟波．流域分布式水文学原理及应用［M］．北京：科学出版社，2008.15-27.

［245］ 岳言尊．山东省内陆湿地潜在分布［D］．山东大学，2012.

［246］ 翟盘茂，潘晓华．中国北方近50年温度和降水极端事件变化［J］．地理学报，2003,58（增刊）：1-10.

［247］ 翟盘茂，任福民，张强．中国降水极值变化趋势检测［J］．气象学报，1999,57（2）：208-215.

［248］ 张道军，朱麦云，张昭，等．流域生态环境可持续发展论［M］．郑州：黄河水利出版社，2001.

［249］ 张会，张继全，韩俊山．基于GIS技术的洪涝灾害风险评估与区划研究——以辽河中下游地区为例［J］．自然灾害学报，2005,14（6）：141-146.

［250］ 张建云，何惠．应用地理信息进行无资料地区流域水文模拟研究［J］．水科学进展，1998,（4）：34-39.

［251］ 张建云，王国庆，李岩．气候变化对我国水安全的影响及适应对策［C］.2008年气候变化与科技创新国际论坛．2008.

［252］ 张蕾，杨联安，李月臣，崔丽美．基于GIS的山东沿海地区海水入侵灾害评价［J］．西北大学学报（自然科学版）.2003,33（6）：733-736.

［253］ 张良培，李德仁，等．都阳湖地区土壤、植被光谱混合模型的研究［J］．测绘学报，1997,26（1）：72-76.

［254］ 张明泉，张曼志，张鑫，张胜平．济南"2007·7·18"暴雨洪水分析［J］．中国水利，2009,（17）：40-44.

［255］ 张奇．湖泊集水域地表-地下径流联合模拟［J］．地理科学进展，2007,26（5）：1-10.

［256］ 张仁华．实验遥感模型及地面基础［M］．北京：科学出版社，1996.

［257］ 张士锋，孟秀敬，华东，等．海河流域水资源短缺风险研究［J］．资源与生态学报（英文版），2011,02（4）：362-369.

［258］ 张文倩，张坤．大城市脆弱性分析的城市规划学意义研究［J］．科技信息，2011,（13）：722-722.

［259］ 张先起，梁川．基于熵权的模糊物元模型在水质综合评价中的应用［J］．水利学报，2005,09：1057-1061.

［260］ 张翔，夏军，贾绍凤．水安全定义及其评价指数的应用［J］．资源科学，2005,（3）：145-149.

［261］ 张翔．辽宁省灾害风险评价［D］．辽宁师范大学，2009.

［262］ 张晓毅，马丽．谈烟台市山洪灾害防治系统建设［J］．山东水利，2012,12：35-36.

［263］ 张长江，刘衍美.RS和GIS技术及其在山东省水资源管理中的应用［J］．山东水利，2003,（12）．

［264］ 赵辉．聊城市水资源历史演变形势［J］．聊城大学学报（自然科学版），2009,03：108-110.

［265］ 赵健，张祖陆，等．海水入侵程度的模糊数学综合判断［J］．海水入侵灾害防治研究，1996：66-73.

［266］ 赵良举．城市河道生态护坡技术研究［D］．北京交通大学，2005.

［267］ 赵锐锐，成建梅，刘军，黄玲玲，蒋方媛．基于GIS的海水入侵危险性评价方法——以深圳市宝安区为例［J］．地质科技情报，2009,28（5）：96-100,108.

［268］ 赵西宁，吴普特，王万忠，冯浩．生态环境需水研究进展［J］．水科学进展，2005,16（4）：617-622.

［269］ 赵彦伟，杨志峰．河流健康：概念、评价方法与方向［J］．地理科学，2005.25（1）：119-124.

［270］ 郑江丽，邵东国，王龙，等．健康长江指标体系与综合评价研究［J］．南水北调与水利科技，2007,5（4）：61-63.

［271］ 郑天柱，周建仁，王超．污染河道的生态修复机理机制［J］．环境科学，2002,23（12）：115-117.

[272] 中华人民共和国行业标准地表水环境质量标准 [S]. (GB3838 - 2002).

[273] 中华人民共和国行业标准地表水资源质量评价技术规程 [S]. (SL395 - 2007).

[274] 中华人民共和国行业标准地下水质量标准 [S]. (GB/T 14848 - 93).

[275] 中华人民共和国行业标准水功能区划分标准 [S]. (GB/T 50594 - 2010).

[276] 中华人民共和国水利部. 中国水旱灾害公报 2011 [R]. 北京：中国水利水电出版社，2012.

[277] 钟春欣，张玮. 基于河道治理的河流生态修复 [J]. 水利水电科技进展，2004，24 (3)：13 - 15.

[278] 钟华平，刘恒，耿雷华，徐春晓. 河道内生态需水估算方法及其评述 [J]. 水科学进展，2006，(03)：430 - 434.

[279] 周德培，张俊云. 植物护坡工程技术 [M]. 北京，2003.

[280] 周凯慧. 城市饮用水源地水质分析与现状评价研究 [D]. 山东农业大学，2005.

[281] 周锐. 微生物技术处理不同类型富营养化水体的应用研究 [D]. 华中农业大学，2008 年.

[282] 周婷，李传哲，于福亮，等. 澜沧江-湄公河流域气象干旱时空分布特征分析 [J]. 水电能源科学，2011，29 (6)：4 - 7.

[283] 周万村. 遥感、地图、地理信息系统一体化应用 [J]. 山地研究，1996，14 (2)：129 - 134.

[284] 周巍，崔文霞. 我国水资源面临的挑战及对策 [J]. 山东经济战略研究，2001，(3)：8 - 11.

[285] 周小伟. 基于土地利用变化的两江新区非点源污染研究 [D]. 重庆大学，2014.

[286] 朱月立，欧金国，燕海波，等. 河道综合治理开发模式应用探讨 [J]. 工程建设与管理，2006，2：36 - 38.

[287] 诸葛亦斯，刘德富，黄钰铃. 生态河流缓冲带构建技术初探 [J]. 水资源与水工程学报，2006，17 (2)：63 - 67.

[288] 邹锦. 人工湿地生态景观设计 [D]. 重庆大学，2005.

[289] 左伟，王桥，王文杰，等. 区域生态安全评价指标与标准研究 [J]. 地理学与国土研究，2002，18 (1)：67 - 71.

[290] Abbott M. B., Refsgaard J. C. （郝芳华，王玲译）分布式水文模型 [M]. 郑州：黄河水利出版社，2003.

[291] Ahmed Said, David K. Stevens, Gerald Sehlke. Estimating water budget in a regional aquifer using HSPF - MODFLOW integrated model. Journal of the American Water Resources Association, 2005, 41 (1): 55 - 66.

[292] Alcamo J, Döll P, Henrichs T, et al. Development and testing of the WaterGAP 2 global model of water use and availability [J]. Hydrological Sciences Journal, 2003, 48 (3): 317 - 337.

[293] Allen EB, Niering WA. 1997. Riparian restoration. Restoration Ecology, 5 (4S): 1.

[294] Allen, R. G., L. S. Pereira, D. Raes, and M. Smith. Crop evapotranspiration: guidelines for computing crop requirements [M]. Irrigation and Drainage Paper No. 56, 1998, FAO, Rome, Italy.

[295] Andersen J, Refsgaard J C, Jensen K H. Distributed hydrological modelling of the Senegal River Basin: model construction and validation [J]. Journal of Hydrology, 2001, 247 (3 - 4): 200 - 214.

[296] Ashrafi, F. M. Evaluation of the potential contamination risk to groundwater posed by municipal landfill leachate [D]. University of Regina (Canada), 2005.

[297] Barros V, Stocker T F, Qin D, et al. IPCC, 2012: Managing the Risks of Extreme Events and Disasters to Advance Climate Change Adaptation. A Special Report of Working Groups I and II of the Intergovernmental Panel on Climate Change [J]. 2012.

[298] Bastian, P., UG - Ein Programmbaukasten zur schnellen adaptiven Losung partieller Dserentialgleichungen. Preprint, Institut fur Wissenschaftliches Rechnen, Universitat Stuttgart, 1992.

[299] Bear, J.. 地下水水力学 [M]. 北京：地质出版社，1985.

[300] Bear, J.. 多孔介质流体动力学 [M]. 北京：中国建筑工业出版社. 1983.

[301] Benke, A. C. 1990. A perspective on America vanishing Streams [J]. J. Am. Benthol. Soc., 9 (l): 77 - 78.

[302] Binder VJ. P JuerginR. J Karl. Naturnaher Wassertsau Merl: amale and Grenzen. Garten and Landschaft. 1983, 93 (2): 91 - 92.

[303] Boon P J, Davies B R, Petts G E. Global perspectives on river conversation: science, policy, and practice, Chichester, West Sussex [M]. New York: Wiley, 2000.

[304] Bradford, S. F., Katopodes, N. D., 1998. Nonhydrostatic model for surface irrigation [J]. Journal of Irrigation and Drainage Engineering 124 (4), 200 - 212.

[305] Brouwer F, Falkenmark M. Climate - Induced Water Availability Changes in Europe [J]. Environ Monit As-

sess, 1989, 13 (1): 75 - 98.

[306] Buxton, H. T. and E. Modica. Patterns and rates of ground - water flow on Long Island, New York [J]. Groundwater, 1992, 30 (6): 857 - 866.

[307] Cairns J. J. R. The status of the theoretical and applied science of restoration ecology [J]. Environ. Prof., 1991. 13 (3): 1 - 9.

[308] Cairns J. Jr. Restoration ecology [M]. Encyclopedia of Environmental Biology, 1995, 3: 223 - 235.

[309] Cairns, J. J. R. ed. Restoration of Aquatic Ecosystem [M]. Washington DC: National Academy Press, 1992.

[310] Carr, P. A. and G. van der Kamp. Determining aquifer characteristics by the tidal methods [J]. Water Resource Research, 1969, 5 (5), 1023 - 1031.

[311] Charles J V, Pamela Green, Joseph Salisbury, et al. Global water resources: Vulnerability from climate change and population growth [J]. Science, 2000, 289 (5477): 284 - 288.

[312] Chen J X, Xia J, Zhao C S, et al. The mechanism and scenarios of how mean annual runoff varies with climate change in Asian monsoon areas [J]. Journal of Hydrology, 2013, 517: 595 - 606.

[313] Clauser, C. & Kiesner, S., A conservative, unconditionally stable, second - order three - point differencing scheme for the diffusion - convection equation. Geophys. J. R. Astr. Sot. 1987, 91, 557 - 68.

[314] Cunninqham A B, Sinelair P J. Application and analysis of a coupled surface and groundwater model [J]. Journal of Hydrology, 1979, 43 (14): 129 - 148.

[315] Custodio, E., Bruggeman, G. A. & Cotecchia, V. 1987. Groundwater Problems in Coastal Areas. Stud. and Rep. in Hydrol., vol. 35. UNESCO.

[316] Custodio, E., Coastal aquifer management and remedial measures from saltwater intrusion induced by overexploitation, in IV Geoengineering International Congress " Soil and groundwater protection" . 1994: Torino. 757 - 774.

[317] D. Mazvimavi A M J M. Prediction of flow characteristics using multiple regression and neural networks: A case study in Zimbabwe [J]. Physics and Chemistry of the Earth. 2005, 30: 639 - 647.

[318] Das Gupta, A. and H. B. M. P. Amaraweera, Assessment of long - term withdrawl rate for a coastal aquifer [J], 1993, GW, 31 (2): 250 - 259.

[319] Das Gupta, A. and V. P. Gaikwad. Interface upconing due to a horizontal well in unconfined aquifer [J]. Groundwater, 1988, 25 (4): 466 - 474.

[320] DHI - WASY, IFMMike. http: //www. feflow. info/59. html

[321] Diersch, H. J. G., Kolditz, O. Variable - density flow and transport in porous media: approaches and challenges. Advances in Water Resources 2002, 25: 899 - 944.

[322] Diersch, H. - J., Finite element modelling of recirculating density - driven saltwater intrusion processes in groundwater. Adv. Water Resour., 1988, 11, 25 - 43.

[323] Diersch, H. - J., Interactive, graphics - based finite - element simulation system - FEFLOW - for modeling groundwater flow and contaminant transport processes, WASY - Gesellschaft fur wasserwirtschaftliche Planung und Systemforschung mbH, Berlin, 1994.

[324] Duncan J, Stow D, Franklin J, etal. Assessing the relationship between spectral vegetation indice sand shrub cover in the Jornada Basin, New Mexico [J]. International Journal Remote Sensing, 1993, 14 (18): 3395 - 3416.

[325] Falkenmark M, Widstrand C. Population and water resources: a delicate balance [J]. Population Bulletin, 1992, 47 (3): 1 - 36.

[326] Freeze, R. A.. Role of subsurface flow in generating surface runoff 1. Base flow contributions to channel flow [J]. Water Resources Research, 1972, 8 (3), 609 - 623.

[327] Frind, E. O., Simulation of long - term transient density dependent transport in groundwater. Adv. Water Resour., 1982, 5, 73 - 97.

[328] Fu G B, Charles S P, Chiew F H S. A two - parameter climate elasticity of streamflow index to assess climate change effects on annual streamflow [J]. Water Resources Research, 2007, 43 (11): W11419.

[329] Galeati, G., Gambolati, G., Neuman, S. P. Coupled and partially coupled Eulerian - Lagrangian model of freshwater - saltwater mixing. Water Resources Research. 1992, 28 (1): 149 - 165.

[330] Gardner L R. Assessing the effect of climate change on mean annual runoff [J]. Journal of Hydrology, 2009, 379: 351 – 359.

[331] Georgakakos K P, Seo D J, Gupta H, et al. Towards the charaeterization of stream flow simulation uncertainty through multi model ensembles [J]. Journal of Hydrology, 2004, 198: 222 – 241.

[332] Gitelson Anatoly A, Yoram J Kaufman, Robert Strark, etal. Novelal gorithms for remote estimation of vegetation fraction [J]. Remote Sensing of Environment, 2002, (80): 76 – 87.

[333] Graf, T., Simmons, C. T. Variable – density groundwater flow and solute transport in fractured rock: Applicability of the Tang et al. [1981] analytical solution [J]. Water Resources Research. 2009, 45.

[334] Graham, N., Refsgaard, A., 2001. MIKE SHE: A distributed, physically based modeling system for surface water/groundwater interactions. In: Proceedings of Modflow 2001 and other modelling Odysseys, Golden, Colorado, 321 – 327.

[335] Gregory R, Failing L, Higgins P. Adaptive management and environmental decision making: A case study application to water use planning [J]. Ecological Economics. 2006 Jun; 58 (2): 434 – 47. PubMed PMID: WOS: 000238671700015.

[336] Griggs, J. E. and F. L. Peterson. Groundwater flow dynamics and development strategies at the atoll scale [J]. Water Resource Research, 31 (2): 209 – 220.

[337] Gunduz, O., Aral, M. M., 2005. River networks and groundwater flow: a simultaneous solution of a coupled system. Journal of Hydrology 301, (1 – 4): 216 – 234.

[338] Gupta, V. K., Castro, S. L., Over, T. M. On scaling exponents of spatial peak flows from rainfall and river network geometry [J]. Journal of Hydrology. 1996, 187: 81 – 104.

[339] Hamouda M A, Nour EL – Din M M, Moursy F I. Vulnerability assessment of water resources systems in the Eastern Nile Basin [J]. Water Resources Management, 2009, 23 (13): 2697 – 2725.

[340] Han Dongmei, Song Xianfang, Xiao Guoqiang et al. Isotopic Characteristics of Groundwater in the South Coastal Aquifers of Laizhou Bay. IAH – 2008 Congress in Toyama, Japan, Oct. 26 – 31, 2008.

[341] Han, Jiho Y. The relationships of perceived risk to personal factors, knowledge of desrination, and travel purchase decisions in international leisure travel (Australia, Japan) [D]. Virginia Polytechnic Institute and State University, 2005.

[342] Harrison KW. Test application of Bayesian Programming: Adaptive water quality management under uncertainty [J]. Advances in Water Resources. 2007 Mar; 30 (3): 606 – 622. PubMed PMID: WOS: 000244977700025.

[343] Herbert, A. W., Jackson, C. P. & Lever, D. A. 1988. Coupled groundwater flow and solute transport with fluid density strongly dependent upon concentration [J]. Water Resour. Res. 24 (10), 1781 – 1795.

[344] Holland, H. D., The chemistry of the Atmosphere and Oceans, Interscience, New York, 1978.

[345] Holling CS. Adaptive Environmental Assessment and Management [M]. New York: John Wiley and Sons; 1978.

[346] Holzbecher, E., Numerische Modellierung von Dichtestromungen im porosen Medium. In Mitteilungen Nr. 117, Institut fur Wasserbau und Wasserwirtschaft, Technische Universitat, Berlin, 1991.

[347] Holzmann J. W Konold . Flussbaumassnahmen an der Wutach und iher Bewertung ausockologischer Sicht [J]. Deutsche Wasserwirtschaft, 1992, 82 (9): 434 – 440.

[348] Hunt, B., An analysis of the groundwater resources of Tongatapu Island, Kingdom of Tonga [J], Journal of hydrology, 1979, 40: 185 – 196.

[349] Hunt, B.. Seepage to collection gallery near seacoast [J]. Water Resource Research, 1985, 21 (3), 311 – 316.

[350] Hussein, M., Schwartz, F. W., Modelling of flow and contaminant transport in coupled stream – aquifer systems [J]. Journal of Contaminant Hydrology, 2003, 65 (1 – 2): 41 – 64.

[351] Huyakorn P S, A. P. F. M., Saltwater intrusion in aquifers: development and testing of a three – dimensional finite element model [J]. Water Resources Research, 1987, 23 (2): 293 – 312.

[352] IA Shiklomanov, JC Rodda. World water resources at the beginning of the twenty – first century [M]. University of Cambridge, UK, 2003.

[353] IA Shiklomanov. The world's water resources. In: Proceedings of the International Symposium to Commemo-

rate 25 Years of the IHP, UNESCO/IHP, 1991, Paris, France, 93 - 126.

[354] IA Shiklomanov. World Water Resources: An Appraisal for the 21st Century. IHP Report. UNESCO, 1998.

[355] Inouchi, K., Y. Kishi and T. Kakinuma. The motion of coastal groundwater in response to the tide [J]. Journal of Hydrology, 1990, 115: 165 - 191.

[356] International GEWEX Project Office (IGPO). About GEWEX [EB/OL]. http: // www. gewex. org/gewex_ overview. htnl. 2004 - 12 - 01.

[357] IPCC. Climate Change 1995: The Science of Climate Change [M]. Contribution of Working Group I to the Second Assessment Report of the Intergovernmental Panel on Climate Change. Cambridge UK and New York, USA: Cambridge University Press 1996.

[358] IPCC. Climate Change 2001: Impacts Adaptation and Vulnerability [M]. Contribution of Working Group II to the Third Assessment Report of the Intergovernmental Panel on Climate Change Cambridge, UK and New York, USA: Cambridge University Press, 2001.

[359] IPCC. Managing the Risks of Extreme Events and Disasters to Advance Climate Change Adaptation: A Special Report of Working Groups I and II of the Intergovernmental Panel on Climate Change [R]. Cambridge, UK and New York, NY, USA: Cambridge University Press, 2012.

[360] Jobson, H. E., Harbaugh, A. W., 1999. Modifications to the diffusion analogy surface water flow model (Daflow) for coupling to the modular finite - difference groundwater flow model (Modflow). United States Geological Survey, Open File Report 99 - 217.

[361] Jos Samuel P C. Estimation of Continuous Streamflow in Ontario Ungauged Basins: Comparison of Regionalization Methods [J]. Journal of Hydrologic Engineering. 2011: 447 - 459.

[362] Kalra, A., and Ahmad, S. 2011. Evaluating changes and estimating seasonal precipitation for the Colorado River Basin using a stochastic nonparametric disaggregation technique [J]. Water Resour. Res. 47.

[363] Kane J H, Wang H. A Boundary Element Shape Design Sensitivity Analysis Formulation for Thermal Radiation Problems [J]. Boundary Element Methods in Engineering, 1990.

[364] Katerina Spanoudaki, Anastasios I. Stamou, Aikaterini Nanou - Giannarou. Development and verification of a 3 - D integrated surface water - groundwater model [J]. Journal of Hydrology (2009), 375 (2009): 410 - 427.

[365] Kevin L. Piper, J. Chris Hoag, Hollis H. Allen, Gail Durham et cal. Biengineering as a Tool for Resorting Ecological Integrity to the Carson River, Wetlands Regulatory Assistance Program, Water Operations Technical Support Program, 2001, 9.

[366] Kolditz, O., Ratke, R., Zielke, W. &. Diersch, H. - J., Coupled physical modelling for the analysis of groundwater systems. In Notes on Numerical Fluid Mechanics, Vol. 51. Vieweg, Braunschweig - Wiesbaden, 1995.

[367] Krohn, K. - P., Simulation von Transportvorgangen im kluftigen Gestein mit der Methode der Finiten Elemente, Bericht Nr. 29/1991, Institut fur Stromungsmechanik, Universitat Hannover, Dissertationsschrift, 1991.

[368] Langevin, C., E. Swain, et al.. "Simulation of integrated surface - water/ground - water flow and salinity for a coastal wetland and adjacent estuary. " Journal of Hydrology, 2005, 314 (1 - 4): 212 - 234.

[369] Larsson H. Linear regressions for canopy cover estimation in Acacia Woodlands using Landsat - TM, MSS and SPOT HRVXS data [J]. International Journal Remote Sensing, 1993, 14 (11): 2129 - 2136.

[370] Leijnse, T. &. Hassanizadeh, S. M., Verification of the METROPOL code for density dependent flow in porous media, Report No. 728528002, Rijksinstituut voor Volksgezondheid en Milieuhygiene RIVM, Bilthoven, 1989.

[371] Leijnse, T., Three - dimensional modeling of coupled flow and transport in porous media, Ph. D. Thesis, University of Notre Dame, Indiana, 1992.

[372] Leticia B. Rodriguez, Pablo A. Cello, Carlos A. Vionnet, ect. Fully conservative coupling of HEC - RAS with MODFLOW to simulate stream - aquifer interactions in a drainage basin [J]. Journal of Hydrology, 2008, 353 (1 - 2): 129 - 142.

[373] Liang, D., Falconer, R. A., Lin, B.. Coupling surface and subsurface flows in a depth averaged flood wave model [J]. Journal of Hydrology, 2007, 337, 147 - 158.

[374] Liu，P. L - F.，A. H - D. Cheng and J. A. Liggett. Boundary integral equation solutions to moving interface between two fluids in porous media [J]. Water Resource Research，1981，17 (5)：1445 - 1452.

[375] M. S. Gibbs H R M. A generic framework for regression regionalization in ungauged catchments [J]. Environmental Modelling & Software. 2012，1 - 14：27 - 28.

[376] Mao，X.，H. Prommer，et al. Three - dimensional model for multi - component reactive transport with variable density groundwater flow. [J] Environmental Modelling & Software，2006，21 (5)：615 - 628.

[377] Markstrom，S. L.，Niswonger，R. G.，Regan，R. S.，Prudic，D. E.，Barlow，P. M.，2008. GSFLOW - coupled Ground - water and Surface - water FLOW model based on the integration of the Precipitation - Runoff Modeling System (PRMS) and the modular ground - water flow Model (MODFLOW - 2005) . United States Geological Survey，Techniques and Methods，Book 6，Section D，Chapter 1.

[378] Mendoza，C. A.，VapourT users guide (version 2. 11) . Waterloo Center for Groundwater Research，University of Waterloo，Canada，1990.

[379] Merritt，M. L.，and Konikow，L. F. Documentation of a computer program to simulate lake - aquifer interaction using the MODFLOW ground - water flow model and the MOC3D solute - transport model：U. S. Geological Survey Water - Resources Investigations Report 00 - 4167，2000，146p.

[380] Metzger M J，Leemans R，Schr02ter D，et al. The ATEAM vulnerability mapping tool [J]. Wageningen Lsg Plantaardige Productiesystemen，2004.

[381] Michael F Jasinski. Estimation of Subpixel Vegetation Density of Natural Regions Using SatelliteMulti spectral Imagery [J]. IEEE Trans. Geosci. Remote Sensing，1996，34 (3)：804 - 813.

[382] Ming Li Q S. A new regionalization approach and its application to predict flow duration curve in ungauged basins [J]. Journal of Hydrology. 2010，389：137 - 145.

[383] Morita，M.，Yen，B. C.. Modelling of conjunctive two - dimensional surface - three dimensional subsurface flows. Journal of Hydraulic Engineering，2002，128 (2)，184 - 200.

[384] Moss B L，Lw. R. Enhanced ACh sensitivity is accompanied by changes in ACh receptor channel properties and segregation of ACh receptor subtypes on sympathetic neurons during innervation in vivo [J]. Journal of Neuroscience the Official Journal of the Society for Neuroscience，1993，13 (1)：13 - 28.

[385] Motz，L. H.. Salt - water upconing in an aquifer overlain by a leaky confining bed [J]. Groundwater，1992，30 (2)，192 - 198.

[386] Nam Won Kim，Il Moon Chung，Yoo Seung Won，et al. Development and application of the integrated SWAT - MODFLOW model [J]. Journal of hydrology，2008，362 (1 - 2)：1 - 16.

[387] National Research Council. Restoration of Aquatic Ecosystems [M]. National Academy Press Washington D. C. 1992.

[388] Nielsen，P.. Tidal dynamics of the water table in beaches [J]. Water Resource Research，1990，26 (9)，2127 - 2134.

[389] Oldenburg，C. M. & Pruess，K.，Dispersive transport dynamics in a strongly coupled groundwater - brine flow system. Water Resour. Res.，1995，31：289 - 302.

[390] Ophori，D. U. A simulation of large - scale groundwater flow and travel time in a fractured rock environment for waste disposal purposes. Hydrogeol. Proc. 2004，18 (9)，1579 - 1593.

[391] Pahl - Wostl，C.，Downing，T.，Kabat，P.，Magnuszewski，P.，Meigh，J.，Schlueter，M.，Sendzimir，J.，Werners，S.，Transition to Adaptive Water Management；The NeWater project. Water Policy. Institute of Environmental Systems Research，University of Osnabrück，2005.

[392] Pall P，Allen M R，Stone D A. Testing the Clausius - Clapeyron constraint on changes in extreme precipitation under CO_2 warming [J]. Climate Dynamics，2007，28 (4)：351 - 363.

[393] Panday，S.，Huyakorn，P. S.. A fully - coupled physically - based spatially - distributed model for evaluating surface/subsurface flow [J]. Advances in Water Resources，2004，27 (4)，361 - 382.

[394] Peng，C. K.，Buldyrev，S. V，Havlin，S. et al. Mosaic organization of DNA nucleotides [J]. Physical Review E. 1994，49 (2)：1685 - 1689.

[395] Perkins，S. P.，Sophocleous，M. A.. Development of a comprehensive watershed model applied to study stream yield under drought conditions . Ground Water，1999，37 (3)：418 - 426.

[396] Post, V. E. A. Fresh and saline groundwater interaction in coastal aquifers: is our technology ready for the problems ahead? Hydrogeology Journal 2005, 13, (1).

[397] Prudic, D. E., Konikow, L. F., Banta, E. R., 2004. A new Streamflow – Routing (SFR1) Package to simulate stream – aquifer interaction with Modflow 2000. United States Geological Survey, Open File Report 2004 – 1042.

[398] Querner, E. P.. Description and application of the combined surface and groundwater flow model MOGROW. Journal of Hydrology, 1997, 192 (1 – 4): 158 – 188.

[399] Raskin P, Gleick P, Kirshen P, et al. Comprehensive assessment of the freshwater resources of the world. Water futures: assessment of long – range patterns and problems. [J]. Stockholm Sweden Stockholm Environment Institute, 1997.

[400] Ratke, R., Zur Losung der Stromungs – und Transportgleichung bei veranderlicher Dichte, Technischer Bericht, Institut fur Stromungsmechanik und Elektronisches Rechnen im Bauwesen, Universitat Hannover, 1995.

[401] Reeves, M., Ward, D. S., Johns, N. D. & Cranwell, R. M., Theory and implementation of SWIFT II, the Sandia 'waste – isolation' flow and transport model for fractured media, Report no. SAND83 – 1159, Sandia National Laboratory, Albuquerque, 1986.

[402] Restrepo, J. I., Montoya, A. M., Obeysekera, J.. A wetland simulation module for the Modflow groundwater model. Ground Water, 1998, 36 (5): 764 – 770.

[403] Robert L S. Concepts of Risk – Based Decision MakingWith Emphasis on Geotechnical Engineering And Slop Hazard [C]. Geotechnical Risk Management, 1999: 1 – 21.

[404] Romanov, D. and W. Dreybrodt. Evolution of porosity in the saltwater – freshwater mixing zone of coastal carbonate aquifers: An alternative modelling approach. Journal of Hydrology, 2006, 329 (3 – 4): 661 – 673.

[405] Ross Mark, Geurink Jeffrey, Said Ahmed. Evapotranspiration Conceptualization in the HSPF – Modflow Integrated Models. Journal of the American Water Resources Association, 2005, 41 (5): 1013 – 1025.

[406] Sadiq I. Khan Y H. Satellite Remote Sensing and Hydrologic Modeling for Flood Inundation Mapping in Lake Victoria Basin: Implications for Hydrologic Prediction in Ungauged Basins [J]. IEEE Transactions on Geoscience And Remote Sensing. 2011, 49: 85 – 94.

[407] Sadiq I. Khan Y H. Satellite Remote Sensing and Hydrologic Modeling for Flood Inundation.

[408] Sally Eden and Sylvia M Tunstall, Susan M Tapsell, Translating Nature: River Restoration as Nature – Culture [J]. Environment and Planning D: Siciety and Space 2000, 18: 257 – 273.

[409] Sankarasubramanian A, Vogel R M. Comment on the paper: "Basin hydrologic response relations to distributed physiographic descriptors and climate" by Karen Plaut Berger, Dara Entekhabi, 2001. Journal of Hydrology 247, 169 – 182 [J]. Journal of Hydrology, 2002, 263 (1): 257 – 261.

[410] Schaake J C, Waggoner P E. From climate to flow [J]. Climate change and US water resources, 1990: 177 – 206.

[411] Schelkes, K., Vogel, P. & Klinge, H. Density – dependent groundwater movement in sedimentsoverlying salt domes. The Gorleben site example. Phys. Chem. Earth B Hydrol. Oceans Atmos., 2001, 26 (4): 361 – 365.

[412] Schlueter U. Ueberleaunaen zum naturnahen Ausbau yon Wasseerlaeufen. Landschaft and Stadt. 1971, 9 (2): 72 – 83.

[413] Scott, C. A., Meza, F. J., Varady, R. G., Tiessen, H., McEvoy, J., Garfin, G. M., Wilder, M., Farfan, L. M., Pablos, N. P., Montana, E. Water Security and Adaptive Management in the Arid Americas. Annals of the Association of American Geographers, 2013, 103: 280 – 289.

[414] Serfes, M. E.. Determining the mean hydraulic gradient of groundwater affected by tidal fluctuations [J]. Groundwater, 1991, 29 (4): 549 – 555.

[415] Sergeldin, L. Towards sustainable management of water resources. Word Bank, Washington D C, 1998: 14.

[416] Simmons, C. T., Narayan, K. A., Woods, J. A., Herczeg, A. L. Groundwater flow and solute transport at the Mourquong saline – water disposal basin, Murray Basin, southeastern Australia. Hydrogeol. J., 2002, 10 (2): 278 – 295.

[417] Simone Castiglioni L L. Calibration of rainfall – runoff models in ungauged basins: a regional maximum likelihood

approach [J]. Advances in Water Resources. 2010, 33: 1235 - 1242.

[418] Sokrut, N., 2001. A distributed coupled model of surface and subsurface dynamics as a tool for catchment management. Licentiate Thesis, Royal Institute of Technology, Department of Land and Water Resources Engineering, Stockholm, Sweden.

[419] Sparks, T., 2004. Integrated modelling of 2 - D surface water and groundwater flow with contaminant transport. Proceedings of XXXI IAHR Congress, Seoul, Korea.

[420] Stieglitz S P A M. Controls on hydrologic similarity: role of nearby gauged catchments on ungauged catchment [J]. Hydrology and Earth System Sciences. 2012, 16: 551 - 562.

[421] Swain, E. D., Wexler, E. J., 1996. A coupled surface - water and groundwater flow model (Modbranch) for simulation of stream - aquifer interaction. United States Geological Survey, Techniques of Water Resources Investigations, Book 6, Chapter A6.

[422] Taigbenu, A. E., J. A. Liggett and A. H - D Cheng. Boundary integral solution to seawater intrusion into coastal aquifers [J]. Water Resource Research, 1984, 20 (8): 1150 - 1158.

[423] Taylor, T. P., Pennell, K. D., Abriola, L. M. & Dane, J. H. Surfactant enhanced recovery of tetrachloroethylene from a porous medium containing low permeability lenses - 1. Experimental studies. J. Contaminant Hydrol. 2001, 48 (3 - 4): 325 - 350.

[424] Teemu S. Kokkonen A J J. Predicting daily flows in ungauged catchments: model regionalization from catchment descriptors at the Coweeta Hydrologic Laboratory, North Carolina [J]. Hydrological Processes. 2003, 17: 2219 - 2238.

[425] Thomas Bosshard M Z. Regional parameter allocation and predictive uncertainty estimation of a rainfall - runoff model in the poorly gauged Three Gorges Area (PR China) [J]. Physics and Chemistry of the Earth. 2008, 33: 1095 - 1104.

[426] Underwood, M. R., Peterson, F. L. and Voss, C. I.. Groundwater lens dynamics of atoll islands [J]. Water Resource Research, 1992, 28 (11): P2889 - 2902.

[427] UNISDR. Global Assessment Report on Disaster Risk Reduction [R]. United Nations, 2009.

[428] Vacher H. L. and Wallis T. N.. Comparative hydrogeology of fresh - water lenses of Bermuda and Great Exuma Island, Bahamas [J]. 1992, 30 (1): 15 - 20.

[429] Van der Kamp G.. Tidal fluctuations in a confined aquifer extending under the sea [J]. 24th International Geological Congress, 1972, Section 11, 101 - 106.

[430] Van Roosmalen L, Sonnenborg T O, Jensen K H. Impact of climate and land use change on the hydrology of a large - scale agricultural catchment. Water Resources Research. 2009, 45: 1 - 18.

[431] Vanderkwaak, J. E., Numerical simulation of flow and chemical transport in integrated surface - subsurface hydrologic systems. PhD Thesis, University of Waterloo, Waterloo, Ontario. 1999.

[432] Vilchek G E. Ecosystem health landscape vulnerability and environmental risk assessment [J]. Ecosystem Health, 1998, 4 (1): 52 - 60.

[433] Voss, C. I. and W. R. Souza. Variable density flow and solute transport simulation of regional aquifers containing a narrow freshwater - saltwater transition zone [J]. Water Resource Research, 1987, 23 (10): 1851 - 1866.

[434] W P G, F K W. Satellite estimation of precipitation over land [J]. Hydrological Sciences. 1996, 41 (4): 433 - 4521.

[435] Walters, C. (1986) Adaptive Management of Renewable Resources, Macmillan, New York.

[436] Wheeler, S., Zuo, A., Bjornlund, H. Farmers' climate change beliefs and adaptation strategies for a water scarce future in Australia. Global Environmental Change - Human and Policy Dimensions, 2013, 23: 537 - 547.

[437] Willett K M, Gillett N P, Jones P D, et al. Attribution of observed surface humidity changes to human influence [J]. Nature, 2007, 449: 710 - 712.

[438] Willis K G, Garrod G D. Angling and and recreation values of low - flow alleviation in rivers, j Environ. Manag., 1999, 57 (2): 71 - 83.

[439] World Health Organization. Geneva.. 1996 [J]. Investing in Health Research and Development. Report of the, 1990.

[440] Xia J, Qiu B, Li Y. Water resources vulnerability and adaptive management in the Huang, Huai and Hai river basins of China [J]. Water international, 2012, 37 (5): 523 - 36.

[441] Xia J, Zhang Y Y. Water security in north China and countermeasure to climate change and human activity. Phys Chem Earth, 2008, 33: 359 - 363.

[442] XIA Jun & WANG Gangsheng, A Distributed Monthly Water Balance Model for Analyzing Impacts of Land Cover Change on Flow Regimes, Pedosphere. 2005, 15 (6): 761 - 767.

[443] Xia Jun et al., Water Problems and sustainability in North China. IAHS Pub. No. 280 (Water Resources System - Water Availability & Global Change), UK. 2003: 12 - 22.

[444] Xia Jun, A system approach to real time hydrological forecasts in watersheds. Water International, 2002, 27 (1): 87 - 97.

[445] Xia Jun. Real - Time Rainfall - Runoff Forecasting by Time Variant Gain Models and Updating Approaches. Research Report of the 6th International Workshop on River Flow Forecasting, UCG, Ireland, 1995.

[446] Yang, J. W. & Edwards, R. N. 2000. Predicted groundwater circulation in fractured and unfractured anisotropic porous media driven by nuclear fuel waste heat generation. Can. J. Earth Sci. 37 (9): 1301 - 1308.

[447] Yim, C. S. and M. F. N. Mohsen. Simulation of tidal effects on contaminant transport in porous media [J]. Groundwater, 1992, 30 (1): 78 - 86.

[448] Zhang Q, Li L J, Chen J. Development and application of an integrated surface runoff and groundwater flow model for a catchment of Lake Taihu watershed, China Quantern Int, 2009, 208: 102 - 108.

[449] Zhou Jinbo. Vulnerability assessment of water resources to climate change in Chinese cities [J]. Ecological Economy, 2010, 06: 106 - 114.